Dr. Jekyll & Mr. Hund

Ausgeglichene Schilddrüse – ausgeglichener Hund

Beate Zimmermann

58 Abbildungen

Georg Thieme Verlag
Stuttgart • New York

Dipl.-Ing. Beate **Zimmermann**
Borngasse 4
56479 Hellenhahn-Schellenberg

Bibliografische Information
der Deutschen Nationalbibliothek
Die Deutsche Nationalbibliothek verzeichnet diese Publikation in der Deutschen Nationalbibliografie; detaillierte bibliografische Daten sind im Internet über http://dnb.d-nb.de abrufbar.

Ihre Meinung ist uns wichtig!
Bitte schreiben Sie uns unter:
www.thieme.de/service/feedback.html

Wichtiger Hinweis: Wie jede Wissenschaft ist die Veterinärmedizin ständigen Entwicklungen unterworfen. Forschung und klinische Erfahrung erweitern unsere Erkenntnisse, insbesondere was Behandlung und medikamentöse Therapie anbelangt. Soweit in diesem Werk eine Dosierung oder eine Applikation erwähnt wird, darf der Leser zwar darauf vertrauen, dass Autoren, Herausgeber und Verlag große Sorgfalt darauf verwandt haben, dass diese Angabe **dem Wissensstand bei Fertigstellung des Werkes** entspricht.
Für Angaben über Dosierungsanweisungen und Applikationsformen kann vom Verlag jedoch keine Gewähr übernommen werden. **Jeder Benutzer ist angehalten**, durch sorgfältige Prüfung der Beipackzettel der verwendeten Präparate und gegebenenfalls nach Konsultation eines Spezialisten festzustellen, ob die dort gegebene Empfehlung für Dosierungen oder die Beachtung von Kontraindikationen gegenüber der Angabe in diesem Buch abweicht. Eine solche Prüfung ist besonders wichtig bei selten verwendeten Präparaten oder solchen, die neu auf den Markt gebracht worden sind. **Jede Dosierung oder Applikation erfolgt auf eigene Gefahr des Benutzers.** Autoren und Verlag appellieren an jeden Benutzer, ihm etwa auffallende Ungenauigkeiten dem Verlag mitzuteilen.
Vor der Anwendung bei Tieren, die der Lebensmittelgewinnung dienen, ist auf die in den einzelnen deutschsprachigen Ländern unterschiedlichen Zulassungen und Anwendungsbeschränkungen zu achten.

Rüdigerstr. 14
70469 Stuttgart
Deutschland
www.thieme.de

Printed in Germany

Redaktion: Dr. rer. nat. Wilhem Kuhn, Tübingen
Umschlaggestaltung: Thieme Gruppe
Umschlaggrafik: Susi Schaaf, Karlsruhe
Zeichnungen: Christine Lackner, Ittlingen
Satz: Sommer Media GmbH & Co. KG, Feuchtwangen
gesetzt aus Arbortext APP-Desktop 9.1 Unicode M180
Druck: Westermann Druck Zwickau GmbH, Zwickau

DOI 10.1055/b-006-161677

ISBN 978-3-13-242513-2 1 2 3 4 5 6

Auch erhältlich als E-Book:
eISBN (PDF) 978-3-13-242514-9
eISBN (epub) 978-3-13-242515-6

Geleitwort

Seit ich 1992 mit Hilfe eines amerikanischen Kardiologen und eines norwegischen Verhaltensspezialisten das erste Mal eine Schilddrüsenunterfunktion bei meinem eigenen Hund diagnostiziert und behandelt habe, ist viel Zeit vergangen. Honey, die mich viel mehr über Hundeverhalten und Schilddrüsenerkrankungen gelehrt hat, als alle klugen Bücher, die ich je gelesen habe, hat mich fast 14 Jahre begleitet. Unter Substitution mit L-Thyroxin aus der Humanmedizin (es gab damals noch keine für Hunde zugelassenen Präparate) ging es ihr körperlich gut und ihr Verhalten war zwar immer eine Herausforderung, aber weitgehend kontrollierbar. Im Rückblick gehe ich davon aus, dass sie eine Umwandlungsstörung hatte und zusätzlich T3 gebraucht hätte. Davon wussten wir damals allerdings noch nichts.

Zur Zeit leben in unserem Haushalt sechs Labrador-Retriever, von denen drei eine autoimmune Thyreoiditis haben und eine Tibet-Terrier-Hündin, die seit einem Jahr wegen einer Altersatrophie substituiert wird. Als verhaltenstherapeutisch arbeitende Tierärztin, Besitzerin mehrerer Schilddrüsenhunde und selber betroffene Hashimoto-Patientin habe ich mich in den vergangenen 26 Jahren mit dem Thema Schilddrüsenunterfunktion aus allen möglichen Blickwinkeln intensiv beschäftigt. Wir wissen heute viel mehr über die Diagnose und Behandlung der (subklinischen) Hypothyreose als 1992. Aber dieses Wissen beruht überwiegend auf praktischer Erfahrung. Tierärzte, Trainer und viele Hundehalter die Erfahrungen mit schilddrüsenkranken Hunden haben, erkennen die typischen Symptome mit sehr hoher Treffsicherheit. Trotzdem ist es bis heute nicht gelungen, eindeutige wissenschaftliche Diagnosestandards zu finden. Obwohl die Forschung in diesem Bereich in den letzten Jahren deutlich zugenommen hat, gibt es immer noch sehr wenig belastbare Ergebnisse. Es ist daher nicht verwunderlich, dass das Thema nach wie vor sehr kontrovers diskutiert wird.

Als die Anfrage zur fachlichen Begleitung und Korrektur dieses Buches an mich herangetragen wurde, habe ich gerne zugestimmt. Beate Zimmermann hat auch bei dieser Überarbeitung Ihres Schilddrüsenbuches wieder mit unglaublichem Fleiß historische und neue Forschungsarbeiten und Veröffentlichungen aus der Human- und Tiermedizin zusammengetragen, gesichtet und die wichtigsten Ergebnisse in eine Form gebracht, die auch für den Laien verständlich ist. Dort, wo die Ergebnisse verschiedener Arbeiten sich widersprechen, stellt sie kritische Überlegungen an, wo die Ursachen für diese z. T. diametral entgegengesetzten Aussagen liegen könnten und überlässt es dem Leser, sich eine eigene Meinung dazu zu bilden. Das Buch bietet Hundehaltern und Tierärzten ausführliche Informationen über die Funktion der Schilddrüse, ihre Wirkung auf die verschiedenen Organsysteme, ihre Erkrankungen und deren mögliche Auswirkungen auf Körper und Verhalten. Zahlreiche Grafiken und Tabellen helfen, das Vorgehen bei der Diagnose und Behandlung nachvollziehbar zu machen und Wechselwirkungen mit anderen Erkrankungen, Medikamenten und sonstigen Einflussfaktoren zu verstehen. Es sollte in keiner Kleintierpraxis fehlen.

Im Herbst 2018
Christiane Wergowski, Süderholz

Geleitwort

Schilddrüsenerkrankungen beim Hund sind in der letzten Zeit fast so etwas wie eine „Modeerkrankung“ geworden. Bei vielen gesundheitlichen und vor allen Dingen Verhaltensproblemen wird gleich einmal auf die Schilddrüse als Verursacher oder Mitverursacher getippt. Dank Dr. Google ist viel Information verfügbar - und nicht immer unbedingt zum besten der Hunde lassen verunsicherte Besitzer ihre Hunde untersuchen. Dabei kann gerne vergessen bzw. übersehen werden dass Verhaltensauffälligkeiten in der Regel multifaktorielle Ereignisse sind, bei denen klinische Ursachen nur ein Faktor sind. Wenn dann nur dieser Faktor behandelt wird und die anderen Ursachen nicht mit berücksichtigt werden, hilft es dem Hund und dem Besitzer wenig. Auf der anderen Seite hilft es aber auch nicht, wenn diese klinische Komponente nicht weiter verfolgt wird.

Das vorliegende Buch gibt einen ausführlichen Überblick über die Normal- und Fehlfunktionen der Schilddrüse. Es ist ein wirklich informatives Buch, welches das Thema „Schilddrüse und Verhalten“ auf dem aktuellen Stand der Wissenschaft vollständig behandelt. Für den praktischen Tierarzt ist es nützlich, weil in gut zu lesender, komprimierter Form noch einmal die Grundlagen (Anatomie, Morphologie und Physiologie) abgehandelt werden bevor auf die Schilddrüsenerkrankungen und die Diagnostik eingegangen wird. Im Abschnitt „Schilddrüsenerkrankungen und Verhaltensauffälligkeiten“ werden Therapieansätze ausführlich erläutert und mit Fallbeispielen illustriert.

Als Fazit: ein empfehlenswertes Buch für praktische Tierärztinnen und Tierärzte sowie Verhaltensmedizinerinnen und Verhaltensmediziner, für Hundetrainerinnen und Hundetrainer, sowie auch für Halter von Hunden mit einer Schilddrüsenunterfunktion.

Im Herbst 2018
Dr. med. vet. Barbara Schöning, MSc, PhD
Fachtierärztin für Verhaltenskunde
Fachtierärztin für Tierschutz
Zusatzbezeichnung Tierverhaltenstherapie

Vorwort

Vor einigen Jahren erhielt ich per Mail oder in Foren hauptsächlich Anfragen, in denen Hundehalter, die bei ihrem Hund eine Schilddrüsenunterfunktion vermuteten, Einschätzungen zu den Werten und dem Verhalten des Hundes wünschten, um zu entscheiden, ob sich der Besuch bei einem verhaltenstherapeutisch geschulten Tierarzt (der u. a. aufgrund räumlicher Distanzen auch mit hohem Aufwand verbunden sein kann) sinnvoll sei. Inzwischen gibt es in den sozialen Medien zahlreiche Foren und Gruppen, die sich auf mehr oder (leider manchmal auch weniger) hohem Niveau mit dem Thema Schilddrüsenunterfunktion bei Hunden befassen. Resultierende Fehlinformationen können nicht nur den Tierärzten das Leben schwer machen, sondern auch den betroffenen Hundehaltern. Tierärzte sind der Existenz der Subklinischen Schilddrüsenunterfunktion gegenüber aufgeschlossener, manche neigen scheinbar jedoch auch zur Überdiagnose. Inzwischen häufen sich Anfragen von Hundehaltern, die trotz T4- und T3-Substitution nach wie vor Probleme verschiedenster Art bei ihren Hunden feststellen und die an der Diagnose zweifeln lassen. Ich hoffe, dass die in diesem Buch zusammengetragenen Informationen für Ärzte und betroffene Hundehalter u. a. als Entscheidungshilfe bei unklaren Fällen dienen können.

Im Herbst 2018
Beate Zimmermann, Hellenhahn

Kontakt:
Via Mail: sdu-bei-hunden@gmx.info
Via Forum: www.yorkie-rg.net

Die Autorin steht in keinerlei Bezug zur Facebook-Gruppe mit dem Namen „Schilddrüse und Verhalten beim Hund“.

Danksagung

Ich möchte mich bei allen bedanken, die mir direkt und indirekt bei diesem Buch geholfen haben. Insbesondere die Autoren der Fallbeispiele seien hier nochmals erwähnt.

Ausdrücklich möchte ich mich bedanken bei:
Peter R., der über das Forum yorkie-rg.net eine Plattform bietet, auf der sich betroffene Hundehalter qualifiziert informieren, austauschen und Rat einholen können; Ariane U., die mich überhaupt erst auf die Idee zu diesem Buch brachte; Eva Z., die viel Zeit und Kreativität in die Abbildungen für die Parteinstiegsseiten steckte sowie Daniela J., Mirjam M. und Catrin H., die Korrektur lasen, Material sammelten und meine Klagen und schlechten Launen geduldig ertragen haben und Pascale M. für die Unterstützung bei schwierigen Textpassagen und bei altenglischen Texten. Und natürlich dem Team von Thieme, das u. a. meine grafischen Rohentwürfe so wunderbar umgesetzt hat. Mein ganz besonderer Dank gilt Dr. Bernauer-Münz und Frau Wergowski (geb. Quandt), beides verhaltenstherapeutisch geschulte Tierärztinnen und Mitglieder der GTVMT, die viele nützliche Hinweise lieferten, Detailfragen klärten und Korrektur lasen. Ebenso auch den Professoren, die meine Anfragen per Mail und telefonisch beantwortet haben und sich Zeit für die Durchsicht meiner Texte genommen haben, ebenso wie Martin P. Und vor allem und ganz besonders Sina, die mal wieder an allem Schuld ist und immer einen großen Platz in meinem Herzen hat.

Wichtige Hinweise:
Im vorliegenden Buch wird versucht, die Zusammenhänge auch für Laien möglichst einfach und klar darzustellen und die Texte nicht unnötig kompliziert zu gestalten. Dadurch verliert die Darstellung allerdings in einigen Bereichen an Genauigkeit. Alle Angaben in diesem Buch erfolgen nach bestem Wissen und Gewissen. Es wird darauf hingewiesen, dass die Behandlung Ihres Tieres nur durch einen geschulten Tierarzt erfolgen sollte. Der Verlag und die Autorin übernehmen keinerlei Haftung für Personen-, Sach- oder Vermögensschäden, die aus der Anwendung der vorgestellten Materialien, Methoden und Behandlung entstehen könnten.

Inhaltsverzeichnis

Medizinischer Teil

1 **Die Schilddrüse** 16

1.1 Die Schilddrüse als Organ – Aufgaben und Funktion 19

1.2 Die Hormone der Schilddrüse 20

1.2.1 Die Hormone im Detail 21
1.2.2 Aufgabe und Wirkung der Schilddrüsenhormone 25
1.2.3 Follikelzellen – Bildung der Schilddrüsenhormone 29
1.2.4 Transport und Speicherung der Schilddrüsenhormone 33
1.2.5 Umwandlung und Abbau der Schilddrüsenhormone 37

1.3 Besonderheiten beim Hund 38

1.4 Der Schilddrüsenregelkreis/der natürliche Hormonspiegel 40

1.4.1 Übergeordnete Hormone 40
1.4.2 Der Regelkreis 42
1.4.3 Wechselwirkung mit anderen Hormonen und Neurotransmittern 44
1.4.4 Umwelt- und sonstige Einflüsse auf den Regelkreis 45

2 **Schilddrüsenerkrankungen** 53

2.1 Schilddrüsenüberfunktion 54

2.1.1 Kropf (Struma) 54
2.1.2 Neubildungen von Gewebe 55
2.1.3 Tumore 55
2.1.4 Symptome der Schilddrüsenüberfunktion 57
2.1.5 Behandlung der Schilddrüsenüberfunktion 57

2.2 Schilddrüsenunterfunktion 58

2.2.1 Primäre Schilddrüsenunterfunktion 59
2.2.2 Sonderfall: Subklinische Schilddrüsenunterfunktion 66

2.3 Sekundäre und tertiäre Schilddrüsenunterfunktion 69

2.4 Non-Thyroidal-Illness 70

2.4.1 Schutzfunktion des Körpers: reduzierte T3-Bildung 71
2.4.2 Hemmung der Schilddrüse durch schwere Erkrankungen 71

2.4.3 Störungen im Hormonstoffwechsel . . . 72
2.4.4 Iatrogene Einflüsse . . . 72
2.4.5 Informationen zu einigen NTIs . . . 73

3 Diagnose der Schilddrüsenunterfunktion . . . 75

3.1 Anamnese . . . 75

3.2 Symptome . . . 78

3.2.1 Verhaltensänderungen . . . 78
3.2.2 Stoffwechsel- und Allgemeinbefinden . . . 81
3.2.3 Blutwerte (außer den Schilddrüsenhormonwerten) . . . 82
3.2.4 Augen . . . 83
3.2.5 Nervensystem/Neuromuskuläre Symptome . . . 84
3.2.6 Herz-Kreislauf/Kardiovaskular-System . . . 85
3.2.7 Störungen/Veränderungen im Fortpflanzungsbereich . . . 88
3.2.8 Verdauungstrakt/Gastrointestinalsystem . . . 88
3.2.9 Haut- und Fellprobleme . . . 88

3.3 Schilddrüsenprofil . . . 90

3.3.1 Das Hormon T4 . . . 92
3.3.2 Das Hormon T3 . . . 93
3.3.3 TSH . . . 94
3.3.4 cT4/cTSH-Quotient (alomed) . . . 95
3.3.5 Antikörpertests . . . 97
3.3.6 Cholesterin . . . 102
3.3.7 Der k-Wert . . . 102

3.4 Therapieversuch/diagnostischer Test . . . 103

3.5 Stimulationstests . . . 106

3.5.1 TSH-Stimulationstest . . . 107
3.5.2 TRH-Stimulationstest . . . 108

3.6 Bildgebende Verfahren . . . 109

3.6.1 Szintigrafie . . . 109
3.6.2 Sonografie . . . 109
3.6.3 Röntgen . . . 110

3.7 Schilddrüsenbiopsie . . . 110

4 **Hormonwerte und Diagnoseprobleme** ... 112

4.1 **Laborwerte und Analyseverfahren** ... 112

4.1.1 Überblick ... 112
4.1.2 Diagnostische und statistische Beurteilungskriterien ... 112
4.1.3 Analyseverfahren ... 117

4.2 **Referenzbereich** ... 127

4.3 **Einflüsse auf die Hormone** ... 130

4.3.1 Rasse ... 130
4.3.2 Alter ... 133
4.3.3 Geschlecht bzw. Zyklusphase ... 134
4.3.4 Tageszeit ... 136
4.3.5 Impfungen ... 137
4.3.6 Erkrankungen ... 137
4.3.7 Individuelle Hormonlage ... 137
4.3.8 Sonstige Einflüsse auf die Schilddrüsenhormonkonzentration ... 138

4.4 **Hinweise zu Studien** ... 139

4.5 **Analyseschritte und Beurteilung** ... 140

4.5.1 Verhaltensbewertung als Vortestwahrscheinlichkeit ... 141
4.5.2 Untersuchung ... 142
4.5.3 Analyseplan ... 142
4.5.4 Beurteilung der Werte ... 145

5 **Jod** ... 149

5.1 **Jod als chemisches Element** ... 149

5.2 **Jod in Lebewesen – Die „Erfindung“ der Schilddrüse** ... 150

5.3 **Jod im Körper** ... 151

5.3.1 Jodaufnahme, -verteilung und -ausscheidung ... 151
5.3.2 Jodaufnahme in die Schilddrüse ... 153
5.3.3 Strumige Substanzen ... 154
5.3.4 Jod und Bildung der Schilddrüsenhormone ... 155
5.3.5 Trägerproteine ... 155

5.4 **Jodversorgung** ... 156

5.4.1 Jodüberversorgung ... 156
5.4.2 Jodunterversorgung ... 157
5.4.3 Jodbedarf der Hunde ... 158

5.4.4 Jod und Fütterung ... 161
5.4.5 Rassen mit erhöhtem Jodbedarf? ... 167

5.5 Hyperthyreose bei Katzen: Jod und mögliche weitere Einflüsse ... 170

Schilddrüsenunterfunktion und Verhalten

6 Kritische Betrachtung und Überlegungen zur (Subklinischen) Schilddrüsenunterfunktion ... 174

6.1 Tabletten statt Problembewältigung? ... 174

6.2 Sind schilddrüsenkranke Hunde anders? ... 178

6.2.1 Charakterisierung verhaltensauffälliger Hunde mit (Subklinischer) Schilddrüsenunterfunktion und deren Halter ... 182
6.2.2 Denkblockade und „unfähige" Besitzer ... 182
6.2.3 Placeboeffekte bei Hund und Halter ... 184

6.3 Subklinische Schilddrüsenunterfunktion oder Traumafolge? ... 185

7 Neuere Untersuchungen ... 190

7.1 Die Untersuchungen von Jean Dodds (USA) ... 190

7.1.1 Überblick über die Untersuchung ... 191
7.1.2 Details der Untersuchungen ... 193
7.1.3 Anmerkungen zum Buch von Jean Dodds zur Schilddrüsenunterfunktion ... 200

7.2 Deutschland: Vergleich und Diskussion der Ergebnisse von Doktorarbeiten ... 203

7.2.1 TAK ... 204
7.2.2 Impfungen ... 204
7.2.3 Ermittelte Schilddrüsenwerte ... 205
7.2.4 Zusammenfassung ... 206

8 Schilddrüse und Verhalten ... 207

8.1 Klinische Symptome ... 208

8.2 Wechselwirkung mit anderen Hormonen ... 209

8.3 Wechselwirkung mit Neurotransmittern ... 209

8.4 Bedeutung von T3 für das Gehirn ... 211

8.5 Stress ... 211

8.5.1 Was löst Stress aus? Was beeinflusst Stress? ... 212
8.5.2 Hormonelle und neuronale Reaktionen bei Stress ... 215
8.5.3 Stressbewältigung – Coping-Muster ... 218
8.5.4 Stress und Schilddrüse ... 219
8.5.5 Anzeichen von Stress beim Hund ... 223

Praktischer Teil

9 Der kranke Hund – Praktische Tipps ... 226

9.1 Diagnose ... 226

9.2 Medikamente ... 227

9.2.1 Kombinationspräparate T3 und T4 ... 228
9.2.2 Natürliche Hormone ... 229

9.3 Dosierung und Medikamentengabe ... 229

9.3.1 Einstiegsdosis in Sonderfällen ... 232
9.3.2 Einflüsse auf die Dosierung ... 233
9.3.3 Dosisveränderungen ... 235
9.3.4 Sonderfall: zeitweise Hormongabe ... 236
9.3.5 Anzeichen von Über- und Unterdosierung ... 237

9.4 T3-Substitution ... 239

9.5 Abklingen der Symptome ... 240

9.6 Therapieversagen ... 241

9.7 Begleiterkrankungen und Folgekrankheiten ... 241

9.8 Nachfolgende Blutuntersuchungen ... 242

9.9 Training: Besuch beim Tierarzt ... 244

9.10 Ernährung ... 247

9.10.1 Grundsätzliches zur Ernährung ... 247
9.10.2 Jodversorgung bei Schilddrüsenunterfunktion ... 248
9.10.3 Strumige und umweltschädliche Substanzen ... 249
9.10.4 Spurenelemente ... 251
9.10.5 Fett/Eiweiß ... 252
9.10.6 Nahrungsergänzungsmittel ... 253
9.10.7 Gewichtsreduzierung ... 253

9.11 Mustertagebuch ... 255

9.12 Umgang mit dem gestressten Hund ... 255

9.12.1 Steigerung des Selbstvertrauens ... 260
9.12.2 Verhaltensmuster ... 260
9.12.3 Erlerntes Entspannungssignal ... 261
9.12.4 Gezielte Körperkontakte ... 262
9.12.5 Angst und Stimmungsübertragung ... 263
9.12.6 Shaping, Clickertraining ... 264

9.13 Halsband oder Geschirr? ... 265

9.14 Sonstiges ... 266

10 Erfahrungsberichte ... 267

10.1 Sina, die Wilde ... 268
Beate Zimmermann

10.2 Jack, die „Ängstliche" ... 271
Cornelia Harms

10.3 Chaka, der typische Schilddrüsenhund ... 274
Cornelia Harms

10.4 Spike, der Unbeständige ... 278
Claudia Münning

10.5 Elly, die Widersprüchliche ... 282
Daniela Rettig

Anhang

11 Einige Medikamente und Wirkstoffe mit Einfluss auf die Schilddrüse ... 288

12 Synonyme ... 292

13 Abkürzungsverzeichnis ... 292

14 Umrechnungsfaktoren ... 294

15 Literaturverzeichnis ... 294

Sachverzeichnis ... 297

Medizinischer Teil

1 Die Schilddrüse *16*

2 Schilddrüsenerkrankungen *53*

3 Diagnose der Schilddrüsenunterfunktion *75*

4 Hormonwerte und Diagnoseprobleme *112*

5 Jod *149*

Quelle: Eva Zimmermann, Hellenhahn

1

1 Die Schilddrüse

Zusammenfassung

Die Schilddrüse ist ein unscheinbares Organ im Halsbereich. Dennoch ist sie von entscheidender Bedeutung, da sie auf fast alle Organe einen mehr oder weniger großen Einfluss hat. Um zu verstehen, wie sich Schilddrüsenerkrankungen auswirken, ist es daher wichtig, sich zunächst mit der Funktion der Schilddrüse zu befassen.
Die Schilddrüse produziert Hormone. Die Schilddrüsenhormone erfüllen im Körper verschiedene Aufgaben. Üblicherweise bezeichnet man lediglich die Hormone T3 und T4 als Schilddrüsenhormone. Diese werden in speziellen Zellkomplexen der Schilddrüse, den sog. Follikeln, aus Aminosäuren (Eiweißen) und Jod gebildet. Daher ist Jod für die Schilddrüsenfunktion von entscheidender Bedeutung.
Die Produktion der Schilddrüsenhormone erfolgt in einem Regelkreis, auf den zahlreiche Einflussfaktoren einwirken und ist im gesunden Körper an die Erfordernisse von Körper und Umwelt angepasst.
Ein Überblick über die relevanten Hormone ist der ► Tab. 1.1 zu entnehmen.

Hintergrundwissen

Schilddrüsenforschung vor 100 Jahren

Ende des 19. Jh./Anfang des 20. Jh. hatte man festgestellt, dass Tiere, denen man die Schilddrüse entfernte, mehr oder weniger schnell ein „ungünstiges" Ende nahmen. Tiere verendeten oft unter massiven Krämpfen. Daher war man bemüht, ein Präparat zu finden, welches das Überleben der Tiere sicherte.
Es fanden zahlreiche Forschungen statt, bei denen die Schilddrüsen geschlachteter Tiere auf verschiedene Arten weiter behandelt wurden, verschiedene Extrakte hergestellt wurden und die Produkte verschiedenen Tieren auf unterschiedliche Arten zugeführt wurden. Die Ergebnisse der einzelnen Studien unterscheiden sich ähnlich stark, wie der jeweils verwendete Forschungsansatz. Dementsprechend unklar blieb auch lange, welche Substanz eigentlich für die Wirkung der Schilddrüse verantwortlich ist.
Gängig war das Merck'sche Schilddrüsenpulver. Es wurde empfohlen, zur Herstellung die ganze getrocknete Drüse zu verwenden, da diese den relevanten Stoff auf jeden Fall enthalte, egal um welchen Stoff es sich nun tatsächlich handeln würde.
Dennoch verendeten manche Tiere weiterhin unter Krämpfen, bei manchen hingegen wirkten die Schilddrüsenpräparate.
Thyreoproteid wurde als eine giftige Substanz im Körper identifiziert. Aufgrund der festgestellten Krämpfe nahm man an, dass Thyreoproteid sich nach einer Entfernung der Schilddrüse im Körper ansammelt und durch spezielle Sekrete der Schilddrüse neutralisiert werden müsse. Die Schilddrüse wurde daher als Schutzorgan für Körper und Nerven gegen giftige Stoffwechselprodukte verstanden.

Erst als man die Epithelkörperchen (Parathormon) als eigenständige Hormondrüsen verstand, legte sich ein Teil der herrschenden Verwirrung. Je nach Tierart befinden sich die Epithelkörperchen in der Nähe der Schilddrüse, auf oder in der Schilddrüse. Daher werden sie bei der Entfernung der Schilddrüse nicht immer vollständig entfernt, andererseits können bei der Herstellung der Schilddrüsenpräparate auch mehr oder weniger viele Epithelkörper und deren Wirkstoffe enthalten sein.
Aber auch mit dieser Erkenntnis blieben noch zahlreiche Fragen offen.

Man stellte unter anderem fest, dass die Schilddrüsenpräparate, die man von im Sommer oder Herbst geschlachteten Tieren herstellte, wirksamer waren als die von Tieren, die im Winter geschlachtet wurden.
Schilddrüsen frisch geschlachteter Tiere zeigten weniger oder gar keine Effekte, wohingegen behandelte Schilddrüsen eine Wirkung zeigten (je nachdem, wie diese behandelt wurden). Gegenteilige Ergebnisse waren jedoch auch zu finden.
Jod wurde teilweise als völlig irrelevant für die Schilddrüse betrachtet und teilweise als essenzieller Faktor. Präparate mit geringem Jodgehalt waren teilweise wesentlich wirksamer als solche mit höherem Jodgehalt.
Anfang des 20. Jh. wurde Thyroxin entdeckt und auf seine Wirksamkeit hin untersucht. Die Gewinnung war zunächst noch sehr aufwändig: aus 3000 kg Schilddrüsengewebe konnten lediglich 33 g Thyroxin gewonnen werden. Hinsichtlich der Wirksamkeit gab es unterschiedliche und widersprüchliche Untersuchungen. Thyreoglobulin wurde eine stärkere Wirkung zugeschrieben als Thyroxin. Synthetisches oral zugeführtes Thyroxin erwies sich als unwirksam. Daher wurde Thyroxin teilweise nur als Hormonbruchstück eines ganzen Hormons verstanden oder die Vermutung angestellt, dass es noch weitere aktive Substanzen geben müsse. Andere Untersuchungen zeigten das Vorliegen von zwei optischen Isomeren, von denen das L-Thyroxin wirksamer war.
Bei allen Diskussionen über die Wirksamkeit ging die Tendenz aber dahin, Thyroxin als „unzweifelhaft" wichtigen Bestandteil der Schilddrüse zu interpretieren.
Inzwischen sind viele der Forschungsberichte in Vergessenheit geraten, einige Forschungen werden jedoch auch heute noch zitiert, da sie wertvolle Basisarbeit geleistet haben – auch wenn die Interpretationen der Ergebnisse heute zum Teil anders ausfallen, als zur Zeit der Forschungsarbeit.
Inzwischen weiß man über die Schilddrüse und die Wirkung der Schilddrüsenhormone sehr viel mehr. Dennoch gibt die Schilddrüse noch genug Rätsel auf, sodass zahlreiche Diplom- und Doktorarbeiten, Kongresse und Fachdiskussionen sich mit diesem Thema befassen – sowohl in der Human- als auch in der Veterinärmedizin.
In diesem Buch wurde versucht, die aktuellen praxisrelevanten Forschungsergebnisse zusammenzustellen.

Tab. 1.1 Überblick über die Schilddrüsenhormone und deren Aufgaben.

Hormon	Bildungsort	Aufgabe des Hormons	Bedeutung
diagnostisch relevante Schilddrüsenhormone			
T4 (Thyroxin)	Follikel der Schilddrüse	Beeinflussung des (Zell-) Stoffwechsels im weitesten Sinne	biologisch weniger wirksames Schilddrüsenhormon, daher häufig als Prohormon oder Transportform von T3 bezeichnet Eigenständige Wirkungen werden diskutiert, z. B. Haarwachstum
T3 Trijodthyronin	Follikel der Schilddrüse, aus T4 an Wirkorten (Körperzellen), aus T4 als Abbauprodukt (z. B. Leber)		biologisch sehr wirksames Schilddrüsenhormon, z. B. stoffwechselanregende und genexpressive Wirkung.
diagnostisch nicht relevante Schilddrüsenhormone			
rT3 (reverses Trijodthyronin)	Schilddrüse, v. a. aus T4 an Wirkorten (Körperzellen), aus T4 als Abbauprodukt (z. B. Leber)	biologisch inaktive Hormonform, d. h. keine hormonelle Wirkung	vermehrte Bildung bei schweren Krankheiten anstelle von T3, dadurch stoffwechselreduzierende Wirkung („Ruhigstellung" des Körpers)
MIT (3-Monojodtyrosin)	Schilddrüse, aus T4 an Wirkorten (Körperzellen), aus T4 oder T3 als Abbauprodukt (z. B. Leber)	geringe oder keine biologische Bedeutung	Schilddrüsenhormone ohne Bedeutung bezüglich der Schilddrüsenunterfunktion, Abbauprodukte oder Vorstufen der Schilddrüsenhormone
DIT (3,5-Dijodtyrosin)	Schilddrüse, aus T4 an Wirkorten (Körperzellen), aus T4 oder T3 als Abbauprodukt (z. B. Leber)	geringe biologische Bedeutung	Schilddrüsenhormone ohne Bedeutung bezüglich der Schilddrüsenunterfunktion, Abbauprodukte oder Vorstufen der Schilddrüsenhormone
weitere Hormone aus dem Bereich der Schilddrüse			
Kalzitonin	C-Zellen der Schilddrüse	Kalzium-Regulation	reduziert Kalzium-Konzentration im Blut
PTH (Parathormon)	Nebenschilddrüse	Kalzium-Regulation	erhöht Kalzium-Konzentration im Blut
die Schilddrüse direkt regulierende Hormone			
TSH (thyreoidea-stimulierendes Hormon, Thyreotropin)	Adenohypophyse	regt die Schilddrüse an	übergeordnetes Hormon im Regelkreis der Schilddrüse diagnostisch relevant
TRH (TSH-Releasing-Hormon, Thyreoliberin)	Hypothalamus	wirkt aktivierend auf die Adenohypophyse und über deren vermehrte TSH-Bildung aktivierend auf die Schilddrüse	übergeordnetes Hormon im Regelkreis diagnostisch nicht von Bedeutung

1.1 Die Schilddrüse als Organ – Aufgaben und Funktion

Zusammenfassung 

Die Schilddrüse befindet sich im Halsbereich. Sie produziert verschiedene lebenswichtige Hormone. Größe und Gewicht der Schilddrüse hängen von mehreren Faktoren ab.

Die Schilddrüse liegt beiderseits der Speiseröhre in unmittelbarer Nähe des Kehlkopfes.

Bei einigen Tierarten sind die beiden Schilddrüsenhälften durch den sog. **Isthmus** miteinander verbunden. Bei anderen (z. B. dem Hund) wird der Isthmus im Laufe der individuellen Entwicklung, insbesondere bei kleineren Rassen, zurückgebildet. Bei kurzköpfigen Hunderassen ist der Isthmus hingegen häufig vorhanden. In seltenen Fällen kann er ebenfalls Drüsengewebe enthalten.

Die Schilddrüse ist von zahlreichen Nerven durchzogen und sehr stark durchblutet, stärker als z. B. die Nieren. Im Gegensatz zu den meisten anderen Organen besitzt sie ein sehr hohes Regenerationsvermögen: Werden Teile der Schilddrüse verletzt oder entfernt, findet eine Neubildung von Schilddrüsengewebe statt – und zwar so lange, bis die Schilddrüse wieder in vollem Umfang funktionsfähig ist. Diese Neubildung wird durch die Hypophyse (im Gehirn gelegene Hirnanhangsdrüse) und die von ihr gebildeten Hormone gesteuert.

Das **Schilddrüsengewicht** bei Hunden wird in der Literatur unterschiedlich angegeben, beträgt jedoch weniger als das der menschlichen Schilddrüse (20–30 g). Beim Hund nimmt das Gewicht der Schilddrüse mit der Körpergröße des Hundes zu, allerdings nicht im gleichen Verhältnis. So ist das Gewicht der Schilddrüse bei leichten Hunden relativ höher als bei schweren Hunden.

Größe und Gewicht der Schilddrüse sind von zahlreichen Faktoren abhängig. In Bezug zur Körpergröße ist die Schilddrüse bei Fleischfressern am größten. Bei kastrierten Tieren ist das Gewicht der Schilddrüse scheinbar höher als bei unkastrierten Tieren.

Weitere Einflussfaktoren sind ▸ Tab. 1.2 zu entnehmen.

Die Aufgabe der Schilddrüse ist die Produktion verschiedener Hormone, die entscheidenden Einfluss auf den Gesamtstoffwechsel haben. Einen Überblick über die gebildeten Hormone und ihre Funktion gibt ▸ Tab. 1.1. Trijodthyronin (T3) und Thyroxin (T4), also die Hormone, die im Zusammenhang mit Schilddrüsenerkrankungen die größte Bedeutung haben, werden in den Follikeln gebildet und gespeichert. Üblicherweise bezeichnet man lediglich die Hormone T3 und T4 als Schilddrüsenhormone.

Tab. 1.2 Einflüsse auf die Ausbildung der Schilddrüse.

individuelle Einflüsse	Umwelteinflüsse
Alter	Fütterung
Geschlecht	Haltung
Art/Rasse/Größe	Jahreszeit
Funktionsbeanspruchung	Klima
Stoffwechsellage	Geografie
Sexualzyklus, Trächtigkeit	Jodgehalt des Bodens/der Luft

1

Definitionen 

Follikel
Follikel sind hohlkugelartige Zellzusammenschlüsse im Gewebe der Schilddrüse.

Ektopisches Schilddrüsengewebe
Bei Hunden und Katzen findet sich oft Schilddrüsengewebe außerhalb der Schilddrüse (ektopisches oder akzessorisches Gewebe), bevorzugt im Bereich der Luftröhre, des Zungengrundes oder im Brustraum, z. B. am Herz. Vermutlich haben rund 5 % aller Hunde ektopisches Gewebe. Dieses Schilddrüsengewebe ist meist hormonell inaktiv. Produziert es aber Schilddrüsenhormone, kann dies zu einer Schilddrüsenüberfunktion) führen, da es keiner Regulation unterliegt.

Neben den Follikeln gibt es 2 weitere Zelltypen im Bereich der Schilddrüse:

- die parafollikulären oder C-Zellen, die zwischen den Follikeln der Schilddrüse eingebettet liegen und das Hormon Kalzitonin produzieren,
- 4 Epithelkörperchen (Nebenschilddrüse = Parathyreoidea), die das Parathormon produzieren.

Die in diesen Zellen gebildeten Hormone sind zwar auch von wesentlicher Bedeutung für den Körper, aber nicht im Hinblick auf eine Schilddrüsenfehlfunktion.

1.2 Die Hormone der Schilddrüse

Zusammenfassung 

Von der Schilddrüse werden verschiedene Hormone gebildet. Im Hinblick auf eine Schilddrüsenfehlfunktion sind die Hormone Thyroxin (T4) und Trijodthyronin (T3) von entscheidender Bedeutung.
Zur Hormonbildung in den Follikeln ist Jod erforderlich, welches an die Aminosäure Tyrosin gebunden wird.
Der Transport der Schilddrüsenhormone findet im Blut statt, wo sie an Trägerproteine gebunden sind. Die Trägerproteine erfüllen verschiedene Aufgaben.
Der Abbau der Schilddrüsenhormone kann über verschiedene Wege erfolgen. In der Regel erfolgt ein Abbau von T4 im Rahmen der Hormonwirkung über die Zwischenstufe T3.
Die Produktion der Schilddrüsenhormone wird durch andere Hormone (TSH und TRH) angeregt und geregelt. Zugleich wirken aber auch die Schilddrüsenhormone selbst regulierend auf die Schilddrüse ein (negative Rückkopplung). Außerdem beeinflussen verschiedene Faktoren im Körper und in der Umwelt die Hormonproduktion. Dies können z. B. weitere Hormone (wie die Stresshormone) sein, aber auch Medikamente, schwankende Temperaturen und vieles mehr. Diese Einflüsse werden in einem gesunden Körper durch den Regelkreis der Schilddrüse bis zu einem bestimmten Umfang verarbeitet und die Hormonproduktion so den Erfordernissen angepasst.
Neben den Hormonen T3 und T4 werden weitere Hormone, u. a. rT3, Kalzitonin und Parathormon in der Schilddrüse gebildet.

1.2.1 Die Hormone im Detail

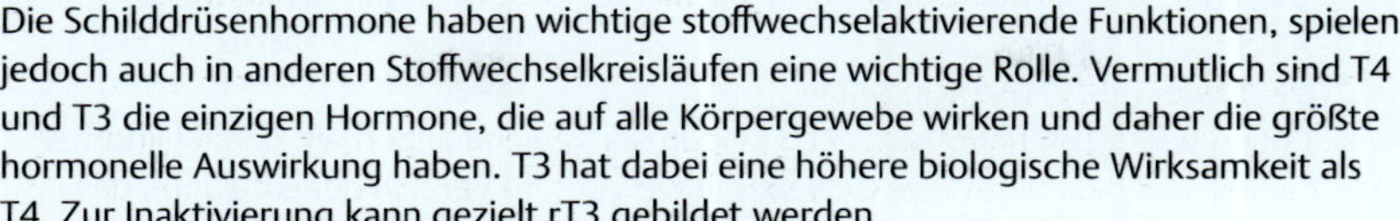

Zusammenfassung ✓

Die Schilddrüsenhormone haben wichtige stoffwechselaktivierende Funktionen, spielen jedoch auch in anderen Stoffwechselkreisläufen eine wichtige Rolle. Vermutlich sind T4 und T3 die einzigen Hormone, die auf alle Körpergewebe wirken und daher die größte hormonelle Auswirkung haben. T3 hat dabei eine höhere biologische Wirksamkeit als T4. Zur Inaktivierung kann gezielt rT3 gebildet werden.

Die Vorstufen DIT und MIT sind vermutlich biologisch nur wenig relevant.

Das Parathormon sowie sein Gegenspieler Kalzitonin regulieren den Kalziumstoffwechsel. Beide Hormone sind im Hinblick auf eine Schilddrüsenunter- oder -überfunktion nur in Ausnahmefällen von Bedeutung.

Die Hormone werden in der Schilddrüse gebildet, dort gespeichert und je nach Bedarf ins Blut abgegeben. In der Regel findet eine kontinuierliche Hormonabgabe statt und die Menge des aus der Schilddrüse (in den Schilddrüsenhormonen enthaltenen und) abgegebenen Jods und des aus dem Blut aufgenommenen Jods ist gleich.

Thyroxin (T4)

Von der in der Schilddrüse gebildeten und ausgeschiedenen Hormonmenge entfallen rund 80 % auf das Thyroxin (= T4), welches ausschließlich in der Schilddrüse produziert wird (Strukturformel siehe ► Abb. 1.1). Ein Großteil des T4 wird im jeweiligen Zielorgan, also in den verschiedenen Körperzellen, in T3 umgewandelt. Der Hauptabbauweg von T4 ist somit identisch mit dem Hauptbildungsweg von T3, nämlich der Umwandlung von T4 zu T3 außerhalb der Schilddrüse.

Weil ein Großteil des T4 in T3 umgewandelt wird, wird Thyroxin häufig auch als **Prohormon oder Transportform** für T3 bezeichnet. Es dient als Speicher, um die tagesperiodischen Schwankungen im T3-Bedarf oder Schwankungen in der Schilddrüsenhormonproduktion auszugleichen. Allerdings werden T4 auch eigenständige Wirkungen zugeschrieben. So fördert Thyroxin z. B. das Haarwachstum. Ferner beeinflusst es die Zellmembran, indem es ihre Durchlässigkeit für Kalzium verändert.

Bei einer starken Schilddrüsenüberfunktion kann sich eine Thyreotoxikose entwickeln (s. Kap. 2.1.4).

Da die Kinetik und Stoffwechselaktivität der Schilddrüsenhormone auch vom Trägerprotein (s. Kap. 1.2.4) abhängig ist, ist die biologische Bedeutung von T4 tierartspezifisch unterschiedlich zu beurteilen.

Trijodthyronin (T3)

Trijodthyronin oder Thyronin (T3) ist ein sehr instabiles Hormon, das schnell abgebaut wird (Strukturformel s. ► Abb. 1.1). Deshalb wird der weitaus größte Teil (ca. 80 %) nicht in der Schilddrüse produziert und in den Blutkreislauf abgegeben, sondern direkt im Zielorgan (extrathyreoidal) aus T4 gebildet. Dies ermöglicht eine genaue, schnelle und schilddrüsenunabhängige Dosierung des Hormons „vor Ort“ im Zielorgan. Die T3-Konzentration im Blut ist entsprechend gering. T3 liegt im Blut (wie auch T4) weitgehend gebunden vor: Ein Teil des T3 ist an Erythrozyten gebunden, der größte Teil ist jedoch locker an Trägerproteine (s. Kap. 1.2.4) gebunden.

Thyroxin = T4
(3, 5, 3', 5'-Tetrajodthyronin)

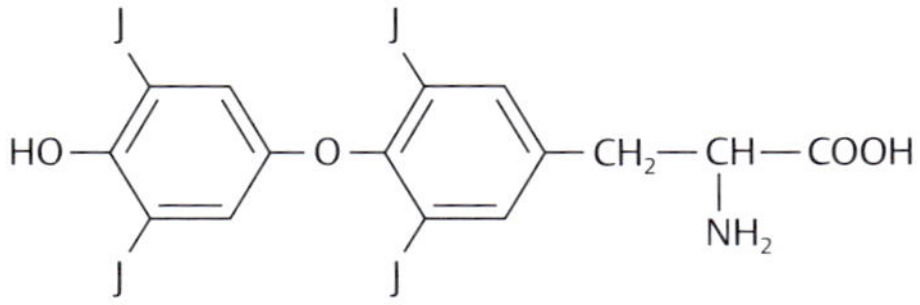

J J
HO—O—CH_2—CH—COOH
NH_2
J J

Trijodthyronin = T3
(3, 5, 3'-Trijodthyronin)

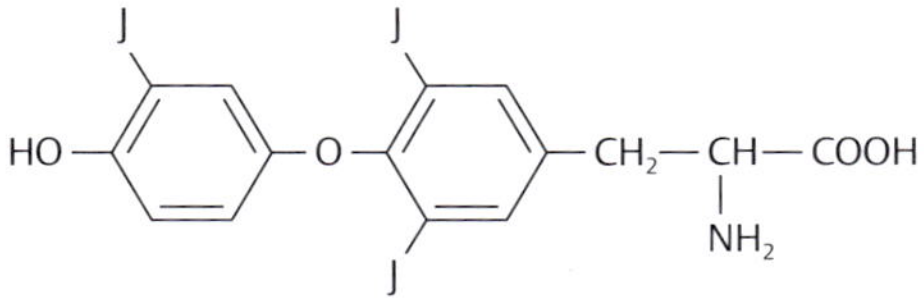

J J
HO—O—CH_2—CH—COOH
NH_2
J

reverses Trijodthyronin = rT3
(3, 3', 5'-Trijodthyronin, inaktiv)

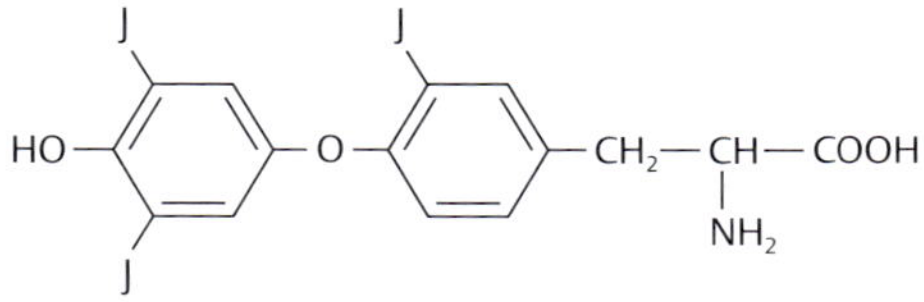

J J
HO—O—CH_2—CH—COOH
NH_2
J

Abb. 1.1 Strukturformel von T4 (Thyroxin), T3 (Trijodthyronin) und rT3 (reverses Trijodthyronin). (Quelle: Löscher W, Richter A. Lehrbuch der Pharmakologie und Toxikologie für die Veterinärmedizin, 4. Aufl. Stuttgart: Thieme; 2016)

Die Umwandlung von T4 zu T3 findet vor allem in der Leber und den Nieren statt, aber auch im Gehirn, im Herz, in der Skelettmuskulatur und in den meisten Körperzellen (▶ Tab. 1.3, Wirkungsorte Dejodasen 1 und 2). Bei einer Schilddrüsenunterfunktion können besonders die Organe mit einem hohen T3-Bedarf in Mitleidenschaft gezogen werden. Eine Besonderheit des **Gehirns** besteht darin, dass der größte Teil des hier benötigten T3 (70–80 %) unmittelbar im Gehirn aus T4 erzeugt wird, während in anderen Geweben größere Mengen T3 aus dem Blut aufgenommen werden. Daher ist die T4-Serumkonzentration von großer Bedeutung für die T3-Konzentration im Gehirn.

Die Umwandlung erfolgt unter Beteiligung von speziellen selenhaltigen Enzymen, den Dejodasen 1–3, welche die Abspaltung von Jod bewirken (▶ Tab. 1.3). Bei niedrigem T4-Spiegel steigt die Dejodase-Aktivität, sodass trotzdem noch genügend T3 für die Versorgung wichtiger Hirnzentren gebildet werden kann.

Die T3-Bildung wird durch hohe Nahrungszufuhr (**Überfütterung**) angeregt.

Bei **Jodmangelversorgung** wird in der Schilddrüse bevorzugt T3 gebildet, ebenso bei einer **Schilddrüsenunterfunktion**. Daher weisen hypothyreote Hunde zum Teil noch normale T3-Werte auf, während die T4-Werte bereits abgesunken sind. **Jüngere Tiere** haben einen höheren T3-Spiegel, um den hohen Stoffwechselanforderungen des schnell wachsenden Organismus gerecht zu werden.

Tab. 1.3 Dejodasen.

	D1	D2	D3
Wirkungsort (Organe)	Leber, Niere, Schilddrüse, Muskeln, Hypophyse, ZNS (?)	in niedriger Konzentration in den meisten Körperzellen vorhanden, besonders in Skelettmuskulatur, Osteoblasten, braunem Fettgewebe, Herz, Plazenta, ZNS, Haut, Hypophyse, Schilddrüse	Lunge, ZNS, Plazenta, Skelettmuskulatur Haut (nicht bei Hunden)
Wirkungsort (Zelle)	vorwiegend in Zellmembranen, aber auch im endoplasmatischen Retikulum	intrazellulär im endoplasmatischen Retikulum	vorwiegend in Zellmembranen
Dejodierungsstelle	äußerer Benzolring (5 und 5´)	äußerer Benzolring (nur 5´)	innerer Benzolring (5)
Wirkung	Abbau rT3 zu 3,3´-T2 in geringerem Umfang: Umwandlung T4 in T3 Bereitstellung von T3 im Blutplasma	Umwandlung T4 in T3 und somit Bereitstellung intrazelluläres T3 in verschiedenen Geweben Abbau rT3 zu 3,3´-T2 Bewirkt negative Rückkopplung von T4 auf TSH-Freisetzung	Inaktivierung von T4 und T3 durch Umwandlung von T4 in rT3 bzw. T3 zu T2 Funktion noch nicht endgültig geklärt, möglicherweise Schutz von ZNS und Fötus vor überschüssigem T3
Bemerkung		wird verstärkt bei entzündlichen Reaktionen gebildet. Es wird eine Verbindung zwischen lokaler Hypo- und/oder Hyperthyreose an Gelenkknorpeln und Arthrose angenommen.	relativ hohe Konzentrationen bei Föten. erhöhte Aktivität bei Entzündungen, Tumoren, Sauerstoffmangel

T3 hat eine sehr viel höhere biologische Wirksamkeit (Aktivität) als T4, da seine Affinität für den Schilddrüsenhormonrezeptor höher ist. T3 beeinflusst zum einen den Zellstoffwechsel, indem es die Mitochondrien, die Energiefabriken der Zellen, anregt. Zum anderen beeinflusst es aber auch verschiedene durch den Zellkern gesteuerte Vorgänge, wie z. B. die Proteinbildung. Das heißt, T3 hat genexpressive Wirkung. Über die Proteinbildung und die daraus resultierende Stoffwechselbeeinflussung hat T3 auch eine Auswirkung auf das **Verhalten**. Eine direkte verhaltensbeeinflussende Wirkung ergibt sich zudem aus der Beeinflussung der **Neurotransmitter** im Hirn (z. B. Serotonin). Eventuell ist T3 auch selbst als Neurotransmitter wirksam (Details s. Kap. 8.4).

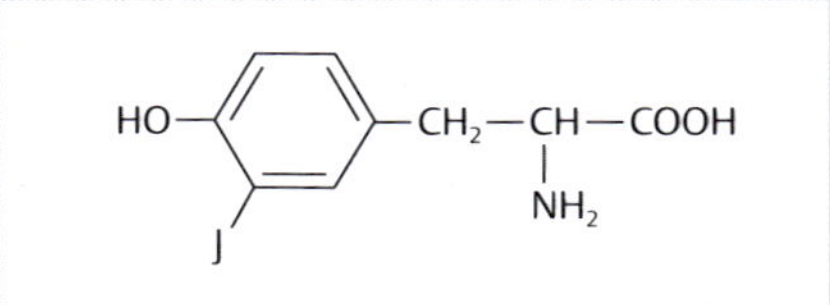

Abb. 1.2 Strukturformel MIT (3-Monojodtyrosin).

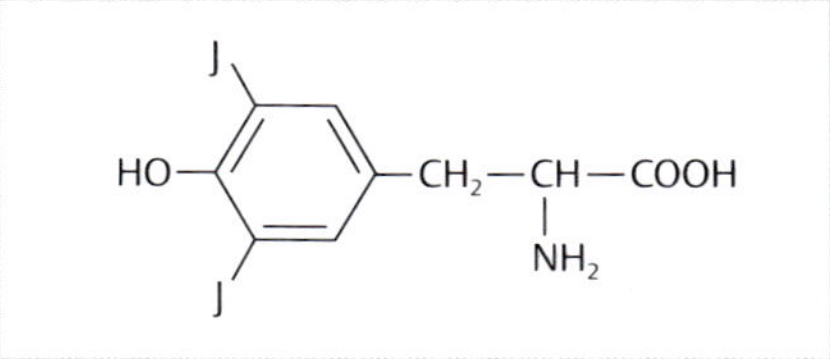

Abb. 1.3 Strukturformeil DIT (3,5-Dijodtyrosin).

Reverses Trijodthyronin (rT3)

Reverses Trijodthyronin (rT3, s. ▸ Abb. 1.1) entsteht nur zu einem sehr geringen Anteil in der Schilddrüse selbst, in der Regel wird es ebenso wie T3 im Zielorgan „vor Ort" aus T4 gebildet. rT3 ist die biologisch inaktive, also unwirksame Form des T3. Es wird bevorzugt gebildet, wenn ein herabgesetzter Energieverbrauch für den Organismus notwendig ist. Dies ist z. B. bei einigen schweren und/oder fiebrigen Erkrankungen, Erschöpfungszuständen sowie bei Nährstoffmangel der Fall. rT3 wird dann zulasten von T3 gebildet, d. h., eine vermehrte Bildung von rT3 hat eine verminderte Bildung von T3 zur Folge. Durch die daraus folgende Abnahme des T3-Spiegels wird der Grundumsatz des Körpers gesenkt: rT3 besetzt und blockiert Rezeptoren, an die sich normalerweise T3 binden könnte. Man vermutet, dass rT3 die Aufgabe hat, den Körper während des Verlaufs schwerer Krankheiten „ruhigzustellen". Dieses Phänomen ist als **„Low-T3-Syndrom"** bekannt (s. Kap. 2.4.5).

3-Monojodtyrosin (MIT) und 3,5-Dijodtyrosin (DIT)

3-Monojodtyrosin (MIT) (Strukturformel ▸ Abb. 1.2) und 3,5-Dijodtyrosin (DIT) (Strukturformel ▸ Abb. 1.3) sind Vorstufen bzw. Abbauprodukte der eigentlich bedeutsamen Schilddrüsenhormone T3 und T4. Ebenso wie diese bestehen sie in der Basis aus einer Aminosäure, an die 1 oder 2 Jodatome angelagert wurden.

Auch wenn es Hinweise darauf gibt, dass z. B. DIT im Leberstoffwechsel entscheidende Funktionen hat, können diese Vorstufen im Hinblick auf die Wirkung der Schilddrüsenhormone vernachlässigt werden.

Kalzitonin

Kalzitonin wird in den C-Zellen, oder parafollikulären Zellen der Schilddrüse gebildet und ist ein Peptidhormon. Es wird bei einem hohen Kalzium-Spiegel (Hyperkalzämie) gebildet und reduziert die Kalzium-Konzentration im Blut. Hierzu verringert es die Kalzium-Freisetzung aus den Knochen und erhöht die Kalzium- (und Phosphat-)Ausscheidung der Nieren. Es stellt den Gegenspieler zum Parathormon dar.

Parathormon (PTH)

Das Parathormon (Nebenschilddrüsenhormon, PTH) wird in der Nebenschilddrüse gebildet und stellt den Gegenspieler des Kalzitonins dar. Es ist ebenfalls ein Peptidhormon und steigert die Kalzium-Konzentration im Blut, indem es die Kalziumfreisetzung aus den Knochen erhöht und die Kalzium-Rückgewinnung aus dem Primärharn verstärkt. Das Parathormon wirkt zusammen mit Kalzitrol, einer Substanz, die aus Vitamin D gebildet wird.

Hintergrundwissen i

Das Parathormon ist (neben Aldosteron, einem Nebennierenhormon, welches durch die Nieren den Elektrolyt- und Wasserhaushalt im Körper reguliert), ein lebensnotwendiges Hormon beim Menschen. Ein Ausfall des Parathormons kann nicht ausgeglichen werden und ist innerhalb kurzer Zeit tödlich.

1.2.2 Aufgabe und Wirkung der Schilddrüsenhormone

Zusammenfassung 

Die wichtigsten Schilddrüsenhormone sind T3 und T4. Die aus der Schilddrüse freigesetzte T4-Menge sowie die im Blut zirkulierende Menge sind bedeutend größer als die T3-Menge. T3 hat jedoch die größere biologische Wirksamkeit. Es wird davon ausgegangen, dass 85 – 90 % der hormonellen Wirkung auf T3 zurückzuführen ist und lediglich 10 – 15 % auf T4. Durch Umwandlung des weniger aktiven T4 in das hoch aktive T3 mithilfe von Dejodasen wird eine schnelle situationsbezogene Hormonverfügbarkeit „vor Ort“ realisiert.

Die Hormone wirken in allen Körpergeweben. Ihre Hauptaufgabe ist im sich entwickelnden Körper die Wachstumssteuerung, im ausgewachsenen Körper die Regulation des Stoffwechsels. In der einzelnen Körperzelle greifen die Hormone in ihrer Wirkung sowohl am Zellkern als auch im Zellstoffwechsel an.

Die Schilddrüsenhormone spielen bei fast allen Prozessen im Körper eine wichtige Rolle. Sie werden ins Blut abgegeben und können so auf alle Gewebe des Körpers einwirken. Die Wirkung in den jeweiligen Zielgeweben und Organen kann zeitlich in 2 Phasen eingeteilt werden:

- **Sofortphase:** Über die Erhöhung des Sauerstoffverbrauchs der Zellen wird der Stoffwechsel angeregt, das führt u. a. zu Wärmeproduktion.
- **Protrahierte Phase:** langfristiger Effekt der genexpressiven Wirkung (▸ Abb. 1.4). T3 aktiviert den Zellkern und bewirkt eine gesteigerte Protein- bzw. Enzymbildung sowie eine Steigerung der Enzymaktivität und des Kohlenhydratstoffwechsels. (Kohlenhydrate dienen dem Körper als kurzfristige Energielieferanten.)

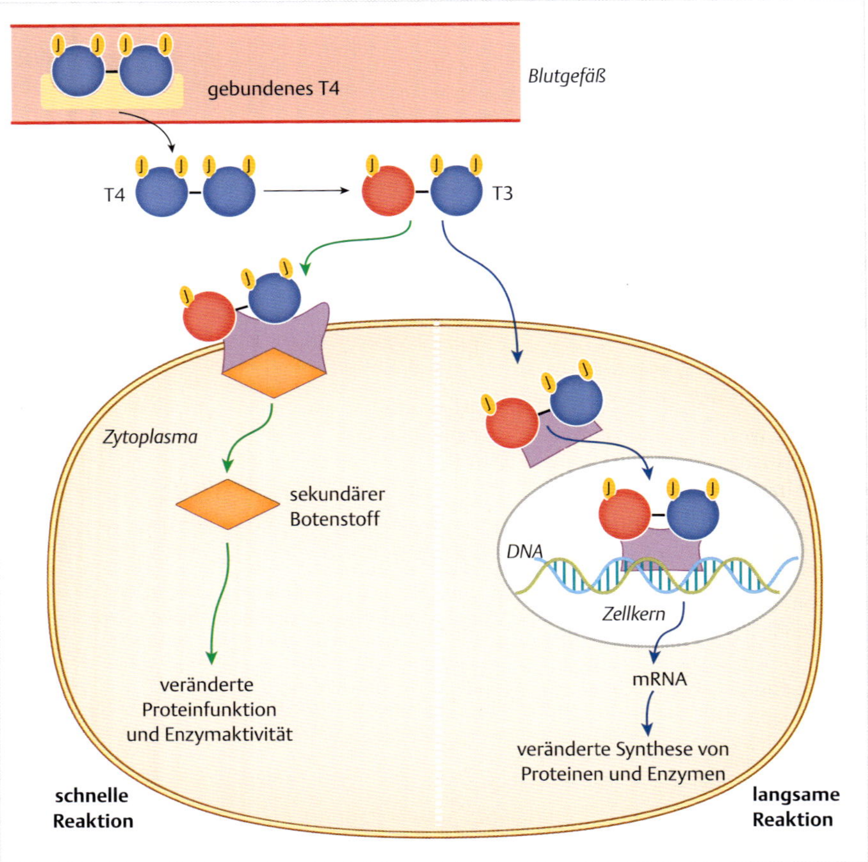

Abb. 1.4 Wirkungsweise der Hormone über sekundäre Botenstoffe oder Genexpression. Bei der schnellen Reaktion bindet das Hormon an einen Rezeptor in der Zellwand, der direkt an einen sog. sekundären Botenstoff gekoppelt ist. Dieser sekundäre Botenstoff wird freigesetzt und führt zu veränderten Proteinfunktionen und Enzymaktivitäten. Bei der langsamen Reaktion wird das Hormon in den Zellkern transportiert und bindet dort an einen Rezeptor. Diese Hormon-Rezeptor-Komplexe beeinflussen die Genexpression und führen dadurch zu einer veränderten Synthese von Proteinen und Enzymen.

Definition 

Genexpression (bezogen auf Proteinsynthese)
Die in der Zelle stattfindende Umsetzung der genetischen Information in „Bauanleitungen": Ablesen der Gensequenz (DNA) und Bildung des Proteins durch Anordnung der Aminosäuren entsprechend den Informationen (Transkription und Translation).

Die Schilddrüsenhormone haben eine wichtige Funktion bei Wachstum und Entwicklung. So können **Wachstumshormone** nur im Zusammenspiel mit den Schilddrüsenhormonen wirksam werden und z.B. Einfluss auf die **Proteinsynthese** ausüben. Im wachsenden Körper ist daher die Konzentration der Schilddrüsenhormone 2–5-fach höher als im ausgewachsenen Körper.

Je nach individuellem Entwicklungsstand des Lebewesens regulieren die Schilddrüsenhormone verschiedene Vorgänge im Körper. Je jünger die Tiere sind, desto schwerwiegender wirkt sich ein Mangel an Schilddrüsenhormonen aus. Beim Embryo sind die Schilddrüsenhormone sehr stark am Aufbau des Nervensystems, der **Entwicklung des Gehirns** und auch des Verdauungstraktes beteiligt. Ferner spielen sie eine wichtige Rolle bei der Lungenreifung. Ein vorgeburtlicher Mangel an Schilddrüsenhormonen führt zu Kretinismus, das heißt einer gestörten Entwicklung von Skelett und Zentralem Nervensystem, u. a. mit resultierendem Zwergwuchs und Schwachsinn.

In der sogenannten kritischen Phase nach der Geburt reagiert das Gehirn sehr empfindlich auf Schwankungen der Schilddrüsenhormonkonzentrationen. In dieser Phase findet die wesentliche Grundstrukturierung und Ausreifung des Gehirns statt.

Die kritische Phase liegt bei Hunden je nach Rasse ungefähr zwischen der dritten und sechzehnten Woche.

Hintergrundwissen

Besonders deutlich wird die differenzierungsregulierende Wirkung der Schilddrüsenhormone bei der Umwandlung von Kaulquappen zu Fröschen: Fehlen **Kaulquappen** (► Abb. 1.5) die Schilddrüsenhormone, z. B. weil man ihnen im Tierversuch die Schilddrüse entfernt hat, findet keine Umwandlung zum Frosch statt. Die Tiere bleiben im Kaulquappenstadium.

Bei der in Mexiko beheimateten Salamanderart **Axolotl** (► Abb. 1.6) dagegen findet ganz regulär nur eine unzureichende Umwandlung von der Larvenform (Kaulquappe) zum erwachsenen Tier statt. Dieses Phänomen wird als Neotenie bezeichnet und ist auf eine Unterfunktion der Schilddrüse zurückzuführen. Ursache der regulären Schilddrüsenunterfunktion beim Axolotl ist ein Jodmangel im natürlichen Habitat. Eine vollständige Umwandlung des Axolotls zum Landlebewesen kann man im Tierversuch erreichen, wenn zum richtigen Zeitpunkt Schilddrüsenhormone zugeführt werden. Diese umgewandelten Tiere haben jedoch nur eine geringe Lebenserwartung.

Abb. 1.5 Kaulquappen.

Abb. 1.6 Axolotl.

Auch im ausgewachsenen Körper haben die Schilddrüsenhormone noch einen bedeutenden Einfluss auf das **Wachstum und die Entwicklung von Gewebe**, z. B. bei (Körper-)Wachstum, der Bildung der Zähne, dem Knochenwachstum, dem Wachstum von Hörnern und Geweihen, der Mauser der Vögel sowie dem Fellwechsel der Säuger. Die Einflüsse auf Haut und Fell sind vielfältig. So sind sie von Bedeutung für den **Haarfollikelzyklus** und das ausgewogene Verhältnis von telogenem und anagenem Haarwachstum (Ruhephase und aktive Wachstumsphase) verantwortlich. Ein Hormonmangel führt zur Zunahme telogener und zur Abnahme anagener Follikel. Die Schilddrüsenhormone regulieren die Talgdrüsenproduktion und Keratinisation (Verhornung) und stellen zudem eine natürliche Bakterienflora auf der Haut sicher.

Die Schilddrüsenhormone sind aber auch an der Regulierung zahlreicher anderer Vorgänge beteiligt. Sie sind z. B. wichtig für die immer wieder stattfindende Nachregulierung des Farbsehens. Ein Hormonmangel führt zu Verschiebungen der Farbwahrnehmung.

Sie haben eine sehr große Bedeutung für die **Wärmeregulierung** der Wirbeltiere, besonders bei den gleichwarmen Wirbeltieren (Endothermen):

Auf zellulärer Ebene steigern sie den **Grundumsatz**, indem sie die Zellatmung, den Sauerstoffverbrauch der Zelle und die Stoffwechselrate anregen. Hierdurch wird die Wärmeproduktion erhöht. Die Schilddrüsenhormone sind auch an der Atemregulation beteiligt.

Des Weiteren haben sie eine direkte Wirkung auf den **Gesamtstoffwechsel** (Metabolismus):

Sie steigern bei den Gleichwarmen den Basalstoffwechsel und beschleunigen den **Nahrungstransport** durch den Darm, da sie stimulierend auf die glatte Muskulatur wirken. Außerdem sind Sie wesentlich an der Aufnahme und Umsetzung der Nahrungsbestandteile beteiligt:

- Sie regen die **Produktion verschiedener Enzyme** in der Leber an und lösen dadurch unterschiedliche weitere Stoffwechselreaktionen aus (Stimulierung Glykogenolyse und Glukoneogenese).
- Der **Fettstoffwechsel** wird gesteigert. Die Hormone haben sowohl auf die Bildung als auch auf den Abbau bzw. die Umwandlung von Cholesterin in Gallensalze Einfluss.
- Sie fördern die Aufnahme und die Bereitstellung von **Glukose** und steigern deren Umsatz in der Leber, den Muskeln und im Fettgewebe.
- Sie haben eine anabole (Körpersubstanz aufbauende) Wirkung, indem die **Eiweißsynthese** gefördert und damit der Proteinumsatz gesteigert wird. Hohe Hormonwerte wirken dagegen katabol (Abbau von Körpersubstanz).

- Sie beeinflussen den **Stoffwechsel verschiedener Substrate, Vitamine und Mineralien**. Zum Beispiel beschleunigen sie die Aufnahme von Vitamin A.

Bei den Organen und Geweben kann besonders in Leber, Niere, Herz sowie der Skelettmuskulatur und dem Nervensystem eine Wirkung der Schilddrüsenhormone festgestellt werden. Über ihren Einfluss auf das vegetative Nervensystem ergibt sich auch eine Auswirkung auf die **Herzfrequenz** (chronotrope Wirkung) und die Schlagkraft des Herzens (inotrope Wirkung).

Die Gewebe werden durch die Schilddrüsenhormone auf die Wirkung anderer Hormone „vorbereitet“. Die Schilddrüsenhormone haben in allen Geweben Einfluss auf die Konzentration und die Aktivität von weiteren Hormonen, wie z. B. Gonatropin, Prolaktin und Kortisol.

Die Schilddrüsenhormone stimulieren außerdem die Bildung der **Erythrozyten**. Auch in der **Immunreaktion** spielen die Schilddrüsenhormone eine wichtige Rolle, da sie die humorale und zelluläre Immunität steigern. Des Weiteren sind sie am Abbau verschiedener **Gerinnungsfaktoren** beteiligt.

T4 beeinflusst die Zellmembran, indem es die Durchlässigkeit für Kalzium verändert.

1.2.3 Follikelzellen – Bildung der Schilddrüsenhormone

Zusammenfassung 

Jod ist ein essenzieller Bestandteil der Schilddrüsenhormone.
Die Bildung und Speicherung der Schilddrüsenhormone erfolgt in der Schilddrüse in den Follikeln unter Beteiligung von Thyreoglobulin. Die Schilddrüsenhormone werden bedarfsgerecht freigesetzt.

Zur Bildung der Schilddrüsenhormone ist Jod unerlässlich (s. Kap. 1). Informationen zur Jodaufnahme in den Körper, ins Blut und in die Schilddrüse sowie zur Hormonbildung sind im Kap. 5.3 im Detail erläutert. Daher erfolgt hier nur ein kurzer Überblick:

- Das mit der Nahrung aufgenommene Jod gelangt zum Teil in die Follikel der Schilddrüse, wird zum Teil ausgeschieden und z. T. an Proteine im Blut gebunden (s. Kap. 1.2.4).
- Die Jodaufnahme in die Schilddrüse ist im Normalfall im Gleichgewicht mit dem im Blut vorhandenen Jod. Störungen des Gleichgewichtes können bei Schilddrüsenerkrankungen oder bei nicht adäquater alimentärer Jodaufnahme entstehen.
- In den Follikeln werden die Schilddrüsenhormone über die Vorstufen MIT und DIT gebildet.
- In den Follikeln befindet sich **Thyreoglobulin**. Hierbei handelt es sich um ein großes Proteinmolekül (Eiweißmolekül), welches die Aminosäure Tyrosin in großen Mengen enthält. Dieses eingebundene Tyrosin bildet die Grundlage für die Bildung der Schilddrüsenhormone, indem sich Jod an das Tyrosin anlagert (Details siehe Kap. 5.3.4). Die Schilddrüsenhormone sind also Hormone auf der Basis der Aminosäure (L-)Tyrosin.

Hintergrundwissen

Tyrosin

Tyrosin gehört für den Hund nicht zu den essenziellen Aminosäuren (s. Kap. 9.10.5), d. h., er ist in der Lage Tyrosin selbst aus der Aminosäure Phenylalanin zu synthetisieren. Andererseits kann in beschränktem Umfang die für den Hund essenzielle Aminosäure Phenylalanin durch Tyrosin ersetzt werden.
Tyrosin kommt in fast allen Eiweißen vor, ist aber besonders in Seidenfibroin und im Kasein enthalten.
Tyrosin wird im Körper außer bei der Schilddrüsenhormonproduktion u. a. auch noch zur Bildung weiterer Substanzen verwendet (▸ Tab. 1.4).
Bei einem Tyrosinmangel, der beim Hund nur sehr schwer experimentell zu erzeugen ist, wird schwarzes Fell rotstichig.

Rotstichiges Fell

Rotstichigkeit kann auftreten,

- bei Tyrosinmangel,
- bei Kupfermangel kann es u. a. zu Pigmentverlusten im Gesichtsfellbereich kommen. Kupfermangel ist jedoch beim Hund sehr selten,
- bei Biotin-Mangel. Bei schwarzen Nerzen wurde das Fell bräunlich-weiß. Ob dies bei Hunden ebenso ist, ist unklar,
- während des Fellwechsels,
- durch intensives Belecken einzelner Fellpartien (Porphyrine im Speichel reagieren mit Luftsauerstoff und verfärben sich rötlich),
- insbesondere an den Haarspitzen: Umweltfaktoren wie UV-Licht, erhöhte Temperatur, Feuchtigkeit führen zur Zerstörung von Melanin und zur Rotstichigkeit,
- Bruch der Haare und geänderte Lichtbrechung durch mechanische Beanspruchung.

Tab. 1.4 Von Tyrosin abgeleitete Hormone.

Hormon/Neurotransmitter und Substanzen	Kurzbeschreibung
Schilddrüsenhormone	Tyrosin ist Basis der Schilddrüsenhormone
Dopamin	Neurotransmitter
Adrenalin	Hormon/Neurotransmitter Stressreaktion, s. Kap. Adrenalin
Noradrenalin	Hormon/Neurotransmitter Stressreaktion, s. Kap. Noradrenalin
Melanin	Hautpigment, Fell- und Federfärbung: bräunlich-schwarz, gelblich-rötlich Bei Insekten (und anderen Invertebraten) Teil des Immunsystems: Einkapselung von Parasiten und Infektionskeimen in ein Melaninnetz

Bei der Bildung der Schilddrüsenhormone hat **TPO** (Thyreoperoxidase) eine zentrale Stellung:

- sie wandelt das Jodid durch Oxidation in Jod um,
- sie bindet anschließend sofort das Jod an die Tyrosylreste des Thyreoglobulins und
- verknüpft innerhalb der Follikel die entstandenen jodierten Tyrosyl-Gruppen (MIT, DIT) miteinander.

TPO hat Häm als funktionale Gruppe, es enthält also Eisen als wesentlichen Bestandteil.

Praxis 

Genetischer TPO-Defekt

In einigen (amerikanischen) Terrierrassen (Toy-fox-, Ratten- und Tenterfield-Terrier) sowie bei (amerikanischen) Spanischen Wasserhunden existiert ein Gendefekt, der die Bildung von TPO verhindert. Aufgrund der anhaltenden TSH-Stimulation entwickeln die Hunde nach der Geburt ein Struma (kongenitale Schilddrüsenunterfunktion mit Struma) (s. Kap. 2.1.1). Die Hunde zeigen bereits in den ersten Wochen lebensbedrohliche Entwicklungsstörungen. Sofern sie überleben, benötigen sie lebenslange Hormonsubstitution. Ohne Substitution versterben sie wenige Monate nach der Geburt.

In der amerikanischen Literatur ist auch ein Fall einer Französischen Bulldogge mit angeborenem TPO-Defekt beschrieben.

Zur Problematik des überregionalen Vergleiches von Rassedispositionen s. Kap. 4.3.1.

Die in den Follikeln gebildeten Schilddrüsenhormone befinden sich zunächst noch im Inneren der Follikel und sind im Thyreoglobulin gebunden (▶ Abb. 1.7). Dies nennt man das **extrazelluläre Hormondepot** der Schilddrüse. In ihm werden 90 % des im Körper vorhandenen Jods (gebunden an das Thyreoglobulin) gespeichert. Die Schilddrüse wird daher als Stapel- oder Speicherdrüse bezeichnet.

Hintergrundwissen 

Beim Menschen reicht das extrazelluläre Hormondepot im Normalfall aus, um ohne weitere Jodzufuhr ca. 2 Monate lang die Schilddrüsenfunktion aufrechtzuerhalten.

Die Schilddrüsenhormone werden je nach Bedarf ins Blut abgegeben.

Zur Freisetzung der Hormone wandert das Thyreoglobulin mit dem darin enthaltenen jodierten Tyrosin aus dem Follikelinneren an die Wand der Follikel (▶ Abb. 1.7). Dort werden die miteinander verbundenen jodierten Tyrosine (MIT und DIT) durch Spaltung des Thyreoglobulins freigesetzt und ins Blut abgegeben. Je nachdem, wie viel Jod insgesamt gebunden ist, wird so T3 oder T4 freigesetzt.

Die proteolysierten Thyreoglobulinbestandteile können wieder zur Bildung weiterer Hormone verwendet werden. Ein geringer Teil des unproteolysierten (nicht abgebauten) Thyreoglobulins gelangt jedoch auch ins Blut. Bei einer Zerstörung der Schilddrüse (durch mechanische Einflüsse oder Entzündungsprozesse) gelangt jedoch deutlich mehr Thyreoglobulin ins Blut, s. Kap. Autoimmunthyreoiditis (S. 61).

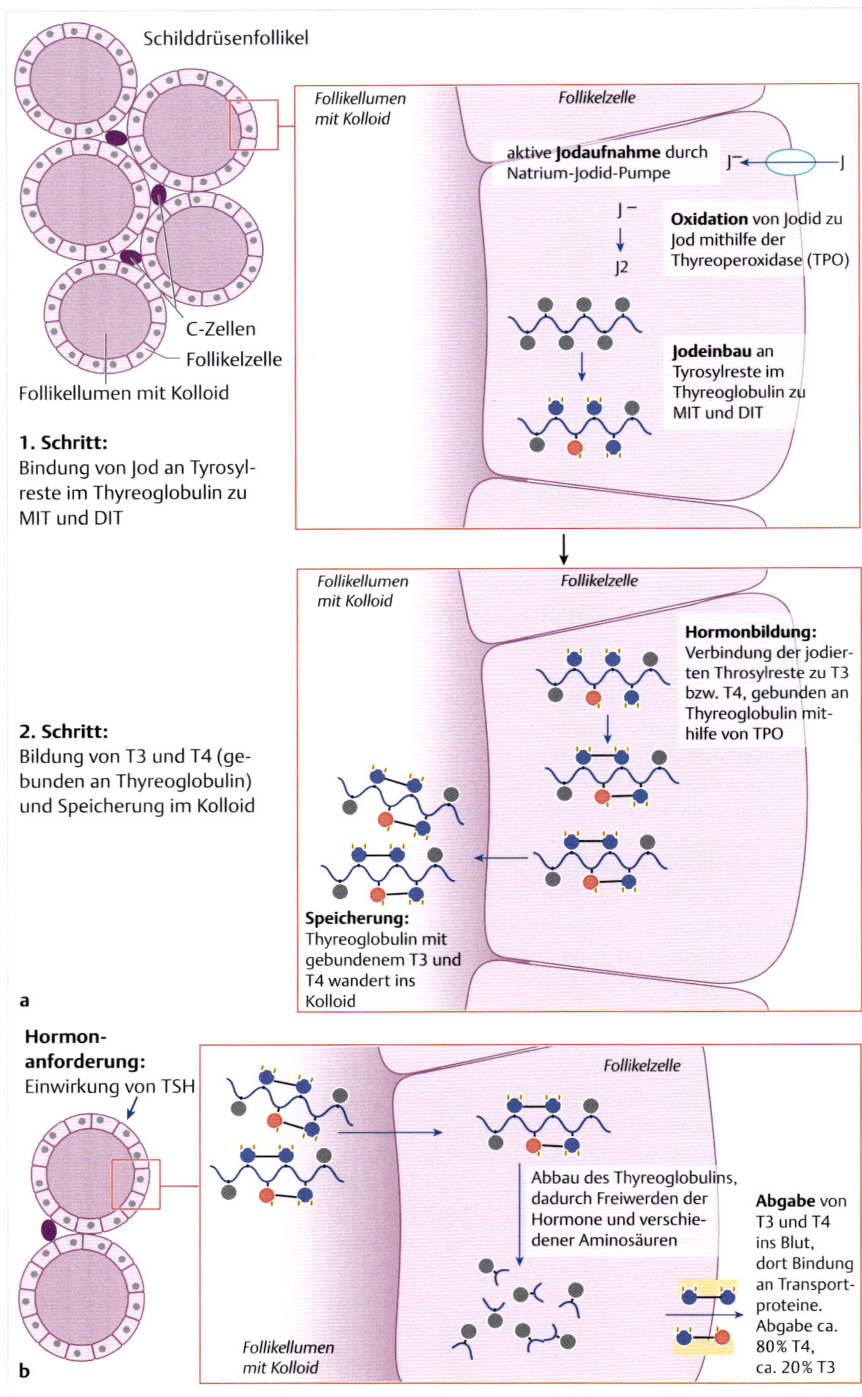
Schilddrüsenfollikel
C-Zellen
Follikelzelle
Follikellumen mit Kolloid
1. Schritt:
Bindung von Jod an Tyrosylreste im Thyreoglobulin zu MIT und DIT
Follikellumen mit Kolloid
Follikelzelle
aktive Jodaufnahme durch Natrium-Jodid-Pumpe
J⁻
J
J⁻
J2
Oxidation von Jodid zu Jod mithilfe der Thyreoperoxidase (TPO)
Jodeinbau an Tyrosylreste im Thyreoglobulin zu MIT und DIT
2. Schritt:
Bildung von T3 und T4 (gebunden an Thyreoglobulin) und Speicherung im Kolloid
Follikellumen mit Kolloid
Follikelzelle
Hormonbildung:
Verbindung der jodierten Throsylreste zu T3 bzw. T4, gebunden an Thyreoglobulin mithilfe von TPO
Speicherung:
Thyreoglobulin mit gebundenem T3 und T4 wandert ins Kolloid
a
Hormonanforderung:
Einwirkung von TSH
Follikelzelle
Abbau des Thyreoglobulins, dadurch Freiwerden der Hormone und verschiedener Aminosäuren
Abgabe von T3 und T4 ins Blut, dort Bindung an Transportproteine. Abgabe ca. 80% T4, ca. 20% T3
Follikellumen mit Kolloid
b

◄ **Abb. 1.7** Schilddrüsenhormone.
a Bildung der Schilddrüsenhormone – vereinfacht.
b Freisetzen der Schilddrüsenhormone.

1.2.4 Transport und Speicherung der Schilddrüsenhormone

Zusammenfassung

Im Blut sind die Schilddrüsenhormone an Trägerproteine gebunden. Diese erfüllen zum einen eine Transportfunktion und verzögern außerdem den Abbau und die Ausscheidung der Hormone, sodass ein Hormondepot im Blut aufrechterhalten werden kann. Die Transportproteine ermöglichen zudem den gezielten Zugang zum Zielorgan. Die Schilddrüsenhormone können im Körper kurzzeitig an verschiedenen Stellen gespeichert werden.

Schilddrüsenhormone sind lipophil, d. h., sie lösen sich sehr gut in Fett, jedoch weniger gut in Wasser. Die Hormone müssen aber mit dem Blut zu den Zielorganen transportiert werden. Blut besteht zu rund 55 % aus Wasser und ist daher nicht sehr gut geeignet, lipophile Substanzen zu transportieren. Daher sind die Hormone zum **Transport** innerhalb des Blutkreislaufes an Trägerproteine gebunden. Nur ein sehr geringer Teil der Hormone (0,5 %) liegt im Blutplasma frei vor, also ohne Bindung an die Trägerproteine.

Die Bindung an die Trägerproteine hat noch weitere Vorteile:

- Die Trägerproteine stellen sicher, dass die Hormone zu den **spezifischen Zielorganen** gelangen: Die Zielorgane haben spezielle Erkennungsstellen (Rezeptoren) für die Trägerproteine. An diesen können die Trägerproteine „andocken", sodass eine selektive und erleichterte Aufnahme der Hormone in diese Organe möglich ist. Die Aufnahme in unpassende Organe oder gar eine frühzeitige Aufnahme durch die Leber und der dortige Abbau werden somit erheblich vermindert. Die Bindung erhöht also die **biologische Halbwertszeit**. Durch den verminderten Abbau der Hormone wird die Ausscheidung über die Nieren und somit den Urin reduziert.
- Die gebundenen Schilddrüsenhormone stellen zudem ein schnell verfügbares Hormondepot außerhalb der Schilddrüse dar (**extrathyreoidaler Speicher**).
- Die Gesamtkonzentration der Schilddrüsenhormone im Blutplasma ist maßgeblich von den vorhandenen Trägerproteinen abhängig. Da die Trägerproteine vorwiegend in der Leber synthetisiert werden, kann bei chronischen Lebererkrankungen die Bildung der Trägerproteine beeinträchtigt sein (s. unten).
- Die Trägerproteine haben unterschiedliche Fähigkeiten, die einzelnen Schilddrüsenhormone zu binden, sowohl hinsichtlich der Bindungs„bereitschaft" (Bindungsaffinität) als auch hinsichtlich der Menge der Hormone, die gebunden werden können (Bindungskapazität) (► Tab. 1.5). Nicht alle Trägerproteine sind bei den verschiedenen Tierarten in gleichem Umfang zu finden. Damit unterscheidet sich auch die Verfügbarkeit und Kinetik der Schilddrüsenhormone.

Tab. 1.5 Trägerproteine: Bindungskapazität und -affinität.

Trägerprotein	Hauptträgerprotein für	Bindungskapazität		Bindungsaffinität	
		T4	T3	T4	T3
TBG	Mensch	gering	gering	hoch	hoch
TTR	Hund	mäßig	gering	mittel	mittel
Albumin	Katze	hoch	hoch	gering	gering

TBG kommt z. B. bei Vögeln und Reptilien nicht vor. Einen Unterschied hinsichtlich der biologischen Bedeutung von T3 und T4 gibt es daher bei ihnen nicht.

Definition 

Halbwertszeit: bezogen auf Hormone: Zeitdauer, nach der 50 % der Menge eines Hormons aus dem Transportsystem (z. B. Blut) eliminiert sind.
Bindungskapazität bezieht sich auf die quantitative Bindung, also die Menge einer Substanz, die gebunden werden kann.
Bindungsaffinität bezieht sich auf die qualitative Bindung, also die Bindungs„willigkeit". Diese kann von Umgebungsbedingungen abhängig sein, z. B. die Menge von konkurrierenden Substanzen, zu denen eine höhere Bindungsaffinität besteht, Temperatur o. ä. Eine Substanz A mit einer hohen Bindungsaffinität zu Substanz C kann, wenn sie in ausreichender Menge vorliegt, ggf. insgesamt mehr Moleküle der Substanz C binden, als eine Substanz B, die eine hohe Bindungskapazität für Substanz C hat, aber nur in geringen Mengen vorliegt.

Bei Säugetieren sind im Wesentlichen 3 verschiedene Trägerproteine zu finden:

- **Thyroxinbindende Globuline** (TBG) bzw. TBG-ähnliche Bindungsproteine sind lediglich bei Säugetieren zu finden und gelten als Langzeitspeicher für Schilddrüsenhormone. Beim Menschen stellt TBG das wichtigste Trägerprotein dar. Carnivoren (Fleischfresser) besitzen kein bzw. nur wenig TBG (bzw. die funktionsverwanden thyroxinbindenden Proteine **TBP**). Bei Hunden wurde nachgewiesen, dass sie TBG nicht exprimieren (keine Proteinbildung durch genetische Anlagen), dennoch ist auch bei ihnen TBG in geringem Umfang nachweisbar. Die Bindungskapazitäten des vorhandenen TBG für die Hormone ist bei Wölfen höher als die bei Katzen, aber niedriger als bei Hunden. Die Bindungskapazität ist jedoch bei allen 3 Tierarten im Vergleich zu Menschen deutlich geringer (die Zahlenangaben hierzu schwanken zwischen < 10 % und 25 %). **In der Literatur wird häufig nicht zwischen TBG und TBG-ähnlichen Bindungsproteinen unterschieden. Im Folgenden wird daher ebenfalls auf eine Unterscheidung verzichtet.**
- **Transthyretin** (TTR, früher: thyroxinbindendes Präalbumin, TBPA) ist das einzig bekannte Trägerprotein, welches im Gehirn synthetisiert werden kann und daran beteiligt ist, die Schilddrüsenhormone in die Zerebrospinalflüssigkeit (Hirnwasser) zu transportieren. TTR ist bei den meisten Säugetieren und Vögeln vorhanden. Beim Hund hat TTR die höchste Bindungskapazität für die Schilddrüsenhormone. Bei Rind, Schaf und Schwein konnte kein TTR nachgewiesen werden.
- **Albumin** (TBA, thyroxinbindendes Albumin) ist das unter allen Tierarten verbreitetste Trägerprotein und daher vermutlich das biologisch älteste. Bei Katzen, sowie bei Fischen, Amphibien und Reptilien stellt es das Hauptträgerprotein dar.

Des Weiteren findet man noch
- **Apolipo-Proteine** (High-Density-Lipoprotein, nur beim Hund vorhanden),
- **Erythrozyten**: T3-Transport.

Hunde besitzen als Trägerproteine vorwiegend Transthyretin, Albumin und Apolipoprotein, jedoch im Verhältnis zum Menschen nur in sehr geringen Mengen TBG. Die Bindung der Hormone an TBG erfolgt erst nach Absättigung der anderen Trägerproteine. Die Bindung von T4 im Blut erfolgt gem. Riviere [50] beim Hund zu ungefähr
- 60 % an TBG,
- 17 % an TTR,
- 12 % an Albumin,
- 11 % an Apolipoproteine.

Allerdings schwanken die genauen Angaben in der Literatur.

Verschiedene **Medikamente**, z. B. Kortisol, können die Bindungskapazität oder -affinität der Trägerproteine beeinträchtigen. Die Bindungsaffinität von TTR und Albumin wird z. B. durch Gabe von Babituraten reduziert, ebenso wirken sich Salizylate und Penicillin negativ aus. Die Bindung von TBG wird negativ beeinflusst durch z. B. Salizylate, Heparin, Diazepam, Phenylbutazon.

Da die Trägerproteine zum großen Teil in der Leber gebildet werden, können **Lebererkrankungen** die TBG-Konzentrationen beeinflussen. Bei akuten Lebererkrankungen steigt die TBG-Konzentration und durch höhere Bindung und den verminderten Abbau steigt auch die T4-Konzentration. Bei chronischen Lebererkrankungen kann hingegen die Synthese von TBG gestört sein, sodass die Konzentrationen an TBG und T4 sinken.

Hintergrundwissen

Albumin

Neben den Schilddrüsenhormonen transportiert Albumin auch weitere lipophile Substanzen wie Vitamin A sowie Metabolite (Stoffwechselprodukte), Metallionen, Bilirubin (ein Abbauprodukt des Hämoglobins), freie Fettsäuren, Aminosäuren und Medikamente.

TBG – thyroxinbindende Globuline/TBP

Die Speicherkapazität für die Schilddrüsenhormone wird durch TBG maßgeblich beeinflusst. Die Globuline sind bei verschiedenen Tierarten geringfügig unterschiedlich aufgebaut und unterscheiden sich daher in Bindungskapazität und -affinität. Teilweise werden sie daher als TBP (thyroxinbindende Proteine) vom TBG abgegrenzt. Diese Unterscheidung erfolgt im Nachfolgenden nicht. Die TBG-Konzentration im Blut kann (mit Ausnahmen) in Bezug zur Ernährungsweise der Tierart gesetzt werden:
- TBG findet sich bei vielen Pflanzenfressern, jedoch nur bei wenigen Fleischfressern.
- Pflanzenfresser haben eher hohe TBG-Werte, Fleischfresser eher geringere Werte.
- Allesfresser liegen tendenziell im mittleren Bereich.

Man kann also annehmen, dass das Vorhandensein von TBG eine Anpassung des Organismus an schwankende Jodzufuhr darstellt:
- **Fleischfresser** haben über ihre Beutetiere eine hohe und gesicherte, wenn auch schwankende Jodzufuhr und nehmen mit den Beutetieren auch deren Schilddrüsenhormone auf.

- **Pflanzenfresser** haben über die Nahrung eine geringe und ggf. schwankende Jod-Zufuhr. Sie nehmen über Pflanzen keine Schilddrüsenhormone auf. Neben dem Vorhandensein von TBG sichern auch andere Mechanismen, wie eine hohe Resorption des mit der Nahrung aufgenommenen Jodes und eine hohe Rückresorption des über die Galle in den Darm gelangten Jodes (bis zu 80 %), eine möglichst gleichbleibende Jodversorgung. Allerdings ist TBG nicht bei allen Pflanzenfressern zu finden, es fehlt z. B. beim Wildesel (unterschiedliche Angaben) und Elch.

Manche Autoren stellen auch den Grad des **Sozialverhaltens** und der kognitiven Leistungen in Relation zu der Anforderung, einen gleichbleibenden Schilddrüsenhormonhaushalt zu gewährleisten und erklären hiermit das bei allen Primaten, unabhängig von deren Ernährungsweise, zu findende TBG. Andere Autoren weißen jedoch darauf hin, dass auch bei Primaten die Hormonbindungsaffinität im Blut nicht mit der Entwicklungsstufe bzw. dem Sozialverhalten oder den kognitiven Leistungen korreliert.
Im Gegensatz zu den meisten anderen Tieren sind **Ratten und Fledermäuse** in der Lage, TBG je nach Bedarf (z. B. bei Trächtigkeit) aktiv zu bilden.
Das TBG der **Pferde** (sowie der **Wildesel**) hat eine deutlich geringere Bindungskapazität als das des Menschen und anderer Huftiere. Die biologische Halbwertszeit bei Pferden für T4 beträgt 50 Std, für T3 ca. 1 Tag (vgl. Mensch/Hund Kap. 1.3).
Beim **Menschen** sind rd. 70 % des T4 und 80 % des T3 an TBG gebunden.
Die TBG-Konzentration im Blut ist abhängig vom Hormonbedarf. So steigt die Konzentration beim Menschen in der Schwangerschaft an. Über die Plazenta erreichen die gebundenen Hormone den Fötus. Dieser TBG-Anstieg wurde bei einigen Säugetieren nachgewiesen, allerdings nicht bei landwirtschaftlichen Nutztieren.
Scheinbar ist TBG auch dafür verantwortlich, dass T4 und T3 gezielt in entzündetes Gewebe abgegeben wird.
Ein Absinken der TBG-Konzentration kann in Folge von Störungen im **Proteinstoffwechsel** oder der Proteinsynthese auftreten. Diese ergeben sich z. B. bei chronischen Leberschäden oder Entzündungen, Hypalbuminämien (in Folge von vermehrtem Proteinverlust) sowie bei Hyperalbuminämien, selten auch bei Dehydratation oder Morbus Cushing. Ein Absinken der TBG-Konzentration reduziert die Menge der verfügbaren Hormone, da weniger Hormone gebunden werden und die biologische Halbwertszeit der freien Hormone kürzer ist.
Des Weiteren kann die Bindungsaffinität der Hormone zu TBG durch verschiedene **Medikamente** beeinträchtigt werden, z. B. bei einer Behandlung mit Androgenen oder Glukokortikoiden.

TBG beim Hund
Über die Bedeutung des TBG beim Hund gibt es unterschiedliche Aussagen. Der Anteil des TBG am Hormontransport sowie die Bindungskapazität sind jedoch deutlich geringer als beim Menschen.
In der Trächtigkeit ist der TBG-Gehalt im Blut aufgrund vermehrter Bildung und verlängerter Halbwertszeiten des TBG höher (s. auch Kap. 4.3.3).
Die Bindungsaffinität von T4 wird (analog wie beim Menschen) von verschiedenen Faktoren beeinflusst wie z. B. Alter, Medikamenteneinnahme, Erkrankungen, aber auch von der Rasse.
Vermutlich wird T3 beim Hund vorwiegend oder ausschließlich an TBG gebunden.

Die aus der Schilddrüse freigesetzten Hormone können an 3 Orten gespeichert werden:

- im **Blutplasma**: vorwiegend an Trägerproteine gebunden, nur zu einem sehr geringen Anteil ungebunden (frei). Bei einem Großteil der im Plasma gespeicherten Hormone handelt es sich um T4.
- in der Flüssigkeit zwischen den Körperzellen (**interstitielle Flüssigkeit**),
- in den Körperzellen (**intrazellulärer Raum**): Hier liegen die Hormone ungebunden vor. Der Großteil des T4 ist dort zu T3 umgewandelt, sodass im Wesentlichen T3 in den Körperzellen zu finden ist.

1.2.5 Umwandlung und Abbau der Schilddrüsenhormone

Zusammenfassung 

Der Abbau der Schilddrüsenhormone erfolgt über verschiedene Stoffwechselwege.

Beim Hund ist vor allem der Hormonabbau in der Leber von Bedeutung. Die Ausscheidung der Abbauprodukte erfolgt je nach Abbauort über Urin oder Kot.

Im Kap. 5.3.1 sind weitere Informationen zum Hormonabbau im Hinblick auf den Jodstoffwechsel enthalten.

Der Abbau der Schilddrüsenhormone erfolgt über verschiedene Stoffwechselwege, wobei die Umwandlung von T4 zu T3 von besonderer Bedeutung ist.

Der größte Teil von T3 und T4 wird in die Körperzellen aufgenommen und erfüllt dort seine Funktion als Hormon (s. Kap. 1.2.2).

Für T4 ist die Umwandlung zu T3 bzw. rT3 durch Jodentzug (Dejodierung) der Hauptabbauweg. Durch diese Umwandlung (**Konversion**) von T4 in T3/rT3 werden rund 70–90 % des zirkulierenden T3 (rT3) gebildet.

In der Regel wird bedeutend mehr T3 gebildet als rT3. Lediglich im Falle einer schweren **Grunderkrankung** wird vermehrt rT3 gebildet (s. Kap. 2.4). Besonders bei Infektionen wird T4 über einen ansonsten unbedeutenden Weg unter Umgehung der T3-/rT3-Bildung abgebaut, sodass die Menge an T3/rT3 insgesamt sinkt.

T3 ist als Hormon wirksam, rT3 wird weiter abgebaut.

Der **Jodentzug** kann in allen Körpergeweben erfolgen, ist aber in der Leber und der Niere besonders ausgeprägt. Im Gegensatz zu den freien Hormonen, die schnell über die **Nieren** ausgeschieden werden, werden die gebundenen Hormone nur zu einem geringen Teil über Niere und Urin abgegeben.

Die beim weiteren Abbau entstehenden Produkte sind biologisch nur wenig aktiv. Das Jod und die anderen Abbauprodukte werden zum Teil ausgeschieden, zum Teil über den Darm wieder aufgenommen. Dies trifft vor allem auf das Tyrosin zu. Auch ein Teil des beim Abbau freiwerdenden **Jods** wird wieder in die Schilddrüse aufgenommen, der Rest wird über Kot und Urin ausgeschieden.

In der **Leber** und einigen anderen Organen können die Schilddrüsenhormone auch über andere chemische Prozesse als die Dejodierung abgebaut werden. Besonders beim Hund hat der Hormonabbau in der Leber und die Ausscheidung der Abbauprodukte und des fT4 eine bedeutende Funktion bei der T4-Regulation. Lediglich ca. 20 % des fT4 werden über den (**enterohepatischer Kreislauf**) (siehe auch Kap. 5.3.1, ▸ Abb. 5.1) wieder aufgenommen, rund 50 % des produzierten fT4 s wird ausgeschieden. Bei Pflanzen- und Allesfressern werden dagegen bis zu 80 % rückresorbiert.

Hintergrundwissen 

Enterohepatischer Kreislauf

Verschiedene Substanzen (wie z. B. Hormone und Medikamente) werden in der Leber transformiert, wasserlöslich und somit ausscheidungsfähig gemacht. Die Abbauprodukte werden

- entweder in die Blutbahn abgegeben und über die Niere ausgeschieden oder
- über die Gallenkapillare in den Darm abgegeben und mit dem Kot ausgeschieden oder rückresorbiert.

Der enterohepatische Kreislauf für die Schilddrüsenhormone wird z. B. durch Sojaprodukte beeinflusst.

1.3 Besonderheiten beim Hund

Zusammenfassung 

Der Schilddrüsenstoffwechsel des Hundes unterscheidet sich von dem des Menschen. Dies ist u. a. auf die Bedeutung der unterschiedlichen Trägerproteine zurückzuführen. Die Unterschiede betreffen auch den Jodstoffwechsel, den Hormonumsatz und -bedarf.

Die beim Hunde vorhandenen **Trägerproteine** unterscheiden sich von denen des Menschen (s. Kap. 1.2.4). Hunde besitzen weniger TBG (bzw. TBP), die Hormonbindung im Blut erfolgt vorwiegend an Albumin, Transthyretin und Apolipoproteine. Diese Proteine sind aufgrund ihrer Bindungskapazitäten besser zur Verteilung der Hormone als für deren Speicherung geeignet.

Daraus ergeben sich weitere Unterschiede zum Menschen:

- Der **Jodstoffwechsel** sowie der **Schilddrüsenhormon-Stoffwechsel** sind beim Hund bedeutend reger als beim Menschen und somit ist auch die Hormonverteilung im Körper schneller als beim Menschen.
- Hunde haben im Gegensatz zum Menschen **keine effektive Jodspeicherung**, der Jodbedarf ist daher relativ höher. Der Jodumsatz in der Schilddrüse ist im Vergleich zum Menschen schneller, der Anteil des anorganischen Jods im Plasma bedeutend höher als beim Menschen (ca. 21 µg/kg im Vergleich zu ca. 1,7 µg/kg). Im Serum von Hunden findet sich zudem unabhängig von den Schilddrüsenhormonen noch weiteres an Proteinen gebundenes Jod. Der beim Mensch verwendete Analyseparameter PBI (proteingebundenes Jod) ist daher bei Hunden nicht aussagefähig. Der Jodumsatz in der Schilddrüse ist beim Hund höher. Gegenüber Jodunterversorgung sind Hunde daher relativ intolerant, einer kurzzeitig erhöhten Jodzufuhr sind sie dagegen toleranter als der Mensch (s. auch Kap. 5.4.3).

Von besonderer Bedeutung ist, dass Hunde auch **keine effektive Hormonspeicherung** besitzen. Auf das Körpergewicht bezogen, haben sie daher eine ca. 2–3-mal höhere T3- und T4-Produktion als der Mensch. Die T4-Konzentration im Plasma ist jedoch niedriger als beim Menschen (► Abb. 1.8). Dies erklärt sich daraus, dass Hunde als Transportprotein nur geringe Mengen **TBG** (mit niedriger Bindungsaffinität zu T4) besitzen

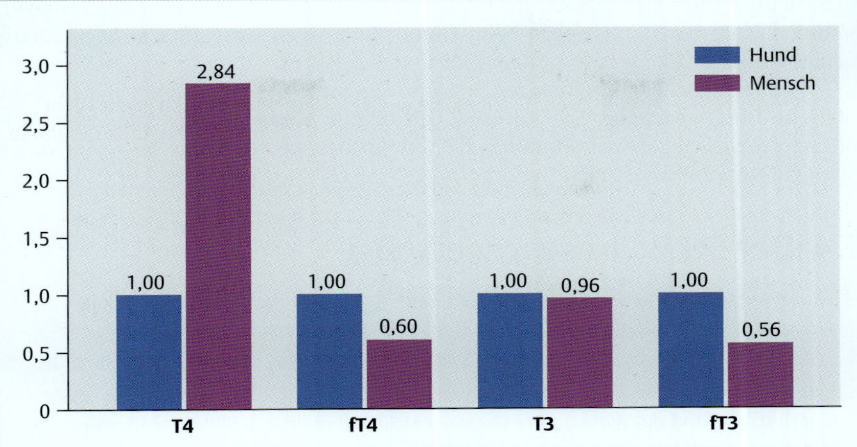

Abb. 1.8 Vergleich der Mittelwerte der Schilddrüsenhormonkonzentrationen von Mensch und Hund (Bezug: Hund = 1) Anmerkung: Die Referenzwerte, Mittelwerte und somit die genauen Relationen können je nach Quelle variieren.
Für das Diagramm wurden für den Hund die in den Doktorarbeiten von von Thun [57] und Wahrendorf [58] verwendeten Referenzwerte zugrundegelegt, für den Humanbereich die Werte von Brakebusch [5]. Die Werte können variieren.

Tab. 1.6 Biologische Halbwertszeiten der Schilddrüsenhormone bei Mensch und Hund.

Hormon	biologische Halbwertszeit	
	Mensch	Hund
T4	7–8 d	12 h
T3	19 h	6 h

(s. Kap. 1.2.4). Die Konzentration der freien Hormone ist im Verhältnis zu den gebundenen Hormonen dagegen höher. Auf 1000 T4-Moleküle kommen beim Hund rund 0,8, beim Menschen 0,15 freie T4-Moleküle. Bei T3 ist der Unterschied zwischen Hund und Mensch geringer: rund 0,4 bzw. 0,2 fT3-Moleküle je 1000 T3-Moleküle. Da freie Hormone schneller abgebaut werden und der Anteil der freien Hormone beim Hund relativ höher ist, haben die Schilddrüsenhormone der Hunde **kürzere biologische Halbwertszeiten** (▶ Tab. 1.6).

Praxis 

In der Substitution benötigen erwachsene Hunde je Kilogramm Körpergewicht eine mindestens 10-fach höhere Dosis als der Mensch.

Die Ausscheidung von T3, T4 und deren Abbauprodukten über den Kot ist bei Hunden deutlich höher als bei Menschen. Beim Hund werden ca. 50 % des T4 und 30 % des T3 über den Kot ausgeschieden, nur ca. 15 % des T4 werden über den enterohepatischen Kreislauf zurückgewonnen. Der Abbau der Schilddrüsenhormone in der Leber und die

Ausscheidung über den Kot oder die Rückgewinnung der Hormone oder deren Abbauprodukte über den Darm stellen beim Hund somit einen wesentlichen Regulationsmechanismus für T4 dar (s. auch Kap. 1.2.5 und Kap. 5.3.1).

Der hohe Ausscheidungsgrad der Schilddrüsenhormone bei Hunden macht diese relativ resistent gegenüber Schilddrüsenüberfunktion oder einer Thyreotoxikose (Vergiftung durch Schilddrüsenhormone, z. B. durch massive Überdosierung oder durch einen hormonproduzierenden Tumor).

1.4 Der Schilddrüsenregelkreis/ der natürliche Hormonspiegel

Zusammenfassung 

Zahlreiche Faktoren beeinflussen die Aktivität der Schilddrüse sowie den Bedarf, die Ausschüttung und die Wirkung der Hormone. Die Bildung der Schilddrüsenhormone wird durch einen fein abgestimmten Regelkreis beeinflusst. Neben den übergeordneten Hormonen (TSH und TRH) wirken über negative Rückkopplung auch die Schilddrüsenhormone auf diesen Regelkreis ein. An körperfremden Einflüssen sind vor allem der Tagesrhythmus und die klimatischen Bedingungen zu nennen. Innerhalb des Körpers sind z. B. die jeweilige Stoffwechselaktivität, das Stressniveau, der übrige Hormonspiegel und der Ernährungszustand von Bedeutung. Einzelne Substanzen wie z. B. Selen, Zink oder bestimmte Medikamente können sich auf die Schilddrüsenaktivität auswirken.

1.4.1 Übergeordnete Hormone

Zusammenfassung 

Die Regulierung der Schilddrüsenaktivitäten erfolgt sowohl durch Nervenleitungen als auch durch die Hormone TRH und TSH aus übergeordneten Hormondrüsen. Hierbei tritt ein Kaskadeneffekt auf, d. h., die Wirkung der durch die übergeordneten Hormone ausgelösten Reaktionen wird in der nächsten Hormonstufe verstärkt.

TSH

TSH wird auch als schilddrüsenstimulierendes Hormon, thyreotropes Hormon oder Thyreotropin bezeichnet. Es wird in der Hypophyse (Hirnanhangsdrüse), genauer: in deren Vorderlappen, der Adenohypophyse gebildet. Wie die meisten der dort gebildeten Hormone steuert TSH die Bildung weiterer Hormone.

Definition [ ]

Glandotrope Hormone
Hormone, die weitere Hormondrüsen steuern, nennt man **glandotrope Hormone**.

TSH beeinflusst die Bildung der Schilddrüsenhormone, hat aber auch zahlreiche weitere Aufgaben und Regulationsfunktionen rund um die Schilddrüse:

- Bildung der Schilddrüsenhormone T3 und T4,
- Freisetzung der Hormone T3 und T4 aus den Follikelzellen der Schilddrüse,
- Wachstum und Stoffwechsel der Follikelzellen der Schilddrüse,
- Blutversorgung der Schilddrüse,
- Bildung von Thyreoglobulin,
- Jodaufnahme in die Schilddrüse.

Eine lang anhaltende TSH-Erhöhung führt zu einem Wachstum der Schilddrüsenzellen.

Normalerweise wird TSH periodisch und angepasst an den ungefähren Tag-/Nachtrhythmus abgegeben. Der Gipfel liegt kurz vor dem abendlichen Einschlafen. Bei Schilddrüsenerkrankungen kann dieser Rhythmus gestört sein.

Die **Serumkonzentration von TSH** wird beeinflusst durch

- die negative Rückkopplung der Schilddrüsenhormone auf die Hirnanhangsdrüse, allerdings nur in geringem Umfang,
- die negative Rückkopplung der Schilddrüsenhormone auf das Zwischenhirn (Hypothalamus) und die davon beeinflusste TRH-Sekretion,
- durch die neuronal beeinflusste TRH-Sekretion.

TSH (sowie TRH) wird durch Somatostatin, welches ebenfalls im Hypothalamus gebildet wird, Dopamin und Glukokordikoide gehemmt. Die TSH-Rezeptoren in der Schilddrüse besitzen allerdings eine Grundaktivität, die bewirkt, dass auch ohne TSH-Einfluss eine Freisetzung von Schilddrüsenhormonen erfolgt.

TRH

TRH wird als TSH-Releasing-Hormon, Thyreotropin-Releasing-Hormon, Thyreoliberin oder auch als Protirelin bezeichnet.

TRH wird im Zwischenhirn, dem Hypothalamus, gebildet und gelangt über eine direkte Blutbahn, das Pfortadersystem, vom Hypothalamus in den Vorderlappen der Hirnanhangsdrüse (Adenohypophyse). Da aufgrund dieser direkten Verbindung keine Abgabe in den regulären Blutkreislauf erforderlich ist, ist die TRH-Konzentration im Körper stark unterschiedlich.

TRH fördert/bewirkt:

- die Freisetzung von TSH aus der Hirnanhangsdrüse,
- die Ausschüttung von Prolaktin (der Gegenspieler ist Dopamin, welches die Ausschüttung von Prolaktin hemmt).

Die maximale TRH-Freisetzung erfolgt wie beim TSH in den Abendstunden bzw. zu Beginn der Nacht.

Die Freisetzung und Wirkung von TRH wird von zahlreichen Faktoren beeinflusst:

- externe Faktoren: Kälte, Stress,
- Neurotransmitter,
- Hormone: z. B. Rückkopplung über die Schilddrüsenhormone.

Die Faktoren sind in Kap. 1.4.4 näher erläutert.

1.4.2 Der Regelkreis

Zusammenfassung

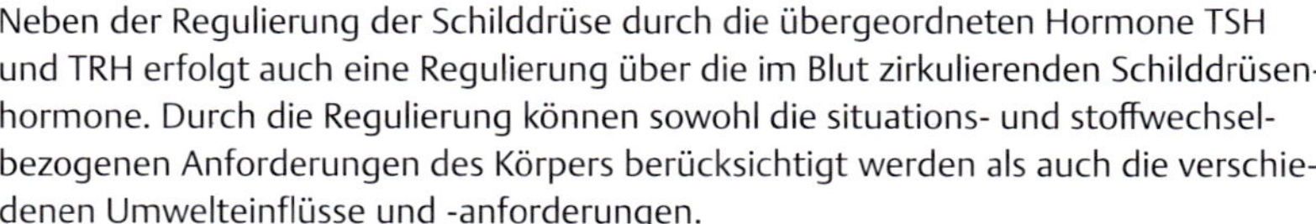

Neben der Regulierung der Schilddrüse durch die übergeordneten Hormone TSH und TRH erfolgt auch eine Regulierung über die im Blut zirkulierenden Schilddrüsenhormone. Durch die Regulierung können sowohl die situations- und stoffwechselbezogenen Anforderungen des Körpers berücksichtigt werden als auch die verschiedenen Umwelteinflüsse und -anforderungen.

Die Produktion und Abgabe der Schilddrüsenhormone wird durch einen Regelkreis abgestimmt. Es erfolgt ständig ein Abgleich zwischen dem Bedarf und den verfügbaren Hormonen. Innerhalb bestimmter Grenzen kann so die Hormonproduktion und -abgabe bedarfsgerecht erfolgen. Erst wenn die Grenzen der Regulation überschritten sind oder einzelne Komponenten des Regelkreises fehlen (z. B. bei Jodmangel) oder die relevanten Organe krank oder beschädigt sind (z.B. die Schilddrüse), ist eine bedarfsgerechte Regulation nicht mehr möglich.

Die auf den Regelkreis einwirkenden Faktoren können entweder aus dem Körper (z. B. Hormonbedarf aufgrund von Wachstum) oder der Umwelt (z. B. Kälte) stammen. Die beeinflussenden Faktoren können aber auch direkt aus dem Regelkreis heraus auf diesen einwirken. So wirkt eine relativ hohe Hormonkonzentration hemmend auf die weitere Hormonneubildung (**negative Rückkopplung**).

Der sich aus den relevanten Einflüssen ergebende Hormonbedarf wird mit der vorhandenen Hormonkonzentration verglichen. Je nachdem wird dann die Hormonneubildung angeregt oder die weitere Hormonbildung gestoppt. In ▶ Abb. 1.9 ist der Regelkreis der Schilddrüse dargestellt.

Die Regulierung der Schilddrüse erfolgt vorrangig in einem hierarchischen System – der **Hypothalamus-Hypophysen-Schilddrüsen-Achse**. Das im Zwischenhirn (Hypothalamus) gebildete Hormon TRH wirkt auf die Hirnanhangsdrüse (Hypophyse). Diese schüttet daraufhin das Hormon TSH aus, welches auf die Schilddrüse wirkt. TSH regt in der Schilddrüse die Bildung von T4 und T3 an. Diese werden mit einer zeitlichen Verzögerung von 5–6 Stunden ausgeschüttet.

In diesem System gibt es zahlreiche Rückkopplungen, mittels derer die bestehende Schilddrüsenhormonkonzentration entweder direkt die Produktion der Schilddrüsenhormone beeinflusst (**Short-Loop**) oder die übergeordneten Hormonsysteme, also TSH und TRH, beeinflusst werden (**Long-Loop** bzw. **Extra-long-Loop**).

Im sog. Long-Loop-Feedback wird die TSH-Ausschüttung durch die freie Schilddrüsenhormonkonzentration, insbesondere fT3, beeinflusst. Anscheinend ist diese Rückkopplung für die TSH-Produktion von größerer Bedeutung als die Regulierung durch TRH.

Niedrige fT3- und fT4-Konzentrationen im Körper führen zu einer Erhöhung der TSH-Ausschüttung der Hypophyse. Ein hoher fT3- und fT4-Spiegel hemmt dagegen die TSH-Ausschüttung. Die hemmende Wirkung von T3 ist stärker als die von T4. Dennoch ist die Einwirkung beider freier Hormone für die negative Rückkopplung relevant.

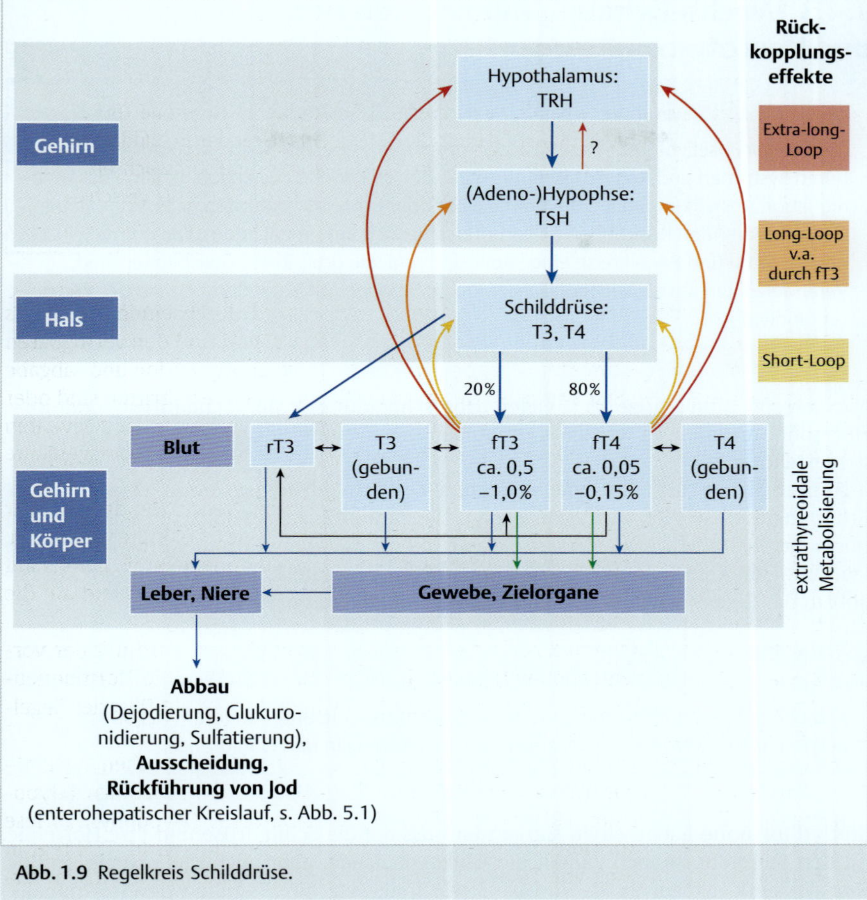

Abb. 1.9 Regelkreis Schilddrüse.

Ebenso haben die ungebundenen Schilddrüsenhormone fT4 und fT3 mittels negativer Rückkopplung Einfluss auf die TRH-Ausschüttung (Extra-long-Loop-Feedback). Auch hier ist fT3 von besonderer Bedeutung.

Eine negative Rückwirkung von TSH auf die TRH-Freisetzung konnte bisher nicht mit Sicherheit nachgewiesen werden.

Neben dieser Regelung über die Rückkopplung findet auch eine **direkte nervale Steuerung** über den Hypothalamus statt.

1

1.4.3 Wechselwirkung mit anderen Hormonen und Neurotransmittern

Zusammenfassung 

Der Stoffwechsel von Lebewesen ist ein kompliziertes Gefüge von ineinander verschachtelten Systemen und Regelkreisen. Wird ein kleines Rädchen verschoben, kann das mannigfaltige Auswirkungen auf die unmittelbar oder mittelbar betroffenen Systeme haben. Die resultierenden Reaktionen fallen unterschiedlich aus, je nachdem, wie gut die einzelnen Systeme und Regelkreise eingestellt sind und wie groß ihre Möglichkeiten sind, Veränderungen auszugleichen. Daher sind Reaktionen auf Veränderungen in der Regel sehr individuell.

Nachfolgend sind einige der vielen Überschneidungen der Schilddrüse und ihrer Hormone mit anderen Regelkreisen aufgeführt. Weitere Beispiele sind in Kap. 8.2 ff. dargestellt.

Akuter Stress führt zu einer Anregung des Schilddrüsensystems, woraufhin eine Erhöhung der TSH-Konzentration erfolgt. Die daraufhin ausgeschütteten Schilddrüsenhormone verstärken in der ersten Stressreaktion die energie- und wärmeerzeugende Wirkung von Katecholaminen und unterstützen den katecholaminabhängigen Zuckerabbau. Der Körper wird somit auf Kampf oder Flucht vorbereitet.

Katecholamine 

Katecholamine sind Hormone und Neurotransmitter, die unter anderem bei Stress ausgeschüttet werden. Die bekanntesten sind Adrenalin und Noradrenalin.

Steroidhormone haben einen starken Einfluss auf die Schilddrüse und ihre Hormone. Zu den Steroidhormonen zählen die Glukokortikoide, aber auch die Sexualhormone. Kortisol, ein Glukokortikoid, wird bei Stress freigesetzt und reguliert den Hormonausstoß des Körpers wieder auf Durchschnittsniveau. Es bewirkt unter anderem einen schnellen Abfall der T3-Konzentration und einen entsprechenden Anstieg der rT3-Konzentration. Die Produktion von STH (Wachstumshormon) wird im Zusammenspiel mit Kortisol und den Schilddrüsenhormonen stimuliert. Hier besteht also eine enge Verzahnung verschiedener Hormonsysteme.

Hohe **Östrogen-Konzentrationen** hemmen den Schilddrüsenstoffwechsel, niedrige stimulieren ihn. Es wird vermutet, dass Östrogene einigen Wirkungen der Schilddrüsenhormone entgegenwirken und den Abbau ausgleichend fördern, sobald die Konzentration zu hoch ist. Bei weiblichen Tieren hat der Zyklusstatus auch Einfluss auf die Schilddrüsenaktivität: Diese ist im Proöstrus, Östrus und Diöstrus höher und im Anöstrus niedriger. Die Aktivierung der Schilddrüse im Östrus wird durch geringfügig erhöhte Östrogenkonzentrationen bewirkt. Ein weiterer Östrogenanstieg bewirkt jedoch eine Hemmung der Schilddrüsenfunktion. Bei Frauen kann ein (leicht) erhöhter Östrogenspiegel zur Ausbildung einer Hyperthyreose führen (siehe auch Kap. 4.3.3)

Tab. 1.7 Auswirkung verschiedener Neurotransmitter und Hormone auf TRH.

Wirkung auf TRH-Produktion	Neurotransmitter	Hormone
steigernd	Adrenalin, Histamin	Neurotensin, Angiotensin, Östradiol
hemmend	Dopamin, Serotonin	Cholecystokinin (Pankreozymin), Gastrin, Opioide, Somatostatin

Auch zu **Insulin** besteht eine enge Beziehung. Insulin sorgt dafür, dass Glukose in die Körperzellen aufgenommen wird und in die Speicherform Glykogen umgewandelt wird. Die Umwandlung von T4 in T3 wird von der Verfügbarkeit von Glukose (Zucker) bestimmt (s. Kap. Ernährung/Energiezufuhr), also von Insulin mitreguliert.

Eine indirekte Wirkung auf die Schilddrüsenfunktion wird über die Beeinflussung der **TRH-Konzentration** erreicht. So haben einige Hormone und/oder Neurotransmitter hemmenden oder steigernden Einfluss auf die TRH-Ausschüttung (▶ Tab. 1.7).

1.4.4 Umwelt- und sonstige Einflüsse auf den Regelkreis

Zusammenfassung 

Der Schilddrüsenregelkreis ist kein geschlossenes System, sondern wird von vielen Faktoren beeinflusst, die im Organismus wirken oder auf den Organismus einwirken.

Umwelteinflüsse

Die Schilddrüsenaktivität und somit die Ausschüttung der Schilddrüsenhormone weist sowohl einen zirkadianen, also dem Tagesverlauf folgenden, als auch einen jahreszeitlichen Rhythmus auf.

Normalerweise werden sowohl TSH als auch TRH im **zirkadianen Rhythmus** abgegeben. Inwiefern die Schilddrüsenhormone einem zirkadianen Rhythmus unterliegen oder die über den Tagesverlauf schwankenden Konzentrationen lediglich eine physiologische Anpassung darstellen, ist unbekannt. Man geht davon aus, dass die T4-Konzentration morgens am niedrigsten ist, bis zum Mittag bis auf fast die doppelte Konzentration ansteigt und dann bis zum Abend etwas abfällt.

Des Weiteren unterliegt die Hormonkonzentration sporadischen und unvorhersehbaren Schwankungen.

Ein wesentlicher Einflussfaktor auf die Schilddrüsenhormon-Produktion ist die (Außen-)Temperatur. Bei Kälte wird die TRH-Freisetzung erhöht und in deren Folge auch die Freisetzung von TSH und der Schilddrüsenhormone. **Kälte** regt also die hormonellen Aktivitäten der Schilddrüse an, **Hitze** hemmt sie.

Daher ergeben sich **jahreszeitliche Schwankungen** bei der Schilddrüsenaktivität. In den Sommermonaten ist die Schilddrüsenaktivität geringer als im Winter. Ein höherer Wärmeverlust bewirkt eine Erhöhung der Schilddrüsenaktivität. Durch den erhöhten Schilddrüsenhormonspiegel bei Kälte oder vermehrtem Wärmeverlust wird der Stoffwechsel angeregt. Dadurch wird mehr Wärme erzeugt und das Aufrechterhalten der Körpertemperatur unterstützt. Bei Temperaturen unter dem Gefrierpunkt konnten vor allem bei im Freien gehaltenen Hunden, aber auch bei Haushunden entsprechende Veränderungen in den T4- und fT4-Werten festgestellt werden. Eine japanische Studie konnte bei im Freien gehaltenen Hunden hingegen lediglich einen fT4-Anstieg im Winter (Maximum bei Temperaturminimum im Januar) feststellen, bei einem gleichzeitig vorliegenden niedrigen T4. Bei einer iranischen Studie mit durchgehend im positiven Bereich liegenden Jahrestemperaturen konnten keine jahreszeitlichen T4-Schwankungen festgestellt werden.

Hintergrundwissen 

Temperatureinflüsse

Bei Schafen steigt die hormonelle Aktivität der Schilddrüse nach der Schur an.
Während bei erwachsenen Menschen erst lange anhaltende Kälte eine Steigerung der TRH-Bildung bewirkt, erfolgt diese bei Neugeborenen bereits bei einer kurzen Kälteeinwirkung.
Die festgestellten weniger wirksamen Schilddrüsenpräparate der „Winterschlachttiere" (s. Kap. 1), erklärt sich vermutlich aus der winterlich hohen Hormonabgabe in Verbindung mit relativ geringer Jodzufuhr bzw. dem hohen Hormon- und Jodgehalt der Schilddrüse im Sommer.

Erkrankungen

Zahlreiche akute Infekte und andere Krankheiten haben Auswirkungen auf die Schilddrüsenaktivität (s. Kap. 2.4). Davon können sowohl die Ausschüttung der Hormone, deren Transport und Verteilung, aber auch deren Metabolismus betroffen sein. Auswirkungen von Krankheiten oder Medikamenten (s. Kap. Einflüsse von Medikamenten) können z. B. sein:

- reduzierte Ausschüttung von TSH und den Schilddrüsenhormonen,
- reduzierte Bindung der Hormone an die Trägerproteine oder reduzierte Produktion von Trägerproteinen,
- vermehrte Umwandlung von T4 in rT3 und reduzierte Umwandlung in T3,
- erhöhter Abbau der Hormone.

Im Verlauf verschiedener **Hautkrankheiten** sowie bei **Thalliumvergiftung** wurden z. B. herabgesetzte Schilddrüsenfunktionen beobachtet (s. auch Kap. Metalle und Spurenelemente).

Hintergrundwissen 

Thallium

Thallium wird unter anderem bei der Bekämpfung von Nagetieren eingesetzt. Eine Thalliumvergiftung kann sich z. B. durch das Fressen damit vergifteter Mäuse ergeben.

Einflüsse von Medikamenten

Neben den in Kap. Strumige Substanzen aufgeführten strumigen Substanzen haben auch zahlreiche Medikamente einen positiven oder negativen Einfluss auf das Schilddrüsensystem (mögliche Wirkungsmechanismen s. Kap. Erkrankungen).

Wahrendorf [58] verglich in ihrer Doktorarbeit unter anderem die Schilddrüsenhormonkonzentrationen von Hunden ohne oder mit Medikamentengabe (mit und ohne bekannten Einfluss auf die Schilddrüse), bezogen auf den Zeitraum von 3 Monaten vor der Untersuchung. Die Ergebnisse zeigten zwar einen Zusammenhang zwischen Medikamentengabe mit bekanntem Einfluss auf die Schilddrüse und den Hormonen im Regelkreis, allerdings wirkten sich Medikamente, von denen man annahm, dass sie die Hormonwerte senken, auf die Höhe der TSH-Konzentration aus, aber nicht wie erwartet auf die Schilddrüsenhormonkonzentration. Die Erhöhung der TSH-Werte könnte jedoch eine kompensatorische Reaktion sein, durch die die Hormonkonzentrationen im Gleichgewicht gehalten werden. Wahrendorf kommt zu dem Ergebnis, dass beim Hund die Einflüsse von Medikamenten auf die Schilddrüse und deren Regelkreis noch weiter untersucht werden müssen.

Im Anhang sind einige Substanzen zusammengestellt (s. ▶ Tab. 11.1), die sich bekanntermaßen auf die Hypophyse (Hirnanhangsdrüse), Schilddrüse und/oder direkt auf die Schilddrüsenhormone auswirken. In der Regel wird durch die Wirkung dieser Substanzen die Konzentration der gebundenen Hormone verändert, die Konzentration der freien Hormone bleibt meist unverändert.

Es wurden auch Medikamente aufgenommen, die die Aufnahme/Wirkung von extern zugeführten Schilddrüsenhormonen beeinflussen. Einige Angaben entstammen den Beipackzetteln der Medikamente und sind teilweise nur im Humanbereich relevant.

Praxis 

Beurteilung von Medikamenten

Da für viele Medikamente hinsichtlich der Auswirkung auf den Schilddrüsenregelkreis noch keine gesicherten Studien existieren, sollte bei Medikamenten im Zweifelsfall immer davon ausgegangen werden, dass ein Einfluss existiert.

Individuelle Faktoren

Die Höhe des Hormonspiegels ist von verschiedenen individuellen Faktoren abhängig (s. auch Kap. 4.3 sowie ▶ Abb. 4.6, ▶ Abb. 4.10):

- Neugeborene und stark wachsende Tiere haben einen höheren T3- und T4-Spiegel als erwachsene Tiere. Dadurch können die hohen Stoffwechselanforderungen beim Wachstum erfüllt werden. Mit zunehmendem Alter sinkt die Konzentration der Schilddrüsenhormone auf einen individuellen Wert ab.
- Kleinere Hunderassen haben einen aktiveren Stoffwechsel und daher einen höheren Schilddrüsenhormonspiegel als größere Hunde. Einige Rassen haben niedrigere T4-Spiegel als Rassen vergleichbarer Größe.
- Bei trächtigen Hündinnen steigt der Schilddrüsenhormonspiegel in der Nähe des Geburtstermins an. Dies stellt eine Anpassung an den erhöhten Stoffwechselumsatz beim Wachstum der Milchdrüse und dem Einsetzen der Milchsekretion dar. Die

tatsächliche Erhöhung der Schilddrüsenhormone während der Trächtigkeit ist von Tierart zu Tierart verschieden. So findet beim Menschen während der Schwangerschaft ein T4-Anstieg statt, bei vielen Nutztieren jedoch nicht.

Ernährung/Energiezufuhr

Eine nicht bedarfsgerechte Ernährung führt zu einer Verschiebung der Konzentration der Schilddrüsenhormone. Während die T4-Konzentration häufig unverändert ist, sinkt der T3-Spiegel, die Menge an rT3 dagegen wird erhöht. Im Blut hungernder Tiere verhindern bestimmte Substanzen die Umwandlung von T4 in T3. Durch die Bildung von rT3 zulasten des aktiven T3 wird der Stoffwechsel „zurückgefahren“. **Hunger** bewirkt zudem eine verminderte Aufnahme und Wirksamkeit von T3 in der Leber, was ebenfalls als Stoffwechselanpassung an das verminderte Nährstoffangebot zu sehen ist. Gut ernährte und daher fettleibige Hunde haben relativ höhere T3- und T4-Konzentrationen im Plasma.

Die Umwandlung von T4 zu T3 ist in einem bestimmten Grad von der Anwesenheit von **Glukose** (Traubenzucker) abhängig. Glukosemangel hemmt ebenso wie Hunger die Umwandlung. Glukoseüberfluss durch kohlenhydratreiche Nahrung fördert wie Überernährung dagegen die Umwandlung und bewirkt somit einen Anstieg von T3 im Plasma. Dies wiederum führt zu erhöhtem Stoffwechsel mit vermehrtem Energieverbrauch.

Nicht nur die Umwandlungs- und Abbaurate der Schilddrüsenhormone ist abhängig von der Nahrungszusammensetzung, sondern auch deren Sekretionsrate: **Eiweißmangel** (z. B. durch eine eiweißreduzierte Diät) bewirkt bei einer gesunden Schilddrüse auf Dauer eine Senkung der Thyroxinbildung, Futter mit hohem Eiweißgehalt bewirkt hingegen eine Erhöhung der Thyroxinfreisetzung.

Metalle und Spurenelemente

Einige Metalle sind als essenzielle Spurenelemente an wichtigen schilddrüsenspezifischen Stoffwechselvorgängen beteiligt und müssen daher in ausreichender Menge mit der Nahrung aufgenommen werden.

Selen ist u. a. Bestandteil von Selenocystein, einer Aminosäure, die nicht als freie Aminosäure existiert, aber in einigen wenigen Proteinen enthalten ist. Diese Proteine haben wichtige Funktionen im Körper und speziell im Schilddrüsenkreislauf:

- Selen spielt eine wesentliche Rolle bei der **Umwandlung von T4 zu T3** und somit bei der Regulation des T3-Spiegels außerhalb der Schilddrüse:
  Selen ist ein Bestandteil der Dejodaseenzyme (S. 21) (s. ► Tab. 1.3), welche an der Umwandlung und dem Abbau der Schilddrüsenhormone beteiligt sind. Durch Selenmangel wird die Dejodaseaktivität gehemmt und somit u. a. die T3-Bildung verhindert.
- Selen schützt die Schilddrüse vor **schädlichen Stoffwechselprodukten**, die im Zuge der Jodumwandlung und der Hormonbildung entstehen:
  Selen ist in der Schilddrüse als Antioxidationsmittel (Glutathion-Peroxidase) wirksam. Bei der Bildung der Schilddrüsenhormone wird in verschiedenen Reaktionsschritten Wasserstoffperoxid (H_2O_2) gebildet. Wasserstoffperoxid ist eine sehr aggressive Substanz, die durch Selenverbindungen „unschädlich“ gemacht wird. Bei Selenmangel ist eine nachhaltige Schädigung der Schilddrüsenzellen durch Wasserstoffperoxid möglich.

Hintergrundwissen

Antioxidationsmittel

Antioxidationsmittel (Antioxidanzien) verhindern oder verlangsamen die Oxidation anderer Substanzen (z. B. stark ungesättigter Stoffe). Im Körper sind sie als Radikalfänger von Bedeutung, da sie dem oxidativen Stress entgegenwirken. Oxidativer Stress entsteht durch besonders reaktive Sauerstoffverbindungen bzw. freie Radikale, die im Rahmen der normalen Stoffwechselreaktionen entstehen und die Zellen schädigen können (allerdings ist auch ein gewisser Anteil freier Radikale im Körper erforderlich). Bei der Reaktion der Antioxidationsmittel mit den reaktiven Sauerstoffverbindungen werden diese chemisch verändert und verbraucht.

Im Körper sind u. a. folgende Substanzen als Antioxidationsmittel relevant:

- Selen, Dejodasen, Peroxidasen,
- Jod,
- Vitamin A bzw. Provitamin A (Carotine) (s. Kap. Vitamine),
- Vitamin C (Ascorbinsäure) (s. Kap. Vitamine),
- Vitamin E (Tocopherol) (s. Kap. Vitamine).

Antioxidationsmittel werden u. a. in der Lebensmittelindustrie als Zusatzstoffe zur Oxidationsverringerung, also zur Konservierung, verwendet.

Daher ist der Selen-Gehalt in der Schilddrüse besonders hoch. Selenmangel führt zu erhöhten TSH- und T4-Konzentrationen im Blut und zu erniedrigten T3-Konzentrationen, da die Umwandlung von T4 in T3 reduziert ist.

Bei einem Selenmangel treten im Humanbereich Störungen der Schilddrüse signifikant häufiger auf. Hiervon sind sowohl das Auftreten einer Subklinischen Schilddrüsenunterfunktion als auch einer klinischen Schilddrüsenunterfunktion betroffen, aber auch die Inzidenz für eine autoimmune Schilddrüsenunterfunktion steigt (also das Risiko aufgrund des Selenmangels im Laufe der Zeit eine Schilddrüsenunterfunktion zu entwickeln).

Im Humanbereich wurde daher untersucht, inwiefern eine Selenzufuhr sich günstig auf den Verlauf einer autoimmunen Schilddrüsenunterfunktion auswirkt. Die Ergebnisse der Untersuchung zeigten, dass sich die Entzündungsaktivität in der Schilddrüse verminderte und die Autoantikörper gegen Thyreoperoxidase reduziert wurden, die Autoantikörper gegen Thyreoglobulin jedoch nicht. Eine Veränderung der Schilddrüsenhormonwerte konnte nicht festgestellt werden. Allerdings wurde eine hochsignifikante Verbesserung des Wohlbefindens festgestellt. Inwiefern diese Ergebnisse auf die autoimmune Schilddrüsenunterfunktion beim Hund übertragbar sind, ist leider nicht bekannt.

Zink ist Bestandteil von mehr als 300 Enzymen. Hierdurch hat Zink Einfluss auf den Stoffwechsel von Neurotransmittern (GABA, Glutamat, Serotonin), Hormonen (Prolaktin, ACTH) und Opiatrezeptoren. Zink ist an der Synthese von Stickstoffmonooxid beteiligt.

Aber auch bei der Umwandlung von T4 in T3 spielen zinkhaltige Enzyme eine wesentliche Rolle. Zinkmangel beeinflusst die Wirkung der Dejodasen (S.21) (s. ▶ Tab. 1.3) negativ und führt daher zum Absinken der T4-Plasmakonzentration, einem gestörten T3-Stoffwechsel und zur Größenzunahme der Schilddrüse. Im Humanbereich besteht auch eine Korrelation zwischen Zink und Schilddrüsen-Autoantikörpern.

Umgekehrt beeinflussen auch die Schilddrüsenhormone den Zinkstoffwechsel. Sie verhindern z. B. die übermäßige Bildung von Carboanhydrase, einem zinkhaltigen Enzym. Carboanhydrase katalysiert in den Erythrozyten die Gleichgewichtsreaktion zwischen CO_2 – H_2CO_3 – HCO_3^- und ist so am Transport von CO_2 zur Lunge beteiligt. Im Humanbereich wurde festgestellt, dass die Zinkkonzentration in den roten Blutkörperchen positiv mit dem Serum-TSH korreliert. Bei einer transienten Schilddrüsenunterfunktion (S.61) ist sowohl das Serum-TSH geringer als bei einer permanenten Schilddrüsenunterfunktion als auch der Zinkgehalt in den Erythrozyten. Hierdurch ließe sich theoretisch eine transiente von einer permanenten Schilddrüsenunterfunktion unterscheiden.

Bei einem Vergleich von Blutseren von Hunden, die durch Beißvorfälle auffällig geworden waren, mit denen von nicht auffälligen Hunden, zeigte sich, dass die Zink-Serumkonzentrationen der auffällig gewordenen Hunde deutlich höher lagen.

Ebenso wirkt sich ein **Eisenmangel** negativ auf die Aktivität von TPO (Peroxidase) aus, aber auch auf die Aktivität der Dejodasen (s. ▶ Tab. 1.3). Außerdem wurden bei Tieren mit Eisenmangel deutlich niedrigere T3- und T4-Werte festgestellt.

Ernährungsbedingter Eisenmangel ist bei Hunden selten. Ein Eisenmangel kann jedoch durch Entzündungsreaktionen oder Nierenerkrankungen entstehen. Bei chronischen Blutverlusten (z. B. innere Blutungen) kann sich eine Eisenmangelanämie entwickeln, die wiederum als Indikator für diese Blutverluste dient.

Eine Schilddrüsenunterfunktion kann zu einer verminderten Eisenaufnahme im Magen-Darm-Trakt und somit ebenfalls zu Eisenmangel führen.

Praxis 

Bei Menschen mit ernährungsbedingtem Eisenmangel und einer Schilddrüsenunterfunktion wurden deutlich bessere Effekte der Hormonsubstitution erzielt, wenn sowohl Eisen als auch Schilddrüsenhormone substituiert wurden. Allerdings sollten die Präparate nicht gleichzeitig eingenommen werden.

Bei Ratten wurde festgestellt, dass ein **Kupfermangel** zu niedrigen T3-Werten führte, da in der Leber weniger Enzyme vorhanden waren, die zur Umwandlung von T4 in Trijodthyronin (T3) erforderlich sind (Dejodasen, s. ▶ Tab. 1.3). Die TSH-Werte dieser Ratten war dagegen erhöht.

Hintergrundwissen

Selen

Selen ist nicht nur in der Schilddrüse wichtig für die Abwehr von oxidativem Stress in der Zelle, sondern im gesamten Körper. Eine adäquate Selenversorgung ist daher wichtig für die antioxidativen Kapazitäten des Körpers.
Neben der Schilddrüse ist das Gehirn das selenreichste Organ. Beim Menschen wurde auch ein Zusammenhang mit depressiven Erkrankungen festgestellt und zwar sowohl bei Selenmangel als auch bei Selenüberversorgung.
Ursache eines Selenmangels können neben nicht ausreichender Selenaufnahme auch erhöhte Aufnahme von Chrom, Zink, Blei, Cadmium, Quecksilber, Arsen oder Thallium sein. Auch bestimmte Medikamente (Clozapin, Kortikoide) können zu einem Selenmangel führen.
Ein Selenmangel vermindert u. a. die Immun-, Lymphozyten-, Monozyten- und Granulozytenfunktionen. In der Tierzucht wird daher Selen in Mineralstoffgemischen dem Futter beigemischt, wodurch die Tiere eine geringere Krankheitsanfälligkeit zeigen.
Bei Mäusen hat man festgestellt, dass ein Selenmangel die Entwicklung und den Fortschritt einer Kolitis (chronisch entzündliche Darmerkrankung) fördert. Auch beim Menschen hat man festgestellt, dass Patienten mit Darmerkrankungen, parenteraler Langzeiternährung oder schweren Allgemeinerkrankungen einen erhöhten Selenbedarf haben. Allerdings wurde auch nachgewiesen, dass ein zu hoher Selengehalt, ebenso wie ein zu niedriger Selengehalt, zu Haarwachstumsstörungen führen können.
Selen in Verbindung mit Vitamin E schützt vor Arteriosklerose und wirkt sich günstig bei Herzmuskelerkrankungen, neuromotorischen Störungen, Myopathien und in der Behandlung von Pankreatitis aus.

Zink

Ein **Zinküberschuss** kann die Selenaufnahme reduzieren.
Ähnlich wie bei Selen führt auch Zinkmangel zu einer geschwächten Immunabwehr und zur Schwächung der antioxidativen Kapazitäten. Aber auch die Barrierefunktion des Darms wird geschwächt (leaky gut).
Ein Zinkmangel kann sich neben der Mangelversorgung auch durch Behandlung mit Kortikoiden oder Diurethika (harnfördernde Mittel) ergeben.
Cadmium verdrängt Zink aus den Enzymbindungen, sodass diese Enzyme inaktiv werden.

Hintergrundwissen zu weiteren (Leicht-)Metallen

Eine Reduzierung der antioxidativen Kapazität wird auch bei Magnesium und Kupfermangel festgestellt.

Erniedrigte **Kupferwerte** werden bei Behandlung mit NSAID (Schmerzmittel) festgestellt, erhöhte bei Behandlung mit Estrogenen.
Weitere toxische Antagonisten zu Enzymbestandteilen sind:

- Nickel zu Magnesium,
- Blei zu Kalium.

Vitamine

Lorenz [35] fasst in seiner Doktorarbeit die zahlreichen gesicherten und vermuteten Wirkungen von **Vitamin A** hinsichtlich der Schilddrüsenfunktion (im Humanbereich) zusammen. Ein Vitamin-A-Mangel führt demnach zu

- gehemmter Aufnahme von Jod in die Follikel (genauer: Thyreozyten),
- gehemmter Bildung von Thyreoglobulin durch TPO,
- erhöhten T4- und T3-Blutwerten,
- Umwandlungsstörungen von T4 zu T3,
- Störung der Hormonaufnahme in die Körperzellen,
- Hemmung der Hormonaktivität in der Körperzelle an den Kernstrukturen,
- Störung des Schilddrüsenregelkreises an Hypothalamus und Hypophyse mit starker Ausschüttung von TSH, trotz hohem T4-Blutwert.

Vitamin E ist ein wichtiges körpereigenes Antioxidationsmittel und schützt oxidationsempfindliche Stoffe im Organismus, wie z. B. Vitamin A. Vitamin E und Selen haben einen synergistischen Effekt, das heißt, sie verstärken sich in ihrer Wirkung. Vitamin E verringert den Selenbedarf, indem es zum einen das im Körper vorhandene Selen in einer biologisch aktiven Form hält und zum anderen die erforderliche Menge selenhaltiger Enzyme durch Schutz der Zellwände (Membranlipide) gering hält. Ferner ist Vitamin E bei der Synthese von Vitamin C von Bedeutung.

Vitamin C ist ebenfalls ein Antioxidationsmittel und ist mit dem Stoffkreislauf von Vitamin E (und somit mit Selen) verbunden. Bei Ratten konnte einerseits durch Vitamin-C-Gaben ein verminderter Vitamin-E-Verbrauch festgestellt werden, andererseits auch ein verminderter Vitamin-C-Verbrauch bei Vitamin-E-Gabe.

Strumige Substanzen

Chemische Verbindungen, welche die Funktion der Schilddrüse oder deren Hormone hemmen, werden strumige Substanzen genannt. Andere Bezeichnungen sind: Thyreostatika oder Goitrogene. Strumige Substanzen können die Bildung eines Kropfs (= Struma, s. Kap. 2.1.1) fördern.

Die Hemmung der Schilddrüse bzw. der Hormone kann an verschiedenen Punkten einsetzen:

- Jodaufnahme in die Schilddrüse,
- Hormonbildung (z. B. durch Hemmung von TPO) bzw.
- Umwandlung und Abbau der Hormone (z. B. durch Hemmung der Dejodasen), s. ▶ Tab. 1.3 im Kap. Trijodthyronin (S. 21).

Weitere Details siehe Kap. 5.3.3 und Kap. 9.10.3.

2 Schilddrüsenerkrankungen

Zusammenfassung

Die gesunde Schilddrüse kann die Produktion von Schilddrüsenhormonen sehr gut an die Erfordernisse anpassen. Eine kranke Schilddrüse oder ein krankes Schilddrüsensystem kann dies nicht mehr. Es werden dann entweder zu viel oder zu wenig Hormone produziert, es entsteht eine Schilddrüsenüberfunktion oder eine Schilddrüsenunterfunktion. Schilddrüsenfehlfunktionen wirken sich auf den gesamten Organismus aus und führen zu diversen Stoffwechselerkrankungen.
Je nachdem, ob man den Schwerpunkt auf Ursache, Funktionseinschränkung oder Auswirkung der Krankheit der Schilddrüse oder des Schilddrüsensystems legt, gibt es verschiedene Einteilungen. Ein Überblick über die Verflechtungen der einzelnen Krankheiten ist der ▶ Abb. 2.1 zu entnehmen.
Schilddrüsenerkrankungen stellen beim Hund eine der häufigsten Krankheiten im Hormonsystem dar. Dabei ist wiederum die Schilddrüsenunterfunktion die am häufigsten auftretende Schilddrüsenerkrankung, speziell die durch eine Autoimmunkrankheit hervorgerufene Unterfunktion. Eine Schilddrüsenüberfunktion dagegen ist bei Hunden sehr selten.
Die Halbwertszeiten der Schilddrüsenhormone sind bei einer Schilddrüsenunterfunktion länger, bei einer Schilddrüsenüberfunktion kürzer.
Da bei Hunden im Wesentlichen nur die Schilddrüsenunterfunktion von Bedeutung ist, wird auf die Schilddrüsenüberfunktion und die weiteren Krankheiten nur kurz eingegangen.

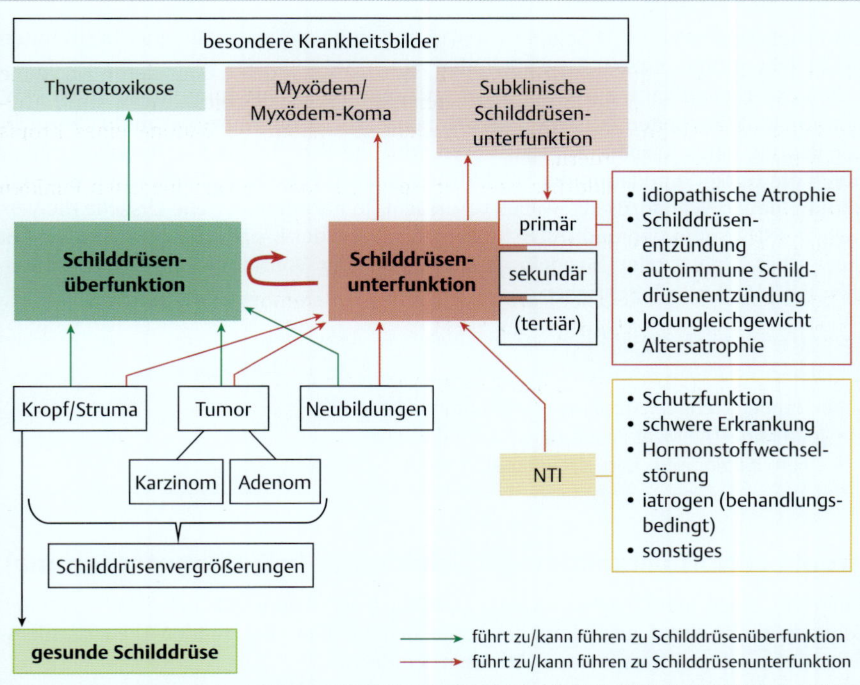

Abb. 2.1 Überblick Schilddrüsenerkrankungen.

2.1 Schilddrüsenüberfunktion

Zusammenfassung 

Bei einer Schilddrüsenüberfunktion (Hyperthyreose) werden zu viele Schilddrüsenhormone gebildet.
Ursache einer Überfunktion kann ein hormonbildender Kropf oder neues hormonbildendes Gewebe außerhalb der Schilddrüse (ektopisches Gewebe) sein, aber auch ein hormonbildendes Schilddrüsenkarzinom. Bei Hunden tritt eine Schilddrüsenüberfunktion fast ausschließlich in Verbindung mit einem Schilddrüsen-Adenokarzinom auf, einer hormonproduzierenden bösartigen Schilddrüsenwucherung.

Hintergrundwissen 

Beim Menschen führt eine über längere Zeit bestehende Überproduktion von Schilddrüsenhormonen zum Bild der Basedowschen Krankheit (Morbus Basedow, Graves' disease), die durch den **Merseburger Trias** gekennzeichnet ist: Herzjagen, Kropf und Glotzaugen (Tachykardie, Struma und Exophthalmus).
Bei Haustieren, außer bei Katzen, ist die Hyperthyreose und somit die Basedowsche Krankheit selten zu finden.
Eine isolierte T3-Hyperthyreose (also Überproduktion nur von T3) ist sehr selten.

2.1.1 Kropf (Struma)

Ein Kropf (Struma) ist eine Schilddrüsenvergrößerung, die meist ab einer bestimmten Größe sehr gut mit bloßem Auge erkennbar ist.

Beim Menschen kann ein Kropf unter anderem infolge von Immunreaktionen bzw. Autoimmunkrankheiten entstehen. Bei Hunden führen Autoimmunkrankheiten nicht zur Bildung eines Kropfes. Bei Haustieren wird die Kropfbildung letztendlich immer durch die starke Stimulation der Schilddrüse durch TSH und die damit einhergehende Bildung neuen Schilddrüsengewebes verursacht. Je nachdem, welche Ursache die vermehrte TSH-Produktion und -Ausschüttung hat, kann der Kropf in Zusammenhang mit einer Über-/Unter- oder Normalfunktion stehen. Der Vollständigkeit halber werden hier alle 3 Varianten beschrieben.

Praxis 

Bei Hunden steht ein Kropf meist in Zusammenhang mit
- Jodmangel (All-Meat-Syndrom, s. Kap. 5.4.2) oder
- einem Karzinom (s. Kap. Karzinome).

Kropf bei Normalfunktion der Schilddrüse (= Euthyreotes Struma)

Aufgrund einer Jodmangelversorgung (s. Kap. 5.4.2) kann sich bei einer gesunden Schilddrüse ein Kropf ausbilden. Dies ergibt sich vor allem bei Hunden, die ausschließlich mit Fleisch gefüttert werden (**All-Meat-Syndrom**).

Kropf bei Schilddrüsenüberfunktion (= Hyperthyreotes Struma)

Bedingt durch Autoimmunreaktionen wird die Regulierung zwischen Schilddrüse und Hypophyse gestört. Dadurch findet eine vermehrte TSH-Sekretion statt, was die Bildung von Schilddrüsengewebe bewirkt. In der Folge wird ein Schilddrüsenhormonüberschuss produziert. Beim Menschen ist diese Form Teilbild der **Thyreotoxikose** vom Morbus-Basedow-Typ.

Bei Hunden kommt ein Kropf infolge einer Autoimmunkrankheit nicht vor. Daher ist bei Hunden mit Schilddrüsenüberfunktion ein Kropf selten anzutreffen. Allerdings kann sich im Rahmen eines hormonbildenden Tumors ein Kropf entwickeln.

Kropf bei Schilddrüsenunterfunktion (= Hypothyreotes Struma)

Trotz einer vermehrten TSH-Stimulation und Schilddrüsenvergrößerung bleibt die Schilddrüsenhormonkonzentration zu niedrig. Diese Form ist ein wesentlicher Teilbefund des angeborenen (kongenitalen) Myxödems oder Anpassung an einen extremen Jodmangel (= funktionelle Hyperplasie, s. Kap. 5.4.2).

2.1.2 Neubildungen von Gewebe

Schilddrüsenzellen können (z. B. im Laufe der Individualentwicklung) in andere Gewebe abwandern. Aus diesen Zellen kann Schilddrüsengewebe (**akzessorisches, dystopes oder ektopisches Gewebe**) entstehen und sich zu primären Schilddrüsengeschwülsten entwickeln. Diese können sogar Schilddrüsenhormone produzieren. Bevorzugte Orte für Neubildungen von derartigem Schilddrüsengewebe sind: Halsbereich, Mediastinum (Teil der Brusthöhle) oder die Herzbasis.

Da solche Neubildungen nicht durch die übergeordneten Hormonsysteme geregelt werden, resultiert daraus häufig eine Hormonüberproduktion. Der Körper versucht dann, durch Reduzierung der eigentlichen Schilddrüsenleistung diese Überproduktion auszugleichen. Dies gelingt aber nur, wenn die Hormonproduktion des neugebildeten Gewebes nicht zu groß ist. Ansonsten führt dieses Gewebe zu einem Überschuss an Schilddrüsenhormonen.

Nach der Entfernung der Schilddrüse (z. B. aufgrund eines Tumors) ist bei rd. 50 % der Hunde die Hormonproduktion des ektopischen Gewebes so hoch, dass eine Hormonsubstitution nicht erforderlich ist.

2.1.3 Tumore

Schilddrüsentumore (sowohl gut- als auch bösartige) treten bei Tieren, die artbedingt ein höheres Lebensalter erreichen, relativ häufig auf. Dabei steigt die Wahrscheinlichkeit der Tumorentstehung, wenn eine starke Stimulation der Schilddrüse durch TSH vorausging.

Schilddrüsentumore sind zwar die häufigsten Tumore im Halsbereich, stellen aber bei Hunden nur einen geringen Teil, etwa 2–3 %, der Gewebeneubildungen (Neoplasien) dar. Allerdings sind die meisten klinisch feststellbaren Tumore (Schilddrüsenvergrößerungen) beim Hund Karzinome.

Es wird zwischen Adenomen und Karzinomen unterschieden.

2

Adenome

Adenome sind gutartige Neubildungen von Drüsenzellen (benigne Neoplasien).

Man unterscheidet hormonell inaktive Adenome von toxischen Adenomen:

- Hormonell inaktive Adenome haben keinen Einfluss auf die Hormonproduktion der Schilddrüse und werden aufgrund ihrer geringen Größe häufig übersehen.
- Toxische Adenome produzieren Schilddrüsenhormone. Die Hormonproduktion der Adenome erfolgt unabhängig vom Regelkreis der Schilddrüse und wird somit nicht von TSH und TRH beeinflusst. Sind die Adenome ausreichend groß, findet eine Hormon-Überproduktion statt (toxisches hyperthyreotes Schilddrüsenadenom). Aufgrund des hohen Hormonspiegels versiegen die TSH- und TRH-Ausschüttung irgendwann völlig und damit auch die reguläre Hormonproduktion der Schilddrüse. Es ergibt sich eine Rückbildung des normalen Drüsengewebes, also ein Organschwund (funktionelle Atrophie mit anschließendem partiell atrophischem Knotenstruma). Allerdings sind nur rund 20 % der Adenome auch hormonell aktiv. Ein noch geringerer Prozentsatz führt zu einer Schilddrüsenunterfunktion, also dazu, dass die Hormonproduktion der Schilddrüse aufgrund der Hormonproduktion der Adenome völlig versiegt.

Praxis 

Adenome treten häufig bei Hunden der Rasse Boxer auf.

Karzinome

Karzinome sind bösartige (maligne) Neubildungen. Neben den Karzinomen der Milchdrüse sind Schilddrüsenkarzinome die häufigsten Karzinome beim Hund. Schilddrüsenkarzinome zeichnen sich durch eine hohe Invasivität (Eindringungsvermögen in andere Organe) und eine hohe Metastasierungstendenz aus. Die Metastasen gelangen in die lokalen Lymphknoten bzw. über das Blut in die Lunge sowie in Nieren, Leber und Herz. Größere Tumore bilden einen Kropf und verdrängen bzw. zerstören Halsorgane wie Kehlkopf oder Schilddrüse. Als Symptome, besonders der großen Tumore, treten daher Schluckbeschwerden, Atemnot, Husten und Heiserkeit auf und in Folge Appetitmangel und Abmagerung. Häufig sind die regionalen Lymphknoten vergrößert.

Bei etwa einem Viertel der Karzinome werden so viele Schilddrüsenhormone (T3, T4) gebildet, dass klinische sowie biochemische Symptome einer **Thyreotoxikose** auftreten (s. Kap. 2.1.4).

Rund 20 % der Tumore sind hormonell inaktiv. Bei zunehmender Größe oder Wachstum in die Schilddrüse hinein können sie dort Gewebe verdrängen oder zerstören. Dadurch entsteht eine Schilddrüsenunterfunktion.

Häufig werden Karzinome gar nicht diagnostiziert, besonders wenn sie ihre volle Größe noch nicht erreicht haben oder nur einseitig auftreten und keine Symptome verursachen. Es wird daher geschätzt, dass die tatsächliche Zahl der Karzinome bei Hunden rund 50 % höher ist als die diagnostizierte. Bei Hunden tritt ein Kropf meist in Zusammenhang mit einem Karzinom auf.

Die Tumore sind meist inoperabel, da große Gefäße und Nervenstämme umschlossen werden und zudem durch die Operation die Metastasenbildung gefördert werden kann.

Praxis 

Schilddrüsenkarzinome treten besonders häufig bei Golden Retrievern und Beaglen auf.

2.1.4 Symptome der Schilddrüsenüberfunktion

Eine Schilddrüsenüberfunktion bewirkt durch die hohe Schilddrüsenhormon-Konzentration eine höhere Stoffwechselaktivität und somit einen höheren Grundumsatz. Dadurch ergibt sich in der Regel ein Gewichtsverlust, die betroffenen Lebewesen sind meist mehr oder weniger deutlich untergewichtig, Menschen kommen aber leicht ins Schwitzen. Die stoffwechselsteigernden Aktivitäten führen in der Leber zur Glykogenverarmung, Fettinfiltrierung und schließlich zur Leberzirrhose.

Betroffene Hunde bewegen sich ungern, suchen kühle Plätze auf und haben eine gewisse Wärmeintoleranz. Aufgrund des hohen Grundumsatzes ergibt sich eine erhöhte Wärmeproduktion, die Hunde hecheln ständig.

Weitere Symptome können sein:

- diverse Muskelleiden, Muskelzittern, Muskelabbau,
- gesteigerte Sehnenreflexe,
- erhöhte Puls- und Atemfrequenz,
- Tachykardie (erhöhte Herzfrequenz) mit nachfolgender Linksherzhypertrophie und verstärktem Herzspitzenstoß,
- Erschöpfung der Nebennierenrinde,
- Veränderung des Kreatin-Stoffwechsels,
- Leukozytose (erhöhte Zahl von Leukozyten = weiße Blutkörperchen),
- unregelmäßige Läufigkeit,
- Übererregung, Unruhe, Nervosität, Erregbarkeit, Schreckhaftigkeit, z. T. Schlaflosigkeit,
- Schwäche und Müdigkeit,
- großer Durst, hoher Harnabsatz, Heißhunger, Gefräßigkeit (Polydipsie, Polyurie, Polyphagie), übermäßiger Kotabsatz;
- Glotzaugen (Exophthalmus) wurden bei Hunden im Zusammenhang mit Schilddrüsenüberfunktion nicht beobachtet, jedoch können die Augen leicht hervorstehen.

Eine **Thyreotoxikose** ist quasi eine Vergiftung durch Schilddrüsenhormone. Im Blutbild lassen sich stark erhöhte Werte von T3 und T4 nachweisen, einhergehend mit reduzierten Cholesterinwerten und gesteigerten Kalziumwerten (Hypocholesterolämie, Hyperkalzämie). Eine derart starke Überproduktion von Schilddrüsenhormonen tritt meist in Zusammenhang mit einem Schilddrüsenkarzinom auf. Infolge der erhöhten Konzentrationen der Schilddrüsenhormone finden eine Abnahme der Knochenmasse und eine erhöhte Kalzium-Ausscheidung statt. Ferner sind Gewichtsverlust, Herzjagen sowie starker Durst und Harndrang feststellbar (Tachykardie, Polydipsie, Polyurie).

2.1.5 Behandlung der Schilddrüsenüberfunktion

Die Behandlung der Überfunktion richtet sich nach der zugrundeliegenden Ursache.

Die Behandlung einer Autoimmunerkrankung erfolgt durch Gabe von schilddrüsenhemmenden Medikamenten. Die schilddrüsenhemmenden (antithyreoidalen) Medikamente müssen paradoxerweise mit geringen Mengen Thyreoidea siccata (Schilddrüsenextrakt) oder L-Thyroxin kombiniert werden, um eine Ausbildung oder Vergrößerung eines Kropfs zu verhindern. Der im Humanbereich häufig mit der Autoimmunkrankheit einhergehende Kropf bildet sich durch die Behandlung entweder zurück oder muss operativ entfernt werden.

Wie schon erläutert wird bei Hunden eine Schilddrüsenüberfunktion häufig durch Karzinome verursacht. Diese sind schwer durch eine Operation zu entfernen, da sie nach Verletzung oder Beschädigung stark streuen und zudem häufig eng an lebensnotwendigem, gesundem Gewebe anliegen. Eine Behandlung mit radioaktivem Jod wird aufgrund der Abschirmungsprobleme bei Tieren eher selten durchgeführt.

2.2 Schilddrüsenunterfunktion

Zusammenfassung

Bei einer Schilddrüsenunterfunktion (Hypothyreose) produziert die Schilddrüse zu wenig Hormone. Die Ursachen für die mangelnde Produktion können in der Schilddrüse selbst liegen, in den übergeordneten Regelsystemen sowie in Krankheiten oder Faktoren, die einen hemmenden Einfluss auf die Schilddrüse oder den Regelkreis haben.
Man unterscheidet, je nach Ursache:

- **Primäre Schilddrüsenunterfunktion**: Die Funktionsstörung liegt direkt in der Schilddrüse (s. Kap. 2.2.1).
- **Sekundäre Schilddrüsenunterfunktion**: Die Funktionsstörung liegt im unmittelbar übergeordneten Regelkreis, also der Hirnanhangsdrüse (Adenohypophyse) und wirkt sich darüber auf die Schilddrüse aus. Durch eine reduzierte oder fehlende Stimulierung der Schilddrüse durch TSH kann sich die Schilddrüse zurückbilden (Atrophie) und/oder es werden kleinere Follikel ausgebildet (s. Kap. 2.3).
- **Tertiäre Schilddrüsenunterfunktion**: die Funktionsstörung liegt im obersten Regelkreis, also dem Zwischenhirn (Hypothalamus) (s. Kap. 2.3).
- **NTI** = Non Thyroidal Illness (auch **ESS** = Euthyroid Sick Syndrom): Krankheiten, die einen Einfluss auf die Schilddrüse haben, aber nicht direkt der Schilddrüse oder dem Regelkreis der Schilddrüse zuzuordnen sind (s. Kap. 2.4)

Eine ausgeprägte Schilddrüsenunterfunktion (Hypothyreose) führt typischerweise an Haut, Unterhaut und Schleimhaut zu einer mukoid-ödematösen Durchtränkung mit teigiger Konsistenz: Durch Einlagerung von Mucopolysacchariden („Zuckerketten“) und Proteinen in der Lederhaut (Schicht unter der Oberhaut) wird vermehrt Wasser eingelagert, das Gewebe wirkt verdickt und geschwollen. Bei Hunden ergibt sich dadurch ein typisch **trauriger Gesichtsausdruck**.
Das **Myxödem-Koma** stellt die schwerste Form der Hypothyreose dar, ist aber relativ selten. Es ist eine lebensbedrohliche Situation, bei welcher der Erkrankte in ein Koma fällt und daher eine notfallmäßige Behandlung erforderlich macht. Damit einher gehen Untertemperatur, niedriger Blutdruck (Hypotension) und niedrige Herzfrequenz (**Bradykardie**) (s. Kap. 3.2.6).
Bei einer Schilddrüsenunterfunktion ist die Umwandlung von Cholesterin in Gallensalze gestört. Daher sind häufig zu hohe **Cholesterinspiegel** feststellbar. Ferner zeigt sich eine **verminderte Glukosetoleranz**, d. h., die Blut- und Harnzuckerwerte steigen bei Glukosezufuhr überproportional an. Es kann auch der zirkadiane Rhythmus der TSH-Ausschüttung fehlen (s. Kap. Umwelteinflüsse). Damit ist auch der tageszeitlich angepasste Rhythmus der Schilddrüsenfunktion gestört.

2.2.1 Primäre Schilddrüsenunterfunktion

Die primäre Schilddrüsenunterfunktion ist die häufigste Schilddrüsenerkrankung beim Hund (ca. 95 %) und eine der häufigsten Drüsenerkrankungen.

Die wesentlichen Ursachen einer primären Schilddrüsenunterfunktion können sein:

- **Jodungleichgewicht**: Organabbau aufgrund anhaltenden Jodmangels oder Jodüberschusses (s. Kap. 5.4.1, Kap. 5.4.2 und Kap. 5.4.3),
- **idiopathische Follikelatrophie**: Organschwund, Abbau der Schilddrüse (s. Kap. Idiopathische Follikelatrophie),
- **Altersatrophie**: Organabbau im Alter (s. Kap. Altersatrophie),
- **Thyreoiditis**: Entzündung der Schilddrüse, häufig verbunden mit Zerstörung der Schilddrüse, s. Kap. Schilddrüsenentzündung (S. 60).

► **Spezialfälle der Thyreoiditis**

- **Autoimmunthyreoiditis** (S. 61),
- **„Subklinische" Schilddrüsenunterfunktion** (s. Kap. 2.2.2).

Generell ist die Entwicklung einer Schilddrüsenunterfunktion mit einhergehender Zerstörung des Schilddrüsengewebes (Atrophie) langsam und schleichend. Deutliche Symptome stellen sich meist erst ein, nachdem bereits ca. 70–80 % der Schilddrüse ausgefallen sind. Häufig werden daher die ersten Anzeichen und Symptome übersehen und später nicht mehr mit der Schilddrüsenunterfunktion in Verbindung gebracht.

Zu Beginn einer Schilddrüsenunterfunktion können je nach individueller Stoffwechsellage bereits bei sehr geringen Hormondefiziten verschiedene Symptome auftreten. Dies wird dann häufig als Subklinische Schilddrüsenunterfunktion bezeichnet (s. Kap. 2.2.2). Da in diesem Stadium die Schilddrüsenunterfunktion jedoch schwierig zu diagnostizieren ist, gibt es über die tatsächliche Existenz der Subklinischen Schilddrüsenunterfunktion und deren Auswirkungen zahlreiche Diskussionen.

In der Praxis wird die Entstehungsursache eher pragmatisch festgelegt. Bei Vorliegen von Antikörpern geht man von einer autoimmunen Schilddrüsenunterfunktion aus, bei alten Hunden von einer Altersatrophie. Bei jungen Hunden ohne Autoantikörper wird eine idiopathische Schilddrüsenunterfunktion angenommen. Eine Bewertung der Jodversorgung wird selten durchgeführt.

Die Behandlung der primären Schilddrüsenunterfunktion erfolgt (außer bei festgestelltem Jodmangel als Ursache) mit Thyroxin, d. h. mit der externen Zuführung fehlender Schilddrüsenhormone.

Jodungleichgewicht

Sowohl bei einem lang anhaltenden Jodüberschuss als auch bei einem lang anhaltenden Jodmangel kann sich eine Schilddrüsenunterfunktion entwickeln.

Details siehe Kap. 5.4.1, Kap. 5.4.2 und Kap. 5.4.3.

Idiopathische Follikelatrophie

Die idiopathische Follikelatrophie ist eine von anderen Krankheiten unabhängige Zersetzung der Schilddrüsenfollikel. Bei Hunden beginnt sie mit der Zersetzung der Follikeloberflächen sowie einer Verkleinerung der Follikel und endet schließlich damit, dass das zersetzte Schilddrüsengewebe durch Fettgewebe ersetzt wird (s. auch Kap. Schilddrüsenentzündung (inkl. Subklinische Schilddrüsenunterfunktion): Praxis). Mit fortschreitender Zersetzung der Schilddrüse entwickeln sich eine Schilddrüsenunterfunktion und ein Hormonmangel.

Die Ursachen dieser Erkrankung sind unklar. Bei anderen Tierarten scheint ein **Selenmangel** zu einer Atrophie zu führen. Ob dies auch für den Hund zutrifft, ist unklar.

Teilweise wird die idiopathische Atrophie als Endstadium der Autoimmunthyreoiditis gewertet (s. Kap. Autoimmunthyreoiditis (lymphozytäre Thyreoiditis), ▶ Abb. 2.2). Bei einem Altersvergleich der von den jeweiligen Krankheiten betroffenen Hunde fällt auf, dass die Thyreoiditis vorwiegend bei jüngeren Hunden zu finden ist, die Atrophie jedoch häufiger bei älteren Hunden.

Altersatrophie

Bei älteren Hunden (ca. ab dem 10. Lebensjahr) werden die Stoffwechselaktivitäten reduziert und damit einhergehend auch die Aktivitäten der Schilddrüse. Besonders bei sehr alten Hunden kann dies zur Verkleinerung der Schilddrüse führen.

Andere Erklärungen sind, dass entweder die Ansprechbarkeit der TRH-Rezeptoren in der Hypophyse abnimmt, die TSH-Produktion somit absinkt und infolgedessen das Schilddrüsengewebe reduziert wird oder das die Schilddrüse weniger gut auf TSH reagiert. Die Volumenabnahme der Schilddrüse resultiert bei diesen Modellen somit nicht aus physiologischen Notwendigkeiten.

Schilddrüsenentzündung (inkl. Subklinische Schilddrüsenunterfunktion)

Eine Thyreoiditis ist bei Hunden häufig zu finden. Sie kann verschiedene Ursachen haben:

- eine vorangehende Tuberkulose oder Borreliose (s. auch Kap. 2.4.5) oder bestehende Leishmaniose,
- eine Autoimmunreaktion des Körpers (S. 61),
- mechanische Verletzungen der Schilddrüse (Halsbandruck, Biss- oder Unfallverletzungen). Hierdurch können entzündliche Prozesse ausgelöst werden, die zu Narbenbildung im Schilddrüsengewebe führen. Aber auch durch Verletzungen im Halsbereich können Entzündungen entstehen, die sich auf die Schilddrüse ausbreiten.

Allerdings kann bei mechanischen Verletzungen der Schilddrüse auch ein anderer Effekt auftreten: Thyreoglobulin ist ein sehr großes Protein und gelangt normalerweise nicht ins Blut. Geschieht dies trotzdem, z. B. aufgrund einer Erkrankung oder Verletzung der Schilddrüse, so kann dadurch eine Autoimmunreaktion ausgelöst werden, s. Kap. Autoimmunthyreoiditis (lymphozytäre Thyreoiditis).

Praxis 

Werden bei Beginn der Schilddrüsenunterfunktion die Follikel zerstört, so werden die darin gespeicherten Schilddrüsenhormone stoßartig freigesetzt. Dies kann dazu führen, dass zu Beginn einer Schilddrüsenunterfunktion erhöhte Schilddrüsenhormonwerte und Symptome einer Schilddrüsenüberfunktion auftreten. Diagnostisch lassen sich in dieser Phase bei einer Autoimmunreaktion Autoantikörper feststellen, die eine Abgrenzung gegenüber einer Schilddrüsenüberfunktion ermöglichen.

Autoimmunthyreoiditis (lymphozytäre Thyreoiditis)

Bei einer Autoimmunreaktion bekämpft das Immunsystem des Körpers irrtümlicherweise gesunde körpereigene Strukturen, also z. B. Peptide/Proteine in der Schilddrüse, Trägerproteine der Schilddrüsenhormone etc. Ursache ist eine mangelnde oder fehlende Unterscheidung zwischen körpereigenem und körperfremdem Gewebe, die entweder durch eine Inkompetenz der Immunozyten oder durch einen fehlenden Schutz des betroffenen Gewebes verursacht wird. Die autoimmune Fehlreaktion kann z. B. durch **„molecular mimicry"** entstehen, bei dem Antikörper mit körpereigenen Proteinen reagieren, die den mikrobiellen Antigenen ähnlich sind (Kreuzreaktion) oder **„cryptic epitops"**, bei der normalerweise in Zellen befindliche Proteine in das Blut gelangen und so zu Antigenen für Autoantikörper werden, s. Kap. Schilddrüsenentzündung (S. 60). Der Anteil euthyreoter Hunde mit Anzeichen einer Schilddrüsenunterfunktion ist im Sommer höher als im Winter. Dies könnte die Hypothese stützen, dass Infektionen an der Entstehung einer Schilddrüsenunterfunktion beteiligt sind.

Definition 

Antigen: körperfremde oder -eigene Substanz, die eine Immunreaktion auslöst, i. d. R. ein Protein.
Autoantigen: körpereigene Proteine, die eine Immunabwehr erzeugen
Antikörper (Immunglobuline): vom Körper gebildete Substanzen, die im Zuge der Immunreaktion an die Antigene binden.
Autoantikörper richten sich im Zuge einer Autoimmunreaktion gegen Autoantigene.
Immunozyten: Klasse der Leukozyten, Gesamtheit der am Immunsystem beteiligten Zellen.
Sowohl Antigene als auch Antikörper spielen im Rahmen von Blutuntersuchungen sowohl als analytische Parameter als auch als Messreagenz eine wichtige Rolle (s. Kap. 4.1).

Autoimmunerkrankungen haben **multifaktorielle Ursachen**. Neben genetischer Disposition kann ihre Entstehung u. a. durch bestimmte Medikamente, Infektionen, Umweltschadstoffe, Stress und Sexualhormone begünstigt werden.

Autoimmunerkrankungen können **organspezifisch** (z. B. autoimmune Schilddrüsenunterfunktion) oder systemisch (nicht organspezifisch) auftreten. Organspezifische Autoimmunerkrankungen betreffen häufig die endokrinen Drüsen, teilweise sind mehrere endokrine Drüsen betroffen (**Polyendokrinopathie**).

Bei der Autoimmunthyreoiditis reagiert das Immunsystem mit der Bildung von Autoantikörpern auf Thyreoglobulin. Als Angriffspunkt wirkt sowohl Thyreoglobulin in der Schilddrüse, sodass Entzündungsprozesse mit Zerstörung der Follikel erfolgen, als auch Thyreoglobulin, welches durch die Follikelzerstörung aus der Schilddrüse freigesetzt wurde.

Hintergrundwissen

Hashimoto-Thyreoiditis

Im Humanbereich wird eine vergleichbare, aber nicht identische Form der Schilddrüsenunterfunktion als **Hashimoto-Thyreoiditis** bezeichnet. Beim Menschen ist jedoch die Wahrscheinlichkeit des Übergangs in eine atrophische Form geringer.
Bei der Hashimoto-Thyreoiditis sind in der Diagnostik auch Antikörper gegen TPO relevant. Bei Hunden sind die TPO-AK für die Diagnostik (noch?) nicht von Bedeutung (s. Kap. TPO-AK).

Begleiterkrankungen

Beim **Menschen** werden in Verbindung mit einer Schilddrüsenunterfunktion teilweise **weitere Autoimmunerkrankungen** festgestellt. Hierzu zählen z. B. Morbus Addison (Nebennierenunterfunktion), Zöliakie (Glutenunverträglichkeit), Diabetes mellitus Typ 1 („Zuckerkrankheit"), Hypoparathyreoidismus (Unterfunktion der Nebenschilddrüse) führt zu Mangel an Parathormon (S. 25), Hepatitis, aber auch ein Vitamin-B_{12}-Mangel.
Der **Vitamin-B_{12}-Mangel** kann u. a. aus einer autoimmunen Schädigung von bestimmten Zellen im Magen resultieren, die zu einer Zerstörung der Magenschleimhaut führt (atrophische Gastritis) und die Aufnahme von Vitamin B_{12} verhindert. Damit kann auch eine gestörte Eisenaufnahme einhergehen. Folge eines Vitamin-B_{12}-Mangels sind u. a. Anämie und Nervenschädigungen.
Da Vitamin B_{12} auch an der Serotoninsynthese beteiligt ist, treten bei Vitamin-B_{12}-Mangel neuropsychiatrische Symptome auf, wie z. B. Depressionen, kognitive Störungen und evtl. auch höhere Prävalenz für Demenzerkrankungen. Vitamin B_{12} ist an der Umwandlung von Noradrenalin in Adrenalin beteiligt und hat so Einfluss auf die Stressreaktion.
Die Stoffwechselkreisläufe von Folsäure und Vitamin B_{12} sind eng verknüpft, sodass die Wirkungen nicht immer eindeutig einem Vitamin zugewiesen werden können.
Beim **Hund** sind im Zusammenhang mit Schilddrüsenunterfunktion bei rd. 5 % der Hunde weitere Autoimmunerkrankungen festgestellt worden. Neben Diabetes mellitus und dem Hypoadrenokortizismus (Morbus Addison) wurde auch Hyperadrenokortizismus (Morbus Cushing) beschrieben.
Sind mehrere endokrine Drüsen erkrankt, sollte von einer autoimmunbedingten **Polyendokrinopathie** ausgegangen werden. Die Zeit zwischen der Diagnose der ersten und zweiten Erkrankung beträgt im Schnitt 4 Monate (0–58 Monate). Vorbeugende Maßnahmen, die den Ausbruch weiterer autoimmuner Erkrankungen verhindern, sind nicht möglich.
Die Blutwerte zur Diagnose einer autoimmunen Drüsenerkrankung können durch eine nicht diagnostizierte andere Drüsenerkrankung verändert werden. So sind bei Diabetes mellitus niedrigere Schilddrüsenhormonwerte zu finden, ohne dass eine Schilddrüsenunterfunktion vorliegt (s. Kap. 2.4.2). Die Schilddrüsenhormonwerte normalisieren sich nach Beginn der Diabetes-Behandlung, sodass eine T4-Substitution nicht erforderlich ist.
Die Behandlung einer Drüsenerkrankung kann eine andere Drüsenerkrankung oder deren Behandlung beeinflussen. So kann zu Beginn einer T4-Substitution bei einem unbehandelten Hypoadrenokortizismus eine **Addison-Krise** auftreten. Eine Schilddrüsenunterfunktion kann bei einem bestehenden Diabetes zu einer Insulinresistenz führen. Mit Beginn der T4-Hormonsubstitution kann bei einem vorliegenden Diabetes die Insulin-Sensitivität der Zellen deutlich erhöht werden und der Insulinbedarf sinken.
Der Zusammenhang zwischen **DCM** und Schilddrüsenunterfunktion ist umstritten (Details s. Kap. Klassische Symptome).

Nach Ausbruch der Thyreoiditis findet ein massives Eindringen von Immunozyten in die Schilddrüse statt und in der Folge ein Abbau des Drüsengewebes. Bei rund 48 % der Hunde mit einer Hypothyreose können im Blutbild **Antikörper** gegen das Thyreoglobulin festgestellt werden (s. Kap. TAK). Der höchste Antikörpertiter tritt auf, wenn die Entzündungsreaktion in der Schilddrüse am stärksten ist. Parallel dazu ist teilweise eine geringe Schilddrüsenvergrößerung feststellbar. Da der Abbau des Drüsengewebes langfristig zur völligen Zerstörung der Schilddrüse führen kann, ist ein Antikörpernachweis bei einer fortgeschrittenen Autoimmunthyreoiditis nicht immer möglich.

Der Verlauf der Autoimmunthyreoiditis ist sehr langsam: vom Ausbruch der Erkrankung bis zur deutlichen klinischen Manifestation können 1, eher 3 Jahre vergehen. Vermutlich gibt es rassespezifische Unterschiede im Fortschritt der Krankheit und somit variiert auch das Alter in dem klinische Symptome auftreten.

Man nimmt an, dass sich die Thyreoiditis über mehrere **Stadien** entwickelt, deren erstes die Subklinische Schilddrüsenunterfunktion und deren letztes die idiopathische Atrophie ist (▸ Abb. 2.2). Nach diesem Modell sind zunächst lediglich die Autoantikörper erhöht, mit fortschreitender Zerstörung der Schilddrüse ist (teilweise) ein erhöhter TSH-Spiegel feststellbar (siehe hierzu auch Kap. 3.3.3). Das TSH regt die Schilddrüse zu erhöhter Aktivität an, sodass zunächst ein Absinken der Hormonwerte verhindert wird. Bei weiterer Zerstörung der Schilddrüse reichen deren Kapazitäten zur Schilddrüsenhormonproduktion jedoch nicht mehr aus, daher sinken die T4-Werte. Im

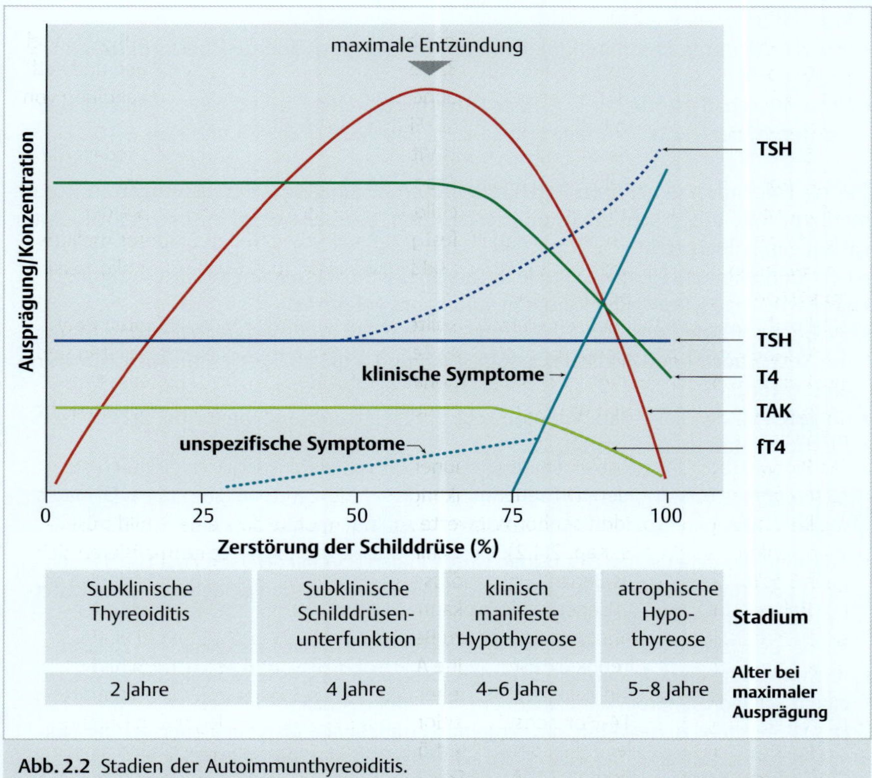

Abb. 2.2 Stadien der Autoimmunthyreoiditis.

Endstadium sind keine Autoantikörper mehr nachweisbar, der TSH-Wert ist (meist) deutlich erhöht und die Schilddrüsenhormonwerte (T4 und T3) deutlich gesunken.

Im Modelfall ergeben sich für den Verlauf der Schilddrüsenparameter annähernd die in ▸ Abb. 2.2 dargestellten Verlaufskurven. Eine Erkrankung in den subklinischen Stadien ist schwer zu diagnostizieren (s. Kap. 2.2.2).

Analog zum Menschen hat man auch beim Hund eine vorübergehende Form der Thyreoiditis festgestellt (**„transiente" Form**). Bei dieser Form sind nach einer gewissen Zeit die Autoantikörper nicht mehr feststellbar, ohne dass sich das Allgemeinbefinden verschlechtert hat oder Anzeichen einer Autoimmunthyreoiditis feststellbar wären (s. Kap. TAK).

Die Autoimmunthyreoiditis wurde zuerst bei Labor-Beaglen festgestellt, dann aber auch bei Deutschen Doggen und in den letzten Jahren zunehmend bei weiteren Hunderassen. Wie bei allen Autoimmunkrankheiten besteht bei der Autoimmunthyreoiditis eine **genetische Veranlagung**. Die Krankheit bricht nicht zwangsläufig bei allen Hunden mit einer genetischen Disposition aus. Vielmehr bedarf es erst bestimmter Auslöser bzw. zusätzlicher Risikofaktoren, die zur Manifestation der Krankheit führen. Als auslösende Faktoren können für den Hund z. B. relevant sein:

- hormonelle Veränderungen zur Zeit der sexuellen Reife oder durch eine Kastration,
- schwere Erkrankungen,
- Impfungen (s. auch Kap. TAK und Kap. 7.2.2),
- starke Ungleichgewichte/Schwankungen in der Jodversorgung (s. Kap. 5.4.1 und Kap. 5.4.2),
- Stress (z. B. durch Misshandlung, Besitzerwechsel, permanente Überforderung) (s. Kap. 6.3),
- Umwelt(-schad-)stoffe, die z. B. über Futtermittel oder Trinkwasser aufgenommen werden (s. auch Kap. Strumige Substanzen, Kap. 5.3.3, Kap. 5.5 und Kap. 9.10.3).

Die im Folgenden genannten Aspekte konnten in einigen Untersuchungen in Zusammenhang mit einer Schilddrüsenunterfunktion gebracht werden, in anderen Untersuchungen jedoch nicht:

- bestimmte Rassen (je nach Quelle unterschiedliche Rassen aufgeführt, s. unten),
- großwüchsige Rassen (Zwergrassen sind kaum gefährdet),
- weibliche Hunde (Verhältnis 2,5:1, dies ist zum Teil aufgrund der Wechselwirkung mit Sexualhormonen erklärbar, s. Kap. 1.4.3 und Kap. 4.3.3), (Geschlechtsdisposition umstritten),
- jüngere Hunde (siehe Kap. Idiopathische Follikelatrophie sowie ▸ Abb. 2.2),
- kastrierte Hunde (umstritten).

Hintergrundwissen 

Aufgrund der genetischen Disposition wurde in den USA bei diversen Zuchtverbänden ein Schilddrüsentest als Voraussetzung für eine Zuchtzulassung eingeführt. Diese Untersuchung ist in Deutschland noch nicht üblich.
Bei der Beurteilung der Zuchtzulassung ist zu berücksichtigen, dass zwar mit schilddrüsenkranken Tieren nicht gezüchtet werden sollte, andererseits ein abweichender Wert in einem Schilddrüsenprofil keine oder nur eine geringe Aussagekraft besitzt (s. Kap. 4.1.2). Des Weiteren ist zu beachten, dass ergebnisverfälschende Manipulationen vor der Blutabnahme möglich sind und in Amerika z. T. auch durchgeführt werden.

Je nach Genpool können unterschiedliche **Rassen** betroffen sein. Im deutschsprachigen Raum werden je nach Quelle verschiedene Rassen als besonders gefährdet eingestuft (zur Problematik des überregionalen Vergleiches von Rassedispositionen siehe Kap. 4.3.1). Bei den disponierten Rassen steigt das Risiko an einer Schilddrüsenunterfunktion zu erkranken bis zum Alter von 2 bis 3 Jahren an, bei den nicht disponierten Rassen bis zum 9. Lebensjahr. Das heißt, dass bei disponierten Rassen die Wahrscheinlichkeit, bereits früh an einer Schilddrüsenunterfunktion zu erkranken, höher ist.

Als genetisch disponierte Rassen bez. einer Autoimmunthyreoiditis werden z. B. genannt (Rassen in Klammern: eventuell nur in Amerika):

- Airedale Terrier,
- Bearded Collie (*),
- (Beagle),
- (Bobtail – Old English Sheepdog),
- Border Collie,
- Boxer,
- Briard,
- Berger des Pyrénées (**),
- Cocker Spaniel,
- Dachshund,
- Dogge,
- (Deutsch Drahthaar),
- Deutscher Schäferhund,
- Dobermann,
- Golden Retriever,
- Hovawart,
- Jack Russel Terrier,
- Labrador,
- Münsterländer,
- (Pointer),
- Pudel,
- Rhodesian Ridgeback,
- Rottweiler,
- Schnauzer,
- Setter – Gordon, Englischer und Irischer Setter,
- (Skye Terrier),
- West Highland White Terrier,
- Zwergschnauzer.

(*) bei Bearded Collies treten auch die beiden folgenden Autoimmunerkrankungen häufig auf: Schmidt-Syndrom und Systemische Lupoide Onychodystrophie (SLO, eine Krallenerkrankung).
(**) Berger des Pyrénées besitzen gegebenenfalls einen höheren Jodbedarf, zu den möglichen Folgen siehe s. Kap. 5.4.2 und Kap. 5.4.5).

Eine genetische Änderung des **Haupthistokompatibilitätskomplexes** kann zur Ausbildung einer Schilddrüsenunterfunktion führen.

Definition 

Haupthistokompatibilitätskomplex
Der Haupthistokompatibilitätskomplex (major histocompatibility complex, MHC) ist ein Genkomplex, welcher es dem Körper ermöglicht, fremdes vom eigenen Körpergewebe zu unterscheiden.

Ein Zusammenhang zwischen einer Schilddrüsenunterfunktion und der Änderung des MHC wurde bei Dobermann, Englisch Setter, Riesenschnauzer und Rhodesian Ridgeback festgestellt. Die betroffenen Rassen neigen auch zur Ausbildung weiterer autoimmuner Erkrankungen.

2.2.2 Sonderfall: Subklinische Schilddrüsenunterfunktion

Bei einer Subklinische Schilddrüsenunterfunktion sind keine klinischen Symptome feststellbar.

Definition [ ]

Klinisch/subklinisch

Die Begriffe klinisch und subklinisch beziehen sich in diesem Kontext auf die Symptomstärke bzw. die Schwere der Erkrankung.

Klinische Symptome sind gut erkennbare und eindeutige körperliche Veränderungen, die Erkrankung ist klinisch manifest.

Subklinische Symptome sind dagegen nicht eindeutig und/oder nicht offensichtlich. Die Erkrankung ist schwer erkennbar und „leicht verlaufend".

Die Subklinische Schilddrüsenunterfunktion ist sowohl im Humanbereich als auch in der Veterinärmedizin umstritten. Dies resultiert vorwiegend aus dem Umstand, dass aufgrund fehlender eindeutiger klinischer Symptome eine Abgrenzung gegenüber anderen Einflüssen und Erkrankungen sehr schwierig ist. Daher wird die Subklinische Schilddrüsenunterfunktion sowohl über- als auch unterdiagnostiziert. Gegenstand der Diskussionen im Humanbereich ist demzufolge im Wesentlichen die Abgrenzung der Subklinischen Schilddrüsenunterfunktion, im Veterinärbereich wird teilweise noch über die Existenz der Subklinischen Schilddrüsenunterfunktion diskutiert.

Literatur zum Thema basiert häufig auf den Untersuchungen von Jean Dodds in Amerika (s. Kap. 7.1) oder aus den Erfahrungen verhaltenstherapeutisch arbeitender Tierärzte und Hundetrainer (z. B. Ute Blaschke-Berthold, Doktor der Biologie).

Die 2010 und 2011 veröffentlichten Doktorarbeiten von K. von Thun [57] und S. Wahrendorf [58] an der Universität München (s. Kap. 7.2) liefern dagegen erste Ansätze zur Erfassung der Problematiken der Subklinischen Schilddrüsenunterfunktion in Deutschland. Eine weitere wissenschaftliche Quelle stellt die Doktorarbeit von K. Köhler (2005) [24], ebenfalls an der Universität München, dar. Thema dieser Arbeit ist die Analyse von Verhaltensänderungen aufgrund körperlicher Ursachen. In dieser Arbeit wird unter anderem einiges zur Subklinischen Schilddrüsenunterfunktion und den damit einhergehenden Problemen zusammengetragen. K. Köhler [24] vertritt die Auffassung, dass die Subklinische Schilddrüsenunterfunktion besser als Beschreibung bezeichnet wird, denn als Diagnose einer messbaren Schilddrüsen-Hormon-Veränderung aufgrund einer Schilddrüsenerkrankung

Folgende Aspekte sind jedoch hinsichtlich der Subklinischen Schilddrüsenunterfunktion zu berücksichtigen:

- Autoimmunerkrankungen zeichnen sich oft durch eine große Vielfalt an (unspezifischen) Symptomen und ein langes „symptomfreies" Stadium vor Auftreten von (typischen) klinischen Symptomen aus. Hierdurch kann eine lange Zeit zwischen dem Auftreten der ersten tatsächlichen Symptome und der richtigen Diagnose liegen.
- Da unspezifische Symptome auftreten, ist die Bezeichnung Subklinische Schilddrüsenunterfunktion streng genommen nicht korrekt. Daher werden in diesem Zusammenhang auch die Begriffe beginnende Schilddrüsenunterfunktion, latente Schilddrüsenunterfunktion, Schilddrüsenimbalance oder Schilddrüsendysfunktion verwendet.

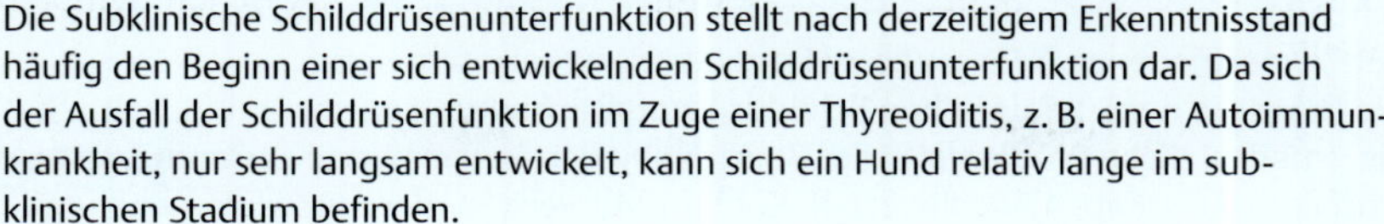

Praxis

Die Subklinische Schilddrüsenunterfunktion stellt nach derzeitigem Erkenntnisstand häufig den Beginn einer sich entwickelnden Schilddrüsenunterfunktion dar. Da sich der Ausfall der Schilddrüsenfunktion im Zuge einer Thyreoiditis, z. B. einer Autoimmunkrankheit, nur sehr langsam entwickelt, kann sich ein Hund relativ lange im subklinischen Stadium befinden.

▸ Symptome

- Eine autoimmune Schilddrüsenunterfunktion entwickelt sich über verschiedene Stadien (s. Kap. Autoimmunthyreoiditis (lymphozytäre Thyreoiditis) ▸ Abb. 2.2). Deutliche klinische Symptome sind meist erst im fortgeschrittenen Stadium zu erkennen.
- Die Schilddrüse hat Einfluss auf zahlreiche Gewebe und Stoffwechselvorgänge. Mögliche vorhandene Symptome einer Schilddrüsenunterfunktion sind anfangs oft unspezifisch und werden ggf. nicht einer (Subklinischen) Schilddrüsenunterfunktion zugeordnet, sondern als eigenständige Krankheit behandelt oder gar nicht registriert. Möglicherweise vorhandene klinische Symptome werden aufgrund der „normalen" Hormonwerte nicht als Symptome einer Schilddrüsenunterfunktion identifiziert (s. hierzu Kap. 4.2 und Kap. 4.3).
- Verhalten kann ein Symptom darstellen, ist jedoch oft schwierig objektiv zu erfassen und wird von zahlreichen weiteren Faktoren beeinflusst. Verhaltensmerkmale sind daher unspezifische Symptome und stets kritisch zu betrachten.
- Im Frühstadium der autoimmunen Schilddrüsenunterfunktion sind teilweise Autoantikörper nachweisbar (vorwiegend gegen Thyreoglobulin und T3, teilweise auch gegen T4, s. hierzu Kap. 3.3.5 und Kap. Antikörper gegen Thyreoglobulin und die Hormone).

▸ Hormone

- Die Schilddrüsenhormonwerte können anfangs noch in einem physiologisch grenzwertigen, aber nicht im optimalen Bereich gehalten werden. Die Hormonwerte im Blut befinden sich noch innerhalb des Normalbereichs, allerdings in der unteren Hälfte oder sogar im unteren Drittel der angegebenen Norm bzw. der Labor-Referenzbereiche.
- Bluthormonwerte unterhalb der Norm findet man häufig erst bei Hunden, die älter als 4 Jahre sind. Bis dahin reicht der von der erkrankten Schilddrüse produzierte Hormonlevel meist knapp aus, um die wichtigsten Funktionen mehr oder weniger gut aufrechtzuerhalten. Insbesondere können scheinbar die biologisch aktiven Hormone T3 und fT4, im Gegensatz zum Gesamt-T4, noch längere Zeit im Normalbereich gehalten werden. Trotzdem weisen einige der betroffenen Tiere schon früh zahlreiche Krankheitssymptome auf, die oft erst im Nachhinein erkannt und korrekt zugeordnet werden.
- Durch die Zerstörung der Follikelzellen können stoßweise Hormone freigesetzt werden, sodass die Analysewerte auch im oder gar über dem Referenzwert liegen. Durch die unkontrollierte Freisetzung der Hormone treten teilweise Symptome einer Schilddrüsenüberfunktion auf, wie z. B. Hyperaktivität oder Untergewicht. Die Hormonschwankungen können zu starken, scheinbar spontanen Verhaltensänderungen führen.

▸ Diagnose

- Die Abgrenzung der Subklinischen Schilddrüsenunterfunktion zu einer vorübergehenden Form der Schilddrüsenunterfunktion (transiente Schilddrüsenunterfunktion), verschiedenen NTIs sowie zu Dauerstress ist sehr schwierig.
- Die Diagnose der Subklinischen Schilddrüsenunterfunktion wird zusätzlich durch die grundsätzliche Problematik der Beurteilung der Analysewerte (Referenzwerte, Störfaktoren, s. Kap. 4) erschwert. K. Köhler [24] weist in diesem Zusammenhang darauf hin, dass zu den rasse- und altersspezifisch typischen Werten der Schilddrüsenhormone keine ausreichenden Untersuchungen existieren.
- Die Diagnose sollte durch einen in diesem Punkt spezialisierten Tierarzt erfolgen. Empfehlenswert sind verhaltenstherapeutisch geschulte Tierärzte (z. B. von der Gesellschaft für Tierverhaltensmedizin und -therapie, GTVMT). Wichtig ist vor allem eine sorgfältige Anamnese (s. Kap. 3.1 und Kap. 4).
- Die Diagnose stellt sich in der Regel als Ausschlussdiagnose dar.
- Eine Subklinische Schilddrüsenunterfunktion bei einem Hund, der älter als 5 Jahre ist, ist unwahrscheinlich (s. Kap. Autoimmunthyreoiditis (lymphozytäre Thyreoiditis), ▸ Abb. 2.2).
- Dennoch kann eine Diagnose oft nicht oder nur durch einen Therapieversuch eindeutig abgesichert werden.

▸ Erfahrungen

- Bei der Diagnose der Subklinischen Schilddrüsenunterfunktion spielt die Erfahrung des Arztes eine wesentliche Rolle. Dies bezieht sich nicht nur auf die Beurteilung der Analysewerte, sondern vor allem auf die Beurteilung der verhaltens- und hormonstatusbeeinflussenden Faktoren, die eine Abgrenzung ermöglichen.
- Typische Verhaltensmuster, Blutbilder und sonstige Symptome können einem erfahrenen Arzt wichtige Hinweise geben. Ebenso können Beschreibungen des Halters besser interpretiert werden.
- In zahlreichen Hundeforen tauschen sich betroffene Hundehalter aus. Diese subjektiven Einschätzungen zeigen tendenziell ähnliche Erfahrungen, sowohl hinsichtlich der Probleme der Diagnose (vorwiegend in Hinsicht auf die Arztsuche) als auch auf die positiven Auswirkungen der Substitution.
- Allerdings scheinen sich die Fälle der „Überdiagnose“ zu häufen, die sich dadurch auszeichnen, dass trotz Substitution keine merklichen Verbesserungen auftreten.

▸ Behandlung

- Für eine positive Beeinflussung der Schilddrüsenunterfunktion ist eine möglichst frühe Diagnose und Substitution von Bedeutung.
- Aufgrund der Diagnosenunsicherheiten, in Verbindung mit der vermutlich sehr geringen Prävalenz einer Schilddrüsenunterfunktion, wird dagegen teilweise empfohlen, eine Substitution erst bei Vorliegen eindeutiger Symptome einer Schilddrüsenunterfunktion (wie z. B. Fettleibigkeit, Fellverlust, Antriebslosigkeit) durchzuführen (s. a. Kap. 4.5).
- Bei Vorliegen von Autoantikörpern sollte der Titer im Laufe der Substitution zurückgehen.
- Die Behandlung sollte sich vor allem positiv auf die Faktoren auswirken, die als Kriterium für das Vorliegen der Schilddrüsenunterfunktion herangezogen wurden. Bleiben in diesen Punkten Verbesserungen aus, ist die Diagnose kritisch zu hinterfragen.

Verhaltensänderungen

Bei einigen betroffenen Hunden treten mehr oder weniger massive Verhaltensprobleme und **Verhaltensänderungen** auf, wenn die Schilddrüsenhormonwerte noch im unteren Normalbereich liegen (s. Kap. 3.2.1). Allerdings sind diese Verhaltensprobleme bzw. -änderungen nicht bei allen Hunden mit einer Subklinischen Schilddrüsenunterfunktion feststellbar. Vielmehr ist die Reaktion auf den schleichenden Hormonrückgang sehr individuell und teilweise völlig unauffällig.

In der Untersuchung von K. Köhler [24] zeigten Hunde mit einer (Klinischen oder Subklinischen) Schilddrüsenunterfunktion, die aus tierärztlichen Praxen in die Untersuchung übernommen wurden, häufig Verhaltensprobleme. Insgesamt war die Anzahl der Fälle aber zu gering, um gesicherte Aussagen über den Zusammenhang zwischen Schilddrüsenunterfunktion und Verhalten herstellen zu können. Andererseits lagen bei ⅙ der verhaltenstherapeutischen Patienten körperliche Ursachen zugrunde, vor allem eine Subklinische und Klinische Schilddrüsenunterfunktion sowie durch orthopädische Erkrankungen bedingte Schmerzen.

Einige Rassen scheinen besonders zu Verhaltensproblemen bei Schilddrüsenimbalance zu neigen. Hierzu zählen:

- Afghane,
- Airedale Terrier (*),
- Akita Inu,
- Australian Sheperd,
- Boxer (*),
- Chow Chow,
- Cocker Spaniel (*),
- Dackel (*),
- Dogge (*),
- Deutscher Schäferhund (*),
- Dobermann (*),
- Epagneul Breton,
- Englische Bulldogge,
- Golden Retriever (*),
- Irish Setter (*),
- Irish Wolfhound,
- Labrador (*),
- Pommernspitz,
- Pudel (*),
- Sheltie,
- Rhodesian Ridgeback (*),
- Zwergschnauzer (*).

Die Rassen mit einer bekannten genetischen Disposition zur autoimmunen Schilddrüsenunterfunktion sind mit (*) gekennzeichnet.

(Zur Problematik des überregionalen Vergleiches von Rassedispositionen siehe Kap. 4.3.1).

2.3 Sekundäre und tertiäre Schilddrüsenunterfunktion

Bei einer **sekundären Schilddrüsenunterfunktion** (sekundäre Hypothyreose) ist die Schilddrüse gesund, wird aber durch das direkt übergeordnete Regelsystem nicht ausreichend stimuliert. Die Störung liegt also in der Hirnanhangsdrüse (Hypophyse). Meist finden sich die Symptome eines mehr oder weniger starken Ausfalls der Hypophysenfunktionen (Hypo- oder Panhypopituitarismus), in Verbindung mit Symptomen eines Hypo- oder Hyperadrenokortizismus oder zentralnervöse Anzeichen.

Aufgrund der fehlenden Stimulation der Schilddrüse durch TSH entfällt die Anregung zur Hormonbildung. Es werden zu wenige Schilddrüsenhormone produziert und es findet ein Abbau von Schilddrüsengewebe statt.

Ursachen einer sekundären Hypothyreose können sein:

- angeborene Hypophysenschäden (kongenitale Hypophysen-Malformation), z. B. in Amerika bei Deutschen Schäferhunden, Boxer und Riesenschnauzer,
- Neubildungen/Geschwülste im Bereich der Hypophyse (Neoplasie der Hypophyse),
- Hemmung der Hypophysenfunktion (z. B. durch Cushing-Syndrom oder NTI, s. Kap. 2.4.2 und Kap. 2.4.5),
- chirurgische Entfernung der Hypophyse.

Die sekundäre Schilddrüsenunterfunktion kann somit durch eine Vielzahl von Faktoren verursacht werden, erfordert jedoch nicht immer eine Hormonsubstitution. Vielmehr ist die zugrundeliegende Krankheit zu behandeln. Sekundäre Schilddrüsenunterfunktionen sind allerdings bei Hunden sehr selten und meist auf eine Zerstörung der Hirnanhangsdrüse durch Geschwülste oder auf das Cushing-Syndrom zurückzuführen.

Ein isolierter TSH-Mangel ist bei Boxern, Deerhounds und Riesenschnauzern zu finden.

Bei der **tertiären Schilddrüsenunterfunktion** ist die Regelung der Schilddrüse durch das Zwischenhirn (Hypothalamus) gestört.

In einigen Quellen werden auch Krankheiten unter die sekundäre Schilddrüsenunterfunktion gefasst, die zwar Auswirkungen auf die Schilddrüsen-Hypophysen-Hypothalamus-Achse haben, aber nicht innerhalb des Hypophysen-Hypothalamus-Schilddrüsen-Regelkreises angesiedelt sind. Diese werden im nachfolgenden Kapitel separat dargestellt.

2.4 Non-Thyroidal-Illness

Non-Thyroidal-Illness (NTI) werden auch als Euthyroid Sick Syndrom (= ESS) bezeichnet. Es handelt sich um Krankheiten oder Einflüsse, die zwar veränderte Schilddrüsenhormonspiegel zur Folge haben, aber nicht direkt in der Schilddrüse oder ihrem Regelsystem zu finden sind. Sinken die Schilddrüsenhormonkonzentrationen aufgrund dieser externen Einflüsse ab, kann dies fälschlicherweise als Symptom einer primären Schilddrüsenunterfunktion interpretiert werden.

Praxis 

Die Interpretation der Schilddrüsenwerte bei einer NTI kann aufgrund der Erkrankung oder der Behandlung schwierig bis unmöglich sein.
Anhand der Schilddrüsenwerte lässt sich nicht erkennen, ob eine (transiente) Schilddrüsenunterfunktion oder eine NTI vorliegt. Zur Differenzierung sind weitere Untersuchungen (z. B. Stimulationstest, Joduntersuchungen im Urin, geriatrisches Profil etc.) notwendig.
Häufig ist bei einer NTI das TSH nicht erhöht oder sogar unterhalb der Nachweisgrenze. T3 und T4 sind erniedrigt, wobei T3 negativ mit der Mortalität (Anzahl der Todesfälle einer Population, meist bezogen auf 1 Jahr und 1000 Individuen) korreliert.

Über eine **Substitution** der Schilddrüsenhormone bei einer NTI gibt es verschiedene Meinungen. Generell lässt sich sagen, dass eine NTI nicht durch Substitution der Schilddrüsenhormone behandelt werden kann, vielmehr kann eine Substitution zu gravierenden Problemen führen (Beispiel Addison, s. Kap. Autoimmunthyreoiditis (lymphozytäre Thyreoiditis) und Kap. 9.3.1). Eine zusätzliche Substitution während der Behandlung der NTI kann in einigen Fällen die Symptome der NTI verstärken.

Man kann im Wesentlichen 5 **Ursachen** für NTI unterscheiden, wobei die beiden ersten Punkte eng miteinander verknüpft sind:

- Schutzfunktion des Körpers: reduzierte T3-Bildung, verstärkte rT3-Bildung,
- Hemmung der Schilddrüse bei schweren Erkrankungen,
- Störungen im Hormonstoffwechsel, z. B. MDR1-Defekt (s. Kap. 2.4.5)
- Behandlungsbedingte (iatrogene) Einflüsse auf die Schilddrüse, inklusive Narkosen und Operationen, Impfungen (s. Kap. 2.4.5)
- Umwelteinflüsse (z. B. Unfall, aber auch Kalorien- und Proteinmangel).

Im Prinzip wirkt sich jede Krankheit, die Einfluss auf den Proteinstoffwechsel hat, auch auf die Schilddrüsenfunktion aus. Je schwerer die Erkrankung ist, desto stärker ist das Absinken der Schilddrüsenhormonkonzentrationen. Die Krankheiten können unterschiedliche Wirkungsmechanismen zur Folge haben:

- reduzierte TSH-Ausschüttung,
- reduzierte Hormonsynthese in der Schilddrüse,
- verminderte Konzentration oder Bindungsaffinität der Trägerproteine,
- Substanzen, die die Proteinbindung der Hormone verhindern,
- Hemmung der Umwandlung von T4 in T3 (Existenz umstritten).

Bei dermatologischen Problemen sowie bei Arthrose ist der Konzentrationsabfall in der Regel nicht so deutlich, wie bei anderen Erkrankungen.

Auch anhaltender Stress kann die Schilddrüsenwerte senken.

2.4.1 Schutzfunktion des Körpers: reduzierte T3-Bildung

Bei Hungerzuständen, Fieber, Leber- oder Nierenerkrankungen ist häufig eine Reduzierung der Schilddrüsenhormonkonzentrationen feststellbar, die eine Absenkung des Stoffwechsels bewirkt. Dies kann als Schutzfunktion des Körpers gedeutet werden. T4 wird dann nicht in das hormonell sehr aktive T3 umgewandelt, sondern stattdessen in rT3. rT3 (S. 24) ist biologisch inaktiv (genauer: besetzt die Rezeptoren für T3, ohne eine Stoffwechselreaktion auszulösen) und regt den Stoffwechsel somit nicht an.

2.4.2 Hemmung der Schilddrüse durch schwere Erkrankungen

Einige schwere Erkrankungen führen dazu, dass die eigentlich gesunde Schilddrüse gehemmt wird.

Ursächliche Krankheiten hierfür können sein:

- Pyodermien (bakterielle eitrige Infektion der Haut), allerdings können Pyodermien auch Folge einer Schilddrüsenunterfunktion sein,
- allergische Reaktionen,
- Immunkrankheiten wie Diabetes mellitus,
- Tumorkrankheiten, Lymphosarkome,
- schwere allgemeine Infektionskrankheiten/akute Krankheiten: bakterielle Bronchopneumonie, Sepsis, Staupe, Babesiose, immunhämolytische Anämie, systemischer Lupus erythematodes, Diskopathien (Bandscheibenschäden), Polyradikuloneuritis (Entzündung der peripheren Nervenwurzeln), akute Nieren-

insuffizienz, akute Hepatitis, akute Pankreatitis, Peritonitis (Bauchfellentzündung), SIRS (Systemisches inflammatorisches Response-Syndrom), Parvovirose,
- chronische Krankheiten: generalisierte Demodikose, generalisierte bakterielle Furunkulose, systemische Mykosen, chronische Niereninsuffizienz, Herzinsuffizienz, Kardiomyopathien, chronische Hepatitis und Zirrhose (s. Kap. 2.4.5), Adipositas (Fettsucht), Gastroenteritis, chronische Magen-Darm-Erkrankung, Megaösophagus (Speiseröhrenerweiterung),
- **Cushing-Syndrom** (s. auch Kap. 2.3 und Kap. 2.4.5),
- **Neurologische Erkrankungen**: je nach Schwere der Erkrankung kann eine Epilepsie zu reduzierten T4-Werten führen.

2.4.3 Störungen im Hormonstoffwechsel

Es gibt verschiedene krankheitsbedingte Faktoren, die den Stoffwechsel und/oder die Wirksamkeit der Hormone beeinträchtigen.

Hier sind z. B. zu nennen:
- Störung der Umwandlung von T4 zu T3 (Konversionshemmung, **Umwandlungsstörung**) durch herabgesetzte Enzymaktivität (5´- Dejodaseaktivität) z. B. in Folge von **Borreliose** oder Lebererkrankungen (s. ► Tab. 1.3 sowie Kap. 2.4.5),
- herabgesetzte T3-Bindung im Blut, (s. Kap. 2.4.5),
- erhöhtes T3-Verteilungsvolumen,
- reduzierter Abbau von rT3 und somit rT3-Konzentrationserhöhung,
- stressbedingte Glukokortikoidsekretion (s. Kap. 2.4.5),
- Zytokinfreisetzung, z. B. Tumornekrosefaktor,
- Inhibition der Bindung von T4 am Zielorgan,
- Somatostatin.

Definition 

Zytokine

Zytokine sind Proteine, die der Signalübertragung zwischen Zellen, deren Vermehrung, Wachstum und Differenzierung dienen. Interleukine, Interferone, Tumornekrosefaktoren und kolonienstimulierende Faktoren sind Untergruppen der Zytokine. Zytokine beeinflussen z. B. die Sekretion von Drüsen (z. B. der Schilddrüse) und wirken so an der Homöostase mit.

2.4.4 Iatrogene Einflüsse

Neben den körpereigenen Substanzen können auch externe Substanzen oder Einflüsse im Rahmen einer medizinischen Behandlung die Hormonbildung oder die Hormonwirkung reduzieren.

Zu diesen behandlungsbedingten (iatrogenen) Einflüssen zählen u. a.:
- chirurgische Entfernung der Schilddrüse,
- Medikamente wie Glukokortikoide, Phenobarbital, Phenylbutazon und einige Antibiotika (s. ► Tab. 11.1),
- Bestrahlungstherapie, Behandlung mit radioaktivem Jod,
- **Impfungen** stehen im Verdacht, die Schilddrüsenwerte vorübergehend zu beeinträchtigen. (s. Kap. 2.4.5),
- **Nährstoffmangel**: z. B. Selen, Zink.

2.4.5 Informationen zu einigen NTIs

Zahlreiche Ereignisse können Einfluss auf die Schilddrüse und deren Hormonkonzentrationen haben, z. B. **Unfallfolgen**. Allerdings haben Unfälle und deren Folgen bereits durch die große Stresssituation eine schilddrüsenbeeinflussende Wirkung.

MDR1 (p-Glykoprotein, multidrug resistance transporter) ist ein Transportprotein, welches toxische Fremdstoffe im Körper transportiert. Es ist sowohl an der Absorption, Verteilung und Ausscheidung von lipophilen toxischen Substanzen beteiligt, als auch dafür verantwortlich, das Eindringen dieser Substanzen ins Gehirn (Blut-Hirn-Schranke) oder in andere Systeme (z. B. Blut-Plazenta-Schranke) zu verhindern.

Bei einigen Hunderassen (vorwiegend Collie und collieähnliche Hunde) tritt ein genetischer Defekt bei der Bildung des p-Glykoproteins auf. Bei homozygoten Hunden (MDR1–/–) ist der Defekt auf beiden Chromosomen zu finden, p-Glykoprotein wird nicht vollständig synthetisiert, steht also nicht zur Verfügung. Bei heterozygoten Hunden (MDR1 + /–) tritt der Defekt nur auf einem Chromosom auf, das p-Glykoprotein wird nur vermindert gebildet und ist daher nur eingeschränkt verfügbar.

Bei einem MDR1-Defekt kann es somit zu schwerwiegenden Veränderungen in der Aufnahme, Verteilung und Ausscheidung von Medikamenten und anderen toxischen Stoffen kommen. Die Aufnahme von Medikamenten aus dem Darm kann erhöht sein, dagegen kann aber die Ausscheidung über Leber und Niere reduziert sein. Hierdurch kommt es zu Kumulationen von Medikamenten. Auch die Blut-Hirn-Schranke für toxische Stoffe ist nicht wirksam.

Neben dem Transport von externen Substanzen reguliert MDR1 jedoch auch den Übergang der Nebennierenhormone Kortisol und Kortikosteron ins Gehirn (s. Kap. 8.5.4). Bei einem MDR1-Defekt können diese Substanzen unkontrolliert ins Gehirn eindringen und quasi eine höhere Bluthormonkonzentration vortäuschen. Dies bewirkt eine Herunterregulierung des Hypophysen-Nebennieren-Systems (s. Kap. Stressachsen, ▶ Abb. 8.4, Achse B). Die betroffenen Tiere weisen eine niedrigere Kortisol-Basalkonzentration auf, sind stressanfälliger, haben nach schweren Erkrankungen längere Erholungszeiten und sprechen schlechter auf Therapien an. Es mehren sich auch die Hinweise, dass MDR1-Hunde ein höheres Risiko für chronisch entzündliche Darmerkrankungen aufweisen.

Mit der Störung des Feedbacks im Hypophysen-Nebennieren-Systems gehen teilweise auch niedrigere Schilddrüsenhormonwerte einher. Gegebenenfalls ist in diesem Fall eine Substitution in geringer Dosis erforderlich.

Chronische Lebererkrankungen führen zu reduzierter Bildung der Trägerproteine TBG und Albumin. Dies führt zu geringerer Proteinbindung der Hormone im Blut und somit zum vermehrten Abbau von T4 und T3.

Nierenerkrankungen können die Konzentrationen der Schilddrüsenhormone im Blut reduzieren und den Jodstoffwechsel negativ beeinflussen. Hierdurch reduziert sich der T4-Speicher in der Schilddrüse. Chronische Nierenerkrankungen können daher zu einer mehr oder weniger stark ausgeprägten Schilddrüsenunterfunktion führen.

Bei einem **Cushing-Syndrom** produziert die Nebenniere dauerhaft zu viel Kortison. Dadurch wird u. a. die TSH-Produktion in der Hypophyse reduziert und somit die Schilddrüse nicht mehr ausreichend zur Produktion der Schilddrüsenhormone angeregt.

Bei Ratten wurde festgestellt, dass ein hoher Kortisolwert zudem die Umwandlung von T4 in T3 im Körper reduziert. Auch wird vermutet, dass durch den permanent hohen Kortisolspiegel die Bindung der freien Schilddrüsenhormone an Trägerproteine gestört wird. Bedingt durch die kurze biologische Halbwertszeit der freien Hormone führt dies zu weiterer Reduzierung der Schilddrüsenhormone.

Eine **Borreliose** kann sowohl eine Schilddrüsenentzündung als auch eine Umwandlungsstörung bewirken. Jedoch auch ohne Auswirkungen auf die Schilddrüse zu haben, können die unspezifischen Symptome einer Borreliose eine Schilddrüsenunterfunktion vortäuschen. Zu den Symptomen beim Hund zählen u. a. Verhaltensänderungen und Lethargie.

Unter „**Low-T3-Syndrom**“ versteht man beim Menschen die Reduzierung des T3-Spiegels, ohne dass die rT3- oder T4-Spiegel Veränderungen aufweisen.

In einigen Fällen (Enzymdefekte, **Umwandlungsstörung**) ist zusätzlich zur T4-Gabe die Gabe von T3 (Trijodthyronin) erforderlich. Der T3-Mangel ist diagnostisch nicht feststellbar, es handelt sich daher um eine Verdachtsdiagnose. Sind unter der Thyroxinsubstitution ständig Dosisanpassungen erforderlich oder Symptome bleiben trotz sicherer Diagnose der Schilddrüsenunterfunktion bestehen, sollte die Erfordernis einer zusätzlichen T3-Substitution überlegt werden.

Allerdings sollten zunächst auch die in Kap. 9.6 (Therapieversagen) aufgeführten Aspekte geprüft werden. Hier sind insbesondere eine schlechte Bioverfügbarkeit des T4-Präparates, eine unzureichende Dosierung oder die Erfordernis einer häufigeren T4-Gabe zu nennen.

Ein mangelnder T3-Anstieg bei adäquatem T4-Wert kann ggf. aus vorhandenen T3-Antikörpern resultieren, die den Messwert verfälschen.

Wird eine T3-Substitution durchgeführt, ist bei ausbleibender Wirkung der Substitutionsversuch abzubrechen.

Werden **Medikamente**, z. B. Glukokortikoide (s. ▶ Tab. 11.1), gegeben, die die Umwandlung von T4 in T3 hemmen, kann (unabhängig vom Vorliegen einer Schilddrüsenunterfunktion) eine T3-Substitution erforderlich sein. Ebenso kann bei der dauerhaften Einnahme von Medikamenten, die die Schilddrüsenaktivität absenken, eine T4-Substitution erforderlich werden. Ob eine T3- oder T4-Substitution durchgeführt werden soll, ist im Einzelfall zu entscheiden. Führt eine Substitution nicht zu einer Verbesserung der zugrunde gelegten Symptome, sollte die Substitution eingestellt werden.

Impfungen können die Funktion der Schilddrüse vorübergehend beeinträchtigen und stehen im Verdacht, eine primäre Schilddrüsenunterfunktion auslösen zu können (s. Kap. TAK und Kap. 7.2.2).

Theoretisch kann auch ein **Tyrosinmangel** zu niedrigen Schilddrüsenhormon-Werten führen, ist jedoch beim Hund in der Praxis unbedeutend (s. Kap. 1.2.3).

Bei einigen Hunden kann durch **Sulfonamide** eine klinische Hypothyreose entstehen (sulfonamidinduzierte iatrogene Hypothyreose). Die Normalisierung der Schilddrüsenfunktion kann nach einer solchen Behandlung 8–12 Wochen dauern.

Dauerstress führt zur langfristigen Erhöhung der Stresshormone, wobei Kortisol hier von besonderer Bedeutung ist. Hohe Kortisolwerte reduzieren die Schilddrüsenhormonkonzentration. Durch einen niedrigen Schilddrüsenhormonspiegel wird der Hund jedoch stressanfälliger. Dadurch ergibt sich ein Stresskreislauf (s. Kap. 8.5.4), der eventuell zeitweise eine Schilddrüsenhormongabe sinnvoll machen kann. Dauerstress kann auch ein entscheidender Faktor für das Ausbrechen einer Autoimmunthyreoiditis sein.

3 Diagnose der Schilddrüsenunterfunktion

Zusammenfassung 

Die Diagnose der Schilddrüsenunterfunktion kann schwierig sein, besonders wenn keine deutlich erkennbaren klinischen Symptome, wie z. B. Fellverlust oder Trägheit, feststellbar sind. Bei einer vollständig ausgebildeten Schilddrüsenunterfunktion sind die Blutwerte eindeutig verändert. In diesem Stadium sind aber bereits mindestens 70 % der Schilddrüse zerstört. Vorher treten jedoch i. d. R. keine oder keine spezifischen Symptome auf. Zu Anfang kann die Schilddrüse durch erhöhte Aktivität und höhere Halbwertszeiten der Hormone einen Hormonmangel kompensieren, mit fortschreitender Zerstörung der Schilddrüse beginnt ein Hormonmangel in den Geweben, der zu unspezifischen Symptomen führen kann.

Zur Diagnose können verschiedene Methoden herangezogen werden. Meist wird die Diagnose, sofern erforderlich, gestaffelt durchgeführt. Eine Diagnose sollte auf einer gründlichen Anamnese basieren, die sowohl die Hormonwerte als auch den übrigen Gesundheitszustand und das Verhalten des Hundes unter Berücksichtigung seines Umfelds einbezieht. Ein Überblick über mögliche Diagnoseschritte ist in ► Abb. 3.1 zusammengestellt. Nur durch eine gründliche Anamnese kann eine Verwechslung mit einer NTI und deren Forcierung bei Gabe von Schilddrüsenhormonen verhindert werden.

3.1 Anamnese

Im Zuge der Anamnese werden möglichst alle Aspekte, die zur Krankheitsgeschichte gehören oder gehören könnten, abgefragt. Dies ist besonders bei der Subklinischen Schilddrüsenunterfunktion von Bedeutung, da hierbei ein hohes Risiko besteht, andere Erkrankungen mit der beginnenden Schilddrüsenunterfunktion zu verwechseln.

Wichtige Punkte bei der Anamnese sind die **Lebensumstände** des Hundes (inkl. Training), Verhaltensauffälligkeiten, sonstige bestehende oder vorangegangene Erkrankungen, Medikamentengaben, erkennbare Stresssituationen, und vieles mehr.

Auch die **Ernährung** sollte bei Verdacht auf eine Schilddrüsenunterfunktion kritisch durch einen Fachmann überprüft werden: zwischen den einzelnen Nahrungsbestandteilen, Spurenelementen und Vitaminen bestehen vielseitige Wechselwirkungen. Der Mangel oder Überschuss eines Inhaltsstoffes kann die Verwertung eines anderen stören und so bei diesem zu einem Mangel oder Überschuss führen. Fehlernährungen können daher zu einer Schilddrüsenunterfunktion, z. B. bei Mangel an Selen, Zink, Eisen, Jod (S. 161), oder zu Symptomen führen, die den unspezifischen Symptomen einer beginnenden Schilddrüsenunterfunktion ähneln, s. auch Kap. Ernährung/Energiezufuhr (S. 48) und Kap. 5.4.

Da erfahrungsgemäß von den Besitzern einige typische Symptome der Schilddrüsenunterfunktion nicht mit dieser in Zusammenhang gebracht werden, ist es wichtig, dass der Arzt gezielt nachfragt, ohne das Gespräch dabei zu sehr zu lenken oder gewünschte Antworten vorzugeben. Zu einer guten Anamnese gehört daher einige Erfahrung mit schilddrüsenkranken Hunden sowie gute Menschenkenntnis.

Häufig dient als Grundlage der Anamnese ein **Fragebogen**, dennoch sollte auch auf die besonderen Probleme des Hundes und des Hundehalters eingegangen werden. Die Anamnese kann 1 Stunde und länger dauern. Selbst beim Vorliegen „typischer“ Symptome sollte nicht darauf verzichtet werden.

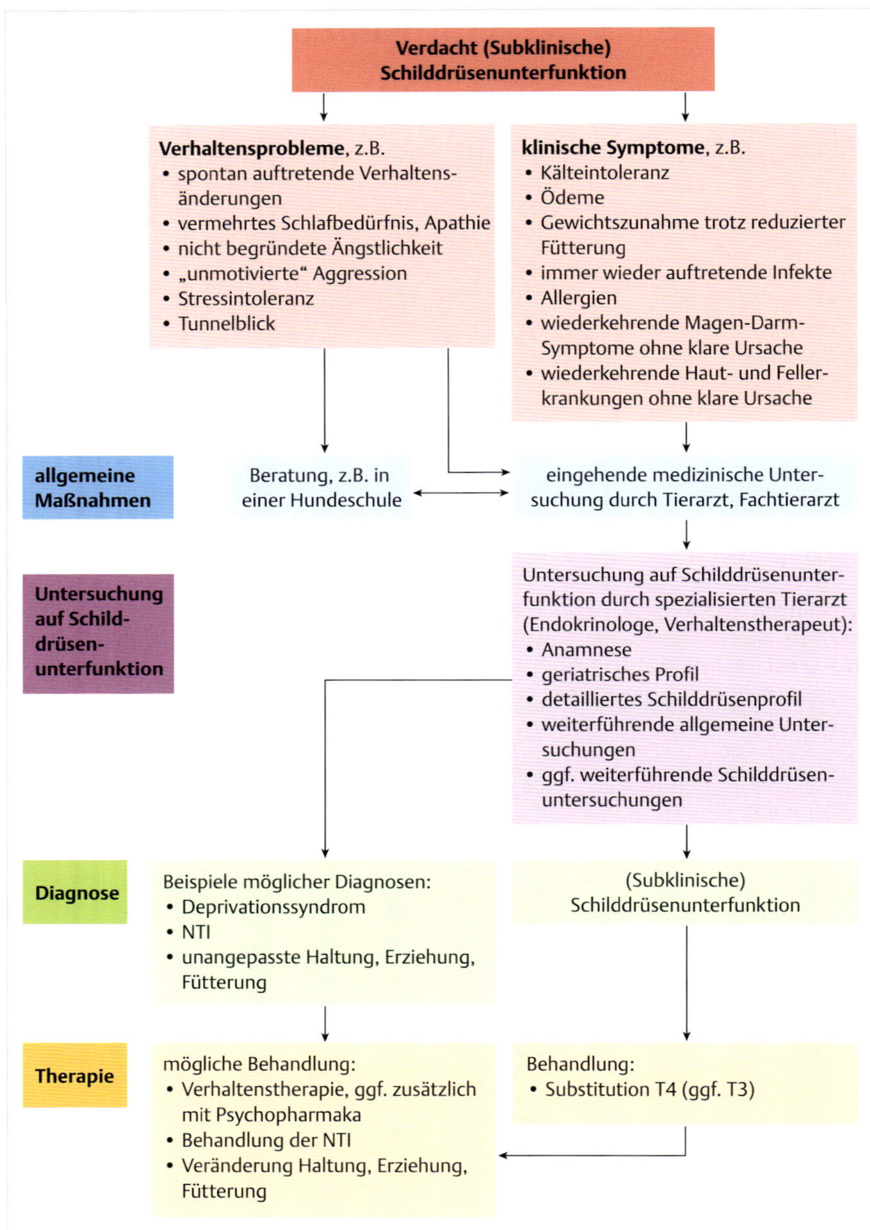

Abb. 3.1 Vorgehensweise bei Verdacht auf Schilddrüsenunterfunktion.

Spezielle Verhaltensauffälligkeiten, die selten auftreten und/oder schlecht reproduzierbar sind, sollten vom Halter per **Video** aufgezeichnet werden um hierdurch dem Tierarzt eine Bewertung zu ermöglichen. Zur Beurteilung von Verhalten siehe Kap. 3.2.1 und Kap. 4.5.1.

Findet die Anamnese **im Haushalt** des Hundehalters statt, hat der Therapeut die Gelegenheit, den Hund in seinem normalen Umfeld zu beobachten, z. B. den Umgang der einzelnen Familienmitglieder mit dem Hund und dessen Reaktionen, seine Ruheplätze, typische Gewohnheiten in der Familie etc. Diese Beobachtungen können durch einen Spaziergang vervollständigt werden, der weitere wichtige Hinweise auf das Verhalten des Hundes und Interaktionen zwischen Hund und Halter, auch außerhalb der gesicherten Wohnung, liefert.

Häufig findet die Anamnese jedoch **in den Räumen des Tierarztes** statt. Hier ist zu berücksichtigen, dass der Hund aufgrund verschiedener Faktoren (z. B. vorhergehende Autofahrt, Wartezimmeraufenthalt, ungewohnte Umgebung) vermutlich ein anderes Verhalten zeigt, als in seiner gewohnten Umgebung. Allerdings sind im fremden Umfeld manche Reaktionen des Hund-Halter-Gespanns besser erkennbar.

Bei einer **telefonischen Anamnese** ist der behandelnde Tierarzt auf die Vorbefunde des Haustierarztes sowie die Berichte (und ggf. Videoaufnahmen und Bilder) des Hundehalters angewiesen. Alle vom Halter stammenden Angaben (inkl. Videos und Bilder) sind jedoch vom Halter beeinflusst. Bereits einfache Antworten, z. B. bezüglich des Übergewichtes, können stark von der Realität abweichen. Bei komplexen Zusammenhängen, wie Beschreibung eines Verhaltens, sind subjektive Einfärbungen unvermeidlich. Ist nur eine telefonische Anamnese möglich, sollte daher auf größtmöglichen objektiven Informationsaustausch hingewirkt werden:

- Gespräche mit mehreren Bezugspersonen des Hundes,
- Gespräche mit dem Haustierarzt,
- Gespräch mit dem Hundetrainer,
- Video- und Bildmaterial möglichst vieler verschiedener Situationen,
- Information für den Hundehalter zur objektiven Bewertung von Verhalten und körperlichen Symptomen.

Außerdem ist die Erstellung eines **Organprofils** (geriatrisches Profil, großer Check-up) im Zuge der Diagnostik einer Schilddrüsenunterfunktion aus 3 Gründen erforderlich:

1. eine Reduzierung der Schilddrüsenhormone (besonders T3) kann durch andere Krankheiten, also unabhängig von der Schilddrüse, auftreten,
2. bei einer Schilddrüsenunterfunktion können typische geringfügige Verschiebungen im Organprofil oder im Differenzialblutbild auftreten (s. Kap. 3.2.3),
3. die wichtigsten Organfunktionen lassen sich anhand von charakteristischen Blutparametern überprüfen und können Hinweise auf andere Erkrankungen geben, z. B. Probleme mit der Niere, Leber, Bauchspeicheldrüse und Muskulatur. Die Analyse der Blutkörperchen im Differenzialblutbild ermöglicht Aussagen z. B. über Entzündungsprozesse.

Je nach Labor ist die Zusammenstellung der analysierten Blutparameter unterschiedlich.

Durch ein Organprofil kann also eine höhere Diagnosesicherheit erreicht werden.

Ferner sollte die **Herzfrequenz** in Ruhe und nach Belastung ermittelt werden, da Hunde mit Schilddrüsenunterfunktion häufig eine Bradykardie (erniedrigte Herzfrequenz) zeigen (s. auch Hinweis in Kap. Klassische Symptome). Dies kann als weiterer Hinweis gewertet werden, stellt aber auch einen eigenständig wichtigen (und eventuell zu behandelnden) Befund dar. Weiter können ein EKG, Blutdruckmessungen sowie ein Herzultraschall erforderlich sein.

Je nach Befund müssen weitere Untersuchungen durchgeführt werden, z. B. auf Mittelmeerkrankheiten, Borreliose (s. Kap. 2.4.5). Ehrlichiose, Gelenkstatus, neurologische Untersuchungen, Schmerzdiagnostik.

3.2 Symptome

Die Schilddrüsenhormone haben vielfältige Funktionen im Organismus und wirken nahezu auf jedes Gewebe. Daher können viele verschiedene Symptome auf eine Schilddrüsenunterfunktion hindeuten. Da die Schilddrüsenunterfunktion sich langsam entwickelt, werden erste Symptome zu Beginn einer Schilddrüsenunterfunktion häufig vom Hundebesitzer nicht bemerkt oder vom Tierarzt nicht eindeutig der beginnenden Schilddrüsenunterfunktion zugeordnet. Teilweise ist erst bei Verschwinden der Symptome im Rahmen der Substitution ein Zusammenhang nachträglich feststellbar. Dennoch können auch unspezifische Symptome bereits zu Beginn der Schilddrüsenunterfunktion auftreten und zu starken Verhaltens- und/oder Gesundheitsbeeinträchtigungen führen.

Besonders im Bereich der Verhaltensänderungen (Beispiel: Angst, Aggression) und beim Allgemeinbefinden (Beispiel: Immunschwäche) werden in der jüngeren Literatur einige zusätzliche Symptome aufgeführt. Sie können die ersten Signale einer beginnenden Schilddrüsenunterfunktion darstellen. Allerdings ist gerade bei den Verhaltensauffälligkeiten darauf hinzuweisen, dass mögliche Ursachen auch außerhalb des Schilddrüsenkomplexes zu suchen sind. In der nachfolgenden Zusammenstellung werden die Symptome, die in neuerer Literatur genannt sind, separat dargestellt. Insbesondere die den klassischen Symptomen widersprechenden **Verhaltensauffälligkeiten**, wie Hyperaktivität, sind noch umstritten und meist nur in Publikationen von verhaltenstherapeutisch geschulten Tierärzten zu finden.

Die Schilddrüsenhormone sind stark am Zellstoffwechsel beteiligt. Da Haut und Fell sich ständig erneuernde Organe sind, sind für fortgeschrittene Schilddrüsenerkrankungen Haut- und Fellveränderungen typisch. Langfristig treten bei fast allen unbehandelten Hunden mit Schilddrüsenunterfunktion massive Haut- und Fellprobleme auf. Diese Symptome sind in Fachbüchern als typisch klinisches Anzeichen einer Schilddrüsenunterfunktion aufgeführt. Allerdings können sie, wie alle anderen Symptome, auch bei anderen Krankheiten auftreten oder eine eigenständige Krankheit darstellen.

In der folgenden Zusammenstellung sind zahlreiche mögliche Symptome aufgeführt. Zu beachten ist, dass nicht alle Symptome bei allen Hunden auftreten. Vielmehr sind die Symptome sehr variable und können rassespezifisch und individuell, gerade zu Beginn einer Schilddrüsenunterfunktion, sehr unterschiedlich sein.

3.2.1 Verhaltensänderungen

Klassische Symptome

- plötzliche, „unprovozierte" Aggression und/oder völlig überzogene Aggressivität,
- Reizbarkeit,
- Interesselosigkeit, Apathie, Lethargie (Antriebsschwäche),
- Trägheit, Abgestumpftheit, Emotionsarmut,
- vermehrtes Schlafbedürfnis,
- keine Belastbarkeit, schnelle Erschöpfung, verminderte Ausdauer, Leistungsabfall.

Symptome aus neueren Veröffentlichungen, häufig zu Beginn einer Unterfunktion

- Persönlichkeitsveränderungen, schizophrenes Verhalten, „Dr. Jeckyll-Mr. Hyde-Syndrom“, Stimmungsschwankungen, unstetes Verhalten,
- Wutanfälle, „Ausrasten“ des Hundes, Stimmungsschwankungen, Launenhaftigkeit, Unberechenbarkeit,
- zum Teil nur phasenweise: scheues Verhalten, Angst, auch Geräuschangst, Phobien, Ängstlichkeit, Unterwürfigkeit,
- unablässiges Winseln, Übererregbarkeit, Nervosität, hohe Reaktivität,
- Phasen von Hyperaktivität, Unruhe bis hin zur Hysterie,
- Zwangshandlungen,
- Tunnelblick, kognitive Wahrnehmungsstörung, „Weggetretensein“,
- Unansprechbarkeit und eingeschränktes Aufnahmevermögen (Ansprechbarkeit), Aufmerksamkeitsdefizite, z. T. nur in bestimmten Situationen,
- Konzentrationsschwäche/Konzentrationsmangel,
- Lernschwierigkeiten,
- geringe Frustrationstoleranz,
- Stressanfälligkeit, geringe Stresstoleranz, nur sehr langsamer Stressabbau.

Die Beurteilung von Verhalten ist schwierig und meist sehr subjektiv (s. auch Kap. 4.5.1).

Der Zusammenhang zwischen einer Hypothyreose und Verhaltensänderungen wird z. T. in Frage gestellt. So verweist Scott-Moncrieff [52] darauf, dass es bisher keine Studien gibt, die einen Zusammenhang belegen. Hinsichtlich der Untersuchungen von Dodds [9] (s. Kap. 7.1) führt sie an, dass der Zusammenhang lediglich durch Verhaltensbesserungen unter Substitution belegt wurde. Daher seien weitere Untersuchungen erforderlich, die einen Zusammenhang zwischen Schilddrüsenunterfunktion und Verhaltensänderungen belegen oder ausschließen sowie Untersuchungen, die Verhaltensänderungen durch Substitution belegen oder ausschließen (zur Interpretation von Studien s. auch Kap. 4.4).

An der Universität Lyon wurde 2009 (Donas [11]) eine Untersuchung zur Wirkung einer Substitution durchgeführt. Bei hypothyreoten Hunden mit verschiedenen Verhaltensauffälligkeiten und/oder klinischen Symptomen wurde eine Substitution vorgenommen, die nach 28 Tagen wieder beendet wurde. In regelmäßigen Abständen wurden die Hunde hinsichtlich verschiedener Merkmale durch den Halter beurteilt und zusätzlich Blutproben entnommen.

10 der 16 Hunde erhielten bereits vor der Untersuchung zusätzlich Psychopharmaka, die während der Untersuchung weitergegeben wurden.

Es zeigte sich, dass die Verhaltensauffälligkeiten (z. B. Aggression, Ängstlichkeit) während der Substitution stark abnahmen und nach Beenden der Substitution wieder deutlich zunahmen (► Abb. 3.2).

Bei der Beurteilung dieser Ergebnisse sind jedoch folgende Aspekte zu berücksichtigen:

- die geringe Anzahl von Hunden in der Studie,
- das sehr kurze Untersuchungsintervall,
- Placeboeffekte (s. Kap. 6.2.3) (Verhaltensbewertung durch Halter),
- Rebound-Effekt (s. Kap. 9.3.4).

Dennoch deutet die Untersuchung auf einen Zusammenhang zwischen positiven Verhaltensänderungen und Substitution hin.

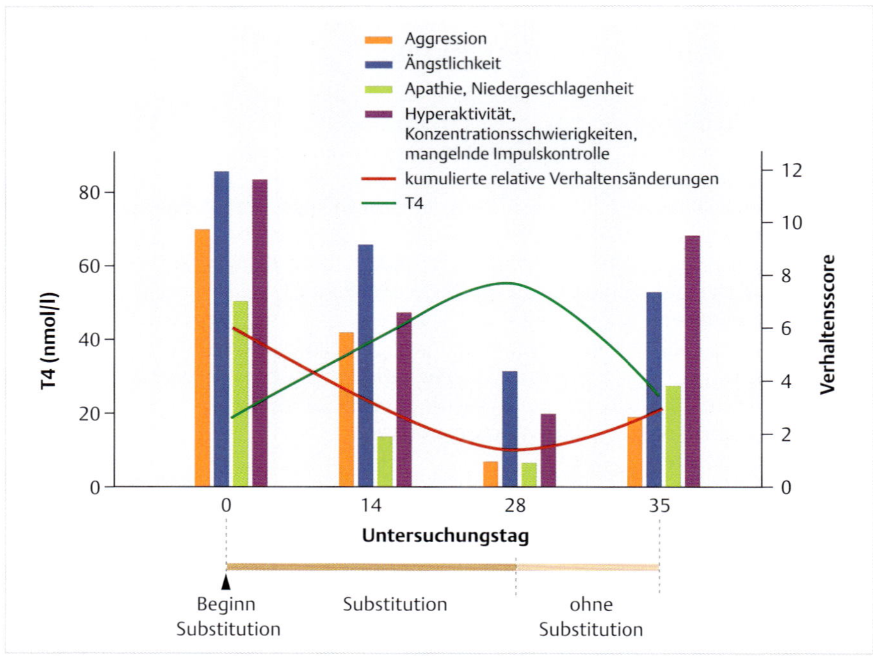

Abb. 3.2 Verhaltensänderungen bei Substitution.

Praxis

Einige Rassen scheinen eher dazu zu tendieren, bei einer (beginnenden) Schilddrüsenunterfunktion **Verhaltensprobleme** zu entwickeln (s. Kap. Verhaltensänderungen).

Teilweise wird das Auftreten von **Aggression** bei einer Schilddrüsenunterfunktion negiert oder nur mit einem sehr geringen Prozentsatz (< 2 %) aufgeführt. Ob hierbei lediglich die echte Aggression oder auch Angstaggression und Aggression aufgrund von Überforderung berücksichtigt wurde, bleibt unklar.

K. Köhler gibt an, dass nach einer amerikanischen Studie von B.V. Beaver die Schilddrüsenunterfunktion (Hypothyreose) in 1,7 % der Fälle die Ursache für aggressives Verhalten bei Hunden ist. Diese untersuchten Hunde hatten keine klassischen Symptome einer Schilddrüsenunterfunktion und befanden sich zum Teil in „ausstellungsfähigem“ Zustand (Köhler, [24]).

In einer Studie verglich Radosta [48] die Schilddrüsenwerte von Hunden, die Aggressionen gegenüber der Familie zeigten mit den Werten von Hunden, die keine Aggressionen aufwiesen. In keiner der beiden Gruppen traten Werte auf, die auf eine (Subklinische) Schilddrüsenunterfunktion hindeuteten. Bei beiden Gruppen lagen am häufigsten die T3- und fT3-Werte unterhalb des Referenzbereiches. Der T4-Wert in der „Aggressions“-Gruppe lag deutlich höher als in der „normalen“ Gruppe, der Unterschied erreichte jedoch nicht die geforderte Signifikanz. Lediglich der T4-AK-Wert unterschied sich signifikant zwischen den beiden Gruppen: zwar war der T4-AK in der „Aggressions"-Gruppe höher, jedoch lagen alle TH-AK- und TAK-Werte beider Gruppen innerhalb der Referenzbereiche.

Radosta verweist in ihrer Veröffentlichung auch auf Untersuchungen, die einen Zusammenhang zeigen zwischen Aggressionen und erhöhtem TAK bei normalem T4- und TSH-Wert, aber ohne Vorliegen klinischer Symptome einer Schilddrüsenunterfunktion. Auch bei Trennungsangst, Trainingsproblemen und Kotfressen besteht ein Zusammenhang mit erhöhtem TAK und T4, fT4 und TSH außerhalb des Referenzbereiches.

Zum Zusammenhang zwischen Schilddrüsenunterfunktion und Verhalten/Aggression s. a. Kap. 7.1 und Kap. 8.

Typisch für die im Zusammenhang mit einer Schilddrüsenunterfunktion auftretende Aggression ist, dass sie spontan und ohne scheinbaren Anlass gezeigt wird, während wiederum in anderen vergleichbaren Situationen kein aggressives Verhalten auftritt. Bei jüngeren Hunden passt das aggressive Verhalten nicht zum ansonsten gezeigten Verhalten. Bei älteren Hunden dagegen treten zum Teil Aggressionen in Situationen auf, die vorher nicht zu aggressivem Verhalten führten.

Praxis 

Gerade bei Tieren, die eine verstärkte Tendenz zu **aggressivem Verhalten** aufweisen, sollte daher immer eine umfassende Schilddrüsenuntersuchung durchgeführt werden.

Durch eine Schilddrüsenunterfunktion bedingte Ängste können zu **Angstaggression** führen. Zudem senkt eine Schilddrüsenunterfunktion die Schwelle für aggressives Verhalten. Die Ängste und Aggressionen nehmen daher mit der Zeit, ggf. trotz entsprechend gezieltem Training, zu.

Bearded Collies (und andere Hütehunde) sind häufig geräuschempfindlich bzw. neigen zu **Geräuschangst**. Bei Bearded Collies ist dies die häufigste Verhaltensauffälligkeit. Bei Untersuchungen an Bearded Collies wurde festgestellt, dass viele Hunde mit Geräuschangst und anderen Verhaltensauffälligkeiten einen sehr niedrigen T4-Wert und erhöhte TAK aufwiesen (s. auch Kap. 8.5.4).

Vielfach wird auch **Depression** als Symptom genannt (zur Übertragung des Begriffes auf Hunde s. Kap. Verhaltensänderungen). Dieser Verhaltenskomplex ist beim Hund schwer zu umreißen und setzt sich aus vielen der zuvor genannten Symptome zusammen. Im Allgemeinen werden folgende Verhaltensweisen darunter zusammengefasst: leichte Reizbarkeit, mangelndes Interesse an Aktivitäten, deutlich reduziertes Bewegungsniveau, geändertes Fressverhalten (Unlust), Magen- und Darmprobleme, Schlafstörungen und Müdigkeit, hohe Fluchtbereitschaft (z. B. Schreckhaftigkeit).

3.2.2 Stoffwechsel- und Allgemeinbefinden

Klassische Symptome

- kühle Körperoberfläche, Unterkühlung (Hypothermie),
- Kälteempfindlichkeit (Kälteintoleranz) und vermehrtes Wärmebedürfnis,
- gesteigerte Fresslust,
- (mäßige) Fettleibigkeit, trotz reduzierter Futtergabe,
- Fettleber,

- reduzierte Nierenleistung (reduzierte renale Clearance und glomeruläre Filtrationsrate),
- erhöhtes Durstgefühl (Polydipsie, erhöhtes Durstgefühl mit vermehrter Wasseraufnahme),
- Blepharoptose (hängende Augenlider),
- Gelenkschmerzen (durch Wassereinlagerungen) mit Schonung (aktiv, passiv) und resultierenden Ganganomalien,
- Schwellung von Carpus oder Tarsus (Hand- und Fußwurzelknochen),
- Heiserkeit, krächzendes Bellen,
- Kretinismus (Entwicklungsstörungen an Skelett- und Nervensystem aufgrund von vorgeburtlichem Hormonmangel).

Symptome aus neueren Veröffentlichungen, häufig zu Beginn einer Unterfunktion

Durch gestörtes Immunsystem
- schlechte Wundheilung,
- erhöhte Infektanfälligkeit,
- chronische Immunschwäche (immer wiederkehrende Infektionen),
- chronische Ohreninfektion, z. B. Otitis externa (Erkrankung des äußeren Gehörgangs),
- Othämatome (Blutohr),
- lockere, instabile Gelenke,
- vermehrte Zahnsteinbildung.

Des Weiteren sind zu finden:
- Verlust des Geruchssinns,
- Verlust des Geschmackssinns.

3.2.3 Blutwerte (außer den Schilddrüsenhormonwerten)

Klassische Symptome

- Hypertriglyzerinämie (Fettstoffwechselstörung) aufgrund der Hypercholisterinämie: Ablagerung von Cholesterin in Arterien (Arteriosklerose, in rund 30 % der Fälle),
- Hyperlipoproteinämie (Erhöhung von Cholesterin, Lipoproteinen und Triglyzeriden),
- Anstieg der Leberenzyme ALT, AST, AP, γ-Glutamyltransferase (bei 20–25 % der Hunde),
- vermehrte Umwandlung von Kreatin in Kreatinin und CPK-Erhöhung (bei 30 %; CPK = Kreatinphosphokinase oder auch CK = Kreatin-Kinase),
- Anämie (Blutarmut): normozytäre, normochrome, nichtregenerative Anämie verursacht durch eine verminderte Erythropoetin-Produktion (je nach Quelle: bei 25–50 % der Hunde) , niedrige MCV-, MCH-Werte,
- mikrozytäre, hypochrome Anämie bei gestörter Eisenaufnahme im Magen-Darm-Trakt (selten),
- Lymphopenie (verminderte Lymphozytenzahl),
- erhöhte Kortisolwerte.

Symptome aus neueren Veröffentlichungen, häufig zu Beginn einer Unterfunktion

- verringerte Sauerstoffbindungskapazität, daher vermehrte Bildung von Blutfarbstoff (Hämoglobin) und Anstieg des MCH um das Bindungsdefizit auszugleichen,
- Thrombozytopenie (Mangel an Thrombozyten) und aufgrund dessen erhöhte Blutungsneigung, teilweise mit Von-Willebrand-Krankheit (fehlender Blutgerinnungsfaktor, Erbkrankheit) gekoppelt,
- Zahl der eosinophilen Granulozyten erhöht (aber auch bei eiweißhaltiger Fütterung oder Wurmbefall),
- Erhöhung von Laktat-Dehydrogenenase (LDH),
- Erhöhung der Leukozytenzahl im Harn,
- erhöhte Glukosekonzentration,
- erhöhte Fruktosaminwerte (aufgrund des reduzierten Proteinumsatzes),
- erhöhte Homocystein-Werte, geringfügig reduzierte Folsäure-Werte. Erhöhte Homocystein-Werte stehen beim Menschen in Verbindung mit Depression, Demenz und erhöhtem Risiko für Herz-Kreislauf-Erkrankungen. Der Homocystein- und Folsäure-Stoffwechsel sind eng mit dem Vitamin-B_{12}-Stoffwechsel verknüpft. Erhöhte Homocystein-Werte können auf einen Vitamin-B_{12}-Mangel hindeuten, der Homocystein-Spiegel wird daher zur Verlaufskontrolle bei Vitamin-B_{12}-Mangel herangezogen (s. auch Kap. Autoimmunthyreoiditis (lymphozytäre Thyreoiditis): Box Begleiterkrankungen).

3.2.4 Augen

Symptome aus neueren Veröffentlichungen, häufig zu Beginn einer Unterfunktion

- Korneale Lipidose (durch Hyperlipidämie – Fettablagerungen in der Hornhaut), kristalline Hornhautablagerungen i. d. R. mit dem bloßen Auge sichtbar,
- eiternde und geschwürbildende Hornhaut (s. ▶ Abb. 3.3),
- Uveitis anterior (Entzündung der Aderhaut des Auges),
- trockenes Auge, Mangel an Tränenflüssigkeit (Keratoconjunctivitis sicca),
- Infektionen der Augenliddrüse (Meibom-Drüse am inneren Lidrand),
- Horner-Syndrom (Pupillenstörungen).

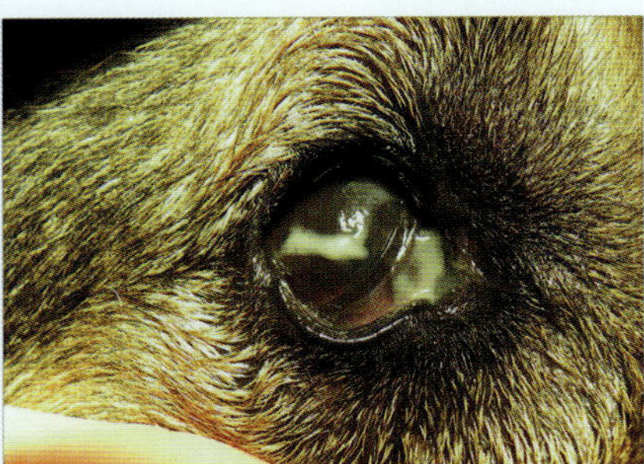

Abb. 3.3 Trockenes Auge: mit zähem, eitrigen Schleim und Pigmentierung der äußeren Hornhaut. (Quelle: Tieraugenzentrum Dr. Koerschgen, Pohlheim.)

3.2.5 Nervensystem/Neuromuskuläre Symptome

Klassische Symptome

- Muskelschwäche, Muskelschwund, Muskelnekrosen,
- allgemeine Schwäche und spinale Hyporeflexie, steifer Gang, Zehenschleifen,
- Lähmung peripherer Nerven (lokalisierte periphere Neuropathien): Gesichts- und Vestibularnerven (Gleichgewichtsorgan im Innenohr), Larynxparalysen (Kehlkopflähmung) oder Megaösophagus und/oder Schluckbeschwerden, Fazialislähmung (Lähmung der Gesichtsmuskulatur),
- seltener generalisierte Neuropathien (Nervenleiden)/Myopathien (Muskelleiden), schräge Kopfhaltung,
- Vestibularsyndrom.

Da eine Larynxparalyse sowie der Megaösophagus im Gegensatz zu den meisten anderen Symptomen der Schilddrüsenunterfunktion nicht alleine durch Substitution behandelbar sind, wird der Zusammenhang mit einer Schilddrüsenunterfunktion häufig bestritten.

Symptome aus neueren Veröffentlichungen, häufig zu Beginn einer Unterfunktion

- Bewegungsunsicherheit, unklare Lahmheit,
- Übermäßige Abnutzung der Dorsalflächen der Krallen,
- Störung der Hirnfunktionen, neurologische Störungen,
- Krampfanfälle, epileptische Anfälle.

Praxis 

Bei manchen Hunden mit **Neuropathien** aufgrund einer Schilddrüsenunterfunktion sind keine weiteren Anzeichen einer Schilddrüsenunterfunktion feststellbar.
Eventuell ist ein Teil der als Epilepsie eingestuften Anfälle bei Hunden auf eine Schilddrüsenunterfunktion zurückzuführen. Daher sollten im Rahmen der Abklärung auch immer die Schilddrüsenwerte überprüft werden.
Der Zusammenhang zwischen einer Schilddrüsenunterfunktion und Problemen im (peripheren) Nervensystem ist nicht eindeutig belegt. Man geht davon aus, dass die Symptome durch andere Faktoren (z. B. Immunfehlregulationen bei autoimmuner Thyreoiditis) verursacht werden. Die meisten der Symptome verschwinden bei Substitution. Dies ist jedoch nur bedingt interpretierbar, da manche dieser Probleme sich auch unabhängig von einer Substitution spontan verlieren.
Bei Hunden, bei denen experimentell eine Schilddrüsenunterfunktion erzeugt wurde, konnte eine Störung der Blut-Hirn-Schranke festgestellt werden. Ein Teil (rd. 23 %) entwickelten im Laufe der 18-monatigen Studie Symptome im ZNS.

3.2.6 Herz-Kreislauf/Kardiovaskular-System

Klassische Symptome

- erniedrigte Herzfrequenz, Sinusbradykardie,
- EKG-Veränderungen (Niederspannungs-EKG mit Abflachung der T-Wellen),
- niedrige EKG-Ausschläge,
- schwacher Herzspitzenstoß,
- schwacher Puls, weicher Puls,
- Herzinsuffizienz (Unvermögen des Herzens, bei Belastung oder Ruhe effizient zu arbeiten),
- Arteriosklerose von Hirn- und Herzgefäßen.

Praxis 

Herzinsuffizienz tritt häufig bei Boxern und Dobermann-Pinschern auf.
Viele Hunde haben auf dem Behandlungstisch einen erhöhten Herzschlag. Wird hingegen ein normaler Herzschlag festgestellt, kann dies auf eine Bradykardie hindeuten.

Aufgrund der reduzierten Herzleistung und des niedrigen Blutdrucks können insbesondere die Organe mit hohem Sauerstoffbedarf (z. B. Leber) unterversorgt werden und die renale Clearance (Stoffausscheidung über die Niere) ist reduziert.

Bei Hunden, bei denen eine Schilddrüsenunterfunktion vorlag und bei denen eine **Bradykardie** und im Herzultraschall eine reduzierte Kontraktionskraft und reduzierte Dicke der linken Hauptkammerwände festgestellt wurde, verbesserten sich die Herzprobleme unter Substitution oder verschwanden ganz.

Der Zusammenhang zwischen **DCM** (Dilatative Kardiomyopathie) und Schilddrüsenunterfunktion ist umstritten.

Eine DCM ist eine Erkrankung des Herzmuskels in deren Folge eine Erweiterung des linken Vorhofes (Dilatation) und weitere Herzschäden auftreten. Im Krankheitsverlauf werden 3 Phasen unterschieden:

- In der ersten Phase treten lediglich zelluläre Veränderungen auf, die nicht diagnostizierbar sind.
- In der zweiten Phase sind Herzrhythmusstörungen erkennbar, die zum Sekundentod führen können.
- In der dritten Phase sind deutlich erkennbare Veränderungen am Herz feststellbar. Die Überlebenswahrscheinlichkeit ist unterschiedlich.

Es wird zwischen einer primären DCM und einer sekundärer DCM unterschieden. Die **sekundäre DCM** kann z. B. durch Medikamente, andere Erkrankungen (Magendrehung, Infektionskrankheiten, Herzmuskelentzündung) oder ernährungsbedingt entstehen. Eine sekundäre DCM kann sich z. B. durch Karnitin-Taurin-Mangelversorgung entwickeln. Dies tritt bei Katzen häufiger auf als bei Hunden, allerdings sind einige Hunderassen (z. B. Cocker) für eine Mangelversorgung disponiert. Die ernährungsbedingte DCM kann bei einer adäquaten Versorgung im günstigsten Fall ohne Medikamente stabilisiert werden. Eine DCM aufgrund eines alleinigen Taurin-Mangels ist reversibel, wenn sie rechtzeitig festgestellt wird.

Besondere Form der primären DCM sind:

- die Dobermann-Kardiomyopathie, welche sich u. a. durch einen besonders aggressiven Verlauf auszeichnet und
- die Boxer-Kardiomyopathie, die sich im Frühstadium durch rechtsventrikuläre Extrasystolen (VES) auszeichnet und erst im späteren Stadium Dilatationen aufweist.

Eine DCM wird möglicherweise durch eine spezifische Autoimmunreaktion ausgelöst.

Hintergrundwissen

Sowohl DCM als auch Hypothyreose treten in großen Rassen häufiger auf als in kleinen Rassen. DCM und Hypothyreose treten häufig zusammen auf. Betroffene Rassen sind: Dogge, Neufundländer, Bernhardiner, Irischer Wolfshund, Dobermann, Boxer, Rottweiler, Schäferhund, Leonberger, Neufundländer, Setter, Retriever (Golden und Labrador), Afghane, Deerhound, Barsoi, große Mischlinge, Pudel, Cocker Spaniel, Springer Spaniel und Foxhound.
Rund 58 % der Dobermänner leiden an einer DCM, die Quote der an Schilddrüsenunterfunktion erkrankten erwachsenen Dobermänner wird zum Teil mit bis zu 75 % angegeben. Alleine aus diesen Zahlen kann jedoch kein Zusammenhang zwischen DCM und Schilddrüsenunterfunktion abgeleitet werden.

Zur DCM wurden und werden zahlreiche internationale und nationale Studien durchgeführt. In Deutschland ist die Universität München federführend auf dem Gebiet und bietet Dobermann-Haltern ein kostenloses oder vergünstigtes DCM-Screening an. Bestandteil dieses Screenings ist bei Bedarf auch die Untersuchung auf eine Schilddrüsenunterfunktion (mittels T4 und TSH).

Ein Zusammenhang zwischen **DCM und Hypothyreose** beim Hund konnte bisher in Studien nicht klar belegt werden. Beim Menschen wird Schilddrüsenunterfunktion als mögliche Ursache für DCM angesehen.

Von einem kausalen Zusammenhang von DCM und Schilddrüsenunterfunktion (d. h., die eine Krankheit bedingt die andere) geht man nicht aus, da Hunde, die vorsorglich substituiert wurden, dennoch eine DCM entwickelten bzw. sich diese nicht verbesserte.

Mögliche Zusammenhänge könnten sein:

- (gravierende) Hypothyreose führt zu DCM,
- unbehandelte Hypothyreose fördert die Entstehung einer latenten DCM,
- behandelte Hypothyreose verzögert den Verlauf einer DCM,
- behandelte Hypothyreose fördert den Verlauf einer DCM,
- DCM führt zur Entstehung einer Hypothyreose (NTI, als Schutzfunktion des Körpers, Senkung des Stoffwechselniveaus).

Dass eine Hypothyreose eine latente oder bestehende DCM im Verlauf ungünstig beeinflussen kann, wird als wahrscheinlich angesehen, ist jedoch umstritten. Die Frage, ob eine Hypothyreose eine DCM bei einem nicht prädisponierten Tier auslösen kann, ist hingegen umstritten. In Einzelfällen konnte jedoch auch gezeigt werden, dass sich eine DCM in Zuge einer Substitution der Hypothyreose besserte oder völlig verschwand.

Auf einen Zusammenhang zwischen DCM und Hypothyreose könnten folgende Aspekte hindeuten:

- Da bei Vorliegen einer **Autoimmunerkrankung** in einem Organsystem teilweise auch Autoimmunerkrankungen in anderen Organsystemen auftreten können, ließe sich bei einer autoimmunbedingten Dobermann-Kardiomyopathie ein indirekter Zusammenhang mit einer autoimmunbedingten Hypothyreose herleiten.
- **Typische Veränderungen** bei einer chronischen Schilddrüsenunterfunktion können Auswirkungen auf das Herz haben und in Folge eine Dilatation bewirken. Mögliche Veränderungen durch eine Schilddrüsenunterfunktion sind in diesem Zusammenhang z. B.:
  - **Muskelgewebe**: Muskelschwäche, Muskelschwund, Muskelnekrosen, Myopathien durch veränderten Stoffwechsel in den Muskelfasern. Hiervon kann (beim Menschen) auch der Herzmuskel betroffen sein.
  - **Gewebe**: Myxödeme, Fibrosen, beides auch im Interstitium (Zwischenräume zwischen Organen, Geweben und Zellen) beim Herz möglich.
  - **Blutwerte**: erhöhtes Cholesterin und Tryglyceride. Beides wird als Risikofaktor für Herzerkrankungen gewertet.
  - **Herzerkrankungen**: bei Hypothyreose mögliche Symptome s. Aufstellung oben. Verschiedene Studien belegen einen Zusammenhang zwischen niedrigen Schilddrüsenhormonwerten und **Arteriosklerose** und **Myxödemen im Herz** sowie Fibrose der Herzfasern. Die Schilddrüsenhormone wirken positiv inotrop (Kontraktionskraft des Herzens) sowie chronotrop (Schlagfrequenz des Herzens) auf das Herz. Entsprechende Veränderungen sind bei reduzierten Hormonwerten zu erwarten.

Bei den Untersuchungen von Beier (2015) [2] wurde bei Hunden mit DCM ein erhöhtes Risiko für Schilddrüsenunterfunktion festgestellt. Gemäß Beier sind diese Ergebnisse entweder unabhängig voneinander zu interpretieren oder sie können durch eine gemeinsame immunologische Ursache erklärt werden.

Auf Basis des derzeitigen Kenntnisstandes ergeben sich folgende Empfehlungen:

- betroffene Rassen sollten sowohl hinsichtlich des Auftretens einer DCM als auch einer Hypothyreose akribisch überwacht werden;
- bei einem Hund mit einer diagnostizierten DCM sollten immer auch die Schilddrüsenwerte überprüft werden;
- eine Schilddrüsenunterfunktion sollte insbesondere bei den für DCM disponierten Hunden möglichst früh substituiert werden;
- bei einem für DCM disponierten Hund mit einer festgestellten Schilddrüsenunterfunktion, aber ohne bisherige eingehende Herzuntersuchung, sollte vor der Substitution der Herzstatus überprüft werden;
- die Anfangsdosen in der Substitution sind bei einer bestehenden Herzerkrankung deutlich geringer anzusetzen.

3.2.7 Störungen/Veränderungen im Fortpflanzungsbereich

Klassische Symptome

- Zyklusstörungen und Zyklen ohne stattfindenden Eisprung,
- persistierender Anöstrus (unregelmäßige Läufigkeit), verkürzter Östrus, verlängerter Anöstrus,
- stille (unentdeckte) Läufigkeit,
- Galaktorrhö (Milchfluss, Milchabsonderungen),
- Libidoverlust.

Symptome aus neueren Veröffentlichungen, häufig zu Beginn einer Unterfunktion

- Hodenatrophie (verkümmerter Hoden),
- reduzierte Spermienbildung,
- Unfruchtbarkeit.

Praxis 

Insbesondere bei Fruchtbarkeitsstörungen sollte auf eine bestehende Schilddrüsenunterfunktion untersucht werden.
Allerdings ist der Einfluss einer Schilddrüsenunterfunktion auf die Fortpflanzungsfähigkeit sowohl bei Rüden als auch bei Hündinnen nicht unumstritten. Bei Fortpflanzungsstörungen sollten daher auch andere mögliche Ursachen berücksichtigt werden.
Mit Hunden, die an einer Schilddrüsenunterfunktion erkrankt sind, sollte nicht gezüchtet werden.

3.2.8 Verdauungstrakt/Gastrointestinalsystem

Klassische Symptome

- Wechsel von Verstopfung und Durchfall.

Symptome aus neueren Veröffentlichungen, häufig zu Beginn einer Unterfunktion

- Regurgitation bei Megaösophagus (Erbrechen/Spucken bei Speiseröhrenerweiterung).

3.2.9 Haut- und Fellprobleme

Klassische Symptome

- therapieresistente Hautinfektionen,
- bilateralsymmetrische oder asymmetrische Alopezie (Haarausfall, der zur Haarlichtung oder zum vollständigen Kahlwerden bestimmter Stellen führt, s. ▶ Abb. 3.4), zu Beginn auch asymmetrisch; Alopezie tritt in etwa 10 % der Fälle auf,
- Haare leicht ausziehbar,
- Ausbleiben des Haarwachstums nach der Schur,
- mattes, glanzloses, struppiges Haarkleid, stumpfes Fell,

Abb. 3.4 Haarausfall und Hyperpigmentierung am Rücken. (Quelle: Claus Mörschel, Blaumühle – die Hundepension, Gladenbach.)

- Farbänderungen des Fells (typisch: schwarz nach rötlich, braun, s. auch Kap. 1.2.3),
- frühzeitiges Ergrauen (Canities praecox),
- Hyperpigmentierung (Schwarzfärbung), besonders an Nasenrücken, Rutenansatz, Brust, Flanken und Schenkelinnenflächen (▶ Abb. 3.4),
- Seborrhoe, z. T. mit Juckreiz,
- „Rattenschwanz", Welpenfell (besonders bei rothaarigen Hunden),
- Myxödem (Einlagerung von Mucopolysacchariden und Proteinen im Korium), dadurch vermehrte Wasserbindungskapazität,
- Blut-Gewebe-Schranke weist erhöhte Permeabilität für Albumine auf, die sich anreichern, zudem erhöhter Kollagengehalt im Bindegewebe, besonders deutlich bei schwerer Hypothyreose mit Myxödem (s. Kap. 2.2),
- Wassereinlagerungen, Ödeme, besonders im Gesicht (trauriger Gesichtsausdruck), scheinbar verdickte Haut/verdickte, ödematisierte Haut,
- Haut wird zunehmend trocken, rau, wachsartig, blass-fahl, leicht eindrückbar im Gesicht und an den Gliedmaßen,
- trockene, brüchige Krallen,
- Hyperkeratose (Verdickung der Hornschicht),
- Atrophie der Epidermis (Abnahme der Dicke der Oberhaut durch Verminderung der Zellgröße) und Verdickung der Dermis (Lederhaut), Haut erscheint jedoch wegen Myxödem verdickt,
- Liegeschwielen, zum Teil zystisch verändert und/oder mit Sekundärinfektionen,
- häufig sekundäre Pyodermien (bakterielle, eitrige Infektion der Haut),
- Komedonenbildung (Schuppung und Verstopfung der Talgdrüsen); Mitesser, dadurch warzenartiges Aussehen,
- besonders bei Setter, Golden Retriever, Cocker Spaniel: Hypertrichose (übermäßiger Haarwuchs), wolliges Fell, leichtes Verfilzen der Haare.

Definition [ ]

Seborrhoe

Seborrhoe beschreibt Symptome wie Schuppenbildung, Veränderungen der Haut und des Fells. Alle Symptome sind sowohl in übermäßig trockener als auch fettiger Ausbildung möglich und teilweise mit Krustenbildung und starkem Körpergeruch verbunden.

Haut- und Fellprobleme treten als klinische Symptome bei einer Schilddrüsenunterfunktion sehr häufig auf. Die Art und Ausprägung der Symptome variieren jedoch mit der Rasse, dem Verlauf und der Schwere der Schilddrüsenunterfunktion.

Typisch für die Ödeme ist, dass nach Druck auf die Stellen kurzfristig nur kleine oder keine Dellen entstehen.

Haut- und Fellprobleme können unterschiedliche Ursachen haben, unter anderem verschiedene hormonelle Erkrankungen. Die auftretenden Symptome, wie Hyperpigmentierung, Welpenfell, Haarverlust, symmetrische kahle Stellen, weisen daher nicht eindeutig auf eine Schilddrüsenunterfunktion hin. Wird eine Schilddrüsenunterfunktion nur anhand von Haut- und Fellproblemen sowie niedrigen Schilddrüsenwerten angenommen, ist immer eine Differenzialdiagnose hinsichtlich weiterer Hormonstörungen durchzuführen. Hier sind z. B. **Hyperadrenokortizismus** (Cushing Syndrom, s. Kap. 2.4.5) oder bei Hündinnen **Hyperöstrogenismus** zu nennen. Bedingt durch den hohen Östrogenspiegel tritt bei manchen Hündinnen während der Läufigkeit ein deutlicher Haarverlust, zum Teil mit kahlen Stellen, auf. Auch bei Rüden mit östrogenproduzierenden Hodentumoren kann ein Fellverlust auftreten.

Praxis 

Alopezie beginnt meist an typischen Druckstellen, wie dem vorderen Brustkorb, und breitet sich dann von dort aus bilateral aus. Die Beine bleiben meist verschont, außer bei großen Rassen, bei denen die Außenseiten haarlos werden können. Die Alopezie kann auch auf einzelne Körperteile beschränkt bleiben oder dort besonders ausgeprägt sein, z. B. in Form von kahlen Ohrmuscheln oder beim sog. Rattenschwanz. Ein häufig übersehenes frühes Symptom ist ein kahler Nasenrücken. Alopezien sind nicht entzündlich, die betroffenen Hautstellen können zusätzlich hyperpigmentieren.
Bei manchen Rassen scheinen typische Stellen betroffen zu sein. So treten bei den folgenden Rassen Alopezien an den genannten Körperregionen bevorzugt auf:

- Retriever – Nasenspiegel,
- Dachshunde – Ohrmuschel,
- Neufundländer – Außenseite der Extremitäten. Boxer und Irisch Setter scheinen eher zu Hypertrichose zu neigen.

Sekundärinfektionen der Haut bei einer Schilddrüsenunterfunktion entstehen aufgrund der verminderten Immunreaktion gegenüber Krankheitserregern.
Eine oberflächliche **Pyodermie** kann zu starkem Juckreiz führen, der dann eventuell als Allergie fehldiagnostiziert und mit Glukokortikoiden behandelt wird. Glukokortikoide wiederum führen zur weiteren Absenkung der Schilddrüsenhormonwerte und verstärken die Pyodermie.

3.3 Schilddrüsenprofil

Blut durchfließt den gesamten Körper und dient unter anderem als Transportmittel für Hormone, Nährstoffe, Sauerstoff und vieles mehr. Die Schilddrüsenhormone werden mit dem Blut an ihre Zielorgane transportiert und sind im Blut nachweisbar. Ebenso finden sich verschiedene andere Substanzen im Blut, die Hinweise auf den Schilddrüsenstatus oder zahlreiche andere Krankheiten geben können. Daher ist eine Blutuntersuchung der erste entscheidende Schritt in der Diagnostik.

Generell wird die Erstellung eines Schilddrüsenprofils in folgenden Fällen empfohlen:

- vorsorglich bei allen Hunden mindestens einmal jährlich mit dem Organprofil, aber auf jeden Fall bei alten Hunden (geriatrisches Profil),
- wenn mit dem Hund gezüchtet werden soll (Antikörperbestimmung!),
- wenn sich plötzliche starke (Verhaltens-)Änderungen ergeben, z. B.
    - Hunde plötzlich ängstlich werden,
    - Hunde aggressiver werden,
- die erste Läufigkeit lange auf sich warten lässt,
- Ohrenentzündungen oder sonstige Infekte jeder Behandlung trotzen,
- Herzrhythmusstörungen festgestellt wurden,
- epileptische Anfälle auftreten.

Im Organprofil können bei einer Schilddrüsenunterfunktion Veränderungen auftreten. Diese sind im Kap. 3.2.3 zusammengefasst.

Praxis 

Neben der Erstellung eines Organprofils, sollten folgende Parameter für ein Schilddrüsenprofil bestimmt werden:

- T4: freies T4 und gesamtes T4,
- T3: freies T3 und gesamtes T3,
- TSH,
- Antikörper gegen Thyreoglobulin (TAK, Tg-AK),
- Antikörper gegen Schilddrüsenhormone (T3-AK und T4-AK),
- Cholesterin.

Ggf. ist in Verbindung mit der Analyse des Futterplans auch die Bestimmung von Selen, Zink und Jod sinnvoll (Blut-Plasmawert allerdings nur bedingt aussagefähig, s. auch Kap. 5.4.4: BARF-Profil).
Unter einem Schilddrüsen-Profil wird häufig nur die Bestimmung von T4, TSH und Cholesterin, ggf. auch fT4, verstanden. In der Regel sind diese Werte zur Diagnostik einer beginnenden Schilddrüsenunterfunktion nicht ausreichend.
Da die freien Hormone (fT3 und fT4) instabil sind, kann bei ausreichender Blutabnahme trotz geeigneter Lagerung das Nachfordern von Analysewerten ohne Einbuße der Analysegenauigkeit nur innerhalb von 3–8 Tagen nach der Blutabnahme erfolgen.
Andererseits ermöglicht die nachträgliche Anforderung von Hormon- und Antikörperwerten eine in Abhängigkeit der ersten Ergebnisse gestaffelte und ggf. kostengünstigere Untersuchung (s. Kap. 4.5.3).

Die Auswertung der Blutergebnisse sollte nach einer gründlichen Anamnese durch einen Arzt mit Erfahrungen in Bezug auf Schilddrüsenunterfunktion (z. B. ein Mitglied der Gesellschaft für Tierverhaltensmedizin und -therapie (GTVMT), erfolgen.

Bei Verdacht auf eine Schilddrüsenunterfunktion sind insbesondere bei unklaren Werten in zeitlichen Abständen mindestens 2 oder mehr Blutuntersuchungen zu empfehlen.

Die Diagnose einer Schilddrüsenunterfunktion sollte nie nur anhand eines der getesteten Parameter erfolgen, sondern stets aus der zusammenfassenden Beurteilung aller Blutwerte (idealerweise über einen Zeitablauf), der Anamnese und der allgemeinmedizinischen Untersuchung.

Bei der Beurteilung der Werte ist zu berücksichtigen, dass der im Blutserum feststellbare Hormonspiegel nicht identisch ist mit der am/im Zielorgan/-gewebe verfügbaren Hormonkonzentration. Trotz eines normalen Hormonwertes im Blutserum kann also eventuell im Zielorgan ein zu niedriger Wert vorliegen.

Die Blutentnahme sollte bevorzugt am Vormittag bis Mittag durchgeführt werden.

Da die Sexualhormone einen Einfluss auf die Schilddrüse und deren Hormone haben, sollten unkastrierte Hündinnen nur zwischen den **Läufigkeiten** (während des Anöstrus) getestet werden. Der optimale Zeitpunkt ist ca. 12–16 Wochen nach Beginn der letzten Läufigkeit.

Die Blutuntersuchungen sollten frühestens 4–6 Wochen nach einer Impfung erfolgen (s. Kap. 7.2.2, ▸ Tab. 7.3), ebenso sollte nach einer Wurmkur oder sonstigen belastenden **Therapien** eine gewisse Zeit abgewartet werden.

3.3.1 Das Hormon T4

Es wird unterschieden zwischen an Protein gebundenem T4 und freiem T4 (fT4). fT4 ist die biologisch aktive Form des T4. Zusammen bilden sie das Serum- oder Gesamt-T4. Das Serum-T4 wird ausschließlich in der Schilddrüse gebildet. Daher ist T4, besonders fT4, ein relativ guter Indikator für die Schilddrüsenfunktion. Allerdings werden sowohl T4 als auch fT4 von zahlreichen Faktoren beeinflusst (s. Kap. 4.3).

Eine fortgeschrittene Schilddrüsen**über**funktion lässt sich im Allgemeinen durch die T4-Bestimmung relativ eindeutig diagnostizieren. Dagegen ist der T4-Wert allein bei der Diagnose einer Schilddrüsen**unter**funktion, insbesondere einer beginnenden, nicht hinreichend aussagefähig.

Allerdings sind bei der Beurteilung des T4-Werts wie in Kap. 4 ausführlich erläutert, unter anderem folgende Punkte zu beachten:

- Diverse Krankheiten beeinflussen die Schilddrüsenfunktion (NTI, s. Kap. 2.4).
- Die Hormonwerte bei gesunden Hunden und Hunden mit Unterfunktion überschneiden sich (s. Kap. 4.1.1, ▸ Abb. 4.5 und Kap. 4.3.7, ▸ Abb. 4.9).
- Zahlreiche weitere Faktoren, unabhängig von der Schilddrüse, beeinflussen den T4-Spiegel (s. Kap. 4.3).

Eine Schilddrüsenunterfunktion kann man also nicht nur auf Basis eines niedrigen T4-Werts diagnostizieren. Dagegen hat ein T4-Spiegel im oberen Normalbereich eine große Aussagekraft, da eine Schilddrüsenunterfunktion dann eher unwahrscheinlich ist. Allerdings kann bei Hunden mit zirkulierenden T4-Autoantikörpern der T4-Wert trotz T4-Mangel messtechnisch falsch erhöht sein, also innerhalb der Norm liegen (s. Kap. Antikörper gegen die Schilddrüsenhormone (TH-AK: T3-AK, T4-AK) und Kap. Antikörper gegen Thyreoglobulin und die Hormone). Hieran ist insbesondere zu denken, wenn die T4-Werte hoch, aber die fT4-Werte niedrig sind. Zudem sind auch hier individuelle Optimalwerte zu berücksichtigen, die eventuell deutlich über der Norm liegen würden, aufgrund der Schilddrüsenunterfunktion aber im oberen Bereich der Norm liegen.

Praxis 

Niedrige T4-Werte aber normale fT4-Werte können hindeuten auf

- eine NTI,
- eine beginnende Schilddrüsenunterfunktion,
- messtechnische Störungen durch T4-AK.

Die T4-Wert-Bestimmung ist angebracht:

- um ein wichtiges Indiz hinsichtlich einer Schilddrüsenunterfunktion zu gewinnen,
- zur Diagnose einer Schilddrüsenüberfunktion,
- bei der Durchführung von Schilddrüsen-Suppressions- und -Stimulationstests,
- bei der Verlaufskontrolle von Schilddrüsenerkrankungen in der Therapie.

Die Menge des freien T4 (fT4) ermöglicht prinzipiell eine relativ gute Aussage über die Funktion der Schilddrüse. Allerdings können auch hier, wie beim Gesamt-T4, gesunde Hunde zu niedrige Werte aufweisen oder kranke Hunde normale Werte. Auch wird fT4 von einigen Medikamenten (s. ► Tab. 11.1) und Erkrankungen beeinflusst. Die exakte Analyse ist aufwendiger als beim Gesamt-T4. Die angebotenen Standardanalysen sind bezüglich des fT4 sehr ungenau. Für genaue Aussagen ist eine Equilibriumsdialyse (ED) notwendig. Diese wird nicht von allen Laboren angeboten und nicht routinemäßig durchgeführt (s. Kap. Analyse der Schilddrüsenhormone).

Nach Mahnke [36] ist bei ca. 95 % der Hunde mit einer Schilddrüsenunterfunktion ein T4-Wert unterhalb des Referenzbereiches feststellbar, sofern der T4-Wert mit einer adäquaten Analyse gemessen wurde. Lediglich ca. 5 % der erkrankten Hunde weisen nach Mahnke T4-Werte im unteren Referenzbereich auf. In diesen Fällen sollte der fT4-Wert mittels ED bestimmt werden. Zu berücksichtigen sind bei dieser Aussage jedoch die verschiedenen Einflussfaktoren auf die Schilddrüsenhormone.

Allerdings gibt es auch deutlich andere Untersuchungsergebnisse. In einer polnischen Untersuchung [46] zum Vorliegen von TAK bei Hunden, wurde festgestellt, dass lediglich 33 % der als hypothyreot eingestuften Hunde T4-Werte unterhalb des Referenzbereiches hatten (und somit rd. 67 % T4-Werte innerhalb des Referenzbereiches) und daher ein breiter Überlappungsbereich bei T4 (sowie fT4) besteht.

3.3.2 Das Hormon T3

Ein Großteil des T3 wird außerhalb der Schilddrüse in Leber, Niere oder Muskulatur aus T4 gebildet. Viele Hunde mit nicht schilddrüsenbedingten Erkrankungen (**NTI**) haben niedrige T3-Spiegel (zugunsten erhöhter rT3-Werte). Lediglich 10 % der an Schilddrüsenunterfunktion erkrankten Hunde haben deutlich niedrigere T3-Werte. Dagegen hat fast die Hälfte der Hunde mit Schilddrüsenunterfunktion normale oder sogar höhere T3-Spiegel, da bei einer beginnenden Schilddrüsenunterfunktion die Hormonproduktion von T4 auf das wirksamere T3 umgelagert oder auch mehr T4 in T3 umgewandelt wird. Erst bei einer weitgehenden Zerstörung der Schilddrüse sinken auch die T3-Werte.

Durch das Vorliegen von Autoantikörpern gegen T3 können die Messwerte beeinflusst werden. Zur Beurteilung der Schilddrüsenfunktion ist T3 alleine daher ungeeignet.

Die T3-Wert-Bestimmung dient zur:

- Identifizierung einer Umwandlungsstörung (Konversionsstörung T4 zu T3),
- Identifizierung einer isolierten T3-Hyperthyreose,
- Hilfe bei der Abgrenzung von Schilddrüsenerkrankungen gegenüber NTI.

Die Messgenauigkeit ist bei T3 relativ ungenau, da das Messverfahren aus dem Humanbereich übernommen wurde und nicht auf die hundespezifischen Parameter (z. B. Transportproteine) abgestimmt ist.

Zu den Problemen der Interpretation der Werte s. Kap. 4.3.

3.3.3 TSH

Eine primäre Schilddrüsenunterfunktion bewirkt ein Absinken der Schilddrüsenhormonspiegel. Bei einem ansonsten gesunden Hund sollte bei Absinken des Schilddrüsenhormonspiegels die Konzentration der beiden die Schilddrüse regulierenden Hormone TSH und TRH ansteigen, um eine höhere Hormonproduktion der Schilddrüse zu bewirken. Bei Hunden mit einer primären Schilddrüsenunterfunktion ist also zu erwarten, dass sie einen erhöhten TSH-Spiegel haben.

Leider lässt der TSH-Wert keine eindeutigen Aussagen zu:

- Es wurde festgestellt, dass bei rund 20–25 % (nach anderen Quellen: 13–40 %) der **Hunde mit Schilddrüsenunterfunktion** der TSH-Wert im Normalbereich liegt. Mittels eines TSH-Stimulationstests konnten diese Hunde jedoch eindeutig als Hunde mit einer Schilddrüsenunterfunktion erkannt werden.
- Mit **fortschreitender Schilddrüsenunterfunktion** können bei vielen erkrankten Hunden TSH-Werte innerhalb des Referenzbereiches festgestellt werden.
- Bei einer **sekundären Schilddrüsenunterfunktion** ist der TSH-Wert aufgrund einer Erkrankung der Hypophyse erniedrigt und infolgedessen auch der T4-Wert.
- Ein gewisser Anteil **gesunder Hunde** (15–20 %) hat erhöhte TSH-Werte. Dies könnte zwar auf eine beginnende Schilddrüsenunterfunktion, aber auch auf die Erholung nach einer anderen Erkrankung hindeuten. Zu einem geringen Prozentsatz konnten auch falsch erhöhte TSH-Werte aufgrund von Interferenzen mit heterophilen Antikörpern (unspezifische Antikörper, die mit Antigenen einer anderen Tierart kreuzreagieren) festgestellt werden. Bei Hunden mit erhöhtem TSH-Wert, die als gesund eingestuft wurden, sollten in regelmäßigen Abständen (viertel-/halbjährig) zur Kontrolle die T4- und TSH-Werte bestimmt werden.
- Einige **alte Hunde** haben höhere TSH-Werte, ohne veränderte Hormonwerte. Man nimmt an, dass dadurch eine reduzierte Ansprechbarkeit der TSH-Rezeptoren ausgeglichen wird.
- Der TSH-Wert kann durch eine **NTI** erhöht oder erniedrigt sein. Nach einer Erkrankung oder einer transienten Schilddrüsenunterfunktion kann TSH ansteigen, um Hormondefizite während der Erkrankung oder Behandlung auszugleichen.
- Der TSH-Wert kann durch **Medikamente** verfälscht sein, z. B. kann eine künstliche Erhöhung durch Sulfonamide (sulfonamidinduzierte Schilddrüsenunterfunktion) oder Phenobarbital (s. ▶ Tab. 11.1) vorliegen (s. a. Kap. 2.4.4).
- Beim Hund erfolgt eine **schnelle Gegenregulierung** bei einem TSH-Anstieg, sodass ein normaler TSH-Wert nur geringe Aussagekraft besitzt.
- TSH unterliegt bei gesunden Hunden im Laufe des Tages nur geringen Schwankungen, „hinkt" jedoch dem jeweils wieder abfallenden T4-Wert hinterher. Bei hypothyreoten Hunden erfolgt die **TSH-Sekretion** dagegen nur zeit- und stoßweise.
- Die TSH-Produktion sowie die Reaktion von TSH auf TRH wird durch weitere Hormone und Neurotransmitter (z. B. Somatostatin, Dopamin und Serotonin) beeinflusst [24].

Der TSH-Wert weist daher insgesamt eine niedrige Aussagekraft hinsichtlich der Diagnostik auf (zur Interpretation von Studien s. auch Kap. 4.4).

Als mögliche **Ursachen** eines nicht analytisch festgestellten TSH-Anstiegs bei Hunden mit niedrigen T4-Werten werden diskutiert:

- Es könnte eine Erschöpfung der Hypophyse und somit ein **Versiegen der TSH-Produktion** bei einer fortgeschrittenen Schilddrüsenunterfunktion vorliegen. Versuche zeigten, dass bei einer (jodInduzierten) Schilddrüsenunterfunktion nach mehreren

Monaten eine TSH-Ausschüttung bei niedrigen T4-Werten nicht mehr feststellbar war, jedoch eine Vergrößerung der Hypophyse vorlag. Man nimmt an, dass die permanente Stimulation der Hypophyse zu einer TRH-Rezeptor-Unempfindlichkeit und zu einem teilweisen Verlust der TSH-Sekretion führt.

- Das TSH von Hunden mit Schilddrüsenunterfunktion könnte sich im chemischen Aufbau (**Isomer-Bildung**) so stark von dem normalen TSH unterscheiden, dass eine analytische Erfassung mit monoklonalen Antikörpern (s. Kap. Überblick) nicht mehr möglich ist. Beim Menschen unterscheiden sich die TSH-Isomere hypothyreoter Personen von denen gesunder Personen oder jener mit einer geringgradigen Schilddrüsenunterfunktion.
- Tiere, bei denen ein TSH-Anstieg ausbleibt, könnten unter einer **sekundären Schilddrüsenunterfunktion** leiden. Die Häufigkeit der sekundären Schilddrüsenunterfunktion wäre somit bisher stark unterschätzt worden.
- Die niedrigen T4-Werte resultieren bei den betroffenen Tieren aus einer **NTI.**
- Verfälschung des TSH-Wertes durch **Medikamentengabe**.
- Da das TSH bei erkrankten Hunden **nicht kontinuierlich** ausgeschüttet wird, könnte die Blutabnahme zu einem Zeitpunkt mit niedrigen TSH-Werten (also kurz vor der nächsten Ausschüttung) gefallen sein.
- Der **TSH-Test könnte zu ungenau** sein, wenn die verwendeten Analyse-Substanzen nicht auf Hunde, sondern z. B. Silberfüchse, abgestimmt sind (s. Kap. TSH-Bestimmung).

Der TSH-Wert sollte daher immer nur in Zusammenhang mit anderen spezifischen Blutwerten interpretiert werden. Niedrige T4/fT4-Werte und hoher TSH-Wert sprechen für eine Schilddrüsenunterfunktion. Ein hoher TSH-Wert bei normalem T4-Wert kann auf eine beginnende Schilddrüsenunterfunktion hindeuten, bei der durch erhöhte TSH-Ausschüttung der Hormonwert noch realisiert wird. Liegen dagegen alle Werte deutlich innerhalb der Norm, kann eine Schilddrüsenunterfunktion ausgeschlossen werden. Alle anderen Konstellationen der Werte (z. B. grenzgängige Hormonwerte und normaler TSH-Wert) sind schwierig zu interpretieren.

Praxis 

Bei Verdacht auf eine Schilddrüsenunterfunktion sollte der TSH-Wert auf jeden Fall bestimmt werden, allerdings mindestens zusammen mit Gesamt-T4 und freiem T4.

3.3.4 cT4/cTSH-Quotient (alomed)

Bei endokrinologischen Erkrankungen tendieren die Bluthormonwerte (z. B. T4, fT4) und die Hormonwerte der übergeordneten regulierenden Drüsen (z. B. TSH) häufig in entgegengesetzte Richtungen. Niedrigen T4-Werten wird im Regelkreis mit einer Erhöhung von TSH entgegengewirkt. Durch Berechnung des Verhältnisses zwischen Bluthormonwert und regulierendem Hormon könnte somit eine Diagnose erfolgen.

Das Labor alomed[38] hat den Quotienten aus cT4 und cTSH als neues Diagnosemittel vorgestellt. Bei der Etablierung des Verfahrens wurde mittels des TSH-Stimulationstest zwischen euthyreoten und hypothyreoten Hunden unterschieden. Von 72 als hypothyreot verdächtigen Hunden wurden mittels des TSH-Stimulationstestes 38 als hypothyreot und 34 als gesund eingestuft. Beim Stimulationstest ergaben sich deutliche

Unterschiede im T4-Anstieg bei als gesund eingestuften Hunden und als hypothyreot verdächtigen Hunden. Die Referenzbereiche von cTSH sowie cT4 wurden anschließend anhand von 43 als gesund eingestuften Hunden ermittelt. Für alle Hunde wurde der Quotient aus cT4 und cTSH bestimmt. Die Ergebnisse zeigten eine hohe Sensitivität und Spezifität des Verfahrens.

Daher wird seitens alomed empfohlen, zur Diagnose einer Schilddrüsenunterfunktion zunächst den cTSH-Wert zu bestimmen (1. Linie) und bei erhöhtem cTSH (> 0,59) zusätzlich den cT4-Wert (2. Linie). Bei einem cT4/cTSH-Quotienten von < 11,6 wird von einer Schilddrüsenunterfunktion ausgegangen.

Bei den verwendeten Testkids für T4 und TSH handelt es sich um Immulite-Testsysteme der Firma DPC, diese stellen also keine neuen (besseren) Analyseverfahren dar. Die Neuerungen des Verfahrens ergeben sich lediglich durch die durch alomed festgelegten Referenzwerte und die Quotientenbildung.

Als Kritikpunkte gegen das Verfahren können angeführt werden:

- Die Entwicklung des Verfahrens basiert u. a. auf der Annahme, dass die 34 als gesund eingestuften Hunde richtig eingestuft wurden. Dies ist jedoch anhand des **TSH-Stimulationstestes** nicht eindeutig möglich. Im Gegensatz zu der Annahme in der Untersuchung wird der TSH-Stimulationstest nicht generell als Gold-Standard eingestuft (s. Kap. 3.5.1)
- Die Festlegung von **Referenzbereichen** anhand von nur 43 Hunden ist aufgrund der geringen Anzahl der Hunde kritisch zu sehen.
- Sowohl der **cTSH-Wert** als auch der **cT4-Wert** ermöglichen aufgrund verschiedener analyseunabhängiger Faktoren keine eindeutige Diagnose einer Schilddrüsenunterfunktion (s. Kap. 3.3.1 und Kap. 3.3.3).
- Der breite **Überlappungsbereich** zwischen Hunden mit einer NTI und denen mit einer Schilddrüsenunterfunktion bleibt unberücksichtigt.
- Hunde, die im **ersten Untersuchungsschritt** (TSH-Wert innerhalb der Norm) als gesund eingestuft werden, fallen aus dem Raster weiterer Untersuchungen heraus. Das insbesondere bei Hunden im Anfangsstadium einer Schilddrüsenunterfunktion oder bei länger bestehender Schilddrüsenunterfunktion TSH-Werte ggf. nicht mehr erhöht sind, bleibt unberücksichtigt. Vielmehr wird darauf verwiesen, dass in der Untersuchung von 38 hypothyreoten Hunden 35 erhöhte TSH-Werte aufwiesen.

Der Quotient T4/TSH stellt mathematisch eine Gerade dar (s. ▸ Abb. 3.5). Oberhalb der Geraden ist der cT4/cTSH-Quotient < 11,6 und spricht gemäß der Untersuchung für eine Schilddrüsenunterfunktion. Daraus ergeben sich die folgenden Schlüsse:

- Gemäß der diagnostischen Empfehlung werden alle Hunde mit einem cTSH unterhalb des oberen Referenzbereiches nicht weiter betrachtet (▸ Abb. 3.5: Block I, II und IV). In den Blöcken I und II liegen cT4-Werte unterhalb des Referenzbereiches vor, im Block I ist der cT4/cTSH-Quotient < 11,6.
- Einige Hunde mit einem erhöhten cTSH und einem cT4-Wert unterhalb des Referenzbereiches von cT4 werden in der 2. Linie als euthyreot eingestuft (s. ▸ Abb. 3.5: Block III).
- Hunde mit grenzwertigem cT4, aber einem cTSH unter oder über dem oberen Referenzbereich werden entweder nicht weiter betrachtet (▸ Abb. 3.5: Block IV) oder als euthyreot eingestuft (▸ Abb. 3.5: Block V).
- Die Blöcke VI und VII in der ▸ Abb. 3.5 erfassen Hunde, deren cTSH über dem oberen Referenzbereich liegt und für die ein cT4/cTSH-Quotient von < 11,6 errechnet wurde. Der cT4-Wert dieser Hunde ist „normal" niedrig oder sehr niedrig.

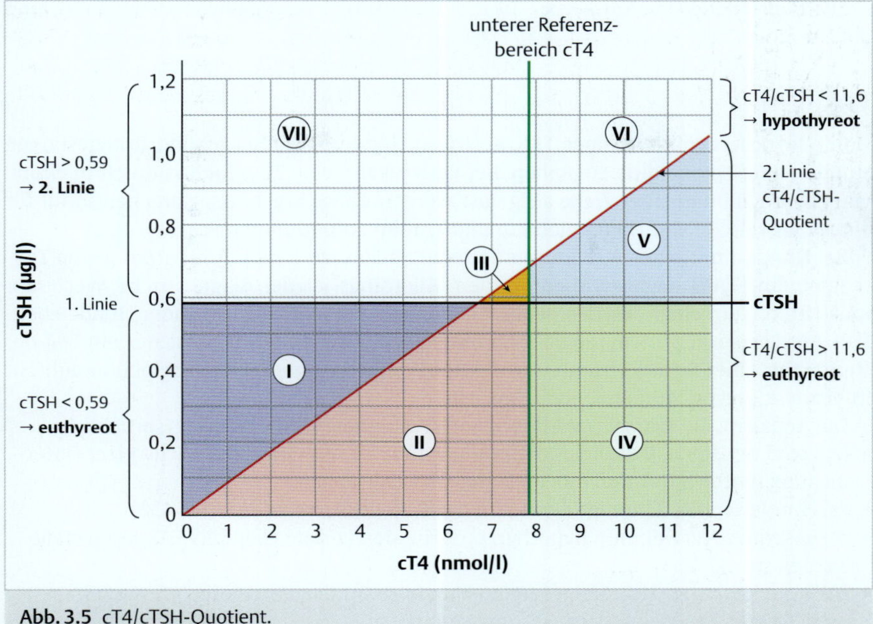

Abb. 3.5 cT4/cTSH-Quotient.

Der T4/TSH-Quotient stuft also viele Hunde als euthyreot ein (▶ Abb. 3.5: Blöcke I–V), bei denen eine detailliertere Betrachtung und Anamnese ggf. eine Schilddrüsenunterfunktion ergeben würde.

3.3.5 Antikörpertests

Hunde können im Rahmen einer autoimmunen Schilddrüsenunterfunktion gegen verschiedene Komponenten des Schilddrüsensystems Autoantikörper entwickeln:

- gegen das „Schilddrüsenprotein" Thyreoglobulin (TAK),
- als Sub-Gruppe von TAK: gegen die Hormone T3 und T4: entsprechende Antikörpertests sind in Deutschland für Hunde nur in wenigen Laboren verfügbar und in der Diagnostik wenig üblich (TH-AK: T3-AK, T4-AK),
- gegen das Schilddrüsenenzym Thyreoperoxidase, (TPO-AK) : dieser Antikörpertest ist in Deutschland für Hunde nicht verfügbar.

Bei dauerhafter Kortisongabe ist eine Antikörper-Bestimmung nicht sinnvoll, da aufgrund der immunsuppressiven Wirkung von Kortisol nicht vom Vorliegen von Autoantikörpern auszugehen ist.

Erhöhte TAK-Werte und/oder TH-AK-Werte sind bei einigen **älteren Hunden** (infolge von Schilddrüsen-Neoplasien) zu finden. Sie können jedoch auch ohne Vorliegen einer Schilddrüsenerkrankung auftreten (sowohl messtechnisch als auch immunologisch bedingt), eine Schilddrüsenentzündung ohne Funktionsstörung anzeigen oder eine autoimmune Schilddrüsenentzündung mit Funktionsstörungen signalisieren. Bei ansonsten unauffälligen Hunden ist eine Prognose nicht möglich. In diesen Fällen sind daher regelmäßige Kontrollen anzuraten.

Zur Beurteilung der Antikörper-Titer s. Kap. Antikörper gegen Thyreoglobulin und die Hormone.

TAK

3

Durch Injektion von Blut eines TAK-positiven Hundes kann bei schilddrüsengesunden Hunden eine Thyreoiditis entstehen. Bei Ratten kann eine Thyreoiditis durch Injektion von Thyreoglobulin einer Ziege ausgelöst werden. Diese Ergebnisse sprechen somit für eine Schüsselrolle von Thyreoglobulin und TAK im autoimmunen Prozess.

Bei Hunden mit einer Autoimmunthyreoiditis können häufig Antikörper gegen Thyreoglobulin (TAK) nachgewiesen werden. Allerdings ist der diagnostische Wert sehr umstritten. Zum einen werden bei einem gewissen Prozentsatz gesunder Hunde ebenfalls Antikörper gegen Thyreoglobulin festgestellt. Zum anderen weist nur ein Teil der Hunde mit einer Schilddrüsenunterfunktion Antikörper gegen Thyreoglobulin auf (zur Interpretation von Studien s. auch Kap. 4.4).

Die Angaben, die sich zum Vorliegen von TAK finden, sind sehr widersprüchlich:

- TAK sind bei 36–59 % der hypothyreoten Hunde zu finden, in einer Schweizer Untersuchung wurde der Anteil hingegen mit 67 % angegeben.
- Bei Hunden mit NTI beträgt der Anteil der TAK-positiven Hunde 16–43 %.
- Bei gesunden Verwandten hypothyreoter Hunden konnte ebenfalls TAK festgestellt werden (rd. 47 %).
- TAK sind bei bis zu 20 % der gesunden Hunde zu finden. Von diesen entwickelten rund 20 % im Laufe eines Jahres Symptome, die auf eine Schilddrüsenunterfunktion hindeuteten. 15 % wiesen keine TAK mehr auf. Bei 65 % der Hunde blieb der TAK positiv oder die Hunde zeigten indifferente Ergebnisse hinsichtlich fT4 und TSH.
- Hunde mit bakteriellen Hauterkrankungen und Alopezien unbekannter Ursache haben eine erhöhte Prävalenz hinsichtlich der Ausbildung von TAK.
- Das Auftreten von TAK ist rassespezifisch unterschiedlich.

Eine deutlich andere Tendenz zeigte sich in einer Untersuchung bei der bei 7 Hunden mit Thyreoglobulin-Antikörper jeweils eine Schilddrüsen-Biopsie durchgeführt wurde. Bei 6 Hunden wiesen die histologischen Befunde auf eine autoimmune Schilddrüsenunterfunktion hin.

In einer Untersuchung [46] korrelierten bei hypothyreoten Hunden sehr hohe TAK-Titer mit niedrigen T4-Werten und weniger hohe TAK-Werte mit niedrigen fT4-Werten.

Nach den Untersuchungen von von Thun [57] korrelieren vorhandene TAK signifikant mit einem hohen TSH-Wert.

Für die widersprüchlichen Ergebnisse hinsichtlich der TAK in Bezug auf eine Schilddrüsenunterfunktion gibt es 2 Erklärungsmöglichkeiten, die ggf. beide ihre Richtigkeit haben:

- Nur circa die Hälfte der Schilddrüsenunterfunktionen bei Hunden hat ihre Ursache in einer Autoimmunkrankheit. Die übrigen Schilddrüsenunterfunktionen haben eine andere Ursache.
- Bei den hypothyreoten Hunden ohne Antikörper handelt es sich um Hunde, die sich im Endstadium einer Autoimmunthyreoiditis befinden. Antikörper werden zu diesem Zeitpunkt nicht mehr gebildet, da die Schilddrüse und das Thyreoglobulin schon weitestgehend zerstört sind (s. Kap. Autoimmunthyreoiditis (lymphozytäre Thyreoiditis), ▶ Abb. 2.2).

In der Tat ist der Antikörpertiter bei Hunden, die noch keine klinischen Symptome zeigen, am höchsten. Mit zunehmender Zerstörung der Schilddrüse, also im Verlauf der Krankheit, sinkt der Antikörpertiter ab. Daher werden TAK häufiger bei jungen als bei alten Hunden festgestellt, die maximalen TAK-Titer finden sich bei Hunden im Alter von 2–4 Jahren.

Antikörper sind nicht mehr nachweisbar, wenn eine Hormonsubstitution bereits längere Zeit in richtiger Dosierung stattfindet. Die Schilddrüse produziert dann keine Hormone mehr (ist nicht aktiv) und „provoziert" keine Antikörper. Allerdings können gem. Dodds [9] bei einer Unterdosierung wieder Antikörper auftreten.

Da TAK auch bei gesunden Hunden sowie bei Hunden mit NTI positiv sein können, lässt sich aus dem Vorliegen von TAK alleine kein Substitutionsbedarf begründen. Klinisch gesunde Hunde mit positiven TAK sollten jedoch regelmäßig auf das Vorliegen einer Schilddrüsenunterfunktion (komplettes Schilddrüsenprofil mit TAK) untersucht werden.

Ein **erhöhter Antikörper-Spiegel** kann also, muss aber nicht, auf eine autoimmune Schilddrüsenunterfunktion hindeuten und kann bei entsprechend weiteren Anzeichen die Diagnose einer Schilddrüsenunterfunktion unterstützen. Ein **niedriger Antikörper-Spiegel** schließt eine Schilddrüsenunterfunktion nicht aus.

Antikörper gegen Thyreoglobulin sollten analysiert werden bei Hunden,

- mit denen gezüchtet werden soll,
- bei denen eine familiäre Disposition besteht (z. B. wenn bei Wurfgeschwistern eine Autoimmunthyreoiditis festgestellt wurde),
- die zu einer disponierten Rasse gehören, s. Kap. Autoimmunthyreoiditis (S. 61),
- bei denen ein Verdacht auf eine Autoimmunthyreoiditis besteht, um eventuelle mögliche Frühformen einer Erkrankung zu erkennen,
- die trotz hypothyreoter Anzeichen Schilddrüsenhormonwerte im unteren Normalbereich aufweisen. Bei einer Schilddrüsenunterfunktion können im sehr frühen Stadium die Hormonwerte noch scheinbar im normalen Bereich liegen. Das Vorliegen von TAK kann ein Hinweis auf eine sich entwickelnde Schilddrüsenunterfunktion sein.

Hinsichtlich des Einflusses von **Impfungen** auf TAK nahm man zunächst an, dass Impfungen die Autoantikörper erhöhen oder ggf. sogar mitursächlich für die Entstehung einer Schilddrüsenunterfunktion sind. Inzwischen nimmt man jedoch an, dass die aufgrund der Impfung erhöhten IgG (γ-Globulin) bei früheren Testsubstanzen zu Kreuzreaktionen geführt haben und die TAK-Werte fälschlich erhöht wurden. Zum Einfluss von Impfungen auf den TAK-Wert siehe auch Kap. 7.2.2, ▸ Tab. 7.3.

Antikörper gegen die Schilddrüsenhormone (TH-AK: T3-AK, T4-AK)

Die Schilddrüsenhormone sind sehr kleine Moleküle (Haptene), die nur in Verbindung mit Proteinen als Antigen wirken können. Im Thyreoglobulin, welches bei einer autoimmunen Schilddrüsenunterfunktion vermehrt aus der Schilddrüse freigesetzt wird, sind T3 und T4 gebunden. Durch diese Proteinbindung können T3 und T4 als Antigen wirken und eine Antikörper-Bildung hervorrufen. Die Antikörper richten sich dabei gegen spezielle Untereinheiten (sub-units) des Thyreoglobulins, welche T3 und T4 enthalten. Das häufigere Auftreten der T3-AK wird damit erklärt, dass der Bereich im Thyreoglobulinmolekül, der das T4 enthält, eine schlechtere Antigenstruktur aufweist.

Dies führt zu einem geringeren Anteil an T4-AK. Die beiden Schilddrüsenhormon-Antikörper können entweder zusammen oder alleine auftreten.

Autoantikörper gegen die Schilddrüsenhormone (TH-AK) kommen relativ selten vor. Wenn sie vorhanden sind, sind in der Regel auch TAK nachweisbar, nur in sehr **seltenen Fällen treten sie ohne TAK** auf. So sind 95 % der Hunde mit T4-AK auch TAK positiv. Das (wenn auch seltene Auftreten) von TH-AK ohne TAK lässt vermuten, dass auch weitere Proteine in der Lage sind, die Hormone als Antigene zu präsentieren.

Die Prävalenz für TH-AK ist bei jüngeren Hunden höher als bei älteren Hunden, s. hierzu auch Phasen der autoimmunen Schilddrüsenunterfunktion (S. 61). Bei Hündinnen und kastrierten Hunden treten (in einigen Untersuchungen) signifikant häufiger TH-AK auf. Ebenso treten bei Hunden mit höherem Körpergewicht (große Rassen) häufiger TH-AK auf. Allerdings ist zu berücksichtigen, dass im Laufe einer Schilddrüsenunterfunktion das Körpergewicht steigen kann und hierdurch die Aussagekraft der Korrelation zwischen Körpergewicht und TH-AK-Vorkommen abgeschwächt wird.

Ebenso wie TAK konnten auch T3-AK und T4-AK bei **euthyreoten Hunden** nachgewiesen werden, allerdings treten bei hypothyreoten Hunden signifikant höhere Antikörper-Werte auf. In ihrer Doktorarbeit stellte Piechotta [43] fest, dass TH-AK signifikant häufiger bei tiefen Hormonwerten und hohem TSH-Wert (unabhängig von der Höhe des T4-Werts) nachweisbar sind (zur Interpretation von Studien s. auch Kap. 4.4).

Die Angaben über die Häufigkeit der Schilddrüsenhormon-Antikörper schwanken erheblich:

- Mahnke [36] gibt an, dass von den **TAK-positiven Hunden** ca. 50 % auch T3-Antikörper und rund 25 % T4-Antikörper aufweisen. Da rund 50 % der hypothreoten Hunde TAK-positiv sind, ergibt sich bezogen auf die Grundgesamtheit der hypothyreoten Hunde, dass rund 25 % T3-AK positiv und rund 12,5 % T4-AK positiv sind.
- Untersuchungen aus den USA geben den Anteil der Hunde mit Hormon-Autoantikörpern bei TAK positiven Hunden mit 10–30 % an. Bei Hunden mit klinischen Symptomen traten bei 6,3 % TH-AK auf (4,64 % nur T3-AK, 0,63 nur T4-AK, 1,03 % T3- und T4-AK).
- Piechotta [43] hingegen stellt in ihrer Doktorarbeit fest, dass Schilddrüsenhormon-AK sehr selten vorkommen. Bei hypothyreoten Hunden wurden lediglich bei 9,4 % T3-AK und bei 2,7 % T4-AK nachgewiesen. Bei Hunden mit einem klinischen Verdacht auf Schilddrüsenunterfunktion wurden bei 3,8 % T3-AK und bei 0,8 % T4-AK festgestellt. Das Auftreten der TH-AK im Bezug zu TAK wurde jedoch nicht untersucht.
- Die Unterschiede im Anteil der TH-AK in den amerikanischen Untersuchungen und der Untersuchung zu Piechotta lässt sich evtl. durch unterschiedliche Prävalenzen der autoimmunen Schilddrüsenunterfunktion erklären. Der Genpool der Rassehunde in Amerika wird als kleiner eingestuft, als der in Europa. Somit können sich Krankheiten mit einem genetischen Einflussfaktor in Amerika eher in der Hundepopulation durchsetzen, als in Europa (s. auch Kap. 4.3.1).

Im Verlauf der Substitution nehmen, ebenso wie die TAK-Titer, auch die TH-AK-Titer ab.

Aufgrund des sehr geringen Auftretens der TH-AK stuft Piechotta [43] den diagnostischen Nutzen der Hormon-Autoantikörperbestimmung als eher gering ein, weist jedoch darauf hin, dass die TH-AK- sowie die TAK-Bestimmung, insbesondere in Grenzfällen hilfreich für die Diagnose sein können.

TH-AK können zwar (ebenso wie TAK) auf einen pathologischen Prozess in der Schilddrüse hindeuten, geben jedoch keine Auskunft über den Verlauf der Entzündung, die Schwere der Erkrankung oder den Grad der Zerstörung der Schilddrüse. Radosta

[48] verweist daher darauf, dass ein erhöhter T4-AK-Wert zwar auf eine zugrundeliegende Schilddrüsenunterfunktion hindeuten kann, aber dass selbst hohe T4-AK-Titer eine Substitution nicht begründen (s. a. Kap. Behandlung und Medikation und Kap. Antikörper gegen Thyreoglobulin und die Hormone, persönliche Mitteilung Fr. Wergowski). Die Beurteilung im Hinblick auf eine autoimmune Schilddrüsenerkrankung kann daher nur unter Berücksichtigung weiterer Faktoren erfolgen.

Auch wenn die Schilddrüsenhormon-Autoantikörper in der Diagnostik nur von untergeordneter Bedeutung sind, können sie eine wichtige Rolle bei der Beurteilung der Schilddrüsenhormonwerte spielen. Bei den Analyseverfahren RIA und CLIA sind Kreuzreaktionen mit T4-AK bzw. T3-AK und daraus resultierende **falsch hohe oder falsch niedrige Analyseergebnisse** der entsprechenden Hormone (gebunden oder ungebunden) bekannt (s. Kap. Analyse der Schilddrüsenhormone). Allerdings wurde in einer Untersuchung von 1000 T4-AK-positiven Proben lediglich bei 17 Proben ein falsch hoher T4-Wert festgestellt (also bei 1,7 %), falsch hohe T3-Werte ergaben sich bei 5,7 % der T3-AK-positiven Proben. Bei anderen Untersuchungen lag der Anteil der festgestellten Kreuzreaktionen noch niedriger.

Bei einigen Rassen sind Antikörper gegen die Schilddrüsenhormone häufiger zu finden als bei anderen Rassen, wobei das Auftreten von T3-AK, T4-AK oder T3- und T4-AK ebenfalls rassespezifisch variiert. Zu den betroffenen Rassen zählen z. B.:

- Boxer (*),
- Deutsch Drahthaar,
- English Pointer,
- English Setter,
- Golden Retriever (*),
- Kuvasz (häufiger T3-AK, weniger T4-AK, selten/nie beide),
- Labrador Retriever (*),
- Malteser,
- Mischlinge,
- Pointer,
- Petit Basset Griffon Vendeen,
- Skye Terrier,
- Teckel (*),
- Old English Sheepdog (Bobtail),
- Yorkshire Terrier.

Die Rassen mit einer bekannten genetischen Disposition zur autoimmunen Schilddrüsenunterfunktion sind mit (*) gekennzeichnet.

(Zur Problematik des überregionalen Vergleiches von Rassedispositionen s. Kap. 4.3.1).

TPO-AK

TPO (Thyreoperoxidase) ist ein zentrales Enzym zur Bildung der Schilddrüsenhormone (s. Kap. 1.2.3). Beim Menschen spielen TPO-AK bei der Entstehung und Diagnostik der Hashimoto-Thyreoiditis eine wesentliche Rolle. Bei hypothyreoten Hunden konnten ebenfalls TPO-AK festgestellt werden, allerdings nur bei rd. 17 % der Hunde, bei denen auch TAK und/oder TH-AK gegen die Hormone nachweisbar sind.

Der Analyse der TPO-AK bei Hunden wird derzeit in Deutschland nur ein geringer diagnostischer Nutzen zugesprochen. Ihre Bedeutung könnte jedoch daran liegen, dass TPO-AK nicht bei Hunden ohne weitere AK und nicht bei schilddrüsen-gesunden Hunden festgestellt werden konnten. Sie könnten daher ein früher Parameter zur Diagnose einer autoimmunen Schilddrüsenunterfunktion und eine Möglichkeit zur Abgrenzung einer NTI darstellen.

3

3.3.6 Cholesterin

Die Bestimmung des Cholesterinwertes wurde früher vielfach als „Schilddrüsentest“ herangezogen. In der Tat ist bei einer Schilddrüsenunterfunktion der Cholesterinwert häufig erhöht. Je nach Studie wird der Anteil der Hunde mit erhöhtem Cholesterin mit rd. 66–100 % angegeben.

Allerdings kann der Cholesterinwert im Anfangsstadium der Schilddrüsenunterfunktion unauffällig sein. Auch kommen zahlreiche andere Faktoren als Ursachen für einen erhöhten Cholesterinwert in Frage, z. B. Störungen anderer Hormondrüsen oder Hypercholesterinämie. Ferner haben auch der Zeitpunkt der letzten Fütterung sowie die Futterzusammensetzung Einfluss auf die Höhe des Cholesterinwertes.

Von Thun [57] stellte in ihrer Doktorarbeit fest, dass die Cholesterinwerte bei (verhaltensauffälligen) Hündinnen höher sind, als bei (verhaltensauffälligen) Rüden. Wahrendorf [58] ermittelte eine (allerdings nicht signifikante) Zunahme der Cholesterinwerte von Zwergrassen zu großen Rassen.

Eine Diagnose, die nur auf der Beurteilung des Cholesterinwertes basiert, kann also insbesondere bei einer beginnenden Schilddrüsenunterfunktion zur falschen Einschätzung führen. Daher ist zumindest noch der klinische Befund heranzuziehen.

Die Bestimmung des Cholesterinwertes erfolgt i. d. R. beim nüchternen Hund.

3.3.7 Der k-Wert

Der k-Wert berechnet sich aus dem Cholesterinwert und dem T4-Wert nach der Formel (von Larsson):

k = 9 x fT4 (ng/dl) – 0,0256 × Serumcholesterin (mg/dl)

oder

k = 0,7 × fT4 (pmol/l) – Cholesterin (mmol/l).

Der k-Wert ist also umso kleiner, je höher der Cholesterinwert und je niedriger der fT4-Wert ist. Kleine k-Werte deuten auf eine Schilddrüsenunterfunktion hin.

Die Beurteilung anhand des k-Werts ist in ▶ Tab. 3.1 dargestellt.

Bei einem grenzwertigen Befund wird die Erstellung eines vollständigen Schilddrüsenprofils (oder dessen Wiederholung) oder ein (TSH-/TRH-)Stimulationstest empfohlen.

Der k-Wert kann aus den gleichen Gründen nicht als alleinige Beurteilungsgrundlage dienen wie der Cholesterin- und der T4-Wert. Es gibt:

- Schilddrüsenunterfunktion ohne Plasmacholesterinerhöhung,
- Erkrankungen mit hohem Cholesterinspiegel, unabhängig von der Schilddrüse,
- Erkrankungen mit niedrigem T4-Wert, unabhängig von der Schilddrüse.

Daher können auch Tiere mit anderen Erkrankungen als einer Schilddrüsenunterfunktion sehr niedrige k-Werte aufweisen und der k-Wert kann bei Tieren mit Schilddrüsenunterfunktion relativ hoch sein.

Tab. 3.1 Beurteilung anhand des k-Werts.

k-Wert	Beurteilung
> 1	gesunde (euthyreote) Schilddrüse
zwischen –4 und + 1	grenzwertiger Befund
< –4	positiver Befund = hypothyreote Schilddrüse

Tab. 3.2 k-Wert bei verschiedenen Hormonausgangslagen.

	große Rasse	kleine Rasse	Windhund
Referenzwerte	**Werte gesunder Hund**		
fT4: 0,6–3,71 (ng/dl)	2,2	3,71	2,2
Cholesterin: 108–300 (mg/dl)	280	180	200
Ergebnis: k-Wert	12,63	28,78	14,68
Werteveränderung	**Werte kranker Hund**		
fT4 (ng/dl): Abfall auf 25 %	0,55	0,93	0,55
Cholesterin (mg/dl): Anstieg um 40 %	392	252	280
Ergebnis: k-Wert	–5,1	1,9	–2,2
Interpretation	hypothyreot	euthyrot	grenzwertig

Unter Berücksichtigung, dass kleine Hunde im Vergleich zu großen Hunden höhere fT4-Werte (s. Kap. 4.3.8) und niedrigere Cholesterinwerte haben, ergibt sich für kleine Hunde bei relativ gleichen Werteänderungen ein höherer k-Wert als für große Hunde. Die Berechnung liefert für große Hunde also eher einen negativen k-Wert als für kleine Hunde. Insbesondere bei kleinen Hunden kann daher der k-Wert noch im euthyreoten Bereich liegen, obwohl eine Schilddrüsenunterfunktion vorliegt.

In ► Tab. 3.2 ist zur Verdeutlichung ein Beispiel mit fiktiven Werten dargestellt.

Praxis 

Die Diagnose allein anhand des k-Werts kann zu irreführenden bzw. unzuverlässigen Ergebnissen führen und ist inzwischen überholt.

3.4 Therapieversuch/diagnostischer Test

Eine eindeutige Diagnose einer Schilddrüsenunterfunktion anhand der Blutwerte kann schwierig sein. Häufig wird die zusätzliche Durchführung eines TSH-Stimulationstests empfohlen; dieser reagiert jedoch erst, wenn die Schilddrüsenunterfunktion schon weit fortgeschritten ist (s. Kap. 3.5.1). Häufig ist man daher ausschließlich auf die Interpretation der Schilddrüsenhormonwerte in Verbindung mit dem TSH-Wert und den anderen Blutwerten angewiesen. Allerdings ist dann eine zweifelsfreie Diagnose nicht immer möglich. Kann eine andere Grunderkrankung sicher ausgeschlossen werden, so kann ein Therapieversuch mit Schilddrüsenhormonen durchgeführt werden. Dabei ist mittels Blutuntersuchungen sicherzustellen, dass die gewünschten Hormonspiegel auch tatsächlich erreicht werden.

Hintergrundwissen 

Substitution bei gesunden Hunden

Bei Versuchen mit euthyreoten Hunden wurde festgestellt, dass diese während der Substitution (in üblicher Dosishöhe) keine Anzeichen einer Überfunktion/Überdosierung zeigten. Nach Absetzen der Thyroxingaben lagen die Schilddrüsenwerte (T4, fT4) im Normalbereich, lediglich TSH war erhöht. Die T3-Werte wurden durch Substitution nicht beeinflusst. Auch bei einer 6-monatigen Substitution euthyreoter Hunde in unterschiedlichen Dosishöhen (44–220 µg/kg) wurden keine gravierenden Überdosierungsanzeichen festge-

stellt. Anzeichen von Thyreotoxikose traten sporadisch auf, waren unabhängig von der Dosishöhe und wurden als nicht klinisch relevant eingestuft. Das relative Gewicht der Schilddrüse nahm ab, das relative Gewicht der Hypophyse nahm bei hohen Dosen ab. Das relative Gewicht der Nieren nahm hingegen bei allen Dosen zu. Blutwerte (wie ALT, Phosphor, Glukose, Cholesterin) veränderten sich. Bei moderater Dosis (22 µg/kg) lagen der T4 und der fT4-Wert noch innerhalb des Referenzbereiches. Bei einer Dosis von 132 µg/kg und mehr stiegen die T4- und fT4-Werte zunächst steil an, fielen nach einigen Wochen jedoch wieder ab und verblieben in einem Bereich oberhalb des Referenzbereiches. Der Anstieg der Hormonwerte war zwar positiv mit der Dosis korreliert, jedoch nicht linear mit der Dosis. Dies lässt sich vermutlich durch einen gesteigerten Abbau der Hormone in der Leber und erhöhte Ausscheidung der Abbauprodukte erklären (s. Kap. 1.2.5 und Kap. 5.3.1). Ob die festgestellten Veränderungen reversibel sind, konnte in der Studie nicht festgestellt werden, da die Versuchstiere zur Feststellung der Organgewichte getötet wurden. Insgesamt kommt die Studie zum Schluss, dass die Behandlung gesunder Hunde mit Thyroxin zu keinen bedeutenden Schäden führt.
Bei der Substitution wird jedoch die TSH-Sekretion unterdrückt und somit der Jodstoffwechsel der Schilddrüse unterbrochen. Bei entsprechend hohen Dosen wird die Schilddrüse völlig inaktiv und die Zellen können atrophisch werden. Die Follikel verarmen an Jod, die Ansprechbarkeit der TSH-Rezeptoren vermindert sich.

Absetzen von Thyroxin

Selbst bei jahrelanger Substitution erholt sich nach Absetzen (Ausschleichen) der Substitution beim Menschen die Schilddrüse jedoch nach rd. 2–4 Monaten und die Ansprechbarkeit der TSH-Rezeptoren nimmt wieder zu. Man geht davon aus, dass die Erholungsphase der Hypothalamus-Hypophysen-Schilddrüsen-Achse (s. Kap. 1.4.2) bei Hunden aufgrund des regeren Schilddrüsenstoffwechsels kürzer als beim Menschen ist. Der TSH-Wert ist während der Erholungsphase teilweise sehr hoch (im Bereich von hypothyreoten Hunden).
Die Dauer der Erholungsphase scheint jedoch von verschiedenen Faktoren abhängig zu sein, wie z. B. Anzahl der Dosen pro Tag (bei zweimaliger Thyroxingabe vermutlich längere Erholungsphase) und Höhe und Dauer der Substitution (TSH-Werte verbleiben länger im höheren Bereich). Durch die erhöhte TSH-Konzentration wird die Schilddrüse wieder angeregt und in einen normalen Funktionsbereich gebracht.
Die T4 und fT4-Werte liegen nach Absetzen der Substitution (bei schilddrüsengesunden Hunden) innerhalb der Referenzwerte, bei Stimulationstests können die Hormonwerte jedoch geraume Zeit (mind. 6–8 Wochen, abhängig von Dosis und Dauer) nach der Substitution evtl. nicht entsprechend reagieren (s. auch Kap. 3.5.1 sowie Kap. Nahrungsmittel mit hohem Jod- oder Hormongehalt).
Eine Substitution bzw. deren Absetzen hat auf die T3-Werte bei schilddrüsengesunden Hunden keinen Einfluss.
Der Jodverarmung in der Schilddrüse kann nach der Substitution durch ausreichende Jodzufuhr begegnet werden. Nach längerer Substitution sollte die Thyroxingabe ausgeschlichen und nicht spontan abgesetzt werden.
Beim Menschen wurde in einigen Fällen die Entstehung einer echten Hyperthyreose bei Gabe von Thyreoidea sicca festgestellt. Man nimmt an, dass bei der Dejodierung der enthaltenen Hormonvorläufer (MIT, DIT) eine entsprechend disponierte Schilddrüse zu stark aktiviert werden kann. Ob dies beim Hund ebenso zutrifft ist unbekannt.

Bei erkrankten Hunden zeigen sich im Verhalten unter einer Thyroxin-Substitution Besserungen. Dies sollte möglichst anhand eindeutiger objektiver Kriterien und/oder neutraler Personen überprüft werden, um einen Placeboeffekt beim Hundehalter auszuschließen (s. Kap. 6.2.3). Eine Besserung bei unspezifischen Symptomen – z. B. Abheilen einer bisher therapieresistenten Erkrankung – bietet eine objektive Beurteilungsgrundlage. Treten keine Symptomverbesserungen auf, ist das Vorliegen einer Schilddrüsenerkrankung unwahrscheinlich.

Besteht der Verdacht, dass die (Verhaltens-)Änderungen auch durch einen anderen kurzzeitig aufgetretenen Faktor bewirkt sein könnten, kann innerhalb des Therapieversuchs nochmals runter und hoch dosiert werden. Ein mehrmaliges Wiederholen dieses Verfahrens bietet sich auch bei sehr unklaren Verhaltensänderungen an.

Die durch den Therapieversuch ermittelten Befunde sind jedoch ähnlich wie die anderen Parameter nicht eindeutig:

- Lethargie, Übergewicht und Alopezie (Haarausfall) können sich durch die Hormongabe mehr oder weniger verbessern, unabhängig von den tatsächlich zugrundeliegenden Ursachen der klinischen Symptome.
- Thyroxingaben können das Haarwachstum auch bei Hunden ohne Haarprobleme und Schilddrüsenunterfunktion fördern.
- Bezogen auf Verhaltensprobleme ist die Beurteilung des Behandlungserfolgs meist schwierig und subjektiv.
- Gelegentlich tritt ein gewisser Placeboeffekt beim Hundehalter auf. Die positive Erwartungshaltung des Halters führt zu einer tatsächlichen oder vermeintlichen Besserung nach Therapiebeginn: „Endlich wird uns geholfen!“. Entsprechend treten dann erwartungsgemäß Verschlechterungen nach Absetzen der Tabletten auf: „O Gott – nun geht das wieder los!“ (s. Kap. 6.2.3).
- Aufgrund der Wechselwirkung der Schilddrüsenhormone mit anderen Hormonen und Neurotransmittern ist durch eine Substitution ggf. auch bei einem euthyreoten Hund eine (zeitweise) Verhaltensbesserung feststellbar. In diesen Fällen ist kein Rückschluss auf eine gestörte Schilddrüsenfunktion oder auf die erforderliche Dauer einer Substitution möglich. Das Erfordernis der Substitution begründet sich hier lediglich aus der (meist subjektiven) Einschätzung der Verhaltensänderung in Verbindung mit der Schwere der zuvor gezeigten Verhaltensprobleme.

Festgestellte Verbesserungen können daher auf eine Schilddrüsenunterfunktion hindeuten oder auf andere Ursachen. Daher wird nach einer gewissen Zeit (frühestens nach 6–8 Wochen nach Erreichen der optimalen Dosis) die Substitution beendet/unterbrochen. Nach Absetzen der Tabletten braucht der Regelkreis Hypothalamus-Hypophyse-Schilddrüse mindestens 4 Wochen, um sich wieder einzuregulieren. Wurde der Therapieversuch längere Zeit, z. B. über 2–3 Monate, durchgeführt, ist die Dosis langsam zu reduzieren (s. Kap. 9.3.4). Treten die Verhaltensänderungen und die unspezifischen Symptome dann wieder auf, ist anzunehmen, dass diese von Erkrankungen der Schilddrüse herrühren.

In der Praxis wird das Absetzen der Substitution als „Gegenbeweis“ jedoch häufig nicht durchgeführt, da mit Verschwinden der Symptome die Diagnose Schilddrüsenunterfunktion als gesichert angesehen wird. Zudem weigern sich viele Hundehalter die Substitution zu unterbrechen, da sie befürchten, dass der durch Substitution (tatsächlich oder empfundene) relativ verhaltensnormale Hund wieder verhaltensauffällig wird (s. Kap. 6.1).

Praxis 

Vor Beginn eines Therapieversuches muss sichergestellt sein, dass keine NTI vorliegt. Daher sollte kein Hund ohne fachkundige tierärztliche Untersuchung, medizinischen Voruntersuchungen und anschließend entsprechender tierärztlicher Betreuung mit T4 und/oder T3 behandelt werden.
Das Absetzen der Tabletten muss schleichend erfolgen.

Aufgrund der unsicheren Ergebnisse des Therapieversuches und dem Risiko, bei einer unerkannten NTI zu substituieren, empfiehlt Mahnke [36] bei unklarer Diagnostik zunächst mit einer Verhaltenstherapie zu beginnen sowie die beeinflussenden Faktoren, wie Ernährung, Stress etc. zu überprüfen und ggf. zu ändern. Nach einer gewissen Zeit sollten die Schilddrüsenhormonwerte erneut kontrolliert werden. Ein weiteres Absinken der Hormonwerte deutet dann auf eine Schilddrüsenunterfunktion hin.

Im Gegensatz dazu weist Frau Dr. Bernauer-Münz [3] darauf hin, dass Verhaltensprobleme auch organische Ursachen haben können. Da ein kranker Hund jedoch nicht gezielt lernen kann, müssen vor Beginn einer Verhaltenstherapie evtl. vorhandene organische Ursachen untersucht und entsprechend behandelt werden.

Die Vor- und Nachteile eines Therapieversuches sind daher sorgfältig und im Einzelfall gegeneinander abzuwägen.

3.5 Stimulationstests

Bei Stimulationstests wird die Schilddrüse durch gezielte Verabreichung von Hormonen der höheren Hierarchie-Ebenen (also TSH oder TRH) angeregt. So lässt sich ermitteln, ob noch Reaktionen der Schilddrüse auf die Stimulation erfolgen.

Erhöht sich der Schilddrüsenhormonspiegel merklich, hat die Schilddrüse offensichtlich (noch) ausreichend Kapazitäten, um Hormone zu produzieren. Die Ursache der (zuvor) diagnostizierten niedrigen Schilddrüsenhormonspiegel muss daher theoretisch außerhalb der Schilddrüse liegen, z. B. im Zwischenhirn, der Hirnanhangsdrüse oder in einer anderen Erkrankung.

Diese Tests ermöglichen also die Bestimmung des Schilddrüsenpotenzials. Allerdings können sie gerade bei Beginn einer Schilddrüsenunterfunktion falsche Ergebnisse liefern. Ferner können die Ergebnisse auch durch Medikamente und/oder systemische Erkrankungen beeinflusst werden. Insbesondere Thyroxingaben können bis zu 8 Wochen nach beendeter Substitution noch Einfluss auf die Testergebnisse haben.

Praxis 

Um die Ergebnisse nicht zu verfälschen, sollten die Hunde vorher mindestens 6 Wochen keinerlei Medikamente erhalten.

3.5.1 TSH-Stimulationstest

Beim TSH-Stimulationstest wird durch extern zugeführtes TSH geprüft, ob die Schilddrüse sich zu einer Hormonproduktion stimulieren lässt. Bei Tieren mit einer gesunden Schilddrüse ist nach 5–6 Stunden ein Anstieg der T3- und T4-Konzentrationen im Plasma feststellbar. Bei Hunden mit primärer Schilddrüsenunterfunktion findet dagegen kein oder nur ein geringer Anstieg der Hormonkonzentration statt.

Ein einheitliches **Verfahren** gibt es für diesen Test nicht. In der Regel wird TSH aber mindestens 2-mal verabreicht. Durch eine 1-malige Gabe von TSH ist eine Differenzierung von primärer und sekundärer Schilddrüsenunterfunktion nicht möglich, da auch bei einer sekundären Schilddrüsenunterfunktion die Schilddrüse nicht auf eine einmalige Gabe von exogenem TSH reagiert.

Die **Verfügbarkeit** des TSH-Stimulationstest ist in Deutschland nicht immer problemlos. Zeitweise war er gar nicht erhältlich, da mit bovinem TSH (bTSH) gearbeitet und dieses aufgrund von BSE nicht mehr verwendet wurde. Inzwischen besteht der Test aus rekombiniertem humanem TSH (rhTSH). Aufgrund der großen Verpackungseinheiten der Testsubstanz, kann er in Tierarztpraxen, die nur gelegentlich TSH-Stimulationstests durchführen, nur für einen überproportional hohen Preis angeboten werden. Daher ist er in der Regel nur in größeren Kliniken mit entsprechend großer Anzahl an durchgeführten Tests verfügbar.

Ein Problem ist, dass es **Unverträglichkeitsreaktionen** gegen körperfremde Eiweiße geben kann. Bei bTSH sind bis zu 50 Fremdproteine in der Charge, u. a. auch Albumin, welches zu anaphylaktischer Reaktion führen kann. Des Weiteren wurden verschiedene Endotoxine festgestellt. Bei rhTSH ist der Anteil von Fremdproteinen und somit von Unverträglichkeitsreaktionen bedeutend geringer.

Die Ergebnisse des Stimulationstests können durch **Medikamentengabe** sowie durch **vorherige Substitution** verfälscht sein (s. Kap. 3.4). Ebenso können verschiedene **Erkrankungen** zu einem mangelnden Anstieg nach der Stimulation führen. In verschiedenen Studien zeigte sich, dass der TSH-Stimulationstest nicht eindeutig zwischen dem Vorliegen einer NTI und einer beginnenden Schilddrüsenunterfunktion differenziert.

Die Aussagefähigkeit und Eindeutigkeit dieses Tests ist daher umstritten.

Reese [49] bezeichnet diesen Test als sehr bewährt und zuverlässig. **Kraft und Dürr** [26] betrachten ihn gar als einzig zuverlässige Überprüfung des Funktionszustands der Schilddrüse.

Nach **Döcke** [7] ermöglicht der TSH-Stimulationstest dagegen die Ermittlung der Schilddrüsenreserve. Er verweist jedoch darauf, dass der Test evtl. nicht für Hunde mit einer Schilddrüsenunterfunktion geeignet ist (Stand 1994).

Christiane **Wergowski** gibt in einer persönlichen Mitteilung 2006 an, dass ein Schilddrüsenstimulationstest bei verhaltensauffälligen Hunden in der Regel nicht erforderlich oder sinnvoll ist. Bei einer beginnenden Schilddrüsenunterfunktion ist meist noch genügend funktionierendes Schilddrüsengewebe vorhanden, um kurzzeitig höhere Hormonkonzentrationen zu erzeugen. Der Stimulationstest zeigt somit eine normale Reaktion an, obwohl die Schilddrüse bereits erkrankt ist.

Bei Vorliegen von klinischen Symptomen kann der TSH-Stimulationstest ggf. zum Ausschluss einer Schilddrüsenunterfunktion herangezogen werden, eine Schilddrüsenunterfunktion jedoch nicht immer sicher bestätigen.

Möglicherweise resultiert der hohe Stellenwert des TSH-Stimulationstestes in der Diagnostik lediglich aus einer Fehleinstufung der getesteten Hunde (s. Kap. 4.4).

3.5.2 TRH-Stimulationstest

Der TRH-Stimulationstest wurde zeitweise als Ersatz für den TSH-Stimulationstest verwendet. Beim TRH-Stimulationstest wird körperfremdes TRH zugeführt und regt die Hypophyse zur Ausschüttung von TSH an.

Gemessen wird im Idealfall sowohl der Anstieg des TSH im Serum (direkte Reaktion) als auch der Anstieg der Schilddrüsenhormone im Plasma (indirekte Reaktion). Ein reduzierter oder ausbleibender Anstieg von TSH deutet auf eine Fehlfunktion der Hypophyse und somit auf eine sekundäre Schilddrüsenunterfunktion hin.

Ein ausbleibender oder reduzierter TSH-Anstieg könnte sich jedoch auch aus einer vermehrten Bildung chemisch geänderten TSHs (Isomere) ergeben, welches durch die in der Messung verwendeten Agenzien nicht erfasst wird (s. Kap. 3.3.3).

Der T4-Anstieg ist deutlich geringer als bei einem TSH-Stimulationstest und daher schwierig zu interpretieren.

Eine überstarke oder verzögerte TSH-Reaktion lässt auf Ausfälle oder Erkrankungen im Bereich des Hypothalamus schließen. Daraus lässt sich ein tertiärer Hypothyreoidismus ableiten, also eine Schilddrüsenunterfunktion aufgrund einer reduzierten TRH-Produktion.

Liman [34] stellt in ihrer Doktorarbeit fest, dass das Verhalten des stimulierten TSH keine Unterscheidung zwischen einer primären und sekundären Schilddrüsenunterfunktion oder zwischen einer Schilddrüsenunterfunktion und einer NTI zulässt. Der T4-Wert alleine liefert im TRH-Stimulationstest keine zuverlässige Aussage über das Vorliegen einer Schilddrüsenunterfunktion. Lediglich der basale TSH-Wert konnte von allen gemessenen Parametern eine Aussage über das Vorliegen einer Schilddrüsenunterfunktion liefern.

Häufige **Nebenwirkungen** beim TRH-Stimulationstest sind Speicheln, Erbrechen, Tachykardie (Herzjagen), Miose (Pupillenverengung), Urin- und Kotabsatz sowie erhöhte Atemfrequenz.

Die Interpretation der Ergebnisse des TRH-Stimulationstests kann schwierig sein.

► **Der TRH-Stimulationstest ist zur Diagnose einer Schilddrüsenunterfunktion unzuverlässiger als der TSH-Stimulationstest.** Der TRH-Stimulationstest greift von einer „höheren" Ebene aus und über Zwischenstadien in das Schilddrüsengeschehen ein. Die zwischengeschaltete Hypophyse sowie andere Einflussfaktoren können die Auswirkung von TRH beeinflussen. Der Einfluss des TRH auf die Schilddrüse ist zwar vorhanden, aber relativ geringer. Die Veränderung der T4-Konzentration ist daher kleiner als beim TSH-Stimulationstest und variiert individuell stärker als nach einer TSH-Gabe.

► **Nicht bei allen Hunden erfolgt eine eindeutige TSH-Erhöhung.** Nach den Angaben des Labors Laupeneck [28] erfolgt nicht bei allen Hunden eine Erhöhung des TSH-Spiegels aufgrund der TRH-Stimulation (s. o.), wohl aber eine Erhöhung des T4-Spiegels.

► **Die hormonelle Ausgangslage ist relevant.** Einige Hunde weisen einen krankhaft erhöhten TSH-Spiegel auf, haben aber einen normalen T4-Spiegel und normale Reaktionen auf die TRH-Stimulation.

Hohe Ausgangsspiegel der Schilddrüsenhormone hemmen die Reaktionen von TSH und der Schilddrüsenhormone auf die TRH-Gabe.

Praxis 

Der TRH-Stimulationstest besitzt nur eine eingeschränkte Aussagekraft bez. der Diagnostik einer Schilddrüsenunterfunktion.

3.6 Bildgebende Verfahren

3.6.1 Szintigrafie

Zur Szintigrafie wird dem Hund eine radioaktive Substanz (Jod oder ^{99m}Tc-Pertechnetat) verabreicht, die in der Schilddrüse angereichert wird. Beim radioaktiven Zerfall der Substanz werden Lichtblitze abgegeben, die von speziellen Geräten aufgefangen und in ein Bild umgesetzt werden können.

Die Szintigrafie ermöglicht es, die Funktionsfähigkeit der Schilddrüse zu beurteilen. Gesundes und somit aktives Schilddrüsengewebe nimmt die radioaktiven Substanzen auf. Je mehr davon in einem Bereich aufgenommen wurde, desto aktiver, also produktiver, ist dieser Bereich. Je mehr radioaktive Substanzen in einem Bereich eingelagert sind, desto mehr Lichtblitze sind messbar.

Mittels der Szintigrafie kann relativ eindeutig zwischen gesunden und hypothyreoten Hunden unterschieden werden. Hunde mit einer beginnenden Schilddrüsenunterfunktion weisen dabei eine höhere Aufnahme der radioaktiven Substanzen auf, als Hunde mit einer bereits weitergehenden Zerstörung der Schilddrüse. Dennoch ist die Aufnahmekapazität deutlich geringer als die bei schilddrüsengesunden Hunden.

Allerdings gibt es auch Untersuchungen, die auf falsche Ergebnisse bei Thyreoiditis (normale oder erhöhte Aufnahme von radioaktivem Jod) oder bei vorheriger Behandlung mit Glukokordikoid oder hoher Jodaufnahme (geringe Aufnahme von radioaktivem Jod bei gesunden Hunden) hinweisen.

Zu den Nachteilen der Szintigrafie zählt, dass aufgrund der verwendeten radioaktiven Substanzen spezielles Equipment und Einrichtungen zur Isolation der Tiere erforderlich sind. Hierdurch ist die Untersuchung meist nur in großen Kliniken und mit entsprechendem Kostenaufwand möglich.

Die Szintigrafie wird daher hauptsächlich bei einer Schilddrüsenüberfunktion eingesetzt und/oder bei Verdacht auf Schilddrüsentumore. Durch die Szintigrafie ist das Ausmaß einer Schilddrüsenvergrößerung erfassbar. Ferner kann (eventuell nach Aktivierung durch TRH oder TSH) auch der Nachweis von Schilddrüsenektopien (Verlagerungen) oder von einigen Tumoren und neugebildeten Knoten möglich sein. Die Knoten werden, je nachdem, wie viel radioaktives Material eingelagert wurde, als kalt (keine Einlagerung), warm oder heiß (starke Einlagerung) eingestuft.

3.6.2 Sonografie

Bei der Sonografie oder Ultraschalluntersuchung macht man es sich zunutze, dass unterschiedliche Gewebetypen den Ultraschall unterschiedlich gut reflektieren, also eine unterschiedliche Echogenität aufweisen. Die Echogenität der Schilddrüse ist geringer als die des umgebenden Bindegewebes, aber stärker als die der umgebenden Muskulatur. Auf Basis von Referenzdaten zur Schilddrüsengröße und -struktur bei gesunden Hunden verschiedener Rassen, können Abweichungen erkannt und morphologische Veränderungen und Neubildungen der Schilddrüse dargestellt werden. Durch Schilddrüsenunterfunktion erkranktes Gewebe ist unter anderem echoärmer und stellt sich im Bild anderes dar.

Aufgrund der unterschiedlichen Rassengrößen streuen diese Referenzdaten jedoch stärker als z. B. im Humanbereich. Die Qualität der Untersuchung ist daher stark von den Erfahrungen und dem Können des untersuchenden Arztes abhängig.

Besonders bei Verdacht auf **Schilddrüsenüberfunktion** liefert die Sonografie wichtige Informationen über Größe, Struktur, Echogenität und Blutversorgung der Schilddrüse.

Bezogen auf das metabolische Körpergewicht der Hunde ist die Schilddrüse hypothyreoter Hunde deutlich kleiner. Im Frühstadium einer **Schilddrüsenunterfunktion** (s. Kap. Autoimmunthyreoiditis (lymphozytäre Thyreoiditis), ▸ Abb. 2.2: Stadium 1) ist jedoch ein eindeutiger sonografischer Nachweis nicht möglich. Besteht eine autoimmune Thyreoiditis dagegen bereits längere Zeit, können durch Ultraschalluntersuchungen typische Veränderungen festgestellt werden. In den Stadien 2 und 3 ist sogar eine Unterscheidung zu einer Atrophie möglich, im Stadium 4 jedoch nicht mehr.

Hintergrundwissen 

Inzwischen wurden Standards entwickelt, aufgrund derer der signifikante Größenunterschied der Schilddrüse bei gesunden Hunden und Hunden mit Schilddrüsenunterfunktion eindeutig feststellbar ist. Es ist zu hoffen, dass die Sonografie daher in Zukunft aufwendige Blutuntersuchungen zur Diagnose einer Schilddrüsenunterfunktion ergänzen oder gar ersetzen kann.

3.6.3 Röntgen

In seltenen Fällen kann im Hinblick auf die Schilddrüsenfunktion eine Röntgenuntersuchung nützlich sein, z. B. um die verzögerte Verknöcherung von Knochenspalten (Ossifikation der Epiphysen) bei einer angeborenen Schilddrüsenunterfunktion zu ermitteln.

Bei einem Verdacht auf Schilddrüsenüberfunktion kann das Röntgen des Brustkorbs bzw. des Halses bei einem Kropf Hinweise auf Schilddrüsentumore und Tumormetastasen geben.

3.7 Schilddrüsenbiopsie

Bei der Biopsie werden Gewebeproben aus der Schilddrüse entnommen und untersucht.

Der derzeit sicherste Test zur Erfassung der primären Schilddrüsenunterfunktion ist die Schilddrüsenbiopsie. Sie liefert Hinweise auf die zugrundeliegende Art der Schilddrüsenveränderungen (maligner Tumor, Adenom, Zyste, Atrophie). Die Gewebestruktur bei einer sekundären Schilddrüsenunterfunktion, das Anfangsstadium einer primären Atrophie oder einer Follikelhyperplasie können jedoch denen einer gesunden Schilddrüse gleichen. Andererseits lassen festgestellte Gewebeveränderungen keinen Rückschluss auf das Ausmaß von Funktionsänderungen zu.

Im Anfangsstadium einer Schilddrüsenunterfunktion besteht die Gefahr, dass bei der Biopsie eventuell nur gesundes Gewebe erfasst wird und sich daher eine falsche Diagnose ergibt.

Die Schilddrüsenbiopsie stellt einen gravierenden invasiven Eingriff dar, ist sehr anspruchsvoll und sollte von einem Spezialisten durchgeführt werden. Zudem besteht die Gefahr der Narbenbildung im Schilddrüsengewebe. Bei den teilweise angebotenen Feinnadelaspirationen wird häufig nicht ausreichend Gewebe gewonnen und das Material ist teilweise mit Blut kontaminiert, sodass eine Beurteilung verhindert wird.

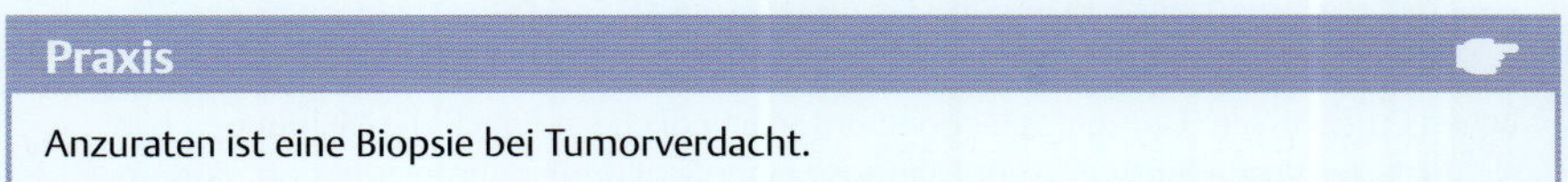

Praxis

Anzuraten ist eine Biopsie bei Tumorverdacht.

4 Hormonwerte und Diagnoseprobleme

Zusammenfassung 

Wie man den bisherigen Erläuterungen zu den Antikörpern, Schilddrüsenhormonen, TSH-Werten sowie zur Subklinischen Schilddrüsenunterfunktion entnehmen kann, gibt es zu den einzelnen Punkten viele wissenschaftliche Untersuchungen mit unterschiedlichen Ergebnissen. Dementsprechend unterschiedlich sind auch die Meinungen hinsichtlich der Vorgehensweise zur Diagnose einer Schilddrüsenunterfunktion. Zudem kann das Blutbild eines Hundes zu verschiedenen Zeiten unterschiedlich ausfallen. Insgesamt können verschiedene Diagnoseschritte und über die Zeit variable Blutwerte daher zu völlig verschiedenen Diagnosen bei ein und demselben Hund führen.
Die Gründe für diese unterschiedlichen Ergebnisse und Beurteilungen resultieren unter anderem aus den folgenden Faktoren:

- Analyseverfahren,
- Referenzwerte,
- Einflüsse auf die Schilddrüsenhormone.

4.1 Laborwerte und Analyseverfahren

4.1.1 Überblick

Mit Ausnahme einiger weniger eindeutiger Fälle basiert die Diagnostik im Allgemeinen zu einem großen Teil auf Wahrscheinlichkeitsrechnung und Statistik.

Um die Aussagefähigkeit einzelner Analyseparameter sowie die Beeinflussung der Analysegenauigkeit durch das Analyseverfahren und durch Störfaktoren (inkl. Autoantikörper) besser verstehen zu können, ist das Verständnis der statistischen Hintergründe, der verwendeten Analysemethoden und der Ermittlung und Bedeutung von Referenzwerten daher hilfreich.

Laborwerte sind wichtige Indizien für die Diagnose. Jedoch können gerade bei endokrinologischen Erkrankungen und bei immunologischen Testverfahren Messergebnisse, werden sie alleine betrachtet, in die Irre führen. Es sollte immer das klinische Bild (egal wie eindeutig es ist), verschiedene Blutparameter und ggf. auch wiederholte Blutanalysen zur Diagnose herangezogen werden. Bei der Interpretation der Ergebnisse spielt nicht zuletzt auch die Erfahrung eine wesentliche Rolle.

Die Aussagekraft der Messergebnisse wird wesentlich durch die Qualität der Messungen beeinflusst. Diese wiederum ist von der Qualitätskontrolle im Labor sowie von verschiedenen Störfaktoren abhängig.

4.1.2 Diagnostische und statistische Beurteilungskriterien

Zur Beurteilung der Aussagefähigkeit von Analysewerten und -verfahren gibt es zahlreiche statistische Kriterien, die die Interpretation eines Wertes, gemessen mit einem bestimmten Verfahren, beschreiben.

Mit den Begriffen Sensitivität und Spezifität wird beschrieben, wie gut Kranke (Sensitivität) bzw. Gesunde (Spezifität) durch die Analysenwerte richtig eingeordnet werden. Eine hohe Sensitivität geht in der Regel mit niedriger Spezifität einher.

Sensitivität (Empfindlichkeit): Anteil der durch den Test richtig eingestuften kranken Patienten. Je höher der Wert der Sensitivität ist, desto sicherer wird die Krankheit durch den Test richtig erfasst.

Spezifität (Selektivität): Anteil der durch den Test richtig eingestuften gesunden Patienten.

Die Spezifität (Gesunde richtig erkannt) ist z. B. bei der cTSH-Bestimmung deutlich höher, als die Sensitivität (Kranke richtig erkannt), da häufiger niedrige TSH-Werte bei erkrankten Hunden anzutreffen sind, als hohe TSH-Werte bei gesunden Hunden.

Für die Berechnung der beiden Werte ist die richtige **Grundgesamtheit** sowie die korrekte Einordnung der zur Berechnung herangezogenen Patienten relevant. Werden die Werte z. B. anhand bereits als krankheitsverdächtig eingestufter Tiere berechnet, ergibt sich ein deutlich höherer Anteil an „positiv" diagnostizierten Tieren (unabhängig davon, ob die Diagnose richtig oder falsch ist). Dadurch kann die berechnete Sensitivität höher ausfallen, als sie in der tierärztlichen Praxis (ohne Vorselektion) tatsächlich ist. Werden gesunde oder kranke Patienten in die falsche Gruppe (krank bzw. gesund) eingestuft, ergeben sich ebenfalls falsche Werte für die Sensitivität und Spezifität.

Praktischer Bezug 

Bei der Bestimmung der Sensitivität und Selektivität des cTSH-Testes wurden im Labor junge Beagle mit Beaglen verglichen, denen die Schilddrüse entfernt worden war. Hierdurch ergaben sich für den cTSH-Test hohe Sensitivität und Spezifität, die jedoch keinen Praxisbezug hatten.

Zur Differenzierung hypothyreoter und euthyreoter Hunde werden sehr unterschiedliche Parameter und Kriterien herangezogen (s. auch Kap. 4.4).

Praktischer Bezug 

Werden z. B. nach einer einmaligen Messung Hunde mit einem positiven TAK, aber TSH- und T4-Werte im Normalbereich als gesund bewertet, können sich andere Ergebnisse für Sensitivität und Selektivität ergeben, als wenn Daten nach wiederholten Messungen in verschiedenen Zeitabständen mit dementsprechend angepasster Einstufung oder andere Verfahren (z. B. TSH-Stimulationstest, Sonografie, Biopsie) als Trennkriterium herangezogen werden.

Sensitivität und Spezifität sind abhängig vom **Messparameter** (bzw. der Bedeutung des Parameters in Bezug zur Krankheit) und können in verschiedenen Messwertbereichen unterschiedlich hoch sein. Die Angaben zu Sensitivität und Spezifität beziehen sich jedoch auf den gesamten Messbereich. Die Angaben zu der Sensitivität und Spezifität können somit eine diagnostische Sicherheit vortäuschen, die nicht in allen Messwertbereichen besteht.

Praktischer Bezug 

So haben T4-Werte, die sehr niedrig sind oder sehr hoch sind eine hohe Aussagekraft bez. der Funktion der Schilddrüse (allerdings können in seltenen Fällen bei der Messung Kreuzreaktionen mit T4-AK auftreten, die die Messwerte analytisch verfälschen).
Im Bereich um den unteren Referenzwert überlappen sich die Werte gesunder und kranker Hunde. Daher hat ein sehr niedriger (bzw. hoher) T4-Wert eine höhere Sensitivität und Spezifität als ein T4-Wert im Bereich des unteren Grenzwertes.

	Analysemethode				
	positiv		negativ		
tatsächlich krank	A	A	B	B	Sensitivität: A/(A+B)
tatsächlich gesund	C	C	D	D	Spezifität: D/(C+D)
	positive Vorhersagewahrscheinlichkeit: A/(A +C)		negative Vorhersagewahrscheinlichkeit: D/(B+D)		Prävalenz: (A+B)/(A+B+C+D)

Abb. 4.1 Zusammenhang Sensitivität, Selektivität, PPW, NPW.

Des Weiteren hat das **Messverfahren** (bzw. Messgenauigkeit, Störfaktoren) Einfluss auf Sensitivität und Spezifität. Teilweise werden daher Sensitivität und Spezifität bezogen auf das spezielle Messverfahren angegeben.

Die **Prävalenz** bezeichnet die Wahrscheinlichkeit der Erkrankung zu einem bestimmten Zeitpunkt in der Grundgesamtheit (also z. B. in Bezug auf alle Hunde in Deutschland).

Setzt man die Prävalenz in Bezug zu Sensitivität und Spezifität erhält man die **prädikativen Werte** (Vorhersagewahrscheinlichkeiten, s. ▶ Abb. 4.1).

PPW = positiv prädiktiver Wert (PPV: positiv predictiv value): Wahrscheinlichkeit, dass bei einem positiven Messergebnis das Tier krank ist.

NPW = negativ prädiktiver Wert (NPV: negativ predectiv value): Wahrscheinlichkeit, dass bei einem negativen Messergebnis das Tier gesund (nicht erkrankt) ist.

Praktischer Bezug 

Geht man für den T4-Test (CLIA, s. ▶ Tab. 4.1: T4) von einer Sensitivität von 89 % und Spezifität von 82 % aus, ergibt sich für die untersuchte Hundegruppe eine Prävalenz von 50 %, der PPW liegt bei rd. 82 %, der NPW bei rd. 80 %. Die Wahrscheinlichkeit, dass ein Hund dieser untersuchten Gruppe bei einem niedrigen T4-Wert eine Schilddrüsenunterfunktion hat, liegt also bei rd. 82 %. Dieser Wert ist jedoch nur realistisch, wenn durch entsprechende Symptomatik die Wahrscheinlichkeit einer Schilddrüsenunterfunktion erhöht wurde (siehe unten, Vortestwahrscheinlichkeit).
Nimmt man die Prävalenz einer autoimmunen Schilddrüsenunterfunktion mit 0,8 % für alle Hunde an (Sensitivität und Spezifität wie vorher), ergibt sich für PPW ein Wert von rd. 3,5 %, für NPW ein Wert von rd. 99,8 %. Die Wahrscheinlichkeit, dass ein Hund mit niedrigem T4-Wert, z. B. bei einem Allgemeincheck und ohne Auffälligkeiten, eine Schilddrüsenunterfunktion hat, liegt also bei 3,5 %. Dagegen ergibt sich aus dem hohen NPW, dass ein Hund mit niedrigem T4-Wert (im Referenzbereich) mit hoher Wahrscheinlichkeit schilddrüsengesund ist. Beim Dobermann ist die Prävalenz für eine Schilddrüsenunterfunktion höher, somit ergeben sich hierfür deutlich höhere Werte für PPW/NPW. Nimmt man eine Prävalenz von 50 % an, errechnen sich die im vorhergehenden Absatz genannten Werte.
Die oben im Beispiel genannten Zahlen sind an Literaturangaben angelehnt.

Die **Vortestwahrscheinlichkeit** beschreibt die Wahrscheinlichkeit des Vorliegens einer bestimmten Erkrankung auf Basis der Beobachtungen und bereits durchgeführten Untersuchungen, ohne dass eine weitere Diagnostik durchgeführt wurde.

Praktischer Bezug 

Ist eine Schilddrüsenunterfunktion durch die Voruntersuchungen (Anamnese) bereits als sehr wahrscheinlich oder sehr unwahrscheinlich eingestuft, können weitere Untersuchungen (Nachtestwahrscheinlichkeit) auch bei hoher Sensitivität und Spezifität des Verfahrens, meist keine weitere Klärung bringen. Erlauben die Vorergebnisse hingegen keine eindeutige Einstufung, sind weitere Untersuchungen anzuraten.

PPW und NPW können anstatt mit der Prävalenz auch mit der Vortestwahrscheinlichkeit berechnet werden. Mit steigender Vortestwahrscheinlichkeit steigt auch PPW, wohingegen NPW sinkt.

Praktischer Bezug 

Wurde z. B. die Wahrscheinlichkeit für eine Schilddrüsenunterfunktion mittels des erhöhten TSH-Wertes auf 60 % festgelegt und wird die Sensitivität und Spezifität für den T4-Test wiederum mit 89 % bzw. 82 % angenommen, ergibt sich für PPW rd. 88 % und für NPW rd. 81 %.

Die Wahrscheinlichkeit, dass sich ein Wert bei einem gesunden Tier in der Norm befindet, beträgt 95 %, die Wahrscheinlichkeit, dass sich der Wert nicht in der Norm befindet 5 % (s. auch Kap. 4.2). Die Wahrscheinlichkeit, dass bei mehreren unabhängigen Analysenparametern (gesunder Hund) alle Werte in der Norm liegen, sinkt mit der Anzahl der bestimmten Werte. Bei einem Schilddrüsenprofil mit 8 Parametern (z. B. im Rahmen eines prophylaktischen Checks) beträgt die Wahrscheinlichkeit für einen euthyreoten Hund rd. 66 % das alle 8 Parameter innerhalb der Referenzbereiche liegen, bzw. 34 %, dass ein Wert nicht im Normbereich liegt.

Analog verhält es sich bei der Wiederholung eines Testes (bei einem gesunden Hund). Die Sensitivität steigt, die Spezifität sinkt.

Qualitätskontrolle

Zur Absicherung von Messergebissen führen Labore teilweise sowohl interne als auch externe Validierungen durch. In Ringversuchen werden die Ergebnisse einer definierten Probe zwischen verschiedenen Laboren verglichen.

In einer Untersuchung wurden die Laborergebnisse für T4 in 3 verschiedenen Laboren verglichen, indem:

- die gleiche Probe, in 3 Labore gesandt wurde,
- die gleiche Probe, an einem Tag mit verschiedenen Kenndaten in das gleiche Labor gesandt wurde (Intraassay-Übereinstimmung),
- die gleiche Probe, an verschiedenen Tagen mit verschiedenen Kenndaten in das gleiche Labor gesandt wurde (Interassay-Übereinstimmung).

Hierzu wurden Blutproben bei hypothyreoseverdächtigen Hunden mit mind. einem klinischen Symptom entnommen. Gleiche Proben stammten jeweils von einem Hund, dessen entnommenes Blut entsprechend aufgeteilt wurde. Um die Labore vergleichen zu können, wurden die Ergebnisse kategorisiert (Werte im oder außerhalb des Referenzbereichs).

Die Auswertung ergab, dass

- lediglich bei 56 % (23 von 41 Proben) eine übereinstimmende Einstufung in eine der Kategorien erfolgte (es wurden also 44 % unterschiedlich beurteilt),
- bei einem Labor eine nur schwache Intraassay-Übereinstimmung vorlag,
- bei einem Labor eine nur schwache Interassay-Übereinstimmung vorlag,
- nur ein Labor eine sehr hohe Intra- und Interassay-Übereinstimmung hatte,
- die Anforderungen der US-Richtlinien für Laborauswertungen (industry's bioanalytical guidelines) hinsichtlich der Variabilität jedoch bei allen 3 Laboren für die Intraassay-Übereinstimmung eingehalten wurden,
- die Anforderungen der US-Richtlinien für Laborauswertungen (industry's bioanalytical guidelines) hinsichtlich der Variabilität für Interassay-Übereinstimmungen nur in einem Labor realisiert wurden.

Daraus folgt, dass die Messergebnisse in verschiedenen Laboren unterschiedlich sein können und zur unterschiedlichen Einstufung in eine der Kategorien führen können. Ferner können die Messergebnisse im gleichen Labor am gleichen oder an verschiedenen Tagen unterschiedlich sein und zur Einstufung in unterschiedliche Kategorien führen. Die unterschiedlichen Messwerte zu einer Probe innerhalb eines Tages sind jedoch im tolerierbaren Bereich.

Von den 3 Laboren wurde von zwei Laboren der T4-Wert mittels CLIA (jeweils: Immulite 2000, Siemens) bestimmt. Ein Labor verwendete EIA. In diesem Labor ergaben sich jeweils die höchste Variabilität in der Intra- und Interassay-Übereinstimmung sowie die größten Abweichungen zu den beiden anderen Laboren (Bland-Altmann-Plot 0,30 bzw. 0,25, zwischen den beiden Laboren mit CLIA: 0,68).

Praxis 

Die Autoren der Studie schlussfolgern daher, dass die Analyseergebnisse immer nur im Zusammenhang mit den vorliegenden Symptomen und weiterer Laborwerte zu interpretieren sind.

Aus den Daten der Untersuchung sind außerdem die folgenden Hinweise zu entnehmen:

- Im Vergleich zwischen den beiden mit CLIA arbeitenden Laboren wurden lediglich 4 Proben in unterschiedliche Kategorien eingestuft.
- Alle Labore geben unterschiedliche Referenzbereiche an, auch die beiden mit CLIA arbeitenden Labore. Die festgestellten T4-Werte im Labor mit dem höchsten Referenzbereich liegen am höchsten.
- Im Laborvergleich wurden insgesamt 6 Hunde mit T4-Werten oberhalb des Referenzbereiches festgestellt:
  - Davon 3 Hunde in allen 3 Laboren. Die Werte dieser Hunde lagen bei CLIA deutlich über dem Referenzbereich.
  - Die restlichen 3 Hunde wurden mittels CLIA identifiziert, davon 1 Hund nur in einem Labor.

Es ist anzunehmen, dass bei anderen Laborparametern im Vergleich ähnlich abweichende Ergebnisse zwischen und/oder innerhalb der Labore festzustellen sind.

Schlussfolgerungen für die Praxis

Die Interpretation von Profilen kann zu Fehldiagnosen verleiten, da die Wahrscheinlichkeit, dass bei einem gesunden Hund Werte außerhalb der Norm liegen, zunimmt.

Bei Vorliegen deutlicher klinischer Symptome (hohe Vortestwahrscheinlichkeit) kann die Diagnose anhand weniger Parameter gestellt werden.

Bei der Beurteilung von Methoden mit niedriger Sensitivität kann unter Berücksichtigung der Vortestwahrscheinlichkeit und der Prävalenz durch ein negatives Ergebnis ggf. trotzdem eine Erkrankung mit hoher Wahrscheinlichkeit ausgeschlossen werden.

Bei Vorliegen unspezifischer Symptome sind mehrere Tests erforderlich. Hier sollte neben Kostenaspekten auch die Aussagefähigkeit und die Auswirkungen eines Testes bedacht werden:

- bei der Diagnose einer Schilddrüsenunterfunktion sind Tests mit hoher Sensitivität (aber geringer Spezifität) vorzuziehen, da eine fälschlicherweise durchgeführte Substitution weniger kritisch ist, als eine fälschlicherweise übersehene Schilddrüsenunterfunktion.
- bei Verdacht auf eine Schilddrüsenüberfunktion (z. B. bei einer Katze) sind dagegen Tests mit hoher Selektivität vorzuziehen, da die Schilddrüsensuppression bei einem gesunden Tier lebensbedrohlich sein kann.

Die Spezifität bei T4 ist niedriger als die Sensitivität. Daher sollten bei niedrigen T4-Werten weitere Tests mit höherer Spezifität herangezogen werden.

Da fT4ED eine niedrigere Sensitivität als T4 aufweist, sollte fT4ED nur als Zusatzparameter für Hunde mit normalem TSH-Wert, aber klinischen Symptomen herangezogen werden.

Aus der Vortestwahrscheinlichkeit kann eine gestaffelte Analytik abgeleitet werden (s. Kap. 4.5.3, ► Abb. 4.11):

- erste Untersuchung (1. Linie): geriatrisches Profil, T4 und TSH (mit ausreichend Blut als Rückstellprobe für weitere Untersuchungen),
- weitere Untersuchungen (2. Linie).

4.1.3 Analyseverfahren

Überblick

Immunoassays sind Analysemethoden, bei denen die Antigen-Antikörper-Reaktion genutzt wird, um das Vorliegen von Antigenen (z. B. Schilddrüsenhormone) oder Antikörpern (z. B. TAK) zu ermitteln. Im Folgenden Überblick wird davon ausgegangen, dass das Vorliegen eines Antigens (z. B. T4) mittels eines entsprechenden Antikörpers (z. B. speziell hergestellte T4-AK) analysiert wird. Bei dem Nachweis von Antikörpern (z. B. TAK) durch Antigene sind die Begrifflichkeiten entsprechend zu tauschen.

Ein wesentliches Qualitätskriterium bei Immunoassays stellt die Spezifität der verwendeten Antikörper dar. Man unterscheidet **monoklonale** Antikörper, die nur auf eine bestimmte Struktur der Antigene ansprechen und **polyklonale** Antikörper, die auf mehrere verschiedene Strukturen von Antigenen (also auch auf „unerwünschte" Antigene/Substanzen) ansprechen.

Bei **kompetitiven Immunoassays** werden markierte Antigene verwendet, die mit dem zu bestimmenden Antigen um die Bindung an Antikörpern konkurrieren. Je mehr Antigene im Blut vorhanden sind, desto weniger der markierten Antigene werden gebunden. Analysiert werden die gebundenen markierten Antigene, sodass das Analyseergebnis umgekehrt proportional zur Menge des zu bestimmenden Antigens ist. Diese Methode wird häufig bei Haptenen, also sehr kleinen Molekülen wie den Schilddrüsenhormonen, verwendet (s. Kap. Analyse der Schilddrüsenhormone).

Bei **nicht kompetitiven Immunoassays** kann das Antigen mit einem Überschuss an Antikörpern reagieren. Je mehr Antigene im Blut vorhanden sind, desto mehr Bindungen an Antikörper liegen vor. Das Analyseergebnis ist proportional des zu bestimmenden (gebundenen) Antikörper-Antigen-Komplexes und zu dem zu bestimmenden Blutbestandteil.

Zur **Trennung** der an Antikörper gebundenen und freien Antigene gibt es im Wesentlichen 2 Methoden. Bei den **Festphasen-Assays** (solid phase) ist der Antikörper an einer festen Oberfläche, z. B. Kunststoffkugeln, gebunden. Die Trennung der antikörpergebundenen und ungebundenen Antigene erfolgt z. B. durch Auswaschen der ungebundenen Antigene. Befindet sich der Antikörper dagegen frei in der Lösung (**Flüssigphasen-Assay**), erfolgt die Trennung durch unspezifische Reagenzien, wie z. B. Aktivkohle oder Ammoniumsulfat.

Je nach den Analysenmethoden unterscheidet man:

► **RIA: Radioimmunoassay.** Hierbei werden Antigene mit radioaktiven Isotopen markiert und konkurrieren mit den zu bestimmenden Antigenen um die Bindung am Antikörper.

Die Messwerte können bei RIA stark schwanken.

Bei Festphasen-RIA können TH-AK im zu messenden Blut (TH-AK-B) dazu führen, dass falsch hohe T3- bzw. T4-Werte gemessen werden: Die markierten Hormone (TH-M) können sowohl an die im Messreagenz vorhandenen AK (TH-AK-M) als auch an die im Blut vorhandenen AK (TH-AK-B) binden. Der TH-AK-M-/TH-AK-B-Komplex wird ausgespült. Der Messwert ergibt sich aus den verbleibenden an die TH-AK-M gebundenen TH-M und ist umgekehrt proportional der im Blut enthaltenen Hormone. Die mit den TH-AK-B „fälschlicherweise" ausgespülten TH-M führen daher zu einer Messwerterhöhung (s. hierzu auch Kap. Antikörper gegen Thyreoglobulin und die Hormone).

Bei Flüssigphasen-RIA können aufgrund nicht spezifischer Trennmethoden (Aktivkohle, Ammoniumsulfat) dagegen in Gegenwart von Autoantikörpern falsch niedrig Werte auftreten.

Da RIA mit radioaktiven Isotopen arbeitet, sind spezielle Anforderungen an den Gesundheitsschutz der Mitarbeiter, die Aufbewahrung und Entsorgung der Substanzen sowie behördliche Auflagen zu berücksichtigen. Daher werden nach Möglichkeit andere Verfahren eingesetzt.

► **Equilibriumsdialyse/modifizierte Equilibriumsdialyse.** Beim ED-RIA/der mED (modifizierte Equilibriumsdialyse) wird zunächst in einem Dialyseschritt das proteingebundene T4 sowie das Serumprotein entfernt, sodass gegebenenfalls vorhandene Autoantikörper oder andere Bindungsproteine das Analyseergebnis nicht verfälschen können. Anschließend erfolgt eine Bestimmung des fT4 mittels RIA (fT4ED).

► **CLA, CLIA: Chemilumineszenzimmunoassay.** Bei CLIA werden durch entsprechend markierte AG und weitere Behandlung chemilumineszierende Moleküle gebildet, also Moleküle, die Licht abgeben, dessen Lichtstärke gemessen wird. Bei ECLIA (Elektro-Chemilumineszenzimmunoassay) wird die Farbreaktion durch elektrochemische Reaktion erzeugt.

► **Beispiel CLIA zur T4-Messung.** Durch Mäuse produzierte monoklonale AK gegen T4 (s. Kap. Analyse der Schilddrüsenhormone) sind an einen Träger (Glaskügelchen) gebunden (Festphase). Enzymgebundenes T4 (markiertes T4) konkurriert mit dem T4 aus dem zugesetzten Blut um die Bindungsstellen an diesen AKs. Nach erfolgter Bindung und Auswaschung des ungebundenen (markierten) T4 s wird die Chemilumineszenz durch Zugabe eines Substrates aktiviert und gemessen. Das Ergebnis ist umgekehrt proportional zum T4-Gehalt im Blut, da bei niedrigen T4-Gehalten mehr markiertes T4 an den AK bindet.

In einer Untersuchung an 13 als hypothyreot eingestuften Hunden mit TAK wurde gezeigt, dass im Vergleich mit ft4ED rd. ⅓ (25–38 %) der TAK-positiven Hunde durch fT4-Bestimmungen mittels CLIA nicht als hypothyreot identifiziert werden konnten. Auf alle hypothyreoten Hunde hochgerechnet ergibt sich (bei Berücksichtigung der Prävalenz von TAK) dass rd. 10–20 % der Hunde nicht als hypothyreot erkannt werden.

Als Ursache der gegenüber fT4ED nach oben abweichenden Hormonwerte wurden Kreuzreaktionen mit Autoantikörpern gegen T4, die Hormonbindung hemmende Substanzen oder heterophile Antikörper (Erklärung s. Kap. 3.3.3) diskutiert. Der Einfluss von T4-AK konnte identifiziert werden, aufgrund der geringen Anzahl T3-AK-positiver Hunde konnte der Einfluss von T3-AK nicht belegt werden.

Hintergrundwissen

Vergleich RIA und CIA

Piechotta [43] stellte in ihrer Doktorarbeit fest, dass – unabhängig vom Vorhandensein von Autoantikörpern – die mittels RIA bestimmten Hormonkonzentrationen höher waren als die mittels CLIA ermittelten. Ähnliche Ergebnisse wurden auch in anderen Untersuchungen festgestellt. Hinsichtlich möglicher Kreuzreaktionen mit Autoantikörpern zeigte sich bei beiden Methoden kein Unterschied.

► **EIA: Enzymimmunoassay.** Bei EIA wird durch enzymatische Umsetzung der entsprechend markierten Antigene ein Farbstoff produziert. Zu den EIA zählt z. B. **ELISA** (Enzyme-Linked Immunosorbent Assay, Festphasen-Methode, nicht kompetitiv). Bei der Sandwichmethode bindet das zu bestimmende Antigen sowohl an den Test-Antikörper als auch an den enzymatischen Marker. Aufgrund dieser doppelten Bindung wird die Gefahr, dass mögliche unerwünschte Bindungen des Antikörpers mit einem ähnlichen Antigen zu Fehlmessungen führen, reduziert. Bei ELISA mit Sandwichmethode wird eine AK-AG-AK-Verbindung analysiert und ist daher nur zur Messung größerer Moleküle geeignet (z. B. Autoantikörper).

ELISA wird aufgrund der allgemein üblichen Verwendung von monoklonalen Antikörpern als weniger anfällig für Kreuzreaktionen mit Autoantikörpern angesehen. ELISA wird derzeit in den Laboren meist zur Bestimmung der Thyreoglobulin-Autoantikörper eingesetzt. Bei der TAK-Bestimmung wird die Bindung des (körpereigenen) AK (TAK) an ein AG für die Messung genutzt.

Tab. 4.1 Verwendete Analyseverfahren.

	Verfahren	Sensitivität (%)	Spezifität (%)
T4	EIA		
	CLIA	89–100	75–82
	ELFA (enzymgebundener Fluoreszenz-Assay)		
fT4 (veterinär)	CLIA	63–87	82–100
fT4ED	RIA	80(–98)	93
T3	CLIA		
fT3	CLIA		
cTSH	CLIA	63–87	82–100
TAK	ELISA		
	CLIA	91–100	91–100
T4-AK	RIA		
T3-AK	RIA		
	EIA		

bewertet: IDEXX, Synlab, Laboklin anhand Leistungsverzeichnis oder Homepage

► **Beispiel: TSH-Bestimmung: ELISA Sandwich (nicht mehr verwendet).** Auf einem Träger sind AK gegen TSH fixiert. Zusätzlich zum Patientenblut (mit TSH) wird eine Substanz (Konjugat mit Anti-TSH-AK und enzymatischem Marker) zugegeben. Das TSH bindet sowohl an die fixierten TSH-AK als auch den Marker. Nach Auswaschen des ungebundenen Markers und Aktivierung des gebundenen Markers ergibt sich ein Farbumschlag, dessen Intensität direkt proportional des TSH-Gehaltes ist.

Die in Deutschland in den großen veterinärmedizinischen Laboren verwendeten Analysemethoden sind der folgenden Tabelle (► Tab. 4.1) zu entnehmen.

Störfaktoren in der Analytik

Verschiedene Störsubstanzen können die Messungen beeinflussen. Die Störsubstanzen können mit dem zu untersuchenden Blutbestandteil (z. B. T4), dem Fänger-AK, mit dem der Blutbestandteil binden soll oder mit dem Detektorantikörper (s. z. B.: ELISA) reagieren. Als Störfaktoren (die nicht immer klar differenziert werden können) werden u. a. beschrieben:

- Störfaktoren zwischen Reagenzien und dem zu untersuchenden Blutbestandteil,
- Kreuzreaktionen (AK bindet auch mit anderen Substanzen), je größer die strukturelle Verwandtschaft zu dem zu messenden AG und der anderen Substanz ist, desto ausgeprägter sind die Kreuzreaktionen.
- Matrixeffekten, Summe aller Effekte aus der Probe, die die Messung beeinflussen, z. B. durch „falsche“ Reaktionen von Blut-AK mit dem Analyse-AK einer anderen Tierart (s. u.), heterophile AK, unspezifische Bindungen, z. B. mit Protein, das in höherer Konzentration als der zu untersuchende Blutbestandteil vorkommt; Störungen durch Medikamente; Zugaben, z. B. Heparin bei Heparin-Plasma (T4, fT4ED, TgAK) kann den fT4-Wert erhöhen.
- Überschreitung der Aufnahmekapazität der Analyse-AK (Hook-Effekt).

Die „falschen" Reaktionen von Blut-AK mit dem Analyse-AK einer anderen Tierart wird im Humanbereich durch den Kontakt mit verschiedenen Haustieren gefördert. Die Reaktionen des Immunsystems können sich dann sowohl gegen eine spezifische Tierart, aber auch artübergreifend darstellen. Es ist davon auszugehen, dass bei Hunden ähnliche Effekte auftreten.

Bereits identifizierte Störfaktoren sind z. B.

- zwischen Thyreoglobulin-Autoantikörpern und IgG,
- zwischen den markierten Antigenen und den Autoantikörpern (z. B. bei T3 und T4 in Bezug auf T3-/T4-AK).

Einige Störfaktoren können im Rahmen der Probenaufbereitung oder der Messdurchführung abgefangen (s. z. B. Equilibriumsdialyse) oder zumindest reduziert werden. Dennoch können Störfaktoren das Messergebnis auch maßgeblich beeinflussen.

Störfaktoren können z. B. reduziert werden durch

- Verwendung hochspezifischer Antikörper,
- Bindung von 2 Test-Antikörpern an verschiedene Stellen des zu analysierenden Antigens (Sandwichmethode – z. B. ELISA).

TSH-Bestimmung

TSH ist ein Peptid-Hormon. Peptid-Hormone weisen bei den verschiedenen Tierarten unterschiedliche Strukturen auf. Hierdurch kann die Bindungsfähigkeit von TSH an AK, die von einer anderen Tierart stammen, beeinträchtigt werden.

Ebenso können verschiedene Isomere von TSH (z. B. induziert durch eine Schilddrüsenunterfunktion, s. Kap. 3.3.3) innerhalb einer Tierart aufgrund unvollkommener Bindung an die Antikörper im Testsystem die Messergebnisse verfälschen.

Der Messbereich des TSH-Tests ist im unteren Bereich nicht sensibel genug, um zwischen normal niedrigen und krankhaft-bedingt sehr niedrigen Werten (wie sie z. B. bei einer sekundären Schilddrüsenunterfunktion, NTIs oder durch Medikamente auftreten) zu unterscheiden.

Analyse der Schilddrüsenhormone

Schilddrüsenhormone sind zu klein, um eine Antikörperreaktion hervorzurufen (Haptene). Zur Produktion der Test-Antikörper werden daher die Schilddrüsenhormone an Träger (z. B. Proteine) gebunden und dieser Komplex Mäusen injiziert. Diese produzieren daraufhin Antikörper, die für die Analytik verwendet werden können. Diese Antikörper binden später auch freie, nicht an Träger gebundene Schilddrüsenhormone. Um die freien Schilddrüsenhormone analysieren zu können, müssen diese zunächst aus ihrer Bindung an die Trägerproteine gelöst werden. Da bei Hunden andere Trägerproteine vorliegen als beim Menschen, besteht die Möglichkeit, dass je nach verwendetem Testset nicht alle gebundenen Schilddrüsenhormone erfasst werden.

Die Analyse der Schilddrüsenwerte kann beeinträchtigt werden durch:

- die verwendeten Analysesubstanzen und -methoden, sodass eine Vergleichbarkeit unterschiedlicher Labore und Verfahren nicht gegeben ist (Kap. Qualitätskontrolle und Kap. 4.2),
- verschiedene Störreaktionen, z. B. mit Metaboliten (Abbauprodukten, wie z. B. rT3, MIT, DIT). Sowohl bei RIA (s. Kap. Überblick) als auch bei CLIA können Störeffekte durch im Blut enthaltene TH-AK auftreten. Bei CLIA fanden sich auch Störeffekte durch T4-AK bei fT4-Messungen,

- nur teilweise Reaktion der zu analysierenden Substanz mit der Analysesubstanz (z. B. mangels vollständiger Freisetzung aus der Proteinbindung, aufgrund nicht idealer Bindungsfähigkeit zur Analysesubstanz, Überschreitung der Bindungskapazität der AK).

Gemäß von Thun [57] und Wahrendorf [58] existieren auf den Hund abgestimmte Testseren lediglich für T4 und TSH, für fT4, T3 und fT3 werden Testseren aus dem Humanbereich verwendet. Die Konzentrationsbereiche der letztgenannten Hormone liegen beim Hund im ähnlichen Konzentrationsbereich wie beim Menschen (s. Kap. 1.3, ► Abb. 1.8).

Hinsichtlich der methodenabhängigen Unterschiede siehe Kap. Überblick.

Antikörper gegen Thyreoglobulin und die Hormone

Die T3-/T4-AK werden mit RIA (Radioimmunoassay) bestimmt, T3-AK teilweise auch mit EIA. Zur TAK-Bestimmung wird ELISA oder CLIA eingesetzt.

Im Humanbereich wird in der Schilddrüsendiagnostik das Vorliegen niedriger AK-Titer (bez. TAK, TH-AK u. a. humanspezifischer Schilddrüsen-AK) ohne veränderte weitere Blutwerte nicht unbedingt als Kriterium für das Vorliegen einer autoimmunen Schilddrüsenunterfunktion gesehen. Dies gilt auch für die im tiermedizinischen Bereich verwendeten AK (TAK, TH-AK). Sowohl das Vorliegen von TAK als auch das Vorliegen von TH-AK lassen daher alleine (ohne weitere den Befund stützende Parameter) keinen Rückschluss auf das Vorliegen einer autoimmunen Schilddrüsenunterfunktion zu, s. Kap. TAK (S. 98) und Kap. Antikörper gegen die Schilddrüsenhormone (S. 99).

Die AK-Messergebnisse können durch verschiedene Störfaktoren beeinflusst werden. So können z. B. heterophile AK (unspezifische Antikörper, die mit Antigenen einer anderen Tierart kreuzreagieren) oder andere unspezifische Bindungen die Ergebnisse falsch erhöhen oder kortisolbindende Proteine die Messwerte reduzieren.

Die AK-Bestimmungen liefern daher fallweise nur mehr oder weniger qualitative Ergebnisse bezüglich des Vorhandenseins von AK. In Einzelfällen können die Störfaktoren so groß sein, dass ein positiver TAK/TH-AK vorgetäuscht wird.

In den USA gibt es die Möglichkeit eines unspezifischen Bindungstests.

Hintergrundwissen

Kurzbeschreibung RIA

Von einem Substrat mit radioaktivem Jod markiertem T3 bzw. T4 wird die Radioaktivität bestimmt (► Abb. 4.2). Diese beträgt 100 % (Anfangswert). Bei Zugabe von Patientenblut, welches AK enthält, binden diese das radioaktiv markierte T3 bzw. T4.

Die in der ausgewaschenen Lösung enthaltenen markierten freien T3- bzw. T4-Moleküle sind um die Moleküle reduziert, die an vorhandene Antikörper (oder andere Substanzen) gebunden haben. Die Radioaktivität der ausgewaschenen Lösung wird bestimmt und ist im Vergleich zur ersten Messung niedriger, z. B. bei 20 % des Anfangswertes. In diesem Fall würde der im Analyseergebnis angegebene Wert 80 % betragen (100–20). Das Analyseergebnis stellt also die prozentuale Differenz der Radioaktivität zwischen dem Anfangs- und dem Endwert dar. Der „ungestörte“ Messwert ist im Beispiel jedoch lediglich 60 %.

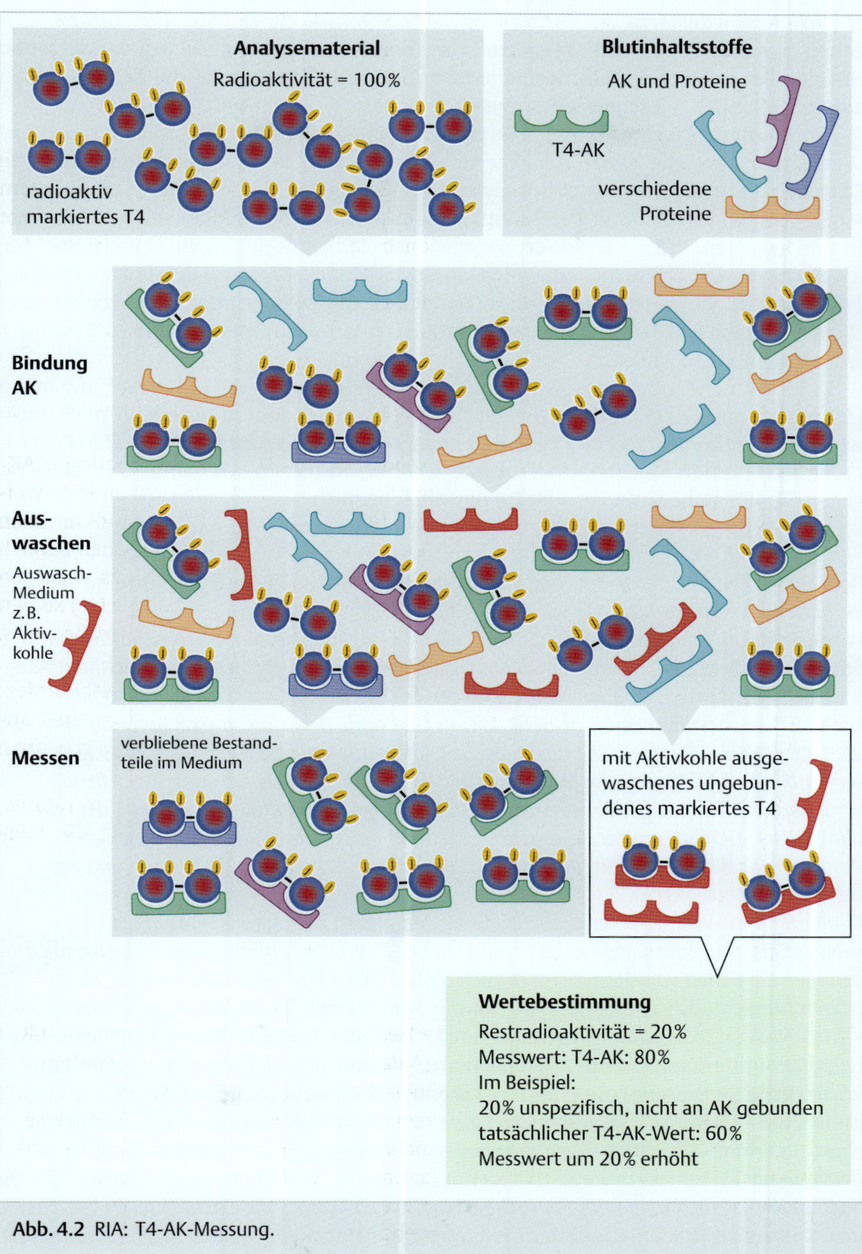

Abb. 4.2 RIA: T4-AK-Messung.

Wichtig ist, dass auch bei Nullproben (keine AK enthalten), bei T3 häufig die Radioaktivität abnimmt, bei T4 nahezu immer – also ein positives Ergebnis aufgezeigt wird. Bei der T3-AK-Bestimmung beträgt die Differenz bei Nullwert-Messungen bis zu 10%, bei T4-AK-Bestimmung bis zu 20%. Man kann daher erst bei Werten von mehr als 10%

(T3-AK) bzw. von mehr als 20 % (T4-AK) sicher vom Vorliegen von Hormon-AK ausgehen (s. ▸ Abb. 4.3). In der Regel sind die TH-AK-Werte bei tatsächlich vorhandenen Hormon-AK deutlich erhöht, wobei jedoch eine Funktionsstörung der Schilddrüse in diesem Fall (noch) nicht vorliegen muss.

Werte unterhalb der genannten Bereiche kann man quasi als „Hintergrundrauschen" bezeichnen bzw. die genannten Werte (< 10 %/ < 20 %) als Nachweisgrenze. Die im Laborbericht in der Spalte „Normalwerte" angegebenen Zahlen < 10 % (T3-AK) bzw. < 20 % (T4-AK) geben somit die Bereiche an, in denen sich die Messwerte euthyreoter Hunde bewegen. Die als Messwert angegebenen Zahlen in der Spalte „Ergebnisse" bedeuten in diesem Fall nicht (unbedingt), dass der Hund „eine geringe Menge" T3- bzw. T4-AK besitzt. Vielmehr erlauben diese Bereiche keine Aussage über das Vorliegen oder Nicht-Vorliegen von TH-AK. Eine autoimmune Schilddrüsenunterfunktion ist deswegen jedoch nicht auszuschließen.

Da TH-AK nahezu immer (95 %) zusammen mit TAK auftreten (TAK aber nur selten zusammen mit TH-AK) sollten die TH-AK-Werte (insbesondere unterhalb der „Nachweisgrenze") immer auch in Zusammenhang mit den Ergebnissen der TAK-Bestimmung interpretiert werden. Liegen keine TAK vor, ist die Wahrscheinlichkeit, dass AK gegen die Hormone vorliegen extrem unwahrscheinlich.

Frau Wergowski fasst die Erfahrungen in ihrer Praxis wie folgt zusammen:

Beobachtungen bez. der Bedeutung von TAK sowie T3- bzw. T4-Antikörpern in meiner Verhaltenstherapiepraxis:
Vorausschicken möchte ich, dass die folgenden Aussagen nicht auf wissenschaftlichen Studien beruhen, sondern auf den Beobachtungen, die ich in meiner verhaltenstherapeutischen Tierarztpraxis in über zwanzig Jahren bei der Behandlung und Beratung von Schilddrüsenpatienten gemacht habe. Da ich eine reine Beratungspraxis betreibe, werden die Laboruntersuchungen und die klinische Diagnostik von den jeweiligen Haustierärzten vorgenommen. In den letzten Jahren hat die Anzahl an Hunden, deren Besitzer bzw. Haustierärzte ich nur per Fernberatung bei der Diagnose und/oder Einstellung der (subklinischen) SDU unterstützt habe, stark zugenommen. Es besteht daher eine große Varianz, was den Umfang an klinischer Diagnostik, untersuchten SD-Werten und verwendetem Labor angeht.
Eindeutig positive TAK-Werte habe ich in all den Jahren nur in relativ wenigen Fällen gehabt. Das mag daran liegen, dass Hunde mit TAK-Werten oberhalb der Labornorm in den meisten Fällen vom Haustierarzt auch ohne meine Hilfe behandelt werden. In den letzten Jahren habe ich aber durchaus häufiger Hunde mit TH-AK im Graubereich (T3-AK < 10 %; T4-AK < 20 %) ohne TAK gehabt, die sich als krank erwiesen haben. Bei allen meinen Patienten **mit entsprechender Symptomatik** *(Verhaltensauffälligkeiten mit oder* **ohne körperliche Symptome**) **ohne andere erkennbare Ursachen und TH-AK-Werten von mehr als 1–2 %** *hat sich spätestens im Laufe eines Jahres herausgestellt, dass tatsächlich eine SDU vorlag. Allerdings liegen nur von einem kleinen Teil der Hunde, die mir zur Beurteilung der SD-Werte vorgestellt werden, überhaupt AK-Werte vor und bei mir landen auch überwiegend Hunde mit deutlichen Symptomen. Aus meiner Sicht sind TH-AK-Titer im Graubereich, d. h. unterhalb der Grenzwerte von 10 bzw. 20 %, für sich allein betrachtet nicht interpretierbar, können aber bei entsprechender Symptomatik und weiteren verdächtigen Werten ein zusätzlicher Hinweis für eine subklinische SDU sein.*

Persönliche Mitteilung Fr. Wergowski, 2018

Praktischer Bezug 

An einer kleinen in Internetforen durchgeführten Umfrage nahmen insgesamt 14 Hundehalter mit substituierten Hunden teil. Bei 2 Teilnehmern lagen keine AK-Werte vor Substitutionsbeginn vor.

Bei 4 Hunden wurden vor der Substitution positive TAK festgestellt. 3 Hunde (davon ein Hund, bei dem vor Substitution keine TAK-Werte ermittelt wurden), hatten auch unter der Substitution noch positive TAK-Werte. Alle 3 Hundehalter gaben an, dass die Hunde zu diesem Zeitpunkt noch nicht optimal eingestellt gewesen seien. Bei 2 Hunden mit zuvor positiven TAK-Werten waren unter der Substitution keine TAK-Werte mehr messbar.

Bei 9 Hunden wurden vor der Substitution TH-AK bestimmt. Alle T3-AK lagen unter 10 % (davon 1 Wert unter der Nachweisgrenze), alle T4-AK-Werte lagen unter 20 %.

Bei 10 Hunden wurden während der Substitution TH-AK bestimmt. Alle T3-AK lagen unter 10 %, alle T4-AK-Werte lagen unter 20 %, bei 2 Hunden lagen jeweils der T4-AK und der T3-AK-Wert unter der Nachweisgrenze.

Die Untersuchungen von Nachreiner [39]

Das Michigan State University Animal Health Diagnostic Laboratory entwickelte einen Test zur Ermittlung von T3- und T4-Autoantikörpern im Blut von Hunden (Schema des Verfahrens s. ► Abb. 4.2).

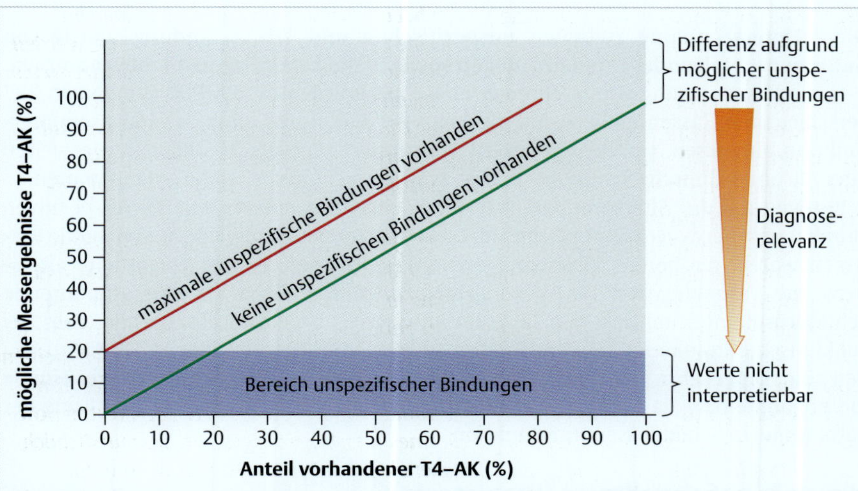

Abb. 4.3 Werteinterpretation T4-AK: Die im Befund angegebenen T4-AK-Werte können entweder, wenn keine unspezifischen Bindungen vorliegen, den tatsächlich vorhandenen AK-Werten entsprechen (untere grüne Gerade) oder sich aus unspezifischen Bindungen und vorliegenden T4-AKs zusammensetzen. Bei maximaler unspezifischer Bindung (20 %) ergibt sich die obere rote Gerade. AK-Wert-Angaben im Befund bei geringerer unspezifischer Bindung liegen zwischen den beiden Geraden. Die Diagnoserelevanz der Messwerte nimmt daher mit steigendem T4-AK-Wert im Befund zu. Analog sind T3-AK-Werte zu interpretieren.

Die Arbeitsgruppe von Nachreiner untersuchte mit diesem Test die TH-AK-Titer von rd. 290 000 Hunden mit klinischen Symptomen einer Schilddrüsenunterfunktion. Auf die Untersuchung wird in zahlreichen nachfolgenden Untersuchungen zu Hormon-Antikörpern verwiesen.

Einige wichtige Punkte der Untersuchungen von Nachreiner et al. (soweit hier noch nicht bereits vorgestellt) sind:

- Im Messverfahren können sowohl spezifische Bindungen an Schilddrüsenhormon-AK als auch unspezifische Bindungen an Serum-Proteine zu positiven Messergebnissen führen (s. oben: bei T4-AK-Messungen fast immer, bei T3-AK-Messungen sehr häufig).
- Anhand von rd. 560 000 Blutproben von klinisch unauffälligen Hunden und von Hunden, bei denen eine Schilddrüsenunterfunktion vermutet wurde, wurde ermittelt, wie hoch der Prozentsatz der unspezifischen Bindungen für die beiden markierten Test-Hormone (T3, T4) ist.
  - Für T3 konnten bei rd. 25 % der Seren keine (bzw. geringe) unspezifische Bindungen festgestellt werden. Bei rd. 15 % der Seren lagen rd. 3 % unspezifische Bindungen vor. Unspezifische Bindungen von mehr als 10 % konnten nahezu nicht mehr festgestellt werden.
  - Für T4 konnten bei rd. 10 % der Seren keine (bzw. geringe) unspezifische Bindungen festgestellt werden. Bei rd. 10 % der Seren lagen rd. 8 % unspezifische Bindungen vor. Unspezifische Bindungen von mehr als 20 % konnten nahezu nicht mehr festgestellt werden.
  - Daher wurden in der Untersuchung lediglich die Hunde als TH-AK positiv eingestuft, deren Messwerte für T3-AK > 10 % und für T4-AK > 20 % waren. Bei Ergebnissen unterhalb dieser Werte wurden unspezifische Bindungen angenommen.

Diese Unterscheidung zwischen unspezifischen und TH-AK-Bindung wurde von Autoren nachfolgender Untersuchungen sowie in die Labordiagnostik übernommen.

In die Untersuchung von Nachreiner et al. [39] wurden rd. 290 000 Hunde von 237 verschiedenen Rassen einbezogen, die klinische Symptome einer Schilddrüsenunterfunktion aufwiesen. Hunde, die bereits substituiert wurden, Medikamente erhielten oder die ohne klinische Symptome waren, wurden nicht in die Studie aufgenommen.

Bezogen auf die Altersgruppen, trat der höchste Prozentsatz von TH-AK-positiven Hunden im Alter von ca. 2–4 Jahren auf. Da in der Untersuchung jedoch nur Hunde vertreten waren, die bereits klinische Symptome aufwiesen, ist die festgestellte altersbezogene Verteilung von TH-AK vorsichtig zu interpretieren. Da eine autoimmune Schilddrüsenunterfunktion sich langsam entwickelt, ist davon auszugehen, dass bei subklinisch erkrankten jüngeren Hunden ähnlich hohe Prozentsätze an TH-AK zu finden sind. Umgekehrt bestätigt der abnehmende Anteil TH-AK-positiver älterer Hunde die Abnahme bzw. das Verschwinden von Antikörpern (TAK und TH-AK) im Laufe der autoimmunen Schilddrüsenunterfunktion.

Hinweis zu Schnelltests (Praxistests)

T4 kann außer im Labor auch mittels Schnelltests in der Praxis analysiert werden, die mit EIA oder ELISA arbeiten. Die Messergebnisse sind hinreichend genau, können jedoch durch T4-AK beeinflusst werden (z. B. niedrigere Werte bei VetScan T4-Cholesterol, EIA, möglich).

Allerdings zeigte sich in einer Untersuchung in einem Laborvergleich, dass mit EIA analysierte Werte starke Schwankungen bei Wiederholungsmessungen aufweisen. Inwiefern diese Schwankungen laborspezifisch oder methodenspezifisch sind, lässt sich anhand der Daten nicht ermitteln. Es empfiehlt sich jedoch, die seitens der Hersteller angebotenen Qualitätskontrollen sowie eigene Qualitätskontrollen durch Wiederholungsmessungen regelmäßig durchzuführen und bei der Probennahme und Aufbereitung der Proben die Herstellerangaben genau zu beachten.

Die Messung nur des T4-Wertes lässt keine eindeutige Aussage zum Vorliegen einer Schilddrüsenunterfunktion zu, der Ausschluss einer Schilddrüsenunterfunktion ist nur im oberen Referenzbereich möglich (sofern die Messung nicht durch Antikörper beeinflusst wurde). Daher sind weitere Blutuntersuchungen erforderlich. Um den Status-Quo richtig beurteilen zu können, muss bei dieser Blutuntersuchung wiederum der T4-Wert bestimmt werden.

Zur Diagnose der Schilddrüsenunterfunktion ist ein Schnelltest daher nicht empfehlenswert. Zur Substitutionskontrolle bei einem weitgehend korrekt eingestellten Hund kann er ggf. herangezogen werden.

4.2 Referenzbereich

Der Referenzbereich eines Messparameters (z. B. T4) ist der Bereich (Konfidenzbereich), in dem die Messwerte von **95 %** der als gesund eingestuften Tiere liegen, 5 % der Messwerte gesunder Tiere liegen außerhalb dieses Bereiches. In der Regel liegt eine Gauß'sche Normalverteilung vor und jeweils 2,5 % der Messwerte liegen unterhalb bzw. oberhalb des Referenzbereiches. Werte oberhalb oder unterhalb des Referenzbereiches werden als Hinweise für eine Erkrankung gewertet. Da jedoch 5 % der getesteten gesunden Tiere Messwerte außerhalb des Referenzbereiches haben, muss ein außerhalb des Referenzbereiches liegender Wert nicht unbedingt auf eine Erkrankung hindeuten.

Die Referenzwerte sind somit zum einen abhängig von den in die Berechnungen insgesamt einbezogenen Tiere (**Grundgesamtheit**) (s. Kap. 4.1.2: Ermittlung Sensitivität und Selektivität bez. cTSH) als auch von der **richtigen Differenzierung** der als „gesund" oder „krank" eingestuften Tiere.

Der vom Labor angegebene Referenzbereich resultiert aus den Messwerten von als gesund eingestuften Hunden aller möglichen Rassen, Ernährungszustände, Alters etc. Die berücksichtigten Werte stammen zudem nur von den Hunden, die in dem betreffenden Labor getestet wurden. Es handelt sich also um einen **laborinternen Referenzbereich**. Dieser ist abhängig davon, welche Hunde als gesund eingestuft und welche Hunde (Alter, Rasse etc.) mehrheitlich getestet wurden. Da die Schilddrüsenwerte häufig bei alten Hunden im Rahmen des geriatrischen Profils oder bei Hunden mit Verdacht auf Schilddrüsenunterfunktion getestet werden, ergeben sich daraus bereits tendenziell falsche Grundgesamtheiten.

Die **Sensitivität** und **Selektivität** stehen in engem Zusammenhang mit dem Referenzbereich (s. ► Abb. 4.4). Je nachdem, ob seitens des Labors eine größere Spezifität oder Sensitivität gewünscht wird, variiert der untere (und obere) Referenzbereich (sowie das Konfidenzniveau).

Bei T4 existiert eine breite **Überschneidung** (ca. 10–20 %) zwischen dem allgemein definierten Normalbereich und dem individuellen „Unterfunktionsbereich". Es sind daher im Einzelfall gravierende Abweichungen des Optimalbereiches vom Normalbereich möglich (s. auch Kap. 4.3.7, ► Abb. 4.9). Werte innerhalb des Referenzbereiches können daher auch pathologische Werte darstellen.

Bei den in Kap. 4.1.2 angegebenen Werten für Sensitivität und Spezifität von 89 % bzw. 82 % ergibt sich ein Wert von 20 % für falsch positiv (► Abb. 4.9 hellgrün) und ein Überlappungsbereich von 38 % (bezogen auf alle beurteilten Tiere = 200 %).

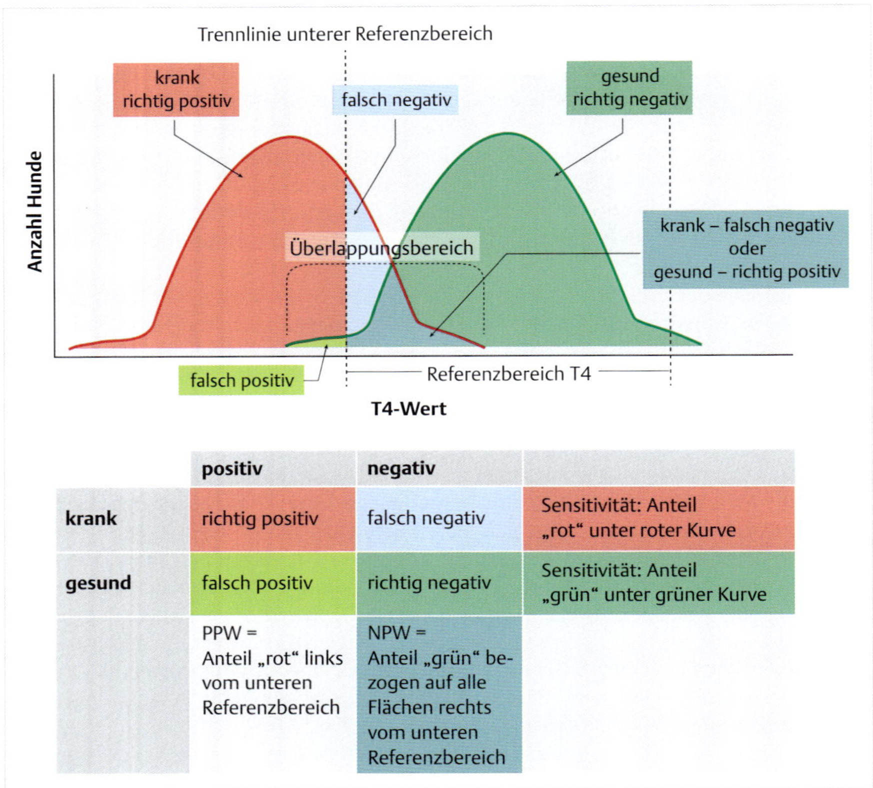

	positiv	**negativ**	
krank	richtig positiv	falsch negativ	Sensitivität: Anteil „rot“ unter roter Kurve
gesund	falsch positiv	richtig negativ	Sensitivität: Anteil „grün“ unter grüner Kurve
	PPW = Anteil „rot“ links vom unteren Referenzbereich	NPW = Anteil „grün“ bezogen auf alle Flächen rechts vom unteren Referenzbereich	

Abb. 4.4 Referenzwerte: Sensitivität und Selektivität.

Teilweise wird argumentiert, dass die Referenzwerte im unteren Bereich vermutlich zu niedrig angesetzt sind (s. z. B. Kap. 3.3.1: Untersuchung von Popiel [46]). In der ▸ Abb. 4.4 würde sich bei einem höheren unteren Referenzbereich die Trennlinie nach rechts verschieben. Der Anteil richtig „krank“ erkannter Tiere (Sensitivität) würde steigen, aber auch der Anteil „falsch krank/positiv“ erkannter Tiere.

Wahrendorf [58] hingegen gelangt in ihrer Doktorarbeit zum Schluss, dass die Referenzwerte zu hoch angesetzt sind (befürwortet jedoch insgesamt differenziertere Referenzwerte, s. Kap. 7.2.4). In ihrer Doktorarbeite untersucht sie die Schilddrüsenhormonkonzentrationen verhaltensunauffälliger Hunde. Als Referenzwerte wurden die Werte vom Labor Laborklin, Bad Kissingen, herangezogen, die Referenzwerte von IDEXX VedMedLabor, Ludwigsburg, liegen im ähnlichen Bereich. Nach den Angaben von Wahrendorf [58] wurden die Referenzwerte seitens des Herstellers des Analysesystems lediglich auf Basis von 46 Hunden ohne klinische Symptome gebildet.

Die in der Doktorarbeit gemessenen Werte der untersuchten gesunden Hunde lagen zu rd. ⅔ im unteren Drittel der angegebenen Referenzbereiche. Von diesen Hunden hatten 2 einen erhöhten TSH-Wert und 5 waren TAK positiv.

Mögliche Erklärungen für die niedrigeren Werte, insbesondere im Vergleich zur Arbeit von von Thun [57] könnten sich aus den unterschiedlichen Rassenschwerpunkten ergeben.

Die Referenzbereiche sind abhängig von der **Analysemethode** (s. Kap. Überblick). Je nach Verfahren und Gerätegenauigkeit können sich Unterschiede in den Referenzwerten ergeben. Die in der Literatur aufgeführten Referenzwerte variieren daher erheblich.

Die mittels RIA bestimmten Hormonwerte sind i. d. R. höher als die mittels CLIA bestimmten Werte (s. Kap. Überblick), sodass der Referenzbereich entsprechend angepasst werden muss.

Praktischer Bezug 

In einer Untersuchung zu veränderten Blutwerten hypothyreoter Hunde wurden die T4-(und T3-) Werte parallel mittels CLIA und RIA bestimmt. In der Arbeit wird festgehalten, dass zwar alle 25 Hunde mittels CLIA als hypothyreot eingestuft werden konnten, jedoch nur 14 Hunde mittels RIA. Da bei 6 Hunden im Vergleich zur CLIA-Messung relativ hohe Werte gemessen wurden, werden bei diesen Messungen Interferenzen mit T4-AK angenommen.

Dies wäre jedoch ein relativ hoher Anteil an Kreuzreaktionen. Allerdings waren bei 5 dieser Hunde – sowie bei 5 weiteren Hunden – auch die T3-Werte im Vergleich zu den CLIA-Werten überproportional hoch (bei einem der Hunde mit rel. hohen T4-Werten bei der RIA-Messung konnte kein T3 durch RIA mangels Serum bestimmt werden). In der Untersuchung wurden jedoch für beide Verfahren die gleichen Referenzbereiche verwendet, sodass sich bereits daraus Fehleinstufungen ergeben.

Zahlreiche Faktoren beeinflussen den optimalen T4-Wert (siehe Kap. 4.3), sodass die Werte individuell und zeitlich stark schwanken können.

Praxis 

In der ▸ Abb. 4.5 stellt die blaue Kurve den Normalbereich dar, die lila und grüne Kurven stellen jeweils den Bereich für eine bestimmte Rasse A oder B dar (analog könnten die Kurven auch für individuelle T4-Kurven stehen, wobei die Maxima der Kurven jeweils das T4-Optimum darstellen).

Bei dem T4-Wert 3 ist ein Hund als gesund einzustufen. Der T4-Wert 2 liegt innerhalb des allgemeinen Referenzbereiches, sodass ein Hund mit diesem Wert als gesund einzustufen wäre. Der Wert liegt jedoch unterhalb des Referenzbereiches der Rasse B. Ein Hund der Rasse B mit diesem T4-Wert ist daher sehr wahrscheinlich hypothyreot und würde auf Basis des allgemeinen Referenzbereichs falsch beurteilt (falsch negativ eingestuftes Tier).

Bezogen auf einen Hund der Rasse A wären jedoch beide Werte (T4–2 und T4–3) ein Hinweis auf eine hyperthyreote Lage. Der T4-Wert 1 würde im Allgemeinen auf eine Schilddrüsenunterfunktion hindeuten, da der Wert unterhalb des allgemeinen Referenzbereiches liegt. Tatsächlich handelt es sich jedoch vermutlich bei einem Hund der Rasse A um einen zwar niedrigen, aber tolerierbaren T4-Wert. Der Hund würde also auf Basis des allgemeinen Referenzbereichs falsch positiv eingestuft.

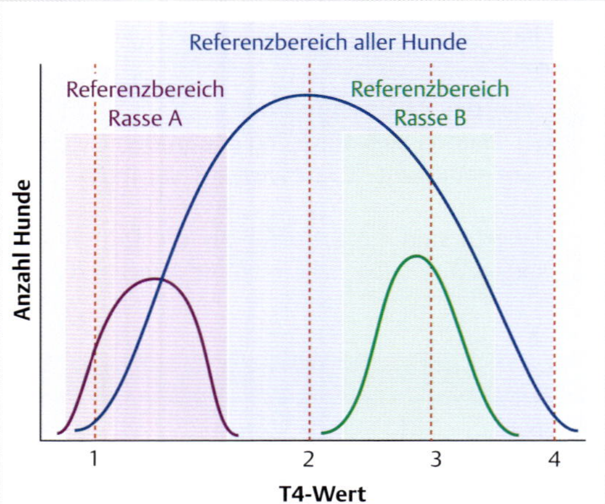

Abb. 4.5 Referenzwerte und rassetypische Werte.

Praxis

Die Referenzbereiche der Hormonkonzentrationen sind nur orientierende Angaben. Sie können individuell, situationsbedingt und rassebedingt schwanken.
Die zahlreichen Faktoren, die die Hormonkonzentration beeinflussen, bleiben bei den Referenzwerten unberücksichtigt und sind in die fallbezogene Beurteilung einzubeziehen.
Die Referenzbereiche verschiedener Labore sind nicht miteinander vergleichbar.

4.3 Einflüsse auf die Hormone

Verschiedene Einflüsse auf den Schilddrüsenregelkreis wurden bereits in Kap.1.4.3 und Kap. 1.4.4) dargestellt. Nachfolgend werden die bereits genannten sowie weitere Einflussfaktoren unter dem Gesichtspunkt ihres Einflusses speziell auf die Hormonkonzentration ausführlich erläutert.

4.3.1 Rasse

Für einige Rassen wurden abweichende Schilddrüsenhormonwerte und TSH-Werte festgestellt (Beispiel s. ► Abb. 4.6 und ► Abb. 4.7). Da die Ergebnisse u. a. laborabhängig sind, sind lediglich die Verhältnisse zueinander übertragbar.

Rassen mit niedrigeren T4-Werten

- Akitas,
- Basenjis,
- Schlittenhunde (niedrige T4, fT4 und T3, jedoch rassespezische Unterschiede),
- Sichthetzer/Windhunde, z. B. Greyhounds (niedrige T4 und fT4), Deerhounds (niedrige T4), Whippets (niedrige T4), Sloughis, Saluki,
- Riesenschnauzer,
- Do-Khyi,
- Chow-Chow.

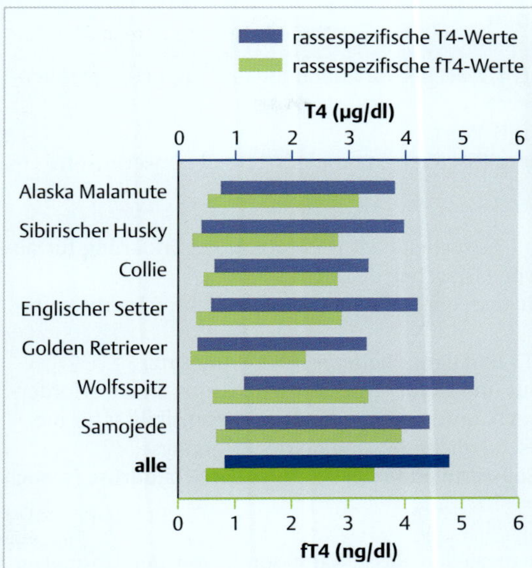

Abb. 4.6 Beispiele rassespezifischer Werte: T4- und fT4-Werte. (Quelle: Hegstad-Davies RL, Torres SM, Sharkey LC et al. Breed-specific reference intervals for assessing thyroid function in seven dog breeds. J Vet Diagn Invest. 2015; 27 (6): 716–727)

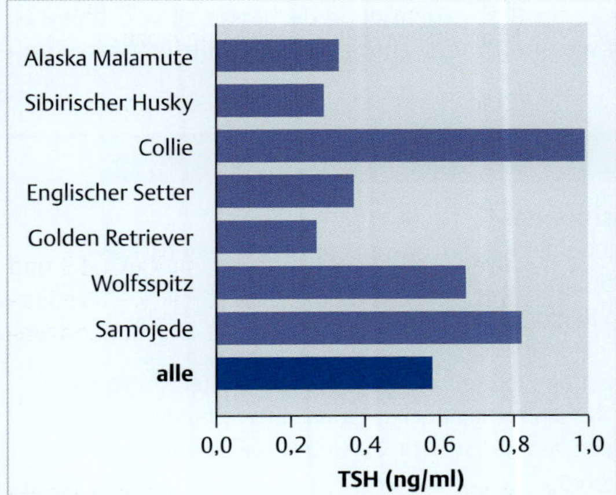

Abb. 4.7 Beispiele rassespezifischer Werte: TSH-Werte. (Quelle: Hegstad-Davies RL, Torres SM, Sharkey LC et al. Breed-specific reference intervals for assessing thyroid function in seven dog breeds. J Vet Diagn Invest. 2015; 27 (6): 716–727)

Bei einer Untersuchung zu rassetypischen Schilddrüsenwerten bei Greyhounds hatten 91 % der Hunde T4-Werte unterhalb des Referenzbereiches, davon bei rd. 18 % T4-Werte nahe oder unterhalb der Nachweisgrenze. Bei 21 % wurde ein fT4-Wert unterhalb des Referenzbereiches festgestellt, davon bei rd. 62 % fT4-Werte nahe oder unterhalb der Nachweisgrenze.

Bei Rassen mit üblicherweise niedrigen oder sehr niedrigen T4-Werten sollte der T3-Wert zur Beurteilung der Schilddrüsenfunktion mit einbezogen werden.

Rassen mit höheren Hormonwerten

- Deutscher Pinscher,
- Dachshunde: signifikant höherer fT4-Wert als Vorstehhunde und Apportier-, Stöber- und Wasserhunde [58],
- Sloughis evtl. tendenziell höhere TSH-Werte,
- West Highland Terrier haben höhere TSH-Werte und niedrigere Cholesterinwerte [19].

Die Ursache der rassenspezifischen Unterscheide ist unbekannt. Als Erklärung für abweichende Hormonwerte sind folgende Ursachen denkbar:

- niedrige Serumglobulinwerte (d. h. rassenspezifisch unterschiedliche Trägerproteinkonzentration),
- schnellere Umsatzrate von T4 zu T3 und damit höherer Hormonumsatz,
- sensiblerer Feedback-Mechanismus und somit schnellere Anpassung an die erforderliche Hormonkonzentration, d. h. evtl. unterschiedliche Rezeptorsensibilität für die Schilddrüsenhormone oder unterschiedliche Sensibilität der Hypophyse,
- unterschiedliche physiologische Sollwerte und/oder Aktivität der Schilddrüse (s. auch Kap. 5.4.5).

Die Hormonwerteverteilung einer speziellen Rasse kann somit von der Normalverteilung, die sich rasseunabhängig ergibt, stark abweichen. Hierdurch kann eine Schilddrüsenunterfunktion bei einer bestimmten Rasse über- oder unterdiagnostiziert werden. Daher sind die Referenzwerte unter Berücksichtigung der Rasse zu beurteilen (s. auch ▸ Abb. 4.5). Dies setzt jedoch weitere Untersuchungen zur Ermittlung rassetypischer Werte voraus.

Hintergrundwissen

Interpretation von Rassedispositionen

Häufig wird bei der Zusammenstellung der Rassen mit verschiedenen genetischen Dispositionen auf amerikanische Literatur zurückgegriffen. Die Übertragbarkeit solcher Rasselisten von einer geografischen Region auf eine andere ist jedoch nur bedingt möglich:

- Die Größe des Genpools beeinflusst die Verbreitung genetisch bedingter Krankheiten. Die Genpoolgröße der einzelnen Rassen kann jedoch regional unterschiedlich sein.
- Innerhalb einer Rasse können regionale Unterschiede auftreten, die zu unterschiedlichen Krankheitsanfälligkeiten führen.
- Der prozentuale Anteil der einzelnen Rassen kann regional unterschiedlich sein. Hierdurch können sich Unterschiede in den prozentualen Anteilen der erkrankten Tiere ergeben.
- Bei der Schilddrüsenunterfunktion ist zusätzlich zu berücksichtigen, dass die Diagnose regional sowohl hinsichtlich der verwendeten Analytik als auch hinsichtlich der Interpretation der Analyseergebnisse unterschiedlich sein kann. Werden z. B. nur Hunde mit niedrigem T4 und hohem TSH als hypothyreot eingestuft, ergeben sich andere Ergebnisse, als bei Anwendung verschiedener weiterer Kriterien.

4.3.2 Alter

Der Hormonspiegel der Schilddrüsenhormone verändert sich im Laufe des Hundelebens (s. ▶ Abb. 4.8).

In den ersten 12 Wochen ist der T4-Spiegel sehr hoch (Sozialisationsphase), mit einem Maximum nach 48–72 Stunden nach der Geburt. Im Alter von 1–6 Wochen haben Welpen z. B. 2–3-mal höhere T4- und fT4-Werte als erwachsene Hunde, jedoch niedrigere T3-Werte. Dann sinken die Hormonwerte langsam auf einen individuellen Level ab und bleiben relativ konstant.

Eine Ausnahme bildet die Phase der Pubertät, die ungefähr vom 6.–8. Monat bis zum Ende der dritten Läufigkeit dauert. In dieser Zeit findet ein Umbauprozess der Hirnregion statt („Pubertät"). Der Hund wird „erwachsen", die Nervenleitung wird effektiver, das Gehirn arbeitet weniger emotional, sondern mehr rational und kognitiv. Infolgedessen treten während der Pubertät starke Hormonschwankungen in fast allen Hormonkreisläufen auf. Betroffen sind neben den Sexualhormonen auch die Stress- und Wachstumshormone sowie die Nervenwachstumsfaktoren und die Schilddrüsenhormone. Insbesondere die Schilddrüsenhormone spielen eine wichtige Rolle bei Ausbildung und Entwicklung des Zentralnervensystems (siehe Kap. 1.2.2 sowie Kap. 8.4). Der größte Teil des benötigten T3 wird direkt im Gehirn aus T4 gebildet, sodass der T4-Spiegel im Blut von hoher Bedeutung ist.

Bei vielen Hunden fällt im Alter (ab ca. 6 Jahre) der T4-Wert langsam um bis zu 40 % im Vergleich zum Mittelwert jüngerer Hunde ab, gleichzeitig steigt der TSH-Wert. Die Ursachen hierfür sind unklar und somit wird auch das Erfordernis einer Substitution unterschiedlich gesehen.

Mögliche Erklärungen der T4-Abnahme sind:

- eine verminderte Reaktion der Schilddrüse auf TSH oder der Hypophyse auf TRH. Teilweise geht dies mit höheren TSH-Werten einher, zum Teil auch mit Hormonwerten im Normalbereich.
- Altersbedingte verminderte TSH Produktion,
- Anpassung der Schilddrüsenaktivität an reduzierte metabolische Aktivitäten des gealterten Körpers,

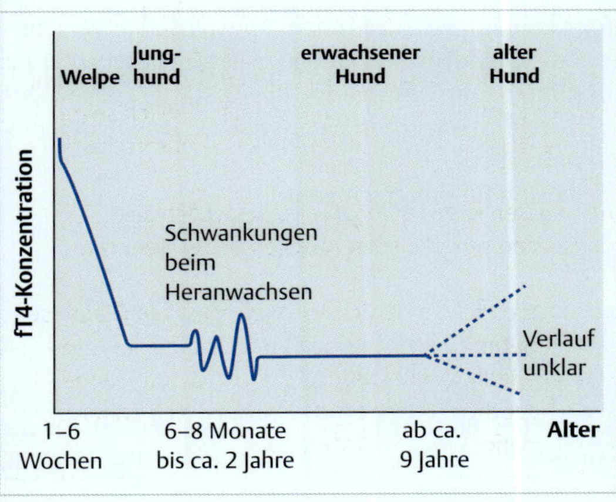

Abb. 4.8 Altersabhängiger fT4-Verlauf.

- altersbedingte veränderte Hormonlage, die sich auf die Schilddrüsenwerte auswirken. So sind im Alter häufig höhere Kortisolwerte zu finden. Die Werte steigen individuell kontinuierlich langsam oder sprunghaft an. Die erhöhten Kortisolwerte können zu einem Absinken der Schilddrüsenhormonwerte führen (s. Kap. 8.5.4).
- Entwicklung einer Altersatrophie oder anderer degenerativen Prozesse in der Schilddrüse,
- vermehrtes Auftreten von Krankheiten, die die Schilddrüsenfunktion reduzieren.

Es gibt jedoch auch Meinungen, nach denen die fT4- und T3-Werte im Alter aufgrund der **abnehmenden Sensibilität** der Hypophyse auf die Rückkopplung der Hormone wieder ansteigen.

Hintergrundwissen

Da beim Menschen im Alter die Anzahl der Bindungsproteine TBG sinken, können die Erfahrungen aus der Humanmedizin nicht auf den Hund übertragen werden.

4.3.3 Geschlecht bzw. Zyklusphase

Testosteron senkt die Konzentration der Trägerproteine und hat somit Einfluss auf T4, nicht aber auf fT4. Hündinnen haben daher höhere Schilddrüsenhormonwerte als vergleichbare Rüden.

Bei unkastrierten Hündinnen können sich die in den Zyklusphasen unterschiedlichen Sexualhormonkonzentrationen auf den Schilddrüsenhormonspiegel und die Schilddrüsenaktivität auswirken.

Allerdings gibt es unterschiedliche Angaben darüber, in welcher Phase der aktiven Sexualhormone (Östrus oder Diöstrus) die Schilddrüsenhormonkonzentrationen am höchsten sind. Man nimmt an, dass Progesteron die Bindungsaffinität der Trägerproteine für die Schilddrüsenhormone erhöht und daraus höhere T3- und T4-Werte resultieren. In Bezug zu einem höheren Östrogengehalt konnten keine Schilddrüsenhormonveränderungen festgestellt werden.

Von Thun [57] fand in ihrer Doktorarbeit keinen Zusammenhang zwischen verschiedenen Zyklusphasen und der Höhe der Schilddrüsenhormone. Allerdings wurden bei dieser Beurteilung lediglich 27 Hündinnen mit bekanntem Zyklusstatus einbezogen und die Hormonwerte der einzelnen Hündinnen wurden nicht vergleichend in den einzelnen Zyklusphasen der Hündinnen untersucht.

Es werden folgende Zyklusphasen bei Hunden unterschieden:

- Proöstrus (Vorbrunst),
- Östrus (Brunst, Standhitze, Eisprung),
- Metöstrus/Diöstrus,
- Anöstrus (Ruhephase).

Im Gegensatz zum Menschen ist die Hündin während der Blutungen (Hitze) bzw. sehr kurz danach empfängnisbereit. Im Zuge der Blutungen wird die Gebärmutter für die Einlagerung des befruchteten Eies vorbereitet, der Eisprung erfolgt unmittelbar danach.

Die Dauer der einzelnen Zyklen schwankt stark je nach Alter, Rasse, Ernährungszustand etc. Hunde haben zwischen 1–2 Zyklen pro Jahr, Wölfe hingegen nur einen. Die Zyklusintervalle bleiben bis ins Alter von ca. 5–7 Jahren konstant, bei älteren Tieren verlängern sich teilweise die Phasen zwischen den Läufigkeiten bis hin zum einjährigen Rhythmus.

Im **Proöstrus** ist die Hitze durch den blutigen Ausfluss mehr oder weniger deutlich zu erkennen. Der Östrogengehalt ist relativ hoch. Die Hündin wehrt Rüden deutlich ab, geht jedoch gegen Ende des Proöstrus und zu Beginn des Östrus in die Deckbereitschaft (Standhitze) über.

Durch den Östrogeneinfluss wird zum einen mehr **TBG** in der Leber gebildet, zum anderen steigt die Halbwertszeit des vorhandenen TBG von 15 Minuten auf 3 Tage an. Hierdurch kann deutlich mehr freies T4 gebunden werden, die Konzentration von fT4 im Blut sinkt. Durch negative Rückkopplung wird in der Schilddrüse mehr fT4 gebildet, was zu einem Volumenanstieg der Schilddrüse führt. Der Gesamtthyroxinspiegel steigt.

Im **Östrus** wird der blutige Ausfluss wässriger. Der Progesterongehalt im Blut steigt an, Östogen nimmt langsam ab. Das Ende des Östrus ist erreicht, wenn die Hündin Rüden wieder abwehrt und der Östrogengehalt unter 15 pg/ml gefallen ist.

Die Hündin signalisiert ihre Deckbereitschaft durch seitlich Stellung des Schwanzes und sucht auch aktiv nach Rüden (daher: läufige Hündin).

Im **Metöstrus** ist der Progesterongehalt im Blut weiterhin hoch und unterscheidet sich zwischen belegten und nicht belegten Hündinnen kaum. Bei trächtigen Hündinnen fällt der Progesteronwert jedoch schnell ab, bei nicht trächtigen langsamer.

Gleichzeitig steigen die T4- und T3-Werte im Blut an und sind dann höher als in den anderen Zyklusphasen. Die erhöhte Schilddrüsenaktivität bewirkt auch eine erhöhte Jodumsetzung.

Bei trächtigen Hündinnen wird der hohe TBG-Spiegel bis zum Ende der Trächtigkeit (Gravidität) beibehalten. Aufgrund der gesteigerten Schilddrüsenaktivität ist zur ausreichenden Jodversorgung bei trächtigen Hündinnen daher häufig die zusätzliche Gabe von Jod erforderlich.

Im **Anöstrus** liegt ein ausgeglichener Hormonhaushalt vor. Daher sollten (Schilddrüsen-)Hormonuntersuchungen bei Hündinnen bevorzugt im Anöstrus stattfinden. Die Östrogenwerte sind gleichbleibend niedrig und steigen erst rd. 1 Monat vor dem Proöstrus wieder an.

Hündinnen sind im Anöstrus für Rüden nicht attraktiv. Die Hündin zeigt kein Fortpflanzungsverhalten.

Praxis 

Um den Einfluss der Sexualhormone auf die Höhe der Schilddrüsenhormonkonzentration oder die Aktivität der Schilddrüse auszuschließen, sollten die Schilddrüsenhormone im Anöstrus bestimmt werden, da in dieser Zyklusphase die Sexualhormone weitgehend ruhen.

In ▶ Tab. 4.2 sind die Hormonschwankungen in Abhängigkeit von der Zyklusphase zur Orientierung zusammengestellt.

Die Hormonlagen (inkl. T4) einer trächtigen und einer nicht trächtigen Hündin unterscheiden sich bis zum Ende des **Metöstrus** nicht wesentlich. Dies kann, bei hohen Prolaktinwerten, zu **Scheinträchtigkeit** führen, inkl. Nestbauverhalten und Milcheinschuss. Bei Wölfen (aber auch bei Hunden im Rudel) hat dies den Vorteil, dass nicht befruchtete Hündinnen die Welpen mitversorgen können.

Tab. 4.2 Schilddrüsen-Hormonschwankungen in den Zyklusphasen.

Phase	Dauer	Schilddrüsenhormone	Bemerkung
Proöstrus	ca. 3 Wochen	fT4 sinkt T4 steigt TBG steigt	später Anöstrus und Proöstrus: Follikelphase
Östrus	3–21 Tage	T4 steigt weiter	
Metöstrus	Gravität: 59–63 Tage Ingravität: 90–100 Tage	T3 steigt TBG bleibt bei trächtigen Hündinnen hoch	Gravität: kurz vor der Geburt sinkt T4
Anöstrus	rassespezifisch	T4 sinkt T3 sinkt fT4 steigt	Hormone auf Normalniveau

Hunde haben eine Tragzeit von rd. 57–63 Tagen. Bei trächtigen Hündinnen bilden die **Feten** kurz vor der Geburt verstärkt Kortisol (Glukokortikoide). Dieses gelangt in das Blut der Hündin und führt dort zur Bildung von Östrogenen, die kontraktionsfördernd wirken und somit den Geburtsvorgang einleiten und unterstützen. Durch die Bildung von Kortisol sowie Prostaglandin, Prolaktin und Oxytocin werden die Blutkonzentrationen von fT4, T4 und T3 gesenkt.

Die Schilddrüse der Hunde-**Feten** entwickelt sich in den ersten Wochen und kann ab dem 42. Trächtigkeitstag T4 produzieren. Die Konzentration des gebildeten T3 und T4 steigt bis zur Geburt leicht und nach der Geburt massiv an. Die Hormonwerte der Welpen erreichen ihr Maximum ca. 2–3 Tage nach der Geburt. Der nachgeburtliche Hormonanstieg erklärt sich vermutlich durch die erforderliche Wärmeproduktion der Welpen.

TSH ist nicht plazentagängig, T3 und T4 sind (beim Menschen) bedingt plazentagängig. Liegen bei der trächtigen Hündin hohe T4-Werte vor, kann dies die Hormonproduktion der Feten hemmen. Umgekehrt könnte der hohe T4-Wert der Feten kurz vor der Geburt dazu führen, dass diese in den mütterlichen Blutkreislauf gelangen und so dazu führen, dass die Hündin weniger T4 bildet und kurz vor der Geburt das Volumen ihrer Schilddrüse wieder abnimmt.

4.3.4 Tageszeit

Bei gesunden Hunden verändern sich die T4- und fT4-Werte im Laufe des Tages. Ob diesen Schwankungen ein zirkadianer Rhythmus zugrunde liegt oder dies eine Anpassung an den Tagesablauf darstellt, ist unklar. Der Hormonspiegel ist meist morgens am niedrigsten und um die Mittagszeit am höchsten (s. Kap. 4.3.7, ► Abb. 4.9). Sind bei einer Blutanalyse die Mittagswerte sehr niedrig, kann dies ein Indiz für eine Schilddrüsenunterfunktion sein.

Neben diesen regelmäßigen Schwankungen gibt es im Laufe des Tages auch zufällige Hormonschwankungen.

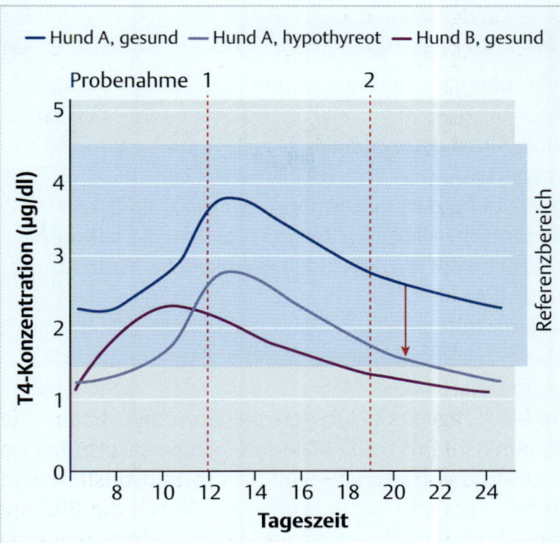

Abb. 4.9 Vergleich der (hypothetischen) Hormonkurven zweier Hunde im Tagesablauf.

4.3.5 Impfungen

Hinsichtlich des Einflusses von Impfungen auf die Höhe der Schilddrüsenhormone gibt es unterschiedliche Aussagen. Im Allgemeinen geht man davon aus, dass Impfungen die Schilddrüsenhormonkonzentration nicht beeinflussen. Von Thun [57] konnte in ihrer Doktorarbeit jedoch signifikant höhere T4-Werte bei Hunden feststellen, die innerhalb der letzten 3 Monate geimpft wurden, Lauinger [31] konnte dies bestätigen. Wahrendorf [58] hingegen konnte diese Ergebnisse in ihren Untersuchungen nicht bestätigen.

4.3.6 Erkrankungen

Einige nicht schilddrüsenbedingte Erkrankungen (NTI = Non-Thyroidal-Illness) wirken sich ebenfalls auf die Schilddrüsenfunktion aus (s. Kap. 2.4). Zum Beispiel wird häufig bei Tieren mit einer Überfunktion der Nebennierenrinde aufgrund der stets hohen Kortisolwerte eine Erniedrigung der Schilddrüsenhormonkonzentration festgestellt. Andere Erkrankungen bewirken zwar eine Erniedrigung der gebundenen Hormonfraktionen zugunsten von rT3, aber eine Erhöhung des fT4.

4.3.7 Individuelle Hormonlage

Die Hormonkonzentrationen im Blut sind unter anderem abhängig von der Menge der insgesamt produzierten und freigesetzten Schilddrüsenhormone, der vorhandenen Trägerproteine (Art und Menge) und der Umsetzungs-/Abbaurate der Hormone.

Daraus ergibt sich eine Reihe von körpereigenen (Stör-)Größen, die stark situationsbedingt schwanken können.

Die individuelle Hormonlage eines Hundes kann somit deutlich vom üblichen Hormonspiegel abweichen (► Abb. 4.9):

- Zum einen gibt es individuelle Schwankungen der Hormonspiegel im Tagesprofil.
- Zum anderen kann ein bestimmter Hormonspiegel für einen Hund völlig ausreichend – für einen anderen Hund aber deutlich zu niedrig sein.

Praktischer Bezug 

In ▶ Abb. 4.9 hat Hund A im Normalfall über den Tagesablauf den durch die dunkelblaue Kurve dargestellten Hormonspiegel.
Der normale Hormonspiegel von Hund B liegt deutlich niedriger (lila Kurve) – zum Teil sogar unterhalb des unteren Referenzwerts.
Durch eine Schilddrüsenerkrankung fällt der gesamte Hormonspiegel von Hund A ab (hellblaue Kurve). Er liegt zwar im Wesentlichen noch im Referenzbereich und teilweise über den Werten von Hund B, aber bezogen auf die individuell erforderliche Hormonlage sind diese Werte für Hund A zu niedrig.
Nimmt man die Blutprobe des erkrankten Hundes A zum Zeitpunkt 1 ergibt sich ein Hormonwert, der noch im Referenzbereich liegt, ebenso bei Hund B. Zum Zeitpunkt 2 liegt der Hormonspiegel von Hund A im unteren Referenzbereich, der Wert von Hund B unterhalb des Referenzbereiches. Die Beurteilung der Blutwerte beider Hunde nur anhand des Referenzbereiches zum Zeitpunkt 2 führt beide Male zum falschen Ergebnis: Der hypothyreote Hund A würde als gesund, der gesunde Hund B als hypothyreot eingestuft.

4.3.8 Sonstige Einflüsse auf die Schilddrüsenhormonkonzentration

Weitere Einflussfaktoren auf die Hormonkonzentration, sind z. B. (s. ▶ Abb. 4.10):

- **Medikamente:** Bestimmte Medikamente können den Schilddrüsenstoffwechsel so beeinflussen, dass eine Schilddrüsenunterfunktion vorgetäuscht wird (s. ▶ Tab. 11.1).
- **Größe:** Kleinere Rassen haben höhere Schilddrüsenhormonspiegel als große Rassen. Der T3-Wert ist hingegen bei mittelgroßen Hunden höher als bei kleinen oder großen Hunden.
- **Geschlecht:** Rüden haben höhere T3-Werte als Hündinnen [58].
- **Kastration:** Bei den Untersuchungen von Wahrendorf [58] wiesen kastrierte Rüden niedrigere T3-Werte auf, bei kastrierten Hündinnen war kein Unterschied feststellbar. Andere Untersuchungen hingegen stellten einen Abfall von T4, fT4 und T3 um bis zu 22 % fest. Ob dadurch ein Risiko für die Entstehung einer Schilddrüsenunterfunktion besteht, ist umstritten.
  Eine zu frühe Kastration und/oder eine Kastration in der Phase aktiver Sexualhormone können jedoch zu einer erhöhten Stressanfälligkeit führen. Dies wiederum kann bei einer genetischen Disposition den Ausbruch einer Schilddrüsenunterfunktion begünstigen.
- **Trächtigkeit**: Im Laufe der Trächtigkeit treten starke Volumen- und Aktivitätsschwankungen der Schilddrüse auf. Um den 35.–40. Trächtigkeitstag nimmt das Volumen stark zu und sinkt ungefähr 10 Tage vor der Geburt wieder ab (s. auch Kap. 4.3.3).
- **Jahreszeit:** Im Winter sind die Hormonwerte höher als im Sommer.
- **Übergewicht:** Übergewichtige (aber euthyreote Hunde) können leicht erhöhte TSH, T3- und T4-Werte aufweisen. Dies wird damit erklärt, dass eine hohe Kalorienaufnahme zu einer gesteigerten Schilddrüsenhormonproduktion führt.
- **Hunger**: führt zu einem T3-Abfall.
- **Belastung: kurzzeitige** starke körperliche Belastung führt zu erhöhten T4-Werten (teilweise auch zu erhöhten T3- und fT3-Werten) und zu erniedrigten TSH-Werten, hat jedoch keinen Einfluss auf die fT4-Werte. Allerdings konnten bei dauerhaft

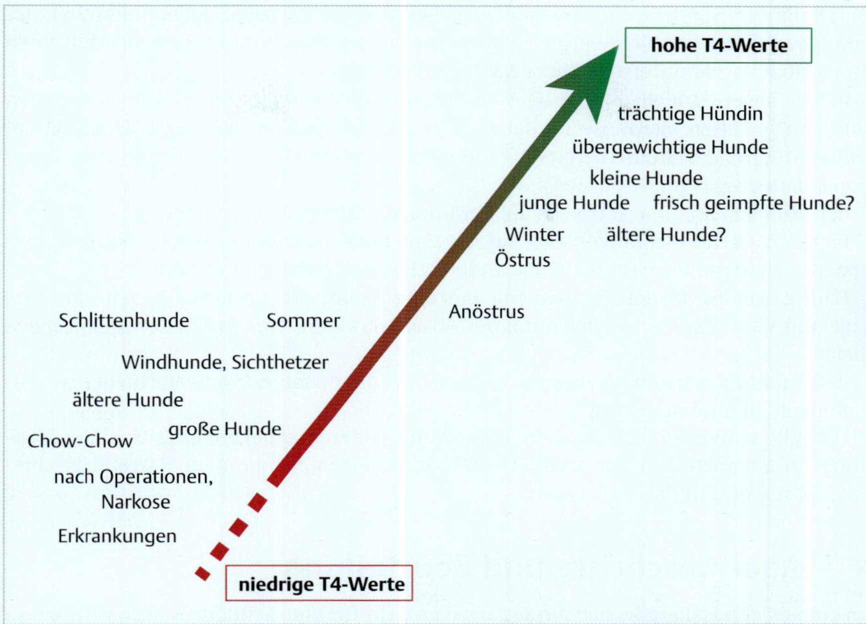

Abb. 4.10 Einflüsse auf die Hormonwerte. Der Einfluss der einzelnen Faktoren ist individuell verschieden. Die Eintragungen sind daher nur zur Orientierung, die Relationen können stark variieren.

trainierten Hunden keine veränderten T4-Werte oder lediglich eine geringfügige, nicht signifikante T4-Wertsenkung festgestellt werden, T3 und fT3-Werte sind hingegen unverändert. Nach einer **langanhaltenden körperlichen** Belastung (z. B. Schlittenhundrennen) sinken hingegen die T4- und T3-Werte (teilweise auch die fT4-Werte), sowie die Konzentration der Plasmaproteine und von Albumin.

4.4 Hinweise zu Studien

Es gibt zahlreiche Untersuchungen, die sich mit der Aussagekraft der Analyseparameter hinsichtlich der Diagnose einer Schilddrüsenunterfunktion beschäftigen.

Ein grundlegender Faktor ist, auf welcher Basis die Unterscheidung zwischen kranken und gesunden Tieren erfolgt. Hierzu werden in den einzelnen Studien verschiedene Trennkriterien herangezogen, z. B.

- Vorliegen klinischer Symptome,
- Höhe des T4 und/oder fT4-Wertes und TSH-Wertes,
- Kombination aus Hormonwerten und vorliegen von Autoantikörpern,
- TSH-Stimulationstest (in älteren Studien teilweise auch TRH-Stimulationstest),
- Szintigrafie,
- Entfernung der Schilddrüse (s. jedoch Kap. 2.1.2),
- Erzeugung einer Schilddrüsenunterfunktion durch hohe Jodgaben.

Durch die verschiedenen angewendeten Trennkriterien sind die Studien untereinander nur schwer oder gar nicht vergleichbar. Je nach Trennkriterium können sich für einen Analyseparameter unterschiedliche Wertigkeiten ergeben.

In der Regel handelt es sich bei den Studien um Kurzzeitstudien, Langzeitstudien sind relativ selten. Teilweise ist daher nicht auszuschließen, dass sich Versuchstiere zum Zeitpunkt der Studie bereits in einem Frühstadium einer Schilddrüsenunterfunktion befanden.

Bei manchen Studien ist die Anzahl der untersuchten Hunde sehr gering.

Einige Studien beschränken sich auf nur eine Rasse oder einige wenige Rassen, können also nicht ohne weiteres auf alle anderen Rassen übertragen werden.

Häufig werden in den Studien nur einzelne Teilaspekte untersucht, z. B. die Aussagekraft von TAK. Der Vergleich mit der Aussagekraft anderer Parameter erfolgt meist nicht.

Aufgrund der genannten Aspekte können sich die Aussagen von verschiedenen Studien deutlich unterscheiden.

Dies gilt analog auch für Studien, die sich mit anderen Aspekten einer Schilddrüsenunterfunktion befassen, wie z. B. Verhaltensänderungen, Symptomen, Rasseunterschieden, Alters- und Klimaeinflüsse etc.

4.5 Analyseschritte und Beurteilung

Im einfachsten Fall ergibt sich ein Anfangsverdacht für eine Schilddrüsenunterfunktion durch klinische Symptome und kann durch niedrige T4-Werte gekoppelt mit einem hohen TSH-Wert bestätigt werden.

Meist sind beim Vorliegen klinischer Symptome aber bereits große Teile der Schilddrüse zerstört. Eine Schilddrüsenunterfunktion entwickelt sich langsam. Anfangs liegen die Schilddrüsenhormonwerte noch innerhalb der Referenzbereiche und sinken erst mit zunehmender Zerstörung der Schilddrüse darunter. Besonders in der Frühphase ist es daher schwierig, eine beginnende Schilddrüsenunterfunktion von anderen Einflussfaktoren zu unterscheiden. Daraus folgt: Besteht aufgrund von Verhaltensauffälligkeiten der Verdacht einer Subklinischen Schilddrüsenunterfunktion, ist auf jeden Fall eine sehr gründliche Anamnese erforderlich. (s. Kap. 3.1). Wie in Kap. 4.2 und Kap. 4.3 erläutert, ist eine Beurteilung der Schilddrüsenhormon-Werte nur in Bezug zu den Referenzwerten, unabhängig vom Individuum (Alter, Aktivität etc.) und den verschiedenen Einflussfaktoren auf dieses Individuum als kritisch anzusehen.

Bei sehr ängstlichen Tieren kann die Aussagekraft der T4/fT4-Werte evtl. bereits durch vorhergehenden Stress (z. B. Autofahrt, lange Wartezeit im Wartezimmer) eingeschränkt sein.

Andererseits nimmt man an, dass bei rd. 25 % der Hunde mit einem niedrigen T4-Wert andere Ursachen als eine Schilddrüsenunterfunktion für den niedrigen T4-Wert verantwortlich sind.

In Anbetracht der bisher im Kap. 4 dargestellten Problematiken und aus Kostengründen bietet sich ein gestaffeltes Untersuchungs- und Analyseschema an (s. ▶ Abb. 4.11).

Praxis 

Die Vorgehensweise ist jedoch immer individuell auf den Einzelfall abzustimmen!

4.5.1 Verhaltensbewertung als Vortestwahrscheinlichkeit

Die Beurteilung von Verhalten ist schwierig.

Verhalten ist **von vielen Einflüssen abhängig**. Ein durch eine hormonelle Schieflage verändertes Verhalten lässt sich schwer von Verhalten durch Umwelteinflüsse, z. B. Lernen, Training, Erfahrung etc. unterscheiden.

Verhalten ist **situationsbezogen**. Das Verhalten während der Anamnese kann anders sein, als im Alltag unter gewohnten Bedingungen.

Verhalten wird **subjektiv** bewertet, sofern nicht langzeitig genaue Verhaltensanalysen durchgeführt werden. Dies ist im Rahmen der Anamnese jedoch nicht möglich. In der Regel ist der Arzt auf die Beschreibung des Hundehalters, ggf. unterstützt durch Bild- und Filmmaterial, sowie eigene Beobachtungen während der Anamnese angewiesen. Die Beschreibungen des Hundehalters sowie die Beobachtungen des Arztes müssen aber nicht unbedingt repräsentativ für das tatsächliche Verhalten sein (s. auch Kap. 6.2.3).

Die verhaltensauslösenden Situationen können vom Hundehalter falsch beurteilt werden. Das allgemeine **Wissen des Hundehalters** und seine Beobachtungsgabe sind hier von entscheidender Bedeutung.

Bei der Beurteilung des problematischen Verhaltens durch den Patientenbesitzer können Probleme überbewertet werden, in einem falschen Zusammenhang gestellt werden oder tatsächlich problematisches Verhalten übersehen werden.

Die Auswirkung des eigenen Verhaltens (z. B. hinsichtlich Training, Schaffung der Umweltbedingungen) kann übersehen oder unterschätzt werden. Gleiches kann auch zutreffen, wenn zur Bestätigung des Problemverhaltens Traineraussagen angeführt werden.

Durch den Besitzer eingebrachte Verstärkungsprozesse für ein problematisches Verhalten sind diesem oftmals nicht bewusst und nur schwer zu ermitteln. Auch die Faktoren, die ein problematisches Verhalten entstehen lassen können, werden oft übersehen.

Gerade Angst- und Aggressionsverhalten werden durch Hundebesitzer oft falsch eingeschätzt. Mögliche Fehlverknüpfungen werden z. T. nicht berücksichtigt.

Praktischer Bezug 

So könnte ein Hund z. B. durch einen elektrischen Weidezaun eine Fehlverknüpfung mit kleinen Kindern herstellen. Gegebenenfalls wird diese Fehlverknüpfung vom Hundehalter jedoch erst Tage oder Wochen später bei einem zufälligen Kontakt mit kleinen Kindern als „plötzlich unbegründetes" aggressives Verhalten registriert und nicht mehr in Verbindung zu dem elektrischen Schlag am Weidezaun gebracht.

Klinische Verhaltensstörungen zeichnen sich durch auffällige Unterschiede im Vergleich zu anderen Hunden aus, also wenn

- das Verhalten, nicht dem normalen Verhaltensrepertoire entspricht,
- das Verhalten zwar dem Normalverhalten entspricht, aber in Qualität und Quantität die körperliche Gesundheit des Hundes schädigt,
- das Verhalten, deplatziert gezeigt wird, also z. B. am falschen Ort, in Bezug zum falschen Objekt, zur falschen Zeit und/oder mit falscher Ausprägung oder nicht in Übereinstimmung mit der Entwicklungsphase des Hundes ist.

Auf eine klinische Ursache von Verhaltensstörungen können folgende Punkte hindeuten:
- ein Verhalten tritt plötzlich auf, wurde vorher nicht gezeigt oder ein Verhalten verschlimmert sich plötzlich gravierend,
- das Verhalten tritt nur periodisch auf,
- das Verhalten ist trainingsresistent,
- andere Erklärungen sind nicht möglich,
- parallel sind Schmerzen vorhanden.

Die meisten dieser Kriterien sind durch den Arzt im Zuge der Anamnese nicht beobachtbar, sondern nur über die Schilderungen der Hundehalter erfahrbar.

Bei Hunden, deren Vorgeschichte unbekannt ist, wie etwa Tierheimhunde, ist die Beurteilung eines plötzlich auftretenden Verhaltens oder die Ermittlung anderer Ursachen (s. Kap. 6.3), nur schwer oder gar nicht möglich.

Daraus folgt, dass Verhalten zwar die Vortestwahrscheinlichkeit erhöhen kann, bei der Einbeziehung von Verhalten als Verdachtsmoment für eine Schilddrüsenunterfunktion jedoch große Sorgfalt und Erfahrung erforderlich sind. Die Schilderungen der Patientenhalter sind zu hinterfragen, da sie Verhaltensaspekte sowohl über- als auch unterbewerten können oder diese evtl. in den falschen Kontext stellen.

4.5.2 Untersuchung

Zur Diagnoseabsicherung im Rahmen der Anamnese (s. Kap. 3.1) gehören immer mindestens eine allgemeine Untersuchung, ein geriatrisches Profil und ggf. weitere Untersuchungen (z. B. eine Urinuntersuchung) zwecks Ausschluss einer **NTI** (s. Kap. 2.4, speziell Kap. 2.4.5) und/oder chronischer Schmerzen (z. B. Gelenkerkrankungen, Hauterkrankungen).

Die **Abgrenzung** ist nicht immer einfach. Einige Symptome, wie Hauterkrankungen, einige Herzerkrankungen, verändertes Gangbild, Allergien, Krampfanfälle etc. können sowohl infolge einer Schilddrüsenunterfunktion auftreten, als auch eigenständige Erkrankungen sein. Ein Hinweis auf einen Zusammenhang mit einer Schilddrüsenunterfunktion ergibt sich, wenn diese Erkrankungen therapieresistent sind oder immer wieder auftreten oder wenn weitere typische Symptome für eine Schilddrüsenunterfunktion vorliegen.

ADHS ist als Diagnose bei Hunden umstritten. Dennoch kann ein ADHS-ähnliches Verhalten eine NTI darstellen, von der eine Schilddrüsenunterfunktion abgegrenzt werden muss.

Die **Ernährung** ist hinsichtlich Jod, Selen, Zink, Eisen zu überprüfen.

Chronischer Stress durch z. B. Lebensumstände, falsches Training etc. sollten ebenso abgefragt werden.

4.5.3 Analyseplan

Die nachfolgend vorgestellte Vorgehensweise dient zur Orientierung und ist immer individuell auf den Fall abzustimmen. Bei der Festlegung der Vorgehensweise sollte der Hundehalter mit einbezogen werden. Dies setzt jedoch voraus, dass der Hundehalter über die Konsequenzen (Kosten und Diagnosesicherheit) der einzelnen Schritte ausreichend informiert wird.

Bei ausreichender Blutabnahme, können zunächst (neben dem geriatrischen Profil) T4 und TSH angefordert werden und das komplette Schilddrüsenprofil bei Bedarf nachgefordert werden (s. ► Abb. 4.11).

Bei eindeutigen klinischen Symptomen können ggf. der T4-Wert sowie der TSH-Wert zur Diagnoseabsicherung ausreichen (1. Linie).

Ohne klinische Symptome sollten ein niedriger T4-Wert in Verbindung mit einem hohen TSH-Wert hinterfragt werden. Zum Beispiel könnten sowohl seltene klinische Symptome einer Schilddrüsenunterfunktion vorliegen, aber auch Zufallsergebnisse aufgetreten sein (z. B. im Rahmen tagesperiodischer Schwankungen) oder die Werte durch Nahrungsmittel oder Medikamente beeinflusst worden sein.

Bei unklaren Werten (z. B. T4 und TSH im Referenzbereich) und unspezifischen Symptomen ist ein vollständiges Schilddrüsenprofil anzuraten (2. Linie). Bei einer Subklinischen Schilddrüsenunterfunktion mit nur unklaren Symptomen ist in der Regel immer ein komplettes Schilddrüsenprofil erforderlich.

Dieses Profil kann entweder aus der Rückstellprobe analysiert werden oder es wird ein zweites Profil nach einer gewissen Zeit (6 Wochen bis 3 Monate) erstellt. Im Idealfall wird sowohl die Rückstellprobe sowie nach einer gewissen Zeit eine zweite Blutprobe analysiert.

Hintergrundwissen 

Wiederholungsmessungen

Die Blutwerte stellen nur eine Momentaufnahme dar. Bei unklaren Fällen sollten Wiederholungsmessungen stattfinden, um eine Verlaufskontrolle zu erhalten. Erst Wiederholungsmessungen erlauben es, eine zeitliche Entwicklung der Schilddrüsenwerte abzuschätzen.

Ein **vollständiges Schilddrüsenprofil** besteht aus:

- T4/fT4,
- T3/fT3: diese Werte geben hinsichtlich einer Schilddrüsenunterfunktion keine relevanten Hinweise, können aber auf NTIs hinweisen,
- TSH,
- TAK,
- T3-/T4-AK,
- Cholesterin: häufig, jedoch nicht immer erhöht bei einer Schilddrüsenunterfunktion.

Alternativ (2. Linie) bieten sich ein TSH-Stimulationstest oder eine Ultraschalluntersuchung bei klinischen Symptomen aber unklaren Hormonwerten an.

Die TH-AK sollten immer bestimmt werden, wenn die Hormonwerte unerklärbar hoch sind. Dies kann auch der Fall sein, wenn mehr oder weniger typische Symptome vorliegen, die Hormonwerte jedoch im mittleren oder oberen Referenzbereich liegen.

Die Bestimmung von fT4 in Kombination mit ED (fT4ED) wird empfohlen bei

- Verdacht auf eine NTI oder wenn eine NTI bekanntermaßen vorliegt, da fT4 durch NTI weniger stark beeinflusst wird und der fT4ED-Wert genauer ist,
- Verdacht auf Vorliegen von T4-AK, da die AK die Analysenergebnisse nicht verfälschen,
- Einnahme von bestimmten Medikamenten (z. B. Steroide, Phenobarbital).

Die Sensitivität (s. Kap. 4.1.2) von fT4 ist jedoch niedriger als von T4.

Ein **Therapieversuch** sollte bei unklaren Werten nie nach der ersten Analysephase (ggf. inkl. Profil aus der Nachforderung) durchgeführt werden. Zunächst sollte immer ein zweites Profil nach einer gewissen Zeit bestimmt werden. Eine Ausnahme stellen

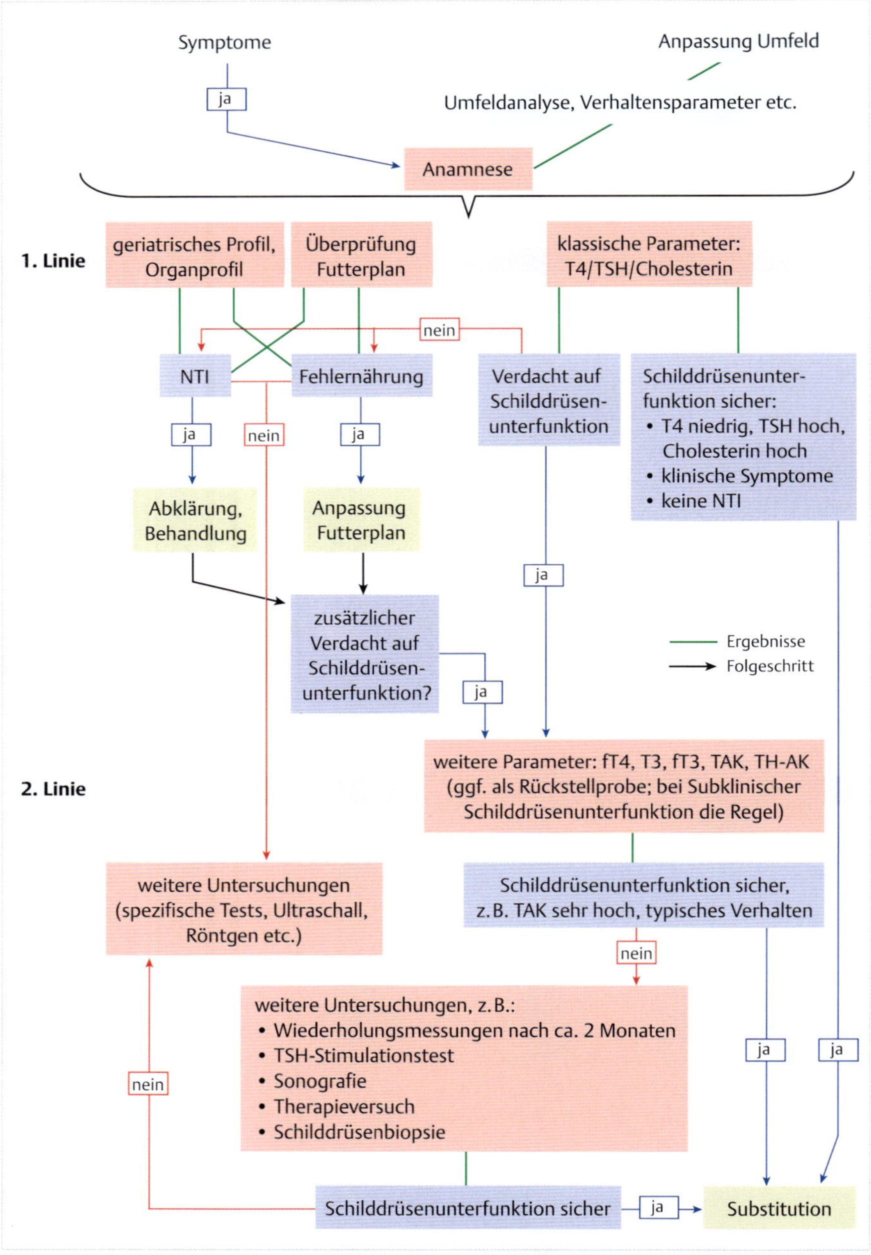

Abb. 4.11 Untersuchungs- und Analyseschema.

Situationen dar, in denen der Hund unter starkem Leidensdruck steht (dies stellt jedoch ein klinisches Symptom dar, sofern der Halter die Situation richtig einschätzt) oder in denen der Hund ein plötzlich auftretendes und unvorhersehbares aggressives Verhalten zeigt (auch dies stellt ein Symptom dar, ist aber ebenfalls zu hinterfragen).

Ergeben sich nach Wiederholungsmessungen erneut unklare Werte kann ein Therapieversuch zur Klärung beitragen.

4.5.4 Beurteilung der Werte

Die Blutwerte zeigen nur das auf, was sich im Blut in der Verteilung befindet. Eine Aussage, wie gut einzelne Gewebe mit Schilddrüsenhormonen (oder anderen Blutinhaltsstoffen) versorgt sind, lassen sie nicht zu. So können bei Vorliegen von individuell zu niedrigen Blutwerten bereits einzelne Gewebe im Zuge der Optimierung zugunsten anderer Gewebe unterversorgt sein.

In der ▸ Tab. 4.3 sind zur Verdeutlichung der zahlreichen Faktoren, die die Hormonkonzentrationen sowie Antikörperwerte beeinflussen, jeweils einige Ursachen für zu hohe oder zu niedrige Werte zusammengestellt. Diese und weitere Einflüsse sind jeweils bei der Beurteilung der Schilddrüsenhormonkonzentrationen zu berücksichtigen. Zum Einfluss von Medikamenten siehe auch ▸ Tab. 11.1.

Hohe **T4-Werte** können fütterungsbedingt sein, z. B. Verfütterung von schilddrüsenhaltigem Fleisch. Bei Absetzen des schilddrüsenhaltigen Fleisches können (z. T. über Monate) niedrige bis extrem niedrige T4-Werte auftreten (s. Kap. Nahrungsmittel mit hohem Jod- oder Hormongehalt). Oftmals ist sich der Hundehalter über die Inhaltsstoffe des Fleisches (auch Dosenfleisch) nicht bewusst. Eine dahingehende Abklärung kann daher schwierig sein.

Ist nur der T4-Wert niedrig oder sehr niedrig, sollte eine NTI unbedingt abgeklärt werden. Wiederholungsmessungen der Schilddrüsenwerte können evtl. einen weiteren Abfall der Hormonwerte belegen und auf eine Schilddrüsenunterfunktion hindeuten (Voraussetzung: gleiches Labor, annähernd gleiche Tageszeit).

Bei Bestimmung von **fT4** durch CLIA (ohne vorhergehende Dialyse), werden ca. 20 % der hypothyreoten Hunde durch fT4 falsch eingestuft. fT4-Werte im Normalbereich schließen daher eine Schilddrüsenunterfunktion nicht aus.

Niedrige **fT4**ED-Werte sprechen für eine Schilddrüsenunterfunktion, sofern weitere Ursachen (s. ▸ Tab. 4.3) ausgeschlossen werden können. Die Messwerte von fT4ED und fT4 (RIA oder CLIA) sind analysebedingt nicht vergleichbar (s. Kap. Überblick). Ein bei einer Wiederholungsmessung festgestellter niedrigerer fT4ED-Wert im Vergleich zum fT4-Wert kann daher nicht als Absinken der Hormonwerte interpretiert werden (analog: ein höherer fT4ED-Wert).

Bei niedrigen T4 und fT4-Werten kann ein Low-T4-Syndrom vorliegen, welches behandlungsbedürftig ist.

Niedrige T4-Werte bei **hohen T3-Werten** können auf einen beginnenden Jodmangel hindeuten.

Niedrige T3 und T4-Werte können sich durch eine NTI ergeben, durch Medikamenteneinfluss oder durch eine sekundäre Schilddrüsenunterfunktion. Auch ältere Hunde und einige Rassen können niedrigere Hormonwerte aufweisen (s. Kap. 4.3). Eine Substitution sollte nur bei Vorliegen weiterer Symptome erfolgen.

Niedrige TAK-Titer und **TH-AK-Titer** (knapp über dem „Normalbereich") sind vorsichtig zu interpretieren, TH-AK-Titer unterhalb des „Normbereichs" sind nicht interpretierbar (s. auch Kap. Antikörper gegen Thyreoglobulin und die Hormone, insbes. Zitat Fr. Wergowski).

Tab. 4.3 Mögliche Ursachen für auffällige Messergebnisse.

	hoch ↑	niedrig ↓
T4	• Hyperthyreose, • Falschmessung wegen AK (T4-AK – auch unter Substitution; TAK), • Falschmessungen aufgrund falscher Tests (z. B. aus Humanbereich), • Thyroxinüberdosierung, • sehr junger Hund (1–6 Wochen) normal erhöht (um bis das 2-fache bei 2–3 % der Hunde), • kurze starke körperliche Belastung, • Trächtigkeit, • Östrus oder Diöstrus (unterschiedliche Literaturangaben), • Fettleibigkeit, • rassetypisch (z. B. Deutscher Pinscher), • fütterungsbedingt.	• Hypothyreose, • Falschmessung wegen Analyseautomaten (Direktessay), • Falschmessung wegen AK (TAK, T4-AK), • hohe endogene Kortisolwerte (z. B. bei chronischem Stress), • NTI (Direktessay), z. B. Fettmobilisations-syndrom, Ketose, schwere allgemeine Infektionskrankheit, Herzinsuffizienz, Diabetes, • Medikamentenbehandlung (z. B. Sulfon-amide, Carprofen, Glukokordikoide), • übermäßige Jodaufnahme, • längere Hungerphase, • langanhaltende starke körperliche Belastung, • Operation, Anästhesie, • T3-Behandlung, • rassetypisch (z. B. Windhunde, Akitas), • fütterungsbedingt.
fT4	• Hyperthyreose, • Thyroxinüberdosierung, • Medikamentenbehandlung (z. B. Furosemid [widersprüchliche Aussagen], Probenecid), • sehr junger Hund (1–6 Wochen).	• Hypothyreose, • normale Schilddrüsenfunktion, • NTI, • Medikamentenbehandlung (z. B. Pheno-barbital, Steroide, Sulfonamide, Caprofen, Glukokordikoide), • T3-Behandlung, • übermäßige Jodaufnahme, • rassetypisch (z. B. Windhunde, Akitas).
T3	• Hyperthyreose, • Falschmessung wegen AK (TAK, T3-AK), • T3-Behandlung, • T4-Behandlung, • Medikamentenbehandlung (z. B. Insulin, Prostaglandine, Östrogene), • Fettleibigkeit, • Jodmangel, • Selenmangel.	• (fortgeschrittene) Hypothyreose, • sehr junger Hund (1–6 Wochen), • Falschmessung durch Analyseautomaten, • Falschmessung wegen AK (TAK, T3-AK), • Medikamentenbehandlung (z. B. Sulfon-amide, Glukokordikoide, Somatostatin), • Umwandlungsstörung T4 zu T3, • Hunger, • NTI (z. B. Diabetes, chronische Leber- oder Nierenerkrankungen, Morbus Cushing).
fT3	• Hyperthyreose, • T3-Behandlung, • T4-Behandlung, • Jodmangel.	• (fortgeschrittene) Hypothyreose, • sehr junger Hund (1–6 Wochen).
TSH	• Hypothyreose, • NTI, • Behandlung mit Sulfonamiden od. Phenobarbital, Prednisolon, • rassetypisch (z. B. West Highland Terrier), • übermäßige Jodaufnahme.	• normale Schilddrüsenfunktion, • sekundäre Hypothyreose, • Falschmessung, • NTI, • Medikamentenbehandlung (z. B. Carprofen, Glukokordikoide, Dopamin).

Tab. 4.3 Fortsetzung

	hoch ↑	**niedrig ↓**
T4-AK	• autoimmune Hypothyreose, • vorübergehender oder zufälliger Befund, • messtechnisch bedingt.	• normale Schilddrüsenfunktion, • autoimmune Hypothyreose im fortgeschrittenen Stadium, • Hypothyreose, nicht autoimmun, • Falschmessung bei hohen T3-AK und/oder T4-AK, • Falschmessung nach T4-Gabe innerhalb der letzten 90 Tage bzw. bei Substitution.
T3-AK	• autoimmune Hypothyreose, • vorübergehender oder zufälliger Befund, • messtechnisch bedingt.	
TAK	• autoimmune Hypothyreose, • vorübergehender oder zufälliger Befund, • TAK-Bildung/Kreuzreaktion nach Tollwutimpfung innerhalb der letzten 30–45 Tage, • messtechnisch bedingt.	

Ein erhöhter **TSH-Wert** kann nach der Abheilung einer NTI oder durch das Absetzen der Medikamente auftreten. Hier sollten nach einiger Zeit erneut Messungen durchgeführt werden. Ein erhöhter TSH-Wert (bei normalen T4-Werten) kann jedoch auch Hinweis auf eine Subklinische Schilddrüsenunterfunktion sein. In diesem Fall sollten weitere Werte (TAK, T3-/T4-AK, fT4ED) bestimmt werden. Erhöhte TSH-Werte können auch bei älteren Hunden infolge von Schilddrüsen-Neoplasien auftreten. Treten bei einem substituierten Hund, bei dem die Anfangsdiagnose bereits fraglich war, erhöhte TSH-Werte auf, sollte die Substitution gestoppt werden und weitere Untersuchungen durchgeführt werden.

Ein TSH-Wert im oberen Drittel des Normbereiches kann bereits als fraglich gewertet werden.

Ein TSH-Wert unterhalb der Nachweisgrenze deutet auf eine NTI hin.

Von einigen verhaltenstherapeutischen Tierärzten werden folgende Einstufungen, in Verbindung mit dem entsprechenden Signalement und nach Ausschluss von NTIs, vorgenommen:

- Ein normaler TSH-Wert bei niedrigen T4-Werten kann eine fortgeschrittene Schilddrüsenunterfunktion anzeigen.
- TSH-Werte > 0,1 µg/l (bei Normalwert < 0,60 µg/l) deuten möglicherweise auf einen Aktivierungsversuch der Schilddrüse durch TSH, bei eingeschränkter TSH-Exkretion hin.
- T4-Werte im Bereich des unteren Referenzbereiches: Schilddrüsenunterfunktion möglich, weitere Untersuchungen, z. B. TSH-Stimulationstest, Antikörperbestimmungen, Wiederholungsmessungen nach einiger Zeit.
- Therapieversuch bei (relativ) niedrigen T3- und/oder T4-Werten, nach Ausschluss einer NTI.
- Vorliegen von TAK (und/oder TH-AK): Autoimmunerkrankung wahrscheinlich. Dodds [9] (s. Kap. Relevanz der Autoantikörper, Hormonanalyse) empfiehlt bei Vorliegen von TAK immer eine Substitution durchzuführen (siehe auch Ausführung oben sowie Kap. 3.3.5 und Kap. Antikörper gegen Thyreoglobulin und die Hormone).

Fazit 

Zusammenfassend lässt sich also sagen, dass die sichere Diagnose einer (Subklinischen) Schilddrüsenunterfunktion sehr schwierig sein kann.
Insbesondere im Frühstadium einer Schilddrüsenunterfunktion sind eine ausführliche Anamnese, Verhaltensbewertung, Gesamtblutbild und ggf. weitere Untersuchungen zur Diagnoseabsicherung erforderlich.
Die Standardwerte (T4, TSH) sind meist nur bei fortgeschrittener Schilddrüsenunterfunktion in Verbindung mit klinischen Symptomen aussagefähig.
Bei der Beurteilung der Schilddrüsenwerte sind individuelle Einflüsse zu berücksichtigen.
Eine Beurteilung der Schilddrüsenhormon-Werte nur in Bezug zu den Referenzwerten, unabhängig vom Individuum (Alter, Aktivität etc.) und der verschiedenen Einflussfaktoren (z. B. Ernährung) auf dieses Individuum ist nicht möglich.
Es bestehen Überschneidungen bei den Werten gesunder und erkrankter Hunde, insbesondere zu Beginn einer Schilddrüsenunterfunktion.
Ein einzelner „verdächtiger" Wert reicht zur Diagnose nicht aus. Je mehr abweichende Werte vorhanden sind, desto sicherer ist die Diagnose.

5 Jod

5.1 Jod als chemisches Element

Jod ist ein chemisches Element der 7. Hauptgruppe und somit ein Halogen. In diese Hauptgruppe gehören auch z. B. Fluor, Chlor und Brom.

Jod ist bei für Lebewesen üblichen Temperaturen ein Feststoff (Schmelzpunkt: 113,7 °C), der schlecht wasserlöslich, aber gut in organischen Lösungsmitteln löslich ist. Elementares Jod verdampft bei Zimmertemperatur allmählich und sublimiert bei hohen Temperaturen (direkter Übergang in die Dampfphase ohne flüssige Phase). Der entstehende Dampf ist stark schleimhautreizend. Bereits 2 g Jod können tödlich sein, der Kontakt mit Jod kann Allergien auslösen.

Jod wird zur Desinfektion eingesetzt, z. B. in PVP-Salbe oder Betaisodona. Durch die kontinuierliche Freisetzung von Jod werden Enzyme der Keime abgetötet und somit deren Stoffwechsel gestört.

Jod ist seltener als die übrigen Halogene. Jod tritt in der Natur nicht elementar auf, wohl aber in zahlreichen Verbindungen, häufig als Jodid. Folgende Verbindungen werden unterschieden:

- **Jod** = elementares Jod (J_2) – tritt in der Natur nicht auf,
- **Jodid** = Salz der Jodwasserstoffsäuren (J^-), z. B. im Meersalz enthalten,
- **Jodat** = Metallsalz des Jodes (JO_3^-), Salze der Jodsäure.

Eine bekannte **organische Jodverbindung** ist z. B. Jodoform (CHJ_3).

Anmerkung

Zur Vereinfachung wurde im Text in der Regel nicht zwischen Jodid, Jodat und Jod unterschieden.

Über Verwitterung von Böden gelangt Jod ins Wasser und ins Meer. Die Meere stellen heute den größten Jodspeicher dar. Der durchschnittliche Jodgehalt im Meer beträgt ca. 0,05 mg J/l, der Jodgehalt von Flusswasser beträgt dagegen nur rd. 5 µg/l.

Über die Verdunstung über den Meeren und die Atmosphäre gelangt Jod zurück aufs Land.

Das im Boden befindliche Jod wird von Pflanzen aufgenommen und führt direkt über die verzehrten Pflanzen oder über Verzehr von Pflanzenfresser zur Jodversorgung der Fleischfresser.

Eine Jodaufnahme ist somit über die Nahrung (Pflanzen, Tiere, Wasser) und, wenn auch nur in geringem Maße, durch Seeluft (als Jodoxid, Jodnitrat oder höhere Oxide [Methyljodid]) möglich.

Weite Teile Deutschlands gelten als Jodmangelgebiet. Daher werden Nahrungs- und Futtermitteln Jodzusätze beigefügt. Dennoch werden durch Jodmangel bedingte Krankheiten beim Menschen sowohl in Deutschland als auch in Österreich als endemisch (weit verbreitet) angesehen.

Jodmangelgebiete können je nach geografischen Gegebenheiten eingeteilt werden in

- hohe Gebirgsregionen wie die Alpen, die Anden oder die Himalayas und ihre Ausläufer,
- Regenschattengegenden wie z. B. in den Rocky Mountains von Nordamerika,

- Anschwemmungszonen wie z. B. das Great Lake Becken Nordamerikas, Finnland oder die Niederlande,
- Gebiete, deren Wasservorkommen eine Durchsickerung von Kalkgestein durchlief.

Die geografische Entfernung zum Meer kann eine wesentliche Rolle bez. des Jodgehaltes in der Umwelt spielen. Der Jodgehalt im Trinkwasser sinkt mit zunehmender Entfernung von der Küste von 9 auf 1 µg J/l. Ebenso ist der Jodgehalt im Regen in Küstennähe höher als im Landesinneren. Je nach durchschnittlicher jährlicher Niederschlagsmenge in Küstennähe und Landesinneren kann sich jedoch die Joddeposition insgesamt angleichen. Untersuchungen ermittelten z. B. in süddeutschen Böden die höchsten Jodkonzentrationen.

Dennoch ist der Jodgehalt in deutschen Böden sehr gering, besonders jodarm sind die Böden im bayrischen Alpenvorland, Schwarzwald, rheinischem Schiefergebirge, Rhön, Thüringer Wald und Erzgebirge.

5.2 Jod in Lebewesen – Die „Erfindung" der Schilddrüse

Im pflanzlichen Organismus ist Jod für den Stoffwechsel nicht von wesentlicher Bedeutung und wird als entbehrlicher Nährstoff angesehen. Jod kann jedoch bei Pflanzen einige abbauende Fermentsysteme und die Atmung steigern.

Pflanzen in Jodmangelgebieten enthalten nur rd. 10 µg J/kg Trockensubstanz, Pflanzen aus jodreichen Standorten können bis zu 1 mg J/kg Trockensubstanz enthalten.

Pflanzen weisen je nach Art sehr unterschiedliche Jodgehalte auf, siehe ▸ Tab. 5.1. Allerdings ist der Jodgehalt in unterschiedlichen Pflanzenteilen (Wurzel, Stengel, Blatt, Blüte, Frucht) unterschiedlich. Mit zunehmendem Alter der Pflanzen reduziert sich deren Jodgehalt.

Tab. 5.1 Jodgehalt einiger Gemüse und Obstsorten [15], [61].

Pflanze	µg J/kg
Karotten	16
Karotten (gekocht?)	4
Kartoffeln	26
Kartoffeln, gekocht	5
Spinat	120
Broccoli	150
Maisstärke aufgeschlossen	2
Banane	20
Banane, gebraten	1
Apfel, Birne	2–8

Beim Kochen können Jodverluste entstehen.

Meeresalgen enthalten viel Jod, da es mit dem Meerwasser aufgenommen wird. Zum Teil ist das Jod in den Algen als T4 und T3 fixiert, die jedoch in den Pflanzen vermutlich keine hormonelle Wirkung haben.

Bei manchen Pflanzen kann durch Jod der Stress hoher Salzkonzentrationen gemildert werden. Tomaten in Bodenkulturen tragen nach Jod-Düngung mehr Früchte. Hohe Jodkonzentrationen dagegen hemmen die Keimung von Gerste. Jod scheint jedoch insgesamt bei Mikroorganismen und Pflanzen keine wesentliche Bedeutung zu haben.

Organe oder Vorstufen, die Schilddrüsenhormone produzieren, treten im Tierreich schon in einfachen Tierstämmen auf. Zwar enthalten einige Bakterien und Urtiere ebenfalls Thyroxin, aber ein homologes (als Schilddrüsenvorläufer zu bezeichnendes) T4-bildendes Organ ist erst bei den Manteltieren (Tunicata) zu finden. Allerdings ist die Funktion des Organes umstritten: es bildet zwar thyroxinhaltigen Schleim, in vitro entstehen jedoch mit Jod in entsprechend oxidierenden Medien ebenfalls MIT/DIT und halogenierte Tyrosinderivate.

Die Schädellosen (Cephalochordata) weisen unbestritten ein thyroxinproduzierendes Organ auf und alle Wirbeltiere (Vertebrata) haben eine echte Schilddrüse. Man kann annehmen, dass das entwicklungsgeschichtlich frühe Auftreten der Schilddrüsenhormone im Tierreich ein Hinweis auf ihre Relevanz darstellt.

5.3 Jod im Körper

Jod ist für alle höheren Tiere ein essenzielles Spurenelement, d. h., Jod muss regelmäßig von außen aufgenommen werden.

Jod ist ein zentraler Bestandteil der Schilddrüsenhormone. Im tierischen Organismus wird es (vermutlich) ausschließlich für den Einbau in die Schilddrüsenhormone verwendet. Da Jod (insbesondere beim Hund, s. Kap. 1.3) in allen Geweben zu finden ist, kann Jodmangel Krankheiten fördern, die mit oxidativen Zellschädigungen in Verbindung gebracht werden, wie z. B. Diabetes Typ II.

Jod ist auch als Antioxidans wirksam. In der Schilddrüse wirkt es z. B. als Kofaktor bei der Peroxidase-Reaktion (s. Kap. 1.2.3), Aber auch im Plasma wird eine antioxidative Wirkung von Jod angenommen.

Sowohl eine Über- als auch eine Unterversorgung mit Jod können zu Schilddrüsenproblemen führen.

5.3.1 Jodaufnahme, -verteilung und -ausscheidung

Jod kann über die Atemwege, die Haut und die Schleimhäute aufgenommen werden. Im Wesentlichen wird Jod aber über die Futtermittel aufgenommen und über den Darm (speziell den Dünndarm) als Jodid ins Blut abgegeben. Der Jodgehalt von Nahrungs- und Futtermitteln tierischer Herkunft hängt dabei vom Futter der Tiere ab, also z. B. ob und inwieweit jodhaltige Mineralstoffmischungen oder andere Jodzusätze verwendet wurden.

Praxis 

Jodhaltige Wundbehandlungsmittel

Jodhaltige Salben und Desinfektionsmittel (wie PVP-Salbe, Betaisodona) können über die Haut aufgenommen werden. Bei großflächigen Wundversorgungen ist eine Jodintoxikation möglich. Ebenso besteht die Gefahr, dass Jod aus Mitteln zur Wundbehandlung über Ablecken der Wunden aufgenommen wird.

Die Bioverfügbarkeit ist unter anderem abhängig davon, in welcher Form das Jod vorliegt. Anorganisches Jod wird besser aufgenommen als organisch gebundenes Jod.

Stillende Mütter geben einen Teil des von ihnen aufgenommenen Jods über die Milch ab und damit an ihren Nachwuchs weiter. Bei Hunden ist zudem eine Vorstufe der Schilddrüsenhormone in der Milch nachweisbar.

Ein geringer Teil des Jods wird nicht aufgenommen, sondern über den Kot und Harn wieder ausgeschieden.

Das Jod kann in verschiedenen Geweben **gespeichert** werden, z. B. in den Speicheldrüsen, der Magenschleimhaut oder der Muskulatur. Der Hauptspeicherort ist jedoch die Schilddrüse. Nur dort kann ein Einbau von Jod in die Schilddrüsenhormone erfolgen.

Der Jodgehalt im Körper eines Hundes beträgt ca. 0,20–0,35 mg J/kg bezogen auf die fettfreie Körpersubstanz. Im menschlichen Körper beträgt der Gesamtjodgehalt durchschnittlich 10–30 mg (ca. 0,00004 Gew.-%).

Die Menge des im Blut vorhandenen Jodes ist indirekt proportional des im Magen-Darm-Traktes aufgenommenen Jodes, d. h. geringe Jodkonzentrationen im Blut bewirken eine verstärkte Jodaufnahme aus der Nahrung und umgekehrt.

Den größten Teil des organisch gelösten Jods im **Blutplasma** stellt das Jod in den Schilddrüsenhormonen selbst dar, hierbei vor allem das in T4 (65 Gew.-% Jod). Aber auch das beim Hormonabbau freiwerdende und zum Teil rückresorbierte Jod trägt zur Jod-Plasmakonzentration bei.

Für den Hund wird ein Gesamtjodgehalt im Plasma von ca. 6,4–7,6 µg/dl, davon 1,3 µg/dl hormongebundenes Jod, angegeben. Für den Menschen beträgt die Gesamtplasmakonzentration an Jod 5–10 µg/dl, wobei im Gegensatz zum Hund, der anorganische Anteil sehr gering ist (0,08–0,60 µg/dl).

Der größte Teil von T3 und T4 wird in die **Körperzellen** aufgenommen und erfüllt dort seine Funktion als Hormon. Für T4 ist die Umwandlung zu T3 bzw. rT3 durch Jodentzug (Dejodierung) der Hauptabbauweg. Die Umwandlung erfolgt unter Beteiligung von speziellen Enzymen, welche die Abspaltung von Jod bewirken, den Dejodasen, s. ▶ Tab. 1.3 im Kap. Trijodthyronin (S. 21).

Auch beim **Hormonabbau** wird Jod freigesetzt. Der Jodentzug kann in allen Körpergeweben erfolgen, ist aber in Leber und Niere besonders ausgeprägt. Das Jod und die anderen Abbauprodukte werden zum Teil ausgeschieden, zum Teil über den Darm wieder aufgenommen. Das Ausmaß der Wiederaufnahme (Rückresorbtion) ist vom jeweiligen Versorgungsgrad mit Jod abhängig.

Die **Ausscheidung** von Jod erfolgt im Wesentlichen über Kot und Harn, beim Menschen aber auch über Schweiß.

Die Ausscheidung von T3, T4 und deren Abbauprodukten über den Kot ist bei Hunden deutlich höher als bei Menschen. Beim Hund werden ca. 50 % des T4 und 30 % des T3 über den Kot ausgeschieden. Der enterohepatische Kreislauf (▶ Abb. 5.1), also der Abbau in der Leber und die Wiederaufnahme bzw. Ausscheidung eines Teils der Abbauprodukte über den Darm, stellt somit einen wesentlichen Regulationsmechanismus bei der T4-/Jod-Ausscheidung dar.

Beim Hund ist

- die mit dem Kot ausgeschiedene Menge gleichmäßig hoch, unabhängig von der zugeführten Menge. Das hierbei ausgeschiedene Jod stammt vermutlich größtenteils direkt aus der Nahrung sowie aus dem Abbau der Schilddrüsenhormone.
- die mit dem Harn ausgeschiedene Menge dagegen direkt abhängig von der Jod-Plasmakonzentration und somit von der Jodaufnahme. Allerdings gibt es keinen Schwellenwert: Es wird immer Jod über den Harn ausgeschieden, selbst wenn Jodmangel im Körper besteht.

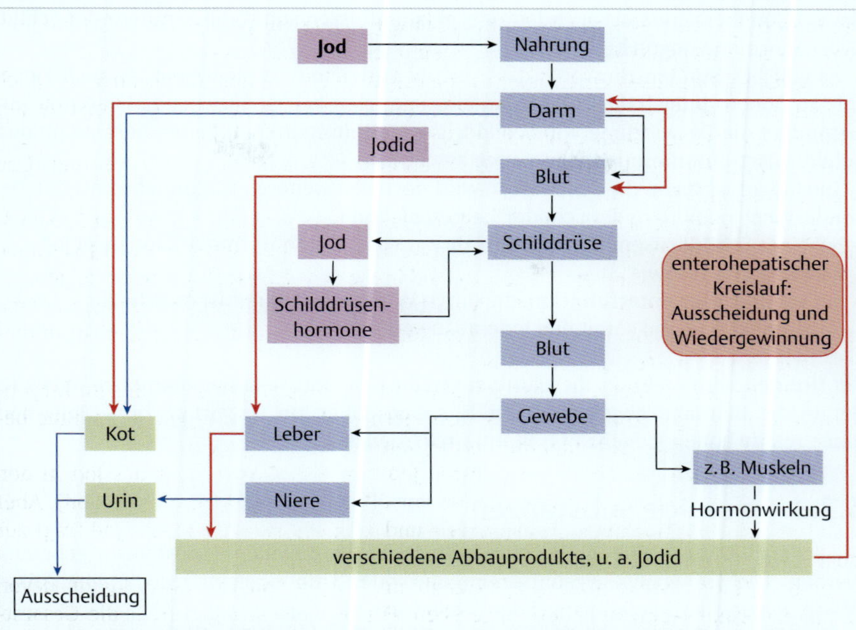

Abb. 5.1 Stark vereinfachte Darstellung des Jodkreislaufs. Schwarze Linie: Transport innerhalb des Körpers, blaue Linie: Ausscheidung, rote Linie: enterohepatischer Kreislauf.

5.3.2 Jodaufnahme in die Schilddrüse

Das mit der Nahrung aufgenommene Jod wird zum geringen Teil ausgeschieden oder in anderen Organen gespeichert. Rund 90 % des im Blutplasma befindlichen Jods wird aktiv in die Schilddrüse aufgenommen.

Bei dieser aktiven, energieverbrauchenden Aufnahme von Jod in die Schilddrüse ist wesentlich ein in der Zellmembran der Follikel befindliches Transportprotein (**Natrium-Jodid-Symporter, NIS**) beteiligt, welches durch andere Substanzen gehemmt oder aktiviert werden kann. Zum Beispiel wird NIS durch Perchlorat gehemmt und durch TSH stimuliert. TSH hat somit Einfluss auf die Jodaufnahme in die Schilddrüse.

Die Jodaufnahme in die Schilddrüse ist abhängig von der Jod-Konzentration im Blutplasma des sie durchströmenden Blutes. Bei moderaten Jodkonzentrationen existiert also ein Gleichgewicht: Ist viel Jod im Plasma, wird auch viel Jod aufgenommen und umgekehrt.

Bei extremen Jodkonzentrationen dagegen erfolgt zusätzlich zur Regulierung durch TSH eine Steuerung durch den Jodgehalt im Plasma: die Durchblutung der Schilddrüse ist direkt vom Jodgehalt des Blutplasmas abhängig und beeinflusst sowohl die Jodaufnahme in die Schilddrüse als auch die Schilddrüsenhormonbildung.

- **Jodmangel**, z. B. durch jodarme Nahrung, bedeutet eine geringe Jodmenge im Plasma. Hierdurch wird die Durchblutung der Schilddrüse gefördert und dadurch sowohl die Jodaufnahme in die Schilddrüse als auch die Hormonbildung angeregt (s. Kap. 5.4.2).
- Sehr **hohe Jodplasmakonzentration**, z. B. durch jodreiche Nahrung, hemmt die Durchblutung der Schilddrüse und reduziert somit die Aufnahme von Jod sowie die Hormonbildung (s. Kap. 5.4.1 **Wolff-Chaikoff-Effekt** und **Plummer-Effekt**).

Sowohl Jodüberschuss als auch Jodmangel beeinflussen somit die Synthese der Schilddrüsenhormone ungünstig.

Es gibt bei Hunden Hinweise, dass sowohl Futter mit zu niedrigem als auch **Futter** mit zu hohem **Jodgehalt** Schilddrüsenerkrankungen hervorrufen kann. Hier sind insbesondere die Entwicklung von Schilddrüsen-Autoimmunkrankheiten oder zumindest Schilddrüsen-Autoimmunphänomenen zu nennen.

Die Jodaufnahme in die Schilddrüse wird noch von weiteren Faktoren beeinflusst. Besonders viel Jod wird in der Schilddrüse gespeichert

- bei einer **Schilddrüsenüberfunktion**, da zur vermehrten Hormonbildung viel Jod gebraucht wird sowie
- bei **Schilddrüsenunterfunktion**, die durch Wirkstoffe bedingt ist, welche die Hormonbildung und somit den Jodeinbau verhindern.

Bei **Hunden** wird mehr als die Hälfte des in die Schilddrüse aufgenommenen Jods wieder in die Blutbahn abgegeben. Hunde haben daher, im Gegensatz zum Menschen, einen relativ hohen Jodgehalt im Blutplasma (s. auch Kap. 1.3).

5.3.3 Strumige Substanzen

Die Jodaufnahme in die Schilddrüse kann durch verschiedene Substanzen gehemmt werden. Die Jod-Analyseergebnisse im Blut oder Urin ergeben jedoch unauffällige Werte, zeigen also den Jodmangel der Schilddrüse nicht an.

Als strumige Substanzen sind vor allem **Thiozyanat- und Perchlorat**-Ionen zu nennen, aber auch **zyanogene Glykoside bzw. Glukosinolate**, bei deren Abbau z. B. Thiozyanate gebildet werden. Diese Substanzen sind in verschiedenen Kohlarten, Maniok, Bohnen und Erdnüssen zu finden bzw. entstehen bei deren Verdauung. Bei Schweinen wurde festgestellt, dass Glukosinolate in Verbindung mit Jodmangel zu einer Anreicherung von Kupfer in der Leber (Wilson-Krankheit) und zu einem verschlechterten Zinkstatus führen. Zinkmangel führt wiederum zu verminderter Umwandlung von T4 in T3 (s. Kap. Metalle und Spurenelemente). Glukosinolate gelten jedoch auch als entzündungshemmend und es wird ihnen die Produktion entgiftender Enzyme zugeschrieben.

Soja-Isoflavone werden üblicherweise als billige Eiweißquelle verwendet. Werden sie in zu großen Mengen aufgenommen, können sie die Bildung der Schilddrüsenhormone reduzieren. Zudem hemmen Soja-Isoflavone die Umwandlung von T4 in T3.

Weitere strumige Substanzen sind

- Kalzium,
- Fluoride,
- Chlorate,
- Sulfate,
- Kobaltchlorid,
- Molybdän,
- Lithium.

Eine **hemmende Wirkung** wird **angenommen** von

- Arsen,
- Kobalt,
- Mangan,
- Kadmium und
- Titan.

Wird über das Futter ständig zu viel **Kalzium** zugeführt, wird dadurch die Jodaufnahme in die Schilddrüse vermindert, was zu einer jodmangelbedingten Schilddrüsenunterfunktion führen kann.

Man nimmt an, dass auch eine erhöhte **Nitrat**-Aufnahme mit dem Trinkwasser oder der Nahrung den aktiven Transport von Jod in die Schilddrüse behindert. Bei Hunden nimmt man derzeit jedoch an, dass Nitrat den Jodstoffwechsel nicht nachteilig beeinflusst.

Auch ein **Vitamin-A-Mangel** führt zu gehemmter Aufnahme von Jod in die Follikel (genauer: Thyreozyten).

Durch Jodbeimengung im Futter kann die durch strumige Substanzen gehemmte Jodaufnahme zum Teil ausgeglichen werden.

Bei einer Schilddrüsenüberfunktion werden Medikamente eingesetzt, die die Jodaufnahme in die Schilddrüse hemmen, wie z. B. Carbimazol, Perchlorat, Propylthiouracil, Thiamazol. Weitere Details sind der ▶ Tab. 11.1 im Anhang zu entnehmen.

5.3.4 Jod und Bildung der Schilddrüsenhormone

Wie bereits in Kap. 1.2.3 erläutert, werden die Schilddrüsenhormone in der Schilddrüse gebildet, dort gespeichert und je nach Bedarf ins Blut abgegeben. In der Regel findet eine kontinuierliche Hormonabgabe statt und die Menge des aus der Schilddrüse (mit den Hormonen) abgegebenen Jods entspricht der aus dem Blut aufgenommenen Jodmenge.

In den Follikeln erfolgt die Bildung der Schilddrüsenhormone in verschiedenen Schritten. Das Jod wird zunächst an Tyrosin gebunden (s. ▶ Abb. 1.7), welches im Thyreoglobulin gebunden ist. Am Tyrosin können entweder ein oder 2 Jodatome je Tyrosinmolekül gebunden werden (**Jodierung**) wodurch entweder MIT (Monojodtyrosin, enthält ein Jodatom) oder DIT (Dijodtyrosin, enthält 2 Jodatome) gebildet wird. Während dieser Prozess in der Zellwand der Follikel stattfindet, wird die endgültige Hormonbildung, nämlich die **Verknüpfung** der jodierten Tyrosine, in einem zweiten Schritt im Follikelinneren (im Lumen) durchgeführt. Hierzu werden jeweils 2 jodierte Tyrosingruppen verknüpft.

Je nachdem, wie viel Jod nun im Gesamtmolekül vorhanden ist, ergibt sich dadurch T3 (MIT+ DIT) oder T4 (2-mal DIT). Es wird deutlich mehr T4 als T3 gebildet: Auf ein T3-Molekül kommen in den Follikeln rund 13 T4-Moleküle.

Das Thyreoglobulin mit dem an Tyrosin gebundenen Jod stellt somit die Speicherform der Schilddrüsenhormone in den Follikeln dar.

5.3.5 Trägerproteine

Trägerproteine sind für die Speicherung der Schilddrüsenhormone im Blut, den Transport und die Verteilung zu den Zielorganen verantwortlich (s. Kap. 1.2.4). Durch die Bindung der Schilddrüsenhormone an Trägerproteine, insbesondere TBG (bzw. an die funktionsverwanden thyroxinbindenden Proteine TBP), wird die biologische Halbwertszeit erhöht.

Die Trägerproteine regulieren also zusammen mit dem Ausscheidungsvermögen den Jodgehalt im Körper und sind an die normalerweise über die Nahrung aufgenommene Jodmengen und -schwankungen angepasst. Ein geringes Bindungsvermögen für die Schilddrüsenhormone setzt eine relativ hohe Hormonproduktion voraus und damit auch eine hohe Jodaufnahme. Meist geht hiermit auch eine hohe Toleranz gegenüber Jodüberversorgung einher.

5.4 Jodversorgung

5.4.1 Jodüberversorgung

Bei extrem hoher Jodkonzentration im Plasma wird die Durchblutung der Schilddrüse massiv reduziert. Ferner werden die Schilddrüsenperoxidase, die die Thyreoglobulin-Jodierung unterstützen sowie die Ansprechbarkeit der Schilddrüse auf TSH gehemmt. Die Jodaufnahme in die Schilddrüse sowie die Bildung und Ausschüttung der Schilddrüsenhormone werden völlig eingestellt. Hierdurch wird eine Überproduktion von Schilddrüsenhormonen verhindert. Diesen Effekt nennt man in Bezug auf die reduzierte Bildung der Schilddrüsenhormone **Wolff-Chaikoff-Effekt** und hinsichtlich der verminderten Freisetzung der Schilddrüsenhormone **Plummer-Effekt**.

Die **Mechanismen des Wolff-Chaikoff-Effekts** sind noch nicht vollständig aufgeklärt. Es gibt aber Hinweise darauf, dass die Schilddrüsenhormone selbst (besonders T3) wesentlich damit zusammenhängen.

Hintergrundwissen 

Medizinischer Nutzen des Wolff-Chaikoff-Effekt

Strahlenschutz durch Jodtabletten
Den Wolff-Chaikoff-Effekt macht man sich bei der Gefahr radioaktiver Kontaminationen durch einen Reaktorunfall zunutze: im radioaktiven Fall-out ist konstruktionsbedingt u. a. radioaktives Jod enthalten (Jod-131, Halbwertszeit 8 Tage). Durch rechtzeitige Einnahme hoher Dosen unkontaminierten Jods (Jodtabletten) wird die Aufnahme weiteren (radioaktiven) Jods in die Schilddrüse verhindert.
In Folge des Reaktorunfalls in Tschernobyl erkrankten im Zeitraum von 1992–2000 mehr als 4 000 Jugendliche unter 18 Jahren in den angrenzenden Gebieten an Schilddrüsenkrebs.

Behandlung der Überfunktion
Auch bei der Behandlung von Schilddrüsenüberfunktionen wird der Wolff-Chaikoff-Effekt genutzt: Bei einer Überfunktion bildet die Schilddrüse quasi aus allem verfügbaren Jod Schilddrüsenhormone. Bei hoher Zufuhr von Jod wird sowohl die Jodaufnahme in die Schilddrüse als auch die Bildung von Schilddrüsenhormonen gehemmt.

Im Normalfall ist die Hemmung nur kurzzeitig und wird durch das **Escape-Phänomen** aufgehoben: Trotz weiterhin hoher Jodzufuhr wird wieder Jod in die Schilddrüse aufgenommen und in die Hormone eingebaut. Der Körper passt sich an die hohen Jodkonzentrationen an. Liegt jedoch eine Störung vor und tritt das Escape-Phänomen nicht ein, entsteht eine Schilddrüsenunterfunktion aufgrund eines Jodüberschusses. Es wird dauerhaft die Jodaufnahme in die Schilddrüse sowie die Hormonbildung verhindert.

Praxis 

Wirkung hoher Jodzufuhr

Bei einem hohen Jodgehalt im Futter sinkt also die Schilddrüsenhormonkonzentration zunächst tendenziell oder deutlich im Blutplasma, wird dann aber wieder auf das Normalniveau reguliert. Es besteht jedoch die Gefahr, dass sich durch hohe Jodzufuhr eine Schilddrüsenunterfunktion entwickelt.

Im Humanbereich besteht ein Zusammenhang zwischen der Aufnahme hoher Jodmengen und dem Auftreten von Schilddrüsentumoren und Autoimmunerkrankungen der Schilddrüse (**Hashimoto** und **Morbus Basedow** [Graves' Disease]).

- Es wurde festgestellt, dass eine **chronische Aufnahme** extrem hoher Jodmengen (100–200 mg J/Tag – entspricht rd. dem 1000-Fachen der Bedarfsmenge) wie sie z. B. bei Japanern ernährungsbedingt auftreten kann, zu einer länger andauernden Hemmung der Schilddrüsenfunktion und bei etwa 10 % der Bevölkerung zur Entstehung von Kropf und Hypothyreosen führt.
- Ebenfalls in Ländern mit einer hohen Jodversorgung (Japan, den USA), treten im Humanbereich häufig zu hohe Konzentrationen von **Schilddrüsen-Autoantikörpern** auf. Diese führen langfristig zur Zerstörung des Schilddrüsengewebes.

Bei Untersuchungen in Argentinien bei **Hunden** standen stark jodhaltige Futtermittel im Verdacht, Schilddrüsenunterfunktion auszulösen. Dies kann sowohl durch den Wolff-Chaikoff-Effekt in Verbindung mit ausbleibendem Escape-Phänomen bedingt sein als auch durch weitere die Entwicklung einer autoimmunen Schilddrüsenunterfunktion begünstigende Effekte.

5.4.2 Jodunterversorgung

Steht nicht ausreichend Jod zur Bildung der Schilddrüsenhormone zur Verfügung, führt dies zu einer Schilddrüsenunterfunktion aufgrund von Jodmangel. Bei lang anhaltendem Jodmangel entwickelt sich daraus ein degenerativer Prozess der Schilddrüse mit vollständiger Erschöpfung und Atrophie der Schilddrüse.

Bei einer gesunden Schilddrüse kann sich durch Jodmangel ein Kropf ausbilden. Ausgelöst durch den Jodmangel entsteht ein Hormonmangel. Dieser bewirkt über eine Rückkopplung eine vermehrte TSH-Sekretion. TSH regt die Schilddrüse zum Wachstum an, sodass das vermehrte Schilddrüsengewebe ausreichend Jod zur Produktion der benötigten Hormonmenge ansammeln kann. Bei gesteigerter Jodversorgung ist eine langsame Rückbildung des Kropfes möglich. Beim Menschen ist der Jodmangelkropf die verbreitetste Form eines Kropfs und tritt in Regionen mit Jodmangel (endemischer Jodmangel) häufig auf.

Bei Hunden, die ausschließlich mit Fleisch gefüttert werden, kann sich ein **Jodmangelkropf** bilden (**All-Meat-Syndrom**, funktionelle Hyperplasie). Dies war früher häufig bei Schlachthofhunden oder Jagdhunden der Fall. Allerdings hat ein Jodmangel nicht immer einen Kropf zur Folge. Häufig müssen noch weitere Faktoren hinzukommen, wie Wachstumsphasen, Vitamin-A-Mangel, weitere kropfbildende Substanzen (z. B. Substanzen, die die Jodaufnahme in die Schilddrüse verhindern) etc.

Ein Jodmangelkropf ist bei Hunden heutzutage aufgrund von häufigen, aber nicht deklarationspflichtigen Jodzusätzen im Futter sehr selten.

Bei Menschen stieg in Jodmangelgebieten die Anzahl der Hyperthyreosen signifikant an, wenn bei älteren Patienten zusätzlich Jod verabreicht wurde. Man nimmt an, dass autonome Zentren in der Schilddrüse (also Gewebebereiche, die nicht der Steuerung unterliegen), bei der gesteigerten Jodzufuhr mit gesteigerter Bildung von Schilddrüsenhormonen beginnen.

Bei Jodmangelversorgung wird in der Schilddrüse bevorzugt T3 gebildet.

Ebenso wie ein Jodüberschuss kann ein **permanenter Jodmangel** zu Schilddrüsentumoren führen. Man nimmt an, dass bei Hunden Jodmangel die Hauptursache für Schilddrüsentumor ist.

Bei **akutem Jodmangel** können zeitweise Kaliumjodidtropfen ins Trinkwasser gegeben werden. Der Jodgehalt der Tropfen ist relativ hoch, sodass mit einem Tropfen in 1 Liter der Tagesbedarf eines rd. 17 kg schweren Hundes bereits gedeckt ist.

5.4.3 Jodbedarf der Hunde

Wildlebende Beutegreifer und/oder Allesfresser nehmen normalerweise über ihre Nahrung ausreichend Jod sowie in gewissem Umfang auch Schilddrüsenhormone auf (Hinweis: aufgrund von Umwelteinflüssen und anderen Aktivitätsniveaus ist der Energiebedarf und somit die Nahrungsmenge größer als bei Haushunden). Da der Jodstoffwechsel und der Umsatz des Jods in der Schilddrüse sehr viel höher sind, sind Hunde gegenüber Überdosierungen von Jod und Zufuhr von Schilddrüsenhormonen toleranter als Menschen. Aufgrund der normalerweise ausreichenden Hormon- und Jodzufuhr (und somit Hormonproduktion) benötigen sie keine effektiven Speichermöglichkeiten. Daher ist der Jodbedarf beim Hund im Vergleich zum Menschen, bezogen auf das relative Körpergewicht, höher: Der Jodbedarf eines Menschen beträgt ca. 220 µg/Tag (15–51 Jahre, 65 kg). Dies entspricht dem Jodbedarf eines ca. 15 kg schweren Hundes.

Dagegen benötigen sie aufgrund der teilweise hohen Hormon- und Jodaufnahme einen effektiven Ausscheidungsmechanismus (s. Kap. 5.3.1, ▶ Abb. 5.1). Mehr als die Hälfte des in die Schilddrüse aufgenommenen Jods wird wieder in die Blutbahn abgegeben. Daraus ergibt sich aber auch, dass Hunde gegenüber Jodunterversorgung relativ intolerant sind.

Die relativ hohe Toleranz der Hunde bezüglich Jodschwankungen könnte eine Erklärung dafür sein, dass Hunde erst bei einer sehr starken Schilddrüsenunterfunktion körperliche Symptome zeigen, aber schon im frühen Stadium Verhaltensauffälligkeiten auftreten können [3].

Dennoch können auch bei Hunden langanhaltende starke Jodungleichgewichte folgendes bewirken (s. Kap. 5.4.1 und Kap. 5.4.2):

- **primäre Schilddrüsenunterfunktion**: Organabbau aufgrund anhaltenden Jodmangels oder von Jodüberschuss (s. Kap. 2.2.1),
- Form einer **Autoimmunthyreoiditis** (s. Kap. Autoimmunthyreoiditis (lymphozytäre Thyreoiditis) und Kap. 2.2.2).

Die Mengenangaben für den Jodbedarf können je nach Quelle und zugrunde gelegter Umrechnung erheblich schwanken.

Tab. 5.2 Jodbedarf von Hunden.

Zeile		leichter Hund	schwerer Hund	Einheit
1	Körpergewicht	5	60	kg
	Jodbedarf nach Zentek [61]			
2	Jodbedarf bezogen auf umsetzbare Energie	41	75	µgJ/MJ uE
3	Jodbedarf bezogen auf das Körpergewicht	15	15	µg/kg
	Jodbedarf nach NRC [40]			
4	Jodbedarf bezogen auf umsetzbare Energie	52,5	52,5	µgJ/MJ uE
5	Jodbedarf bezogen auf das Körpergewicht für jüngere, aktive Tiere	19,64	10,59	µg/kg

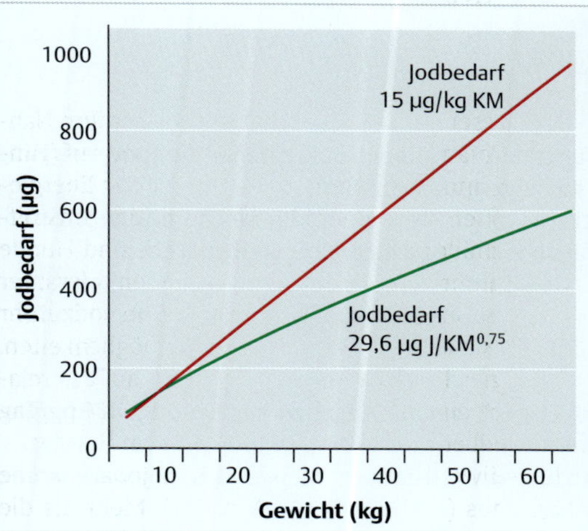

Abb. 5.2 Vergleich Jodbedarf nach NRC ([40], grüne Linie) und Zentek [61]; rote Linie).

In ▶ Tab. 5.2 ist der Jodbedarf von Hunden nach Angaben von Zentek [61] und des NRC (National Research Council, USA [40]) auf verschiedene Bezugsgrößen zusammengestellt.

Als Orientierungswert für den Jodbedarf von Hunden gibt Zentek daher einen Bedarf von 15 µg J/kg Körpergewicht an.

Vom NRC wird ein einheitlicher Jodbedarf von 52,5 µg J/MJ ME bezogen auf die umsetzbare Energie angegeben. Die Bezugsgröße ist ein Hund mit 15 kg Gewicht und 1000 kcal ME (metabolische Energie), die Umrechnung auf andere Körpergewichte und Energiemengen ist nicht eindeutig beschrieben.

Der Jodbedarf in Bezug auf die **umsetzbare Energie** ist in Zeile 2 (NRC: Zeile 4) aufgeführt. Der Tagesbedarf in Bezug zum **absoluten Körpergewicht** ist jeweils entsprechend in den Zeilen 3 und 5 berechnet.

In der ▶ Abb. 5.2 sind die Jodbedarfswerte nach Zentek und NRC, die sich bezogen auf das (stoffwechselaktive) Körpergewicht ergeben, gegenübergestellt. Wie man erkennt, ist die berechnete erforderliche Jodmenge bei Berechnung mit einem konstanten auf die umsetzbare Energie bezogenen Wert (NRC) bei leichten Hunden höher als der berechnete Wert auf Basis eines hinsichtlich des Körpergewichtes konstanten Wertes (Zentek). Bei großen Hunden ist das Verhältnis hingegen umgekehrt.

Nach einer persönlichen Mitteilung von Dr. Zentek (2017) geht die Gesellschaft für Ernährungsphysiologie davon aus, dass sich der Mineralstoffbedarf proportional zur Körpermasse verhält. Im Gegensatz dazu ist der Bedarf der Energieträger (Kohlenhydrate, Fette und Proteine) proportional zur stoffwechselaktiven Körpermasse (s. Kap. 5.4.4). Da auch die NRC-Werte einen gewissen Puffer lassen, ist davon auszugehen, dass bei einer Jodversorgung gem. der NRC-Werte im Normalfall keine Unterversorgung zu erwarten ist. Lediglich bei großen Hunden mit geringer Futteraufnahme könnte der Puffer ausgeschöpft werden. Der Bezug auf das Körpergewicht bietet einen größeren Puffer und deckt Schwankungen in der Nahrungsaufnahme und im Jodgehalt der Nahrung besser ab.

Ein höherer Jodbedarf (und höhere Energiezufuhr) ist erforderlich bei:

- wachsenden Hunden (50 µg/kg KM),
- laktierenden Hündinnen (50 µg/kg KM),
- körperlich aktiven Hunden.

Insbesondere bei trächtigen und säugenden Hündinnen sollte daher die Jodversorgung geprüft und in der Regel zusätzlich Jod zugeführt werden.

Geringere Jod-Werte ergeben sich für ältere Tiere und/oder solche mit geringerem Energiebedarf. Vermutet wird aber auch ein unterschiedlicher Jodbedarf bei:

- verschiedenen Individuen,
- den Geschlechtern,
- verschiedenen Rassen (s. Kap. 5.4.5).

Daher sind Angaben zum Jodbedarf, ebenso wie die Angaben zur benötigten Energiemenge, lediglich Anhaltswerte.

Eine Jodüberversorgung wird ab ca. der 10-fachen Menge des physiologischen Bedarfs angenommen.

Zur Jodversorgung an Schilddrüsenunterfunktion erkrankter Hunde siehe Kap. 9.10.2.

Hintergrundwissen 

Im Vergleich zu anderen Tierarten sind Equiden (Pferdeartige) hinsichtlich einer Jodüberversorgung sehr empfindlich, da Pferde kaum Mechanismen einer forcierten Ausscheidung besitzen (s. auch Kap. 1.2.4).

Daher wurde für Pferde im Vergleich zu anderen Tieren im Futtermittelrecht eine relativ niedrige maximale Jodmenge festgelegt.

Da Pferdebesitzer meist Jod zufüttern, ist die Jodunterversorgung bei Pferden inzwischen kaum noch ein Problem, dagegen mehren sich Fälle einer Überversorgung z. B. einer Jodtoxikose.

5.4.4 Jod und Fütterung

Hintergrundwissen

Nahrungsbestandteile und verwertbare Nahrung

(Hunde-)Nahrung besteht zum größten Teil aus organischem Material der Hauptgruppen Fett, Kohlenhydrate und Proteine. Diese Stoffe dienen als Energielieferanten und zum Aufbau von Körpersubstanz.

(Hunde-)Nahrung enthält aber auch in geringen Mengen Spurenelemente, Elektrolyte, Vitamine und Ballaststoffe. Diese Substanzen werden i. d. R. in Stoffwechselvorgängen benötigt und müssen nur in relativ kleinen Mengen zugeführt werden.

Spurenelemente, Elektrolyte und Vitamine werden im Folgenden unter Spurenelement zusammengefasst.

Des Weiteren kann Nahrung auch Schadstoffe enthalten, wobei eine Substanz, die in geringen Mengen essenziell ist, in großen Mengen zu einem Schadstoff werden kann.

Von dem aufgenommenen Futter (bzw. Energie) kann ein Teil nicht verwertet werden und wird über Kot und Harn ausgeschieden. Die Menge des ausgeschiedenen Futters (bzw. Energie) ist u. a. abhängig von der Futterzusammensetzung und der Darmflora.

Die **Energie** im verwertbaren Futter wird als **umsetzbare Energie** bezeichnet und wird in Bezug zum Energiebedarf des Hundes gesetzt. Der Bedarf an umsetzbarer Energie ist wesentlich vom Körpergewicht des Hundes abhängig. Kleine Hunde haben eine relativ höhere Wärmeabgabe und daher einen relativ aktiveren Stoffwechsel als größere Hunde. Dies wird durch das **stoffwechselaktive Körpergewicht (metabolische Körpergewicht)** berücksichtigt, sodass der Energiebedarf des Hundes je Tag in Abhängigkeit vom Körpergewicht berechnet werden kann.

Allerdings ist der Energiebedarf auch abhängig von z. B. individuellen Einflüssen, Temperament, Alter, Rasse, Aktivitätsniveau, Fellausbildung. Trächtige und säugende Tiere haben einen höheren Energiebedarf etc.

Der Energiebedarf muss daher durch Zu- bzw. Abschläge, die sich aus den individuellen Einflussfaktoren (z. B. Alter, Aktivitätsniveau) ergeben, ermittelt werden.

Die Bedarfsangaben für **Spurenelemente** werden entweder als Mengenangabe je Körpergewicht (z. B. µg/kg KM) oder bezogen auf die umsetzbare Energie (MJ uE/kg KM) oder das metabolische Körpergewicht (MJ/kg $KM^{0,75}$) angegeben. Teilweise finden sich auch Angaben, die die Sollwerte oder Maximalwerte im Trockenfutter angeben.

Der Energiebedarf ist zwar abhängig vom stoffwechselaktiven Körpergewicht, der Bedarf an Spurenelementen jedoch vom absoluten Körpergewicht (s. Kap. 5.4.3).

Wenn Hunde von einem Futter mit relativ hohem Jodgehalt auf ein Futter mit geringerem Jodgehalt umgestellt werden, passt sich der Organismus nur sehr langsam an die verminderte Jodzufuhr an. Es kann zu einer temporären Schilddrüsenunterfunktion kommen. Die Anpassung des Körpers kann, je nach Jodmengendifferenz, 2–3 Tage bis zu einem Jahr dauern.

Wird die Futtermenge, z. B. im Zuge einer **Diät**, reduziert, sollte geprüft werden, ob die Versorgung mit Jod (und anderen Spurenelementen und Vitaminen) noch ausreichend ist. Gegebenenfalls müssen einzelne Spurenelemente und Vitamine gezielt zugefüttert werden.

Der ungefähre Jodstatus (kein Langzeitwert) ist über Urinuntersuchungen oder annähernd über Blutuntersuchungen feststellbar, bei Hündinnen mit säugenden Welpen auch über Untersuchungen der Milch.

Insbesondere für BARFER werden spezielle **BARF-Profile** angeboten, die auch den Jodgehalt im Blut beinhalten. Nach einer persönlichen Mitteilung von Dr. Zentek (2017) sind die Ergebnisse der Analytik mit Vorsicht zu interpretieren, da es nur wenig Untersuchungen gibt, die sich mit dem Zusammenhang von Jodaufnahme und resultierendem Jodgehalt im Blut oder Urin wissenschaftlich auseinandersetzen. Andere Autoren formulieren es deutlicher, indem sie klarstellen, dass es keinen Zusammenhang zwischen der Jodversorgung und dem im Blut messbaren Jod gibt. Bei der Beurteilung der Jodversorgung sollte daher zusätzlich immer auch die Jodzufuhr über die Nahrung bewertet werden.

Das Labor IDEXX, welches BARF-Profile anbietet, verweist darauf, dass sich zahlreiche der im BARF-Profil getesteten Blutwerte erst bei langanhaltender oder extremer Fehlversorgung außerhalb des Referenzbereiches bewegen. Um bei Mangelversorgung den erforderlichen Bedarf zu decken, werden die Substanzen aus körpereigenen Quellen mobilisiert. Eine Überversorgung wird teilweise durch vermehrte Ausscheidung oder Einlagerung ausgeglichen. Sowohl Einlagerungen als auch Mobilisierung von Stoffen können zu Organschäden führen. Hinsichtlich der Vitamin-A-Messung gibt IDEXX an, dass die Aussagekraft des Wertes wissenschaftlich umstritten ist.

Somit liefert ein Wert innerhalb des Referenzbereiches keine Aussage über Unter- oder Überversorgung mit bestimmten Nahrungsinhaltsstoffen. Vielmehr ist immer auch eine Beurteilung des Futterplans und eine Rationsberechnung erforderlich, die einen guten Überblick über die Nährstoffversorgung liefert [6].

Fertigfutter: Trocken- und Dosenfutter

Ein Trockenfutter sollte je 100 g ca. 50–120 µg Jod enthalten (entspricht 0,5–1,2 mg/kg).

Allerdings muss diese Mengenangabe in Bezug zur umsetzbaren Energie des Futters gesehen werden. Da die Futtermenge bei einem Futter mit einer hohen umsetzbaren Energie (uE) kleiner ist als bei einem Futter mit geringer umsetzbarer Energie muss ein Futter mit hoher uE einen höheren Jodgehalt haben als ein Futter mit geringer uE.

Praxis

Berechnungsbeispiel Jodzufuhr über Trockenfutter

(Beispiel: Meradog pure Lamm & Reis, Daten vom Dez. 2017, Futter willkürlich ausgewählt, für viele Futter ergeben sich ähnliche Werte)

Berechnung auf Basis von Fütterungsempfehlung

Jodgehalt Futter: 2,3 mg/kg (als Kalziumjodat)
Jodgehalt Umrechnung: 2,3 mg/kg = 2,3 µg/g
Fütterungsempfehlung für einen 10 kg schweren Hund (lt. Herstellerangaben): 155 g pro Tag
Jodzufuhr pro Tag: 155 g × 2,3 µg/g = 356,5 µg/d
Jodbedarf: 10 kg × 15 µg/kg = 150 µg
Die Überschreitung des Jodbedarfs liegt noch im tolerierbaren Bereich.

Nach Aussagen von Dodds [9] ist der Jodgehalt des Futters (in Amerika) überjodiert (s. Kap. Jodgehalt des Futters), in Deutschland geht man von einer angepassten Jodierung oder Unterjodierung aus. Nach eigenen Berechnungen wird bei den vielen hochwertigen Trockenfuttern der Jodbedarf des Hundes ausreichend abgedeckt. Bei **Dosenfutter** fehlen häufig Angaben zum Jodgehalt. Bei einigen Dosenfuttern, die Angaben zum Jodgehalt enthalten, sind sowohl deutliche Unterschreitungen als auch Überschreitungen der Bedarfsmengen feststellbar.

Bei der Berechnung des über das Fertigfutter zugeführten Jods können sich für den Hundehalter Schwierigkeiten ergeben:

- Bei vielen Nassfuttern fehlen Angaben über die Zusatzstoffe (oder analytischen Bestandteile) völlig.
- Manche Hersteller machen keine Aussagen über den Jodgehalt des Futters.
- Der Jodgehalt wird in unterschiedlichen Bezugsgrößen angegeben: Jod, Kalziumjodat, Kaliumjodid. Der Jodgehalt ist dann ggf. nicht unmittelbar erkennbar.
- Wird Jod in Form von Kalziumjodat zugegeben, könnte sich theoretisch die Jodaufnahme durch Kalzium reduzieren. Dies wird jedoch als vernachlässigbar angesehen (persönliche Mitteilung Prof. Zentek, 2018).
- In den meisten Trockenfuttern ist Jod als Zusatzstoff aufgeführt, die Menge des analytisch bestimmten Jods ist nicht angegeben. Der tatsächliche Jodgehalt im Futter kann je nach Jodgehalt der verwendeten Fleisch- und Fischsorten deutlich über dem ausgewiesenen zugesetzten Jodgehalt liegen.
- Die Futtermengen nach den Fütterungsempfehlungen der Hersteller kann sich unterscheiden von der nach der umsetzbaren Energie berechneten erforderlichen Futtermenge.
- Die Fütterungsempfehlungen sollten auf der erforderlichen Energie basieren. Daher sollte die Empfehlung nicht linear mit dem Körpergewicht steigen, sondern große Hunde sollten relativ weniger Futter erhalten. Da der Bedarf an Spurenelementen etc. jedoch absolut mit dem Gewicht zunimmt, können insbesondere große Hunde bei einzelnen Stoffen in die Unterversorgung geraten. Dies trifft auch für Jod zu, sofern Jod sehr eng dosiert ist.

Erkennbare **Jodunterversorgungen** durch Fertigfutter kann durch Zugabe von jodiertem Salz ausgeglichen werden. 1 g jodiertes Salz enthält ca. 15–25 µg Jod. Hierbei ist jedoch darauf zu achten, dass die Bedarfswerte von Natrium und Chlor nicht überschritten werden. Alternativ können Produkte mit chargebezogenem zertifiziertem Jodgehalt verwendet werden. Zur Dosierung ist jedoch in beiden Fällen eine relativ genaue Waage (Analyse-/Feinwaage) erforderlich.

Selbst zubereitetes Futter

Bei Untersuchungen von selbstzubereitetem Futter in Bezug auf die enthaltenen Nährstoffe, wird häufig festgestellt, dass mehr oder weniger viele Rationen nicht bedarfsdeckend sind. Zu den Nährstoffen, die in unzureichenden Mengen zugeführt werden, zählt auch Jod (Jodüberversorgung s. Kap. Nahrungsmittel mit hohem Jod- oder Hormongehalt).

Wird das Futter selbst zubereitet, sollten bei der Berechnung der Jodzufuhr folgende Punkte berücksichtigt werden:

- Bei Mischfleisch ist unklar, welche Körperteile enthalten sind. Unterschiedliche Körperteile enthalten jedoch unterschiedliche Jodgehalte (s. ▶ Tab. 5.3 und ▶ Tab. 5.4).
- Der Jodgehalt einzelner Organe und Körperteile ist bei verschiedenen Tieren unterschiedlich. So ist der Jodgehalt in der Schweineleber (in Bezug zum Muskelfleisch) relativ niedrig, beim Rind jedoch relativ hoch. Umgekehrt verhält es sich beim Jodgehalt der Niere (siehe ▶ Tab. 5.3 und ▶ Tab. 5.4).
- Die angegebenen Werte zum Jodgehalt sind in den Quellen stark unterschiedlich (siehe ▶ Tab. 5.3 und ▶ Tab. 5.4). Teilweise sind die angegebenen Werte in den Quellen (unabhängig davon ob es sich um Literaturangaben oder online-Angaben handelt) nicht aktuell. Aufgrund der im Laufe der Zeit variierenden Praxis hinsichtlich der Jodzufütterung sind lediglich aktuelle Werte aussagefähig. Aktuelle Werte sind jedoch relativ selten zu finden.
- Je nach regionaler Herkunft des Fleisches kann das Fleisch unterschiedliche Jodgehalte aufweisen.
- Je nach Fütterung des Nutzviehs und Menge des zugefütterten Jods kann das Fleisch unterschiedliche Jodgehalte aufweisen.
- Verschiedene Fütterungsbestandteile (siehe Kap. 5.3.3) können die Jodaufnahme beeinträchtigen.
- Das in Seealgen enthaltene Jod kann sehr starken Schwankungen unterliegen. Bei Verwendung von Seealgen sollte daher auf einen chargenbezogenen zertifizierten Jodgehalt geachtet werden.
- Salzwasserfische haben 5–10-mal höhere Jodgehalte als Süßwasserfische, wobei der Jodgehalt der Haut und in der Eingeweide besonders hoch ist.
- Durch Kochen (im Zuge der Futterbereitung) können Jodverluste entstehen.
- Die Bedarfswertangaben für Jod in der Literatur sind je nach zugrunde gelegter Basis (Körpergewicht oder metabolisches Körpergewicht und Energie) unterschiedlich. Daher sollte man bei auf das metabolische Körpergewicht und Energie bezogenen Bedarfsangaben ggf. einen zusätzlichen Puffer berücksichtigen (s. Erläuterungen oben sowie ▶ Tab. 5.2).
- Prinzipiell sollte eine Überprüfung des Futterplans durch Experten (z. B. in den veterinärmedizinischen Fachbereichen der Universitäten Berlin, Hannover, Gießen, Leipzig oder München) durchgeführt werden.

Tab. 5.3 Jodgehalt unterschiedlicher Körperteile beim **Schwein** (je 100 g Fleisch).

Organ/ Körperteile	Zentek [61]	Universität Hohenheim[1]	Nährwertrechner[2]
	Jodgehalt		
Leber	2 µg (unklar, ob frisch oder gegart)	2 µg (gegart)	3 µg (frisch) 2 µg (gegart)
Bauch, Kamm, Keule, Kotelett	4 µg (unklar, ob frisch oder gegart)	1 µg (gegart)	1 µg (frisch und gegart)
Niere	7 µg (unklar, ob frisch oder gegart)	4 µg (gegart)	4 µg (frisch) 5 µg (gegart)
Herz	8 µg (unklar, ob frisch oder gegart)	2 µg (gegart)	3 µg (frisch und gegart)

[1]https://www.uni-hohenheim.de/wwwin140/info/interaktives/search.htm
[2]https://www.naehrwertrechner.de/

Tab. 5.4 Jodgehalt unterschiedlicher Körperteile beim **Rind** (je 100 g Fleisch).

Organ/ Körperteile	Zentek [61]	Universität Hohenheim[1]	Nährwertrechner[2]
	Jodgehalt		
Niere	2 µg (unklar, ob frisch oder gegart)	3 µg (gegart)	4 µg (frisch und gegart)
Keule, Kopffleisch, Hochrippe	3 µg (unklar, ob frisch oder gegart)		0
Leber	6 µg (unklar, ob frisch oder gegart)	12 µg (gegart)	13 µg (frisch) 12 µg (gegart)
Herz	7 µg (unklar, ob frisch oder gegart)	29 µg (gegart)	30 µg (frisch) 29 µg (gegart)

[1]https://www.uni-hohenheim.de/wwwin140/info/interaktives/search.htm
[2]https://www.naehrwertrechner.de/

Praxis 

In der Regel ist davon auszugehen, dass Jod bei der eigenen Herstellung des Futters gezielt zugeführt werden muss.

Nahrungsmittel mit hohem Jod- oder Hormongehalt

In den letzten Jahren mehren sich die Berichte über Hunde mit nahrungsbedingten Überfunktionsanzeichen aufgrund erhöhter Jodzufuhr (Seealgen, Seetang) oder Hormonzufuhr. Dies betrifft auch Hunde, die mit kommerziellem Futter ernährt wurden.

Kehlkopffleisch und gewolftes Fleisch stehen im Verdacht, Auslöser für Schilddrüsenunterfunktion zu sein.

Bei Verfütterung von rohem (Rinder-)Schlund (Kehlkopffleisch) mit anhaftenden Schilddrüsenresten oder gewolftem Fleisch verschiedener (undeklarierter) Körperteile wird eine unkontrollierbare und unbestimmbare Menge an Jod und ggf. auch Schilddrüsenhormonen zugeführt. Im Einzelfall kann dies je nach Dauer und zugeführter Dosis zu einer **Thyreotoxikose** führen. Teilweise wird Kehlkopffleisch auch gezielt für eine begrenzte Zeit verwendet, um zu prüfen, ob sich hierdurch eine verhaltensbeeinflussende Wirkung ergibt. Aufgrund der unbekannten Dosis im Kehlkopffleisch muss die Interpretation jedoch mit Vorsicht erfolgen.

Bei den in der Literatur beschriebenen Fällen von hoher Hormonzufuhr durch belastetes Fleisch zeigten sich nur bei rd. 50–70 % der Tiere klinische Symptome einer Thyreotoxikose. Die klinischen Symptome verschwanden kurz nach Absetzen des hormonhaltigen Futters, die Hormonwerte normalisierten sich jedoch erst sehr viel später.

Bei **dauerhafter** Fütterung mit hohen Jod- und/oder Hormonmengen belastetem Fleisch kann dies zu einer Überversorgung mit Jod (bzw. Hormonen) und entsprechend zu einer Schilddrüsenunterfunktion führen (siehe Kap. 5.4.1).

Hintergrundwissen

Jodüberschuss bei wildlebenden Beutefängern

B. Köhler [23] verweist in einer Untersuchung zu Hyperthyreose durch Futtermittel auf eine historische Untersuchung, die feststellte, dass eine unmittelbar (< 30 Minuten) nach der Schlachtung verfütterte Schilddrüse keinen Einfluss auf die Hormonwerte hatte, wohl aber Schilddrüsen, die mehr als 24 Stunden tiefgekühlt wurden. Dies würde erklären, wieso für fleischfressende Wildtiere der Verzehr von Schilddrüsen aus Beutetieren unbedenklich ist.
Eine andere Möglichkeit, dass bei Wildtieren keine Überdosierungsanzeichen bei der Aufnahme von Schilddrüsen aus Beutetieren auftreten, ist die seltenere Aufnahme von Schilddrüsengewebe in größeren Mengen. Auch ein erhöhter Ausscheidungsmechanismus könnte Überdosierungsanzeichen verhindern.

An der Universität Wien wurden zwei Untersuchungen durchgeführt, die im Zusammenhang mit Hyperthyreose-Symptomen verschiedene Werte in dem verfütterten Fleisch analysierten.

Bei einer Untersuchung [32] enthielten von 7 Kopffleischproben 3 **T4** in messbaren Konzentrationen, davon 2 in Konzentrationen oberhalb des T4-Serumgehaltes von Hunden. Zusätzlich wurde Fleischsaft von 2 weiteren Proben bestimmt. Diese enthielten extrem viel Thyroxin (> 277 nmol/l).

Bei der zweiten Untersuchung [60] wurde der **Jod**gehalt des Fleisches bestimmt. Der Wert lag bei ca. 9,43 mg/kg (= 943 µg/100 g, Vergleichswerte s. ▸ Tab. 5.3 und ▸ Tab. 5.4). Nachdem erkennbare Schilddrüsenanteile herausgenommen worden waren, fiel der Wert auf unterhalb der Nachweisgrenze (0,08 mg/kg).

Parallel zur Fleischanalyse wurden auch die Blutwerte von 5 Hunden analysiert, die mit diesem Fleisch normalerweise gefüttert wurden. Alle Hunde zeigten (zum Teil stark) erhöhte T4-Werte, sowie teilweise klinische Symptome, wie erhöhten Durst und erhöhte Urinausscheidung.

Bei den beiden Hunden mit den höchsten T4-Werten betrug die tägliche Jodaufnahme (bezogen auf das metabolische Körpergewicht) 247 µg/kg^{0,75}. Die NRC (National Research Council) empfiehlt einen Erhaltungswert von 29,6 µg/kg^{0,75}. 2 Tage nach sofortiger Absetzung der Fleischfütterung mit Schilddrüsenanhaftungen war der T4-Wert der Hunde unter die Nachweisgrenze gefallen und stieg innerhalb von 12 Tagen in den Bereich des unteren Referenzbereiches.

Bei den anderen 5 Hunden wurde die Fleischdosis sukzessive auf 50 % und dann auf 30 % reduziert. Je höher die T4-Werte anfangs waren, desto stärker fielen die Werte ab, zunächst noch im oder nahe dem unteren Referenzbereich, später unterhalb oder unmittelbar in die Nähe des unteren Referenzbereiches.

In der Veröffentlichung von B. Köhler [23] wurde der Normalwert erst nach über 3 Monaten wieder erreicht.

Selbst bei einer **einmaligen Fütterung** von Rinderschilddrüse (0,5 g Schilddrüse je kg Körpergewicht des Hundes, keine Angaben von Hormon- und Jodgehalt der verfütterten Substanz) ergaben sich über mehr als 24 Stunden erhöhte Bluthormonkonzentrationen. Der TSH-Wert normalisierte sich erst nach rd. 6 Tagen wieder. Im Vergleich zu einer Überdosierung durch externe Thyroxingabe ist die Halbwertszeit bei hormonhaltigem Fleisch höher. Dies könnte daran liegen, dass das Fleisch neben T4 auch andere Schilddrüsenhormone enthält, aber auch daran, dass in der verfütterten Schilddrüse die Hormone noch im Thyreoglobulin eingebunden sind und zunächst freigesetzt werden müssen. Ebenso wie bei der Gabe von Tabletten ergibt sich jedoch eine starke individuelle Abweichung in der Verstoffwechselung und dem Abbau der Hormone.

Das **Abkochen des Fleisches** führt nicht zu einer Reduzierung des Hormongehaltes im Fleisch, sodass auch entsprechend aufbereitetes Dosenfleisch mit Schilddrüsenanhaftung hohe Hormonkonzentrationen enthält.

Unklar ist, ob der hohe Jodgehalt des Fleisches oder die enthaltenen Hormone zu den exzessiven T4-Werten bei den Hunden führten.

In einer amerikanischen Studie wurde der Thyroxingehalt von einigen belasteten kommerziell erhältlichen Hundefuttern auf Fleischbasis sowie von Leckerchen getestet. Der Mittelwert der Proben lag bei 1,52 µg/g, der von unbelastetem Hundefutter bei 0,38 µg/g.

Praxis 

Die Ergebnisse zeigen, dass die Kapazität des Hundes, dauerhaft eine überhöhte externe Hormonzufuhr zu verarbeiten, begrenzt sind. Hohe Hormonwerte können nicht nur in Frischfleisch, sondern auch in verarbeitetem Fleisch auftreten.

Hinweis

In den Untersuchungen wurde lediglich der T4-Gehalt analysiert. In der Schilddrüse wird vorwiegend T4 produziert, die Schmelzpunkte von T3 und T4 sind annähernd gleich. Es ist davon auszugehen, dass in den Proben, wenn auch in einem geringeren Umfang, ebenfalls T3 enthalten ist.

5.4.5 Rassen mit erhöhtem Jodbedarf?

Die Stiftung Warentest hat im September 2002 mehrere Veröffentlichungen zu Jod publiziert [55], [56]. Unter anderem ist diesen Texten zu entnehmen, dass bestimmte Bevölkerungsgruppen aufgrund ihrer Ernährung eine höhere Jodakzeptanz besitzen. Als Beispiel werden Japaner aufgeführt, die regelmäßig Meeresalgen mit einem hohen Jodgehalt konsumieren. Das „überflüssige" Jod wird über den Urin ausgeschieden. Überversorgungskrankheiten (z. B. Kropfbildung), die in anderen Bevölkerungsgruppen vor allem bei älteren Menschen auftreten können, existieren in Japan gemäß den Aussagen von Stiftung Warentest nicht. Es wird davon ausgegangen, dass die Japaner sich an den hohen Jodgehalt in der Nahrung sowie aus der Umwelt (Einflüsse aus der Luft) adaptiert haben.

Allerdings kann die dauerhafte Aufnahme extrem hoher Jodmengen auch bei Bewohnern dieser Länder zu Schilddrüsenproblemen führen (s. Kap. 5.4.1)

Wie bereits erwähnt, ist der Jodbedarf bei Hunden auch von der Rasse abhängig (s. Kap. 5.4.3). Dies lässt sich zum Teil aus dem rassetypischen Aktivitätsniveau erklären.

Vorsicht 

Die folgenden Überlegungen sind nicht wissenschaftlich belegt und stellen daher Hypothesen des Autors dar.

Es könnte jedoch auch (zusätzlich) sein, dass Rassen, die ursprünglich aus Gebieten mit hoher Jodabdeckung stammen, eine ähnliche Stoffwechseladaption an eine höhere Jodzufuhr entwickelt haben, wie sie bei Asiaten im Humanbereich angenommen wird. Diese Hunderassen könnten somit einen höheren Jodstoffwechsel besitzen. In diesem Fall würde sich bei diesen Rassen bei einer ansonsten adäquaten Jodversorgung (15 µg/kg Körpergewicht) eine mehr oder weniger ausgeprägte Jodunterversorgung ergeben.

Es gibt Hunderassen, denen man rassetypisch niedrigere Schilddrüsenwerte nachsagt, ohne dass eine Schilddrüsenunterfunktion vorliegt (s. Kap. 4.3.1). Hierzu zählen z. B. Do Khyis (Ursprungsland Tibet), Akitas (Ursprungsland Japan), Basenjis (Zentralafrika), Greyhound und Whippets (England), Deerhound (Schottland), Sloughis (Nordafrika), Schlittenhunde (Arktis).

Betrachtet man die Hunderassen, denen eine genetische Disposition bez. einer Autoimmunthyreoiditis (S. 61) bzw. einer Subklischen Schilddrüsenunterfunktion (s. Kap. 2.2.2) zugeschrieben wird, fallen hier ebenfalls einige Rassen auf, z. B.:

- Afghane,
- Berger des Pyrenées,
- Epagneul Breton,
- Englische Bulldogge,
- Irischer Setter,
- Irischer Wolfshund,
- Pommernspitz,
- Rhodesian Ridgeback,
- West Highland White Terrier.

Bei vielen der Ursprungsgebiete kann man annehmen, dass das natürlich vorhandene Jod höher ist als in großen Teilen von Deutschland.

Ein moderater Jodmangel könnte dazu führen, dass diesen vorgenannten Rassen fälschlicherweise typisch niedrigere Schilddrüsenwerte oder eine genetische Disposition für Schilddrüsenerkrankungen nachgesagt werden.

Hinweis

Bei jungen Hunden, bei denen eine primäre Schilddrüsenunterfunktion diagnostiziert wurde, wurde lange Zeit häufig davon ausgegangen, dass es sich um eine Autoimmunerkrankung handelt. Der diagnostische Nachweis (Antikörperbestimmung) hierfür war vor einigen Jahren noch nicht möglich. Inzwischen ist die Differenzierung möglich, wird jedoch teilweise aus Kostengründen nicht durchgeführt. Die Einstufungen „autoimmune Schilddrüsenunterfunktion“ und „genetische Disposition“ sind daher nicht immer belegt. Hinsichtlich der Rasselisten siehe auch Hinweis in Kap. Autoimmunthyreoiditis (lymphozytäre Thyreoiditis).

Abb. 5.3 Berger des Pyrénées.

Beispiel Berger des Pyrenées

Die Berger des Pyrénées werden (teilweise) als Rasse mit einer genetischen Disposition für eine Autoimmunthyreoiditis geführt. Hierfür könnte es verschiedene Gründe geben:

- In Deutschland besitzen Berger des Pyrénées (▶ Abb. 5.3) einen relativ engen Genpool, der jedoch durch Einkreuzungen aus anderen Ländern sowie durch (kontrollierte) Aufnahmen von Hütehunden von Hirten aus den Pyrenéen in das Register des Club Berger des Pyrénées erweitert wird. Ein enger Genpool begünstigt die Verbreitung von **genetisch bedingten Erkrankungen**.
- Die Berger des Pyrénées haben ähnlich wie einige andere Hunde einen (unabhängig von der Jodzufuhr) **rassebedingt niedrigeren Schilddrüsenhormonspiegel**.
- Herr J. Müller (Mitgründer des Club Berger des Pyrénées und ehem. Zuchtleiter) gibt aus eigener Erfahrung an (persönliche Mitteilung, 2011), dass Berger des Pyrénées vermutlich aufgrund ihres Ursprungs aus den nördlichen, atlantisch beeinflussten Pyrenäen **einen relativ hohen Jodbedarf** haben. Sofern diesem höheren Jodbedarf nicht entsprochen wird, kann dies auf Dauer zu einer jodmangelinduzierten Schilddrüsenunterfunktion (s. Kap. 5.4.2) führen, auch ohne dass eine genetische Disposition für eine autoimmune Schilddrüsenunterfunktion vorliegt.

Beispiel Nordische Hunde

Im internen Bereich eines Internetforums [14] stellte ein Halter eines großen Rudels nordischer Hunde einen Versuch in seinem Rudel dar. Im Rudel war ein hoher Anteil von Hunden, bei denen eine Schilddrüsenunterfunktion diagnostiziert worden war. Die Hunde wurden mit Trockenfutter gefüttert und der Halter vermutete, dass die Hunde keine Schilddrüsenunterfunktion, sondern ernährungsbedingt Jodmangel hatten. Bei den substituierten Hunden wurde langsam ausgeschlichen, das Futter auf Rohfütterung umgestellt und alle Hunde erhielten zusätzliche Jodgaben. Alle Hunde wurden bereits nach kurzer Zeit als aktiver beschrieben. Langfristig verbesserte sich auch das Fellwachstum. Auch nach einem Jahr und Umstellung auf Trockenfutter (mit zusätzlichen Jodgaben) waren die Hunde in gutem Zustand. Lediglich bei einer Hündin musste im Alter von 14 Jahren eine Substitution begonnen werden.

5.5 Hyperthyreose bei Katzen: Jod und mögliche weitere Einflüsse

Ebenso wie Hunde haben Katzen kaum TBG als Trägerprotein. Die Schilddrüsenhormone im Blut werden vorwiegend an Albumin gebunden und in geringem Maße an TBPA (thyroxinbindendes Präalbumin). Durch die geringen Speicherkapazitäten haben Katzen einen höheren Jodbedarf als Hunde. Je nach Literaturquelle wird er unterschiedlich angegeben, liegt jedoch bei rd. 21 µg J/kg Körpergewicht je Tag. Katzen mit einer Schilddrüsenunterfunktion (sehr selten bei Katzen) benötigen jedoch weniger Thyroxin als Hunde (Katzen: ca. 10–20 µg/kg Körpergewicht, Hunde: ca. 20–40 µg/kg Körpergewicht).

Während bei Hunden vorwiegend die Schilddrüsenunterfunktion vorkommt, ist bei Katzen eher die Schilddrüsenüberfunktion anzutreffen. Inzwischen ist sie in fast allen angloamerikanischen und europäischen Ländern die am häufigsten auftretende Endokrinopathie (Hormonstörung) bei älteren Katzen.

Meistens resultiert die Schilddrüsenüberfunktion aus einem einzelnem Adenom (gutartiger Tumor, ca. 30 %) oder aus hormonproduzierenden Veränderungen an beiden Schilddrüsenlappen (multinoduläre adenomatöse Hyperplasien, ca. 70 %). Nur in weniger als 2 % sind Schilddrüsenkarzinome an der Hyperthyreose beteiligt.

Im Urin von Katzen mit Schilddrüsenüberfunktionen misst man eine relativ geringe Jodkonzentration. Wird die Schilddrüsenüberfunktion der Katzen entsprechend therapiert, normalisiert sich der Jodgehalt im Urin.

Dies könnte bedeuten, dass die nicht therapierten Katzen entweder Jod vermehrt über den Kot ausscheiden oder Jod vermehrt in den Hormonen gespeichert wird.

Als Ursache der Schilddrüsenvergrößerungen werden verschiedene Faktoren diskutiert, eindeutige Zusammenhänge sind jedoch nicht belegt:

- immunologische Faktoren,
- infektiöse Faktoren,
- alimentäre Faktoren, z. B. Fütterung von Dosenfutter mit zu geringem oder schwankendem Jodgehalt (s. u.), Selenmangel oder Soja-Isoflavone (s. Kap. 5.3.3),
- chemische Rückstände und Verunreinigungen im Futter (Weichmacher wie Bisphenol A sowie Quecksilber, PVC, s. Kap. 9.10.3),
- Umweltfaktoren: in der Umwelt vorkommende Substanzen, die die Schilddrüsenaktivität beeinträchtigen (endokrine Disruptoren, endokrin wirksame Substanzen [EDC], z. B. polybromierte Diphenylether), Substanzen in Katzenstreu oder Antiparasitika, Kontakt mit verschiedenen Pestiziden, z. B. Lindan (besonders bei Wohnungskatzen),
- genetische Faktoren, z. B. einzelne Rassen.

Hinsichtlich des **Jodgehaltes** im Futter nimmt man an, dass sowohl eine zu hohe als auch eine zu niedrige, aber auch stark schwankende Jodaufnahme an der Ausbildung einer Schilddrüsenüberfunktion beteiligt sein können.

So konnte nachgewiesen werden, dass Katzen, die dauerhaft zu wenig Jod aufnahmen, 4-mal häufiger eine Schilddrüsenüberfunktion entwickelten, als Katzen, die optimal mit Jod versorgt waren. Auch Untersuchungen im Humanbereich weisen darauf hin, dass eine bereits geringe Jodunterversorgung, dass Risiko ein toxisches Knotenstruma zu entwickeln, deutlich erhöhen können.

In verschiedenen Untersuchungen wurden in den **Dosenfuttern** für Katzen stark schwankende Jodgehalte festgestellt sowohl zwischen den verschiedenen Herstellern als auch zwischen den verschiedenen Chargen gleicher Hersteller und Futtersorten.

Als bei Katzen die ersten Schilddrüsenüberfunktionen diagnostiziert wurden (ca. 1980) lag der Jodgehalt im Futter sehr hoch. Da man einen Zusammenhang zwischen der Überfunktion und der Jodüberversorgung annahm, wurde der Jodgehalt reduziert (z. T. unterhalb der Nachweisgrenze). Inzwischen wurde der Jodgehalt der Futter wieder erhöht, schwankt jedoch je nach Hersteller, verwendeten Rohstoffen und zugesetzter Jodmenge um das bis zu 30-Fache.

Zusätzlich wurden aber auch Schwermetalle wie Quecksilber und Polyvinylchlorid als **Verunreinigung** im Dosenfutter für Katzen nachgewiesen sowie Schadstoffe, die sich in der Doseninnenverkleidung befinden (Phthalate und Bisphenol A [BPA], s. Kap. 9.10.3). All diese Substanzen könnten sich auf die Schilddrüse auswirken.

Durch ihr sehr aktives Putzverhalten nehmen Katzen mehr **Umweltgifte und strumige Subtanzen** auf als Hunde.

Strumige Substanzen hemmen die Aufnahme von Jod und somit die Bildung von Schilddrüsenhormonen. Ein dauerhafter **Jodmangel** führt zu einer Schilddrüsenvergrößerung (s. Kap. 5.4.2). Viele der strumigen Substanzen werden durch Glukuronidierung (Bindung von Stoffen an Glucuronsäure in Leber und Niere und Ausscheidung der Verbindungen) abgebaut. Dieser Prozess läuft jedoch bei Katzen langsamer ab, als z. B. beim Hund. Die Wirkung strumiger Substanzen ist bei Katzen somit bedeutend größer als bei Hunden. Im Verlauf des Alterns summieren sich die Effekte auf. Auch damit kann erklärt werden, dass ältere Katzen häufiger von einer Schilddrüsenüberfunktion betroffen sind.

Schilddrüsen-unterfunktion und Verhalten

6 Kritische Betrachtung und Überlegungen zur (Subklinischen) Schilddrüsen-unterfunktion *174*

7 Neuere Untersuchungen *190*

8 Schilddrüse und Verhalten *207*

Quelle: Eva Zimmermann, Hellenhahn

6 Kritische Betrachtung und Überlegungen zur (Subklinischen) Schilddrüsenunterfunktion

Zusammenfassung 

Klassischerweise wird eine Schilddrüsenunterfunktion anhand typischer klinischer Symptome und klaren Ergebnissen im Blutbild diagnostiziert, also im Bereich einer klinischen Schilddrüsenunterfunktion. Zu diesem Zeitpunkt sind bereits mehr als 70 % der Schilddrüse zerstört.

Zunehmend wird jedoch auch der Subklinischen Schilddrüsenunterfunktion Bedeutung beigemessen. Wie in den Kap. 2.2.2, Kap. 3 und Kap. 4 erläutert, ist die sichere Diagnose einer Schilddrüsenunterfunktion im Frühstadium sehr schwierig. Häufig sind Verhaltensauffälligkeiten oder Trainingsprobleme der Hunde Anlass für den Hundehalter umfangreiche Untersuchungen durchführen zu lassen. Der behandelnde Tierarzt substituiert entweder aus Erfahrung, mangelnder Erfahrung, als Versuch oder auf Drängen des Hundehalters.

Es gibt zwar (inzwischen) viele Hunde, die in Verbindung mit Verhaltensauffälligkeiten substituiert werden. Umfassende Untersuchungen über deren persönliche Historie vor der Substitution sowie Verhaltensänderungen oder körperliche Änderungen durch die Substitution gibt es in Deutschland nicht.

Bei den Untersuchungen von Dodds (s. Kap. 7.1) ergaben sich zwar bei einem Großteil der Hunde mit „typischen" Verhaltensauffälligkeiten deutliche Verhaltensbesserungen durch die Substitution, jedoch waren bei 35 % keine oder nur teilweise Verhaltensbesserungen feststellbar.

Die nachfolgenden Überlegungen resultieren daher teilweise aus subjektiven Einschätzungen aus eigenen Erfahrungen mit einem verhaltensauffälligen Hund, der durch die Substitution teilweise Besserungen zeigte, aus zahlreichen direkten Anfragen betroffener Hundehalter sowie aus Darstellungen aus Internetforen (vorwiegend yorkie-rg.net).

Viele der Überlegungen sind zum jetzigen Zeitpunkt noch nicht eindeutig wissenschaftlich erklärbar und bleiben daher vorerst Hypothesen.

6.1 Tabletten statt Problembewältigung?

Da besonders bei einer beginnenden (Subklinischen) Schilddrüsenunterfunktion eine eindeutige Diagnose sehr schwierig bis unmöglich ist, ist eine Therapie mit Schilddrüsenhormonen in diesem Stadium sehr heftig umstritten.

Die aufgeführten Argumente sind teilweise nicht völlig von der Hand zu weisen. Die Argumente der Kritiker sollten daher jedem Besitzer eines Hundes mit Verhaltensproblemen, die auf eine Schilddrüsenunterfunktion hindeuten könnten, bewusst sein und als Anlass dienen, eine vorschnelle Behandlung kritisch zu überdenken.

Die wesentlichen Argumente der Kritiker gegen eine Substitution ohne deutliche klinische Symptome, nur auf Basis von Verhaltensauffälligkeiten und Hormonwerten im Referenzbereich sind:

► **Kritikpunkt: Es ist falsch, aufgrund einer unklaren Diagnosebasis eine „vermeintliche" Krankheit zu therapieren.** Es gibt inzwischen gut ausgebildete und erfahrene Ärzte, die eine beginnende Schilddrüsenunterfunktion relativ gut von anderen Einflüssen differenzieren können und jeweils entsprechend therapieren können.

Allerdings ist nicht jeder Hundehalter in der Situation, einen geeigneten Tierarzt in der Nähe zu haben oder es sprechen andere Gründe (z. B. Unwissenheit über die Existenz spezieller Tierärzte; der Hund verträgt das Autofahren nicht) dagegen, einen fachlich geschulten Tierarzt aufzusuchen.

In diesen Fällen besteht die Möglichkeit, dass sich der behandelnde Tierarzt mit einem entsprechenden Kollegen per mail oder telefonisch abstimmt (s. Kap. 3.1).

Leider tendieren inzwischen einige Tierärzte dazu gerade aufgrund der schwierigen und oft unklaren Diagnose, bei niedrigen Schilddrüsenwerten voreilig auf eine Subklinische Schilddrüsenunterfunktion hin zu behandeln. Auch im Hinblick auf finanzielle Aspekte scheint für manche Tierärzte eine „Probesubstitution" („Wenn sich etwas bessert, bleiben wir dabei!") im Interesse mancher ihrer Kunden angebracht. Hier sollte jedoch im Interesse der Gesundheit des Hundes sowie im Hinblick auf langfristige finanzielle Belastungen des Halters zumindest ein vollständiger Therapieversuch (s. Kap. 3.4) durchgeführt werden.

Bei einigen Hunden kann aufgrund der gezeigten Verhaltensproblematiken akuter Handlungsbedarf bestehen. Auch hier kann eine Substitution ohne weitere Untersuchungen zunächst angeraten sein, dies jedoch nur im Rahmen eines Therapieversuchs.

Auch ein Tierarzt ist letztendlich ein Dienstleister und steht im Spannungsfeld zwischen Anforderungen aus einer Krankheit, den Erwartungen des Halters und dem Wohl des Tieres (► Abb. 6.1). Er wird also immer wieder mit Kunden konfrontiert werden, die „sich sicher sind, dass der Hund eine Schilddrüsenunterfunktion hat" und eine Substitution fordern. In diesem Fall ist es Aufgabe des Tierarztes über Vor- und Nachteile einer Substitution bei unklarer Datenlage und über erforderliche Diagnoseschritte aufzuklären.

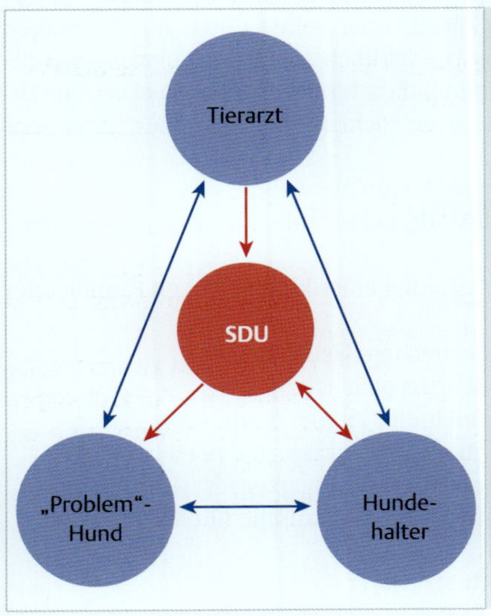

Abb. 6.1 Spannungsfeld Tierarzt, Halter und Hund.

▸ **Kritikpunkt: Viele der auffälligen Verhaltenssymptome resultieren eigentlich aus Erziehungsdefiziten. In Einzelfällen kommen auch Dauerstress oder andere Krankheiten in Frage.** Leider ist die Subklinische Schilddrüsenunterfunktion im Begriff, zu einer Modekrankheit zu werden. Zwar tritt sie in der Tat vermehrt auf bzw. wird aufgrund besserer Informationen vermehrt diagnostiziert. Aber es besteht auch die Gefahr, dass Erziehungsfehler, Erziehungsdefizite oder Krankheiten und andere Ursachen (z. B. Deprivationssyndrom, mangelnde Sozialisation) fälschlicherweise als Subklinische Schilddrüsenunterfunktion eingeordnet werden.

Praxis 

Nicht jeder Hund, der scheinbar „passende" Verhaltensprobleme zeigt, ist auch ein schilddrüsenkranker Hund.

Allerdings kann bei Dauerstress (z. B. auch durch Deprivationssyndrom, mangelnde Sozialisation) eine zeitweise unterstützende Gabe von T4 sinnvoll sein (s. Kap. 9.3.4).

Auf die Gefahren, über eine Substitution eine andere schwere Erkrankung zu übersehen oder gar zu verstärken, wurde bereits im Kap. 2.4 hingewiesen.

Allerdings ist auch zu bedenken, dass es zweifelsfrei Hunde gibt, die bereits im Frühstadium der Schilddrüsenunterfunktion gravierende erziehungsresistente Verhaltensänderungen zeigen (s. Kap. 2.2.2 und Kap. 3.2.1). Dabei ist es unerheblich, ob die Verhaltensdefizite aus dem niedrigen Schilddrüsenhormonspiegel direkt oder aus dem krankheitsbedingten Stresskreislauf resultieren.

▸ **Kritikpunkt: Resultierend aus dem vorherigen Punkt: Durch entsprechende Erziehung und/oder Umfeld-Änderungen, insbesondere der Suche nach Stressoren und Beseitigung dieser Stressoren, ließe sich auch ohne medikamentöse Behandlung eine Besserung erzielen.** Im Normalfall sollte immer zuerst die Suche nach und das Abstellen von beeinflussbaren Stressoren erfolgen. Aber selbst durch das Beseitigen aller Stressoren wäre eine völlige Gesundung bei wirklich schilddrüsenkranken Hunden nicht möglich. Es ist außerdem zu bedenken, dass häufig eine Anpassung der Lebenssituation und die Reduzierung von Stressoren nicht (mehr) oder nur unter sehr großem Aufwand möglich sind.

Von den zahlreichen möglichen Fällen nur eine kleine Auswahl:

- extrem lärmempfindlicher Hund in der Großstadt, neben einem Krankenhaus, einer Schule, einem Flughafen,
- extrem lärmempfindlicher Hund über der Wohnung einer kinderreichen Familie oder in Hörweite eines Dauerbellers,
- unsicherer, lärmempfindlicher Hund in kinderreichem Haushalt,
- völlig unsicherer, unsozialisierter Hund in Mehrtierhaushalt,
- sehr reizarm aufgewachsener Hund (z. B. „Südländer") in der Stadt,
- sehr arbeitswütiger Hund einer „ursprünglichen" Hunderasse, die noch in keiner Weise an die Anforderungen an westliche Begleithunde angepasst ist (Importtiere aus den Ursprungsländern z. B. Westsibirische Laika, afrikanische Rhodesian Ridgebacks etc.),
- extrem jagdaktiver Hund in wildreichem Gebiet,

- lauffreudiger Hund bei Besitzern, die dieser Bewegungsfreude nicht annähernd nachkommen können – kein Joggen, Radfahren, nur/vorwiegend (Schlepp-)Leinenführung,
- Hund mit großer Trennungsangst, der viel allein bleiben muss.

In einigen Fällen sollte sicher die Abgabe des Hundes an eine geeignetere Stelle erwogen werden. Eine Abgabe bedeutet aber ebenfalls sehr viel Stress für Hund und Halter – ohne eine Genesungsgarantie.

Bei der Suche nach den Stressoren ist zu berücksichtigen, dass häufig auch mehrere voneinander unabhängige Stressoren auf Hunde einwirken. Ebenso können sich die durch die „Hormonschieflage" entstandenen Auswirkungen gegenseitig verstärken, z. B. diffuse Allergien und häufige Infekte. Manche Stressoren sind nicht auf den ersten Blick erkennbar, z. B. eine Futtermittelunverträglichkeit. Zu berücksichtigen ist ferner auch das bei immer wieder auftretenden oder chronischen Infekten langfristig bestehende Gesundheitsrisiko. Bleiben die stressreduzierenden Maßnahmen ohne Wirkung, kann eine Hormonsubstitution angebracht sein.

Eine Hormonsubstitution kann und darf jedoch nie als Ersatz für weitere Maßnahmen (z. B. Reduzierung von Stressoren, weitgehende Anpassung der Lebenssituation an die Bedürfnisse des Hundes, konsequentes Training) durchgeführt werden. Die Hormontherapie kann jedoch den Stresskreislauf durchbrechen und dem Hund eine Anpassung an die Situation und dem Besitzer die Chance für eine entsprechende Erziehung des Hundes geben.

Eine Behandlung mit Schilddrüsenhormonen ist immer angezeigt, wenn klinische Symptome bei entsprechenden Blutwerten vorliegen.

► **Kritikpunkt: Auch wenn die Schilddrüsenhormone gegeben werden, um damit dem Hund aus dem Stresskreislauf zu helfen, sollten die Hormone nach einer bestimmten Zeit zumindest probeweise wieder abgesetzt werden.** Wird der Hund alleine aufgrund einer vermuteten Dauerstresssituation mit Schilddrüsenhormonen behandelt, sollten die Tabletten in der Tat nach einer gewissen Zeit ausgeschlichen werden. Voraussetzung ist allerdings, dass der Hund definitiv aus der Stresssituation herausgefunden hat und die ursprünglichen Stressoren nicht mehr vorhanden sind oder als solche wirken.

Auch sollte das „Ausschleichen" aus der Tablettengabe nach der vermeintlichen Ursachenbehebung immer sehr genau durch den behandelnden Arzt und entsprechende Blutuntersuchungen überwacht werden.

► **Kritikpunkt: Auch bei Behandlung aufgrund einer nachgewiesenen Schilddrüsenerkrankung sollte regelmäßig die Dosis reduziert und neu angepasst werden, um eine eventuelle Regeneration der Schilddrüse zu ermöglichen.** Bei einer autoimmunen Schilddrüsenunterfunktion ist eine lebenslange Substitution erforderlich. Beginnt die Schilddrüse wieder mit der Hormonproduktion, ist mit einer erneuten Autoimmunreaktion zu rechnen.

Unabhängig von diesen medizinischen Gründen ist auch zu überlegen, inwiefern ein Absetzen der Tabletten zur Probe nach einer gewissen Behandlungszeit und nach Abklingen der Symptome sinnvoll ist. Hierbei sind auch die zuvor aufgetretenen Verhaltensprobleme von Bedeutung. Es ist verständlich, wenn der Hundehalter nicht bereit ist, das Risiko eines Rückfalls zu tragen, wenn z. B. aufgrund der (schilddrüsenbedingten) Verhaltensprobleme des Hundes bereits eine Anzeige vorliegt oder der Halter mehrfach zu Schadenersatz herangezogen wurde. Auch im Interesse des Hundes wäre das nicht vertretbar, wenn dem Hund etwa im Wiederholungsfall ein Wesenstest oder Schlimmeres droht.

► **Kritikpunkt: Eine autoimmune Erkrankung ist eine multifaktorielle Krankheit, zunächst sollten also die ursächlichen Faktoren gesucht und eliminiert werden, bevor an den „Symptomen" kuriert wird.** Gerade bei einer autoimmunbedingten Schilddrüsenunterfunktion sollte berücksichtigt werden, dass Autoimmunkrankheiten multifaktoriellen Ursprungs sind, d. h., dass in der Regel nicht ein klar bestimmbarer Faktor zum Ausbruch der Krankheit geführt hat, sondern die Summe vieler Einzelfaktoren. Bei Autoimmunkrankheiten sollten generell auch die auslösenden Faktoren, soweit dies möglich ist, ermittelt und beseitigt werden. Sehr häufig ist in diesem Zusammenhang (Dauer-)Stress zu nennen.

Im Idealfall kann sogar eine völlige Ausheilung einer Autoimmunkrankheit nach Beseitigung der wesentlichen auslösenden Faktoren festgestellt werden. Es ist unklar, ob dies auch bei einer automimmunbedingten Schilddrüsenunterfunktion möglich ist (s. auch Kap. Autoimmunthyreoiditis (lymphozytäre Thyreoiditis): transiente Schilddrüsenunterfunktion). Je nach noch vorhandenem aktiven Schilddrüsengewebe und möglicher Regeneration wäre dann eventuell sogar ein Verzicht auf externe Hormongaben möglich. Die Abgrenzung einer transienten zu einer chronischen Schilddrüsenunterfunktion ist jedoch nicht ohne weiteres möglich. Studien hierzu liegen beim Hund nicht vor. Daher kann hier auf das zum vorherigen Kritikpunkt Gesagte verwiesen werden.

Fazit

Generell sollten durch eine gründliche medizinische Untersuchung, ein großes Blutbild und eine gründliche Anamnese möglichst viele der schilddrüsenbeeinflussenden Faktoren als Ursache ausgeschlossen werden. Eine Behandlung mit Schilddrüsenhormonen bei einer nicht schilddrüsenbedingten Hormonreduzierung kann gravierende Folgen haben, wenn darüber die eigentliche Ursache unberücksichtigt bleibt.

6.2 Sind schilddrüsenkranke Hunde anders?

Für die nachfolgenden Betrachtungen ist zwischen 3 Gruppen erkrankter Hunde zu differenzieren:

1. Gruppe: Hunde, deren Schilddrüsenunterfunktion anhand **klinischer Symptome** erst im Spätstadium diagnostiziert wird. Diese zeigen entweder vorab keine Verhaltensauffälligkeiten oder diese werden von den Besitzern und/oder den Tierärzten nicht als Verdachtsmomente eingestuft.

Hundebesitzer dieser Gruppe sehen bei ihren Hunden selten eine übermäßige Stressanfälligkeit.

Bei den beiden folgenden Beispielen ist im Nachhinein nicht feststellbar, ob die Verhaltensweisen tatsächlich in Zusammenhang mit einer beginnenden Schilddrüsenunterfunktion standen. Eine rechtzeitige diagnostische Abklärung in ähnlich gelagerten Fällen ist jedoch angebracht.

Praktischer Bezug

Aus meinem persönlichen Umfeld ist mir ein Hund bekannt, der ein extrem aufgeregtes Verhalten zeigte und kaum zur Ruhe kam. Im Laufe seiner persönlichen Geschichte gab es verschiedene Halterwechsel. Er litt unter Trennungsangst und zeigte dies in stundenlangem Bellen und jammern, wenn er alleine in der Wohnung war. Auch ansonsten zeigte er verschiedene „typische“ Verhaltensweisen für eine Schilddrüsenunterfunktion (wie z. B. Unansprechbarkeit in bestimmten Situationen, Überdrehtheit), sodass ich den Besitzern riet, die Schilddrüsenwerte prüfen zu lassen. Die Halter lehnten dies ab und begründeten Teile seines Verhaltens mit „rassetypisch“, andere Verhaltensweisen fanden sie nicht störend oder mieden mit dem Hund Alltagssituationen, in denen das Verhalten störend gewesen wäre.
Jahre später wurde der Hund aufgrund klinischer Symptome substituiert.
Allerdings ist nicht feststellbar, ob die „typischen“ Verhaltensweisen bereits erste Anzeichen einer Schilddrüsenunterfunktion waren.

Praktischer Bezug

Nach der Trennung seiner Halter wurde ein Hund, der vorab nie Aggressionsprobleme gezeigt hatte, aggressiv, vorwiegend Territorialaggression. Nachdem der Hund zum ersten Mal einen Menschen gebissen hatte, suchte der Halter einen Tierarzt auf, der jedoch keine medizinischen Ursachen feststellen konnte. Nachdem der Hund zum zweiten Mal gebissen hatte, wurde er eingeschläfert.
Auch hier lässt sich nur vermuten, dass das plötzlich auftretende aggressive Verhalten in Zusammenhang mit der durch die Trennung bedingten Stresssituation stand. In diesem Fall hätte eine zeitweise Gabe von Schilddrüsenhormonen auch bei grenzwertigen Ergebnissen vielleicht Besserung gebracht.

2. Gruppe: Hunde, die aufgrund von Verhaltensauffälligkeiten ohne klinische körperliche Symptome substituiert werden und bei denen diese **Verhaltensauffälligkeiten durch die Substitution** nahezu völlig **verschwinden**.

Hier sind z. B. einige Hunde zu nennen, die bestimmte Ängste alleine durch die Substitution verlieren oder die diese Ängste durch geeignetes Training relativ schnell verlieren. Zu diesen Ängsten kann z. B. Geräuschangst gehören oder übertriebene Ängstlichkeit vor fremden Objekten (► Abb. 6.2). Die Substitution schafft bei diesen Hunden also einen breiten Rahmen für das Training.

3. Gruppe: Hunde, die aufgrund von Verhaltensauffälligkeiten ohne klinische körperliche Symptome substituiert werden und bei denen **einige Verhaltensauffälligkeiten durch die Substitution nicht verschwinden** und auch in diesem Bereich weiterhin kaum trainierbar sind.

Auffällig ist bei vielen noch unbehandelten Hunden dieser Gruppe in bestimmten Situationen eine zeitweise Hyperaktivität, verbunden mit einem extremen Tunnelblick (► Abb. 6.3). Beides kommt zwar auch bei vielen gesunden Hunden vor, bei einem typischen Hund aus dieser Gruppe hat man aber keinerlei Möglichkeiten, in diesen Phasen irgendwie „Kontakt“ mit dem Hund aufzunehmen. Man hat das Gefühl, dass man selbst

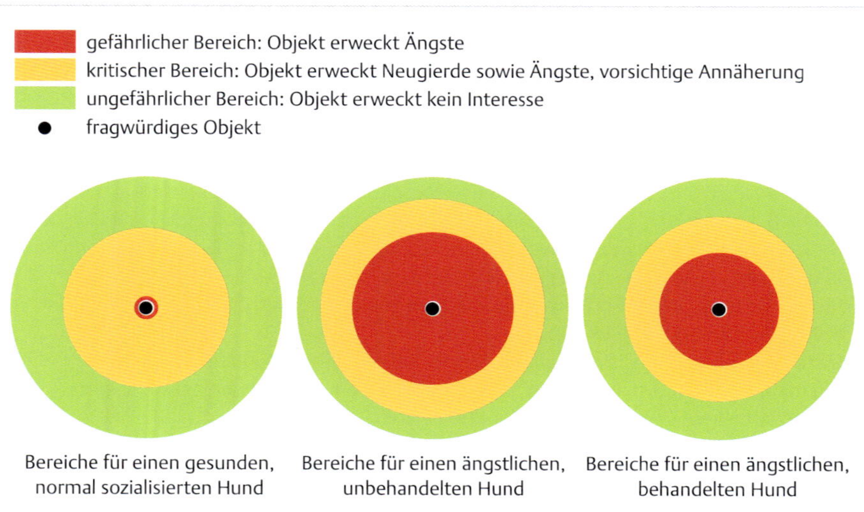

Abb. 6.2 Annäherung an ein unbekanntes Objekt.

Abb. 6.3 Tunnelblick.

mit drakonischen Maßnahmen nicht bis zum Hund vordringen könnte, um dessen Aufmerksamkeit auch nur für einen Augenblick zu erhalten. In der Tat registrieren manche Hunde auch schwere Verletzungen, die sie sich in dieser Phase zuziehen, in diesem Moment nicht.

Trotz intensivem Training in vielen verschiedenen Situationen kippt der Hund plötzlich in „seine eigene Welt“ und ist durch nichts und niemanden mehr erreichbar. Zielgerichtetes Lernen ist in solchen Situationen nicht möglich. Bis der Hund wieder wirklich normal reagiert und aufnahme- und lernfähig ist, vergeht überproportional viel Zeit.

Insbesondere Halter von Hunden aus dieser Gruppe betonen, dass ihre Hunde sich auch nach begonnener Substitution im Verhalten merklich von anderen, gesunden Hunden unterscheiden. Insbesondere wird auf eine deutlich niedrigere Stresstoleranz verwiesen. Der Stressabbau, also die Rückkehr auf ein normales Erregungsniveau, erfolgt meist sehr langsam.

Im Extremfall reagieren die Hunde trotz Hormonsubstitution auf die Stressoren weiterhin so heftig wie vor der Therapie. Die Stressoren können dabei individuell und situationsbezogen sehr verschieden sein, z. B. Hundebegegnungen, Kälte, Umstellung des Tagesablaufs, Trennungsangst.

Besonders bei Hunden dieser Gruppe wird im weiteren Verlauf zusätzlich eine Umwandlungsstörung vermutet.

Eine Einordung in eine der 3 Gruppen ist häufig in hohem Maße von der Einschätzung, der Empathie und der Beobachtungsgabe des Halters abhängig.

Ein objektiver Unterschied zwischen den 3 Gruppen scheint aber auch darin zu liegen, ob bereits vor der Therapie extreme, meist stressbedingte, Verhaltensauffälligkeiten vorlagen oder nicht. Eventuell ist dies durch eine insgesamt mehr oder weniger stark gestörte Hormonregulation der betroffenen Hunde zu erklären.

Die Abgrenzung zu gesunden, aber hyperaktiven und/oder leicht zu stressenden Hunden ist oftmals schwierig und nur durch diesbezüglich erfahrene Therapeuten möglich.

Unabhängig, in welche Gruppe ein Hund eingeordnet wurde, sollte man bei der Beurteilung von Verhaltensänderungen, die auf hormonellen Störungen basieren, immer berücksichtigen, dass Hormone ein Verhalten nicht auslösen, sondern lediglich die Bereitschaft zu verschiedenen Verhaltensreaktionen beeinflussen.

Hintergrundwissen

Betrachtet man die Diskussionen, die im Humanbereich hinsichtlich der Auswirkungen der Hashimoto-Erkrankung – einer autoimmunen Schilddrüsenunterfunktion – geführt werden, erkennt man, dass auch dort 2 Lager existieren:

- Jene, bei denen fast nur klinische Symptome vorlagen und die nie wirklich massive psychische Probleme hatten. Diese Gruppe zeigt deutliche Besserungen nach Behandlungsbeginn und weiterhin keinerlei nennenswerte psychische Beeinträchtigungen.
- Jene, die bereits vor Behandlungsbeginn klinische Symptome und zum Teil massive psychische Probleme aufwiesen. In dieser Gruppe findet man nach Behandlungsbeginn zwar Besserungen, aber auch weiterhin mehr oder weniger große psychische und klinische Probleme.

6.2.1 Charakterisierung verhaltensauffälliger Hunde mit (Subklinischer) Schilddrüsenunterfunktion und deren Halter

Aus eigener Erfahrung sowie nach zahlreichen persönlichen Berichten anderer betroffener Hundehalter scheint sich ein (allerdings nicht anhand von systematisch erfassten Datenmengen erstelltes) typisches Schema für Hunde mit Verhaltensänderungen durch eine Subklinische Schilddrüsenunterfunktion und deren Halter zu ergeben:

- **Rasse**: reinrassig oder Mix aus einer oder mehrerer der genetisch disponierten Rassen;
- **Ausbruch der Krankheit**: Beginn der Verhaltensänderungen (soweit feststellbar) meist in relativ jungem Alter (1–2 Jahre), oft im Zusammenhang mit der „Pubertät", jedoch mit Verhaltensweisen, die sich nicht nur durch diese erklären lassen oder nach besonders hervorstechenden, langfristig stresserzeugenden Ereignissen. Hierunter können z. B. fallen: die Hormonumstellungen in der „Pubertät", schwere Erkrankungen, Operationen, Unfälle, Besitzerwechsel.
- **Lebensweg**: häufig Vorgeschichte mit einschneidenden negativen Erlebnissen, ungenügende Sozialisation und somit häufig Dauerstress über längere Zeit. Bereits durch die mangelnde Sozialisation treten häufig, unabhängig von einer Schilddrüsenunterfunktion, behandlungsbedürftige Verhaltensprobleme auf.
- **Verhalten**: Tunnelblick, geringe Stresstoleranz, phasenweise unansprechbar oder weggetreten, wechselhaft, aggressiv gegen Mensch und/oder bestimmte andere Tiere. Teilweise können diese Verhaltensweisen mit einer ungenügenden Sozialisation erklärt werden, teilweise treten sie aber auch trotz einer (im betreffenden Punkt) guten Sozialisation auf.
- Besonders bei **Umwandlungsstörungen**: extrem hohe Reaktivität (z. B. extreme Reaktionen auf Bewegung, Wild, Artgenossen), starke Verhaltensauffälligkeiten, starke Reaktionen bei Hormonschwankungen (auch bei der Substitution).
- **Behandlungsreaktion**: nach Beginn der Behandlung innerhalb kurzer Zeit deutliche Verhaltensbesserungen zumindest in einigen Bereichen feststellbar, besonders deutlich bei behandelten Umwandlungsstörungen.
- **Halterreaktionen**: aufgrund des „unbeherrschbaren" Hundes häufiger Wechsel der Hundeschulen (oder Resignation). Bedingt durch die Hilflosigkeit in Hundeschulen hoher Wissensstand in Sachen Hundeerziehung (Selbsthilfe). Häufig über Hundetrainer oder Hundeforen auf die Schilddrüsenunterfunktion aufmerksam geworden. Häufig enger Bezug zum Hund und hohes Maß an Einfühlungsvermögen.

6.2.2 Denkblockade und „unfähige" Besitzer

Eine beginnende Schilddrüsenunterfunktion ist häufig zunächst nur durch Verhaltensänderungen erkennbar. Diese können ebenso gut zahlreiche andere Ursachen haben, wie z. B. falsche Erziehungsmethoden, Erziehungsdefizite oder Dauerstress.

Sehr häufig erfährt der Hundebesitzer durch Dritte Kritik, weil er „offensichtlich" nicht richtig und/oder nicht ausreichend trainiert oder die vom Trainer gegebenen Anweisungen nicht konsequent umsetzt. Daraus entsteht im Laufe der Zeit beim Hundehalter oft eine sehr starke Verunsicherung und darauf basierend Selbstzweifel: „Ich komme mit dem Hund nicht klar; ich bin unfähig; andere kommen besser zurecht mit ihm". Diese Verunsicherung wirkt sich letztendlich negativ auf das Vertrauensverhältnis zwischen Mensch und Hund aus. Gerade ein hohes Maß an gegenseitigem

Vertrauen ist aber allgemein für Hunde, die sehr sensibel, stark gestresst und/oder ängstlich sind, sehr wichtig. Ebenso ist es für den Halter wichtig, seine eigene Verunsicherung hinsichtlich seines eigenen Verhaltens und seine Befürchtungen hinsichtlich des Verhaltens seines Hundes in kritischen Situationen, nicht auf den Hund zu übertragen. So entsteht ein Teufelskreis, der häufig selbst nach Beginn der Therapie des Hundes nicht mehr ohne massive und vor allem fachlich richtige Unterstützung von außen zu durchbrechen ist.

Wie bereits oben angesprochen, sind manche Hunde mit einer (Subklinischen) Schilddrüsenunterfunktion in bestimmten Momenten nicht aufnahmefähig und wirken, als hätten sie eine Art Blockade. Dies ist häufig durch ein erhöhtes Stresspotenzial erklärbar, welches die Aufnahmefähigkeit des Hundes reduziert und auf bestimmte Aktionen fokussiert. Man kann sich die Situation in etwa wie folgt vorstellen:

- Ein gesunder Hund hat ein „modernes Breitband-Internet". Man kann gleichzeitig surfen, mailen, Musik hören und Videos anschauen. Entsprechend kann der Hund viele Signale gleichzeitig aus seiner Umwelt aufnehmen und verarbeiten.
- Ein verhaltensauffälliger Hund mit einer Schilddrüsenunterfunktion hat dagegen vergleichsweise eine „langsame Internetverbindung". Mit dieser kann man z. B. entweder surfen oder mailen. Entsprechend kann durch den Hund jeweils nur ein Signal verarbeitet werden. Die Verarbeitungsgeschwindigkeit kann jedoch extrem hoch sein, sodass der Hund teilweise sehr reaktiv und spontan agiert.

Durch die Denkblockade ist der Hund für seinen Halter in diesen Situationen nicht „erreichbar" und kann nicht das lernen, was von ihm erwartet wird. Stattdessen führt er stereotyp eine Aktion aus, die er entweder in vergleichbaren Situationen irgendwann als erfolgreich und/oder selbstbelohnend erlebt hat.

Nach Behandlungsbeginn zeigt sich häufig sehr schnell, dass nicht die betroffenen Hundehalter das auslösende Problem sind. Der Hund wird auch in Stresssituationen besser ansprechbar und kann somit in diesen Situationen in einem gewissen Rahmen angepasste Lösungswege erlernen.

Reagiert ein Hund z. B. beim Anblick anderer Hunde bereits längere Zeit stereotyp mit Angriff, muss er zunächst andere Lösungswege lernen, bevor er diese Strategie durch eine neue, z. B. eine Konfliktvermeidungsstrategie im Umgang mit anderen Hunden, ersetzen kann.

Bei der Umerziehung sind in der Regel dennoch viel Geduld und Einfühlungsvermögen nötig.

Die Krankheit sollte zwar nicht als Ausrede genutzt werden, um auf einem Trainingslevel zu verharren – aber dennoch sind die Grenzen des Hundes jederzeit zu berücksichtigen. Besonders bei der Arbeit mit solchen Hunden ist es sehr wichtig, keine falschen Vergleiche mit gesunden (normal sozialisierten und stressresistenteren) Hunden zu ziehen. Bei der Beurteilung des Hundes und der eigenen Arbeit werden ansonsten schnell kleine Fortschritte vergessen oder übersehen. Misserfolge werden dagegen häufig überbewertet und somit zum stimmungsdrückenden Faktor.

Auch wenn Therapie und Training erfolgreich sind, tauchen häufig die alten Standard-Strategien des unbehandelten Hundes wieder auf, wenn eine entsprechende Hormonschieflage (z. B. aufgrund von Stress) besteht. Der Hund hat oft lange diese Verhaltensweisen bei bestimmten Auslösern gezeigt, entsprechend lange dauert die vollständige Löschung dieser Verhaltensweisen (s. Kap. 9.12.2).

6.2.3 Placeboeffekte bei Hund und Halter

Placeboeffekte können, z. B. vermittelt durch den Hundehalter, auch beim Hund auftreten.

Lauinger [31] verglich u. a. die Wirkung von Training im Vergleich zwischen einer thyroxinsubstituierten Gruppe und einer Placebogruppe. Zwischen den beiden Gruppen ergaben sich nach 3 Monaten keine signifikanten Unterschiede in Hinblick auf die Verbesserung von Beruhigung, Befinden oder Lautstärke. In Bezug auf die Gegenkonditionierung ergaben sich für die Thyroxingruppe sogar signifikant schlechtere Ergebnisse im Bewertungskriterium „Befinden" (s. hierzu auch Kap. 9.3.3).

In einer amerikanischen Untersuchung wurde die Wirkung von Thyroxin-Behandlung sowie Placebos bei Hunden, die aggressiv gegenüber dem Besitzer waren und grenzgängige Schilddrüsenwerte aufwiesen, untersucht. Im Untersuchungszeitraum (6 Wochen) reduzierten sich in beiden Gruppen die Aggressionsvorfälle signifikant. Der Mittelwert der Aggressionsvorfälle bei der thyroxinbehandelten Gruppe lag jedoch signifikant niedriger als in der Placebogruppe. Nach Ausschluss von 3 Hunden, die trotz der Substitution nach wie vor grenzgängige Schilddrüsenwerte hatten, ergab sich jedoch kein signifikanter Unterschied mehr zwischen der T4-substituierten und der Placebogruppe.

6

Placeboeffekte sind jedoch nicht nur in Bezug auf Verhaltensänderungen feststellbar, sondern auch z. B. bei der Behandlung von Epilepsie, Gold-Implantaten bei Hüftgelenkdysplasie (HD), Arthrose o. ä.

Den Studien ist gemeinsam, dass die Bewertung der Besserung des Verhaltens (Aggressionen, Anzahl der Epilepsieanfälle, Vorhandensein von Schmerzen) im Wesentlichen vom Tierbesitzer ermittelt und berichtet werden. Ähnliche Effekte wurden jedoch auch bei der Beurteilung durch einen Tierarzt festgestellt. Werden die Veränderungen objektiv untersucht, z. B. bei Arthrose die Beinbelastung mittels einer Kraftmessplatte ermittelt, ergeben sich meist deutliche Unterschiede zwischen der Placebo- und der mit Medikamenten behandelten Gruppe.

Interessanterweise wurde in einer Doppel-Blind-Studie, die die Wirkung von homöopathischer Behandlung bei Hauterkrankungen bei Hunden untersuchte, zwischen der Placebogruppe und der homöopathischen Gruppe bei der Besserung der klinischen Symptome keine Unterschiede festgestellt, wohl aber bei den halterbezogenen Angaben zum Juckreiz. Hier ergaben sich bei 25 % der Hunde Verbesserungen in der homöopathisch behandelten Gruppe, bei keinem der Hunde in der Placebogruppe. Dennoch beurteilten die Halter der Placebogruppe die Wirkung des „Medikamentes" mit 82 % als gut bis sehr gut, im Vergleich zu 56 % in der homöopathischen Gruppe. Auch dies zeigt die subjektive (und z. T. widersprüchliche) Beurteilung der Halter auf.

Bei den scheinbaren Verbesserungen bei Placeboprodukten sind folgende möglichen Effekte denkbar:

- **Hawthorne-Effekt**: die an einer Studie teilnehmenden Hundehalter wissen, dass sie an der Studie teilnehmen und unter Beobachtung stehen. Dadurch ändern sie ihr Verhalten und ggf. auch ihre Einschätzungen. Die Studie selbst führt also in diesem Fall bereits zu einer Ergebnisverfälschung.
- **Erwartungshaltungen**: Der behandelnde **Tierarzt** erwartet Verbesserungen durch die Behandlung und erkennt ggf. kleine, zufällige Veränderungen als relevante Veränderungen.
- Ebenso erwarten die **Besitzer** von der Behandlung einen positiven Effekt und interpretieren das Verhalten des Tieres entsprechend. Hier spielen auch der oft lange Leidensweg und die Hoffnung auf eine wirksame Therapie eine wesentliche Rolle.
- Verhalten (aber auch epileptische Anfälle u. a.) ist von **vielen Faktoren** abhängig. Gegebenenfalls sind im Laufe der jeweiligen Studie (ggf. auch durch die jeweilige

Studie induziert) oder durch die Behandlung an sich Veränderungen aufgetreten, die zu einer Besserung der Symptome geführt haben.

- Bereits durch die Behandlung alleine können **Veränderungen** auftreten: die Hundehalter sind ggf. durch das ausführliche Gespräch mit dem behandelten Tierarzt motivierter bez. Veränderungen in Haltung und Training, haben einen anderen Umgang mit dem Hund, schenken dem Hund mehr Fürsorge und Aufmerksamkeit (schon alleine durch die Beobachtung hinsichtlich Verbesserungen), die Gabe der Tabletten stellt eine zusätzliche persönliche Zuwendung dar etc.
- Auch Tiere sind in der Lage bez. Medikamentengabe einer **klassischen Konditionierung** zu unterliegen. Hat ein Tier im Vorfeld „gelernt“, dass nach einer Tablettengabe Besserungen eintreten (z. B. nach Gabe von Schmerzmitteln), kann diese „Erwartungshaltung“ ggf. auch bei späteren Behandlungen mit Placebos zu Besserungen führen.
- Auch ist es möglich, dass Hunde die **positive Erwartungshaltung** und somit auch das veränderte Verhalten des Halters (sowie des behandelten Arztes) **wahrnehmen** und sich sukzessive daran anpassen. In Bezug auf HD könnten sie so z. B. ihr Schmerzgedächtnis überwinden. Ebenso können Selbstheilungsprozesse in Gang gesetzt werden.

Aus diesen Gründen sollten Studien, bei denen die Hundebesitzer wesentliche Kriterien der Verbesserungen angeben, als Doppel-Blind-Studien angelegt sein. Auch der Tierarzt sollte bei der Beurteilung von Verbesserungen möglichst objektive Kriterien heranziehen. Veränderungen im Gangbild bei Arthrose lassen sich z. B. per Videoaufzeichnungen vergleichen.

Bei einer Subklinischen Schilddrüsenunterfunktion, die sich vorwiegend durch Verhaltensprobleme und grenzwertige Schilddrüsenwerte auszeichnet, erfolgt die Beurteilung der Verbesserungen nahezu immer durch den Halter. Alle oben genannten Aspekte (also Scheinbesserungen bis hin zu tatsächlichen Besserungen durch geänderte Erwartungshaltungen des Halters) können hier, neben einem tatsächlichen Therapieerfolg, wirksam werden.

Doppel-Blind-Studien existieren in diesem Bereich so gut wie nicht. Die Studie von Dodds (s. Kap. 7.1) ist ebenfalls nicht als Doppel-Blind-Studie angelegt. Bei der Beurteilung von Veränderungen unter einer Substitution sind daher immer auch Placeboeffekte zu berücksichtigen.

6.3 Subklinische Schilddrüsenunterfunktion oder Traumafolge?

Aussagefähige Studien über Traumata und posttraumatische Belastungsstörungen (PTBS) bei Hunden liegen nicht vor. Daher können nur Analogien zu Traumata/PTBS bei Menschen erfolgen. Dipl.-Psych. R. Mehl schlägt vor, Therapieformen, die bei menschlichen PTBS-Patienten eingesetzt werden, analog auch auf betroffene Hunde anzuwenden.

Der Einfachheit wegen werden im Folgenden die Begriffe Traumata/PTBS beibehalten, auch wenn diese gem. ICD-10 (internationale Klassifikation der Krankheiten) klar definiert sind und in einigen Punkten nicht auf Hunde übertragbar sind.

Ein Trauma ist ein Ereignis, bei dem das Individuum keine Fluchtmöglichkeit sieht und welches sich so überwältigend auswirkt, dass die Verarbeitungsmöglichkeiten des

Individuums gravierend überschritten werden. Die Situation wird als (lebensgefährliche) extreme Bedrohung empfunden und ist mit erlebter Hilflosigkeit, Kontrollverlust/Ohnmacht, extremer Angst und/oder starken negativen Gefühlen gekoppelt.

Eine traumatische Erfahrung kann einmalig (z. B. Unfall, Entführung, Operation), wiederholt oder über einen längeren Zeitraum (z. B. Missbrauch, emotionale oder körperliche Vernachlässigung) auftreten.

Hintergrundwissen

One-Trial-Learning

Bei der klassischen Konditionierung wird ein unkonditionierter Reiz durch mehrfache Wiederholung mit einem neutralen Reiz verknüpft (konditionierter Reiz), sodass der neutrale Reiz zum Hinweis für den unkonditionierten Reiz wird. Der vormals neutrale Reiz löst dann die gleiche Reaktion aus, wie der unkonditionierte Reiz.
Bei sehr gravierenden Ereignissen reicht jedoch bereits eine einmalige Präsentation von unkonditioniertem und neutralem Reiz (**One-Trial-Learning**). Der vormals neutrale Reiz (bzw. die Umgebungsumstände) lösen dann die gleichen Reaktionen aus, wie das eigentliche Ereignis. Die Verknüpfungen sind oft sehr schwer wieder zu löschen. Das sofortige Lernen tritt z. B. bei traumatischen Ereignissen auf.
Biologisch bietet das sofortige Lernen einen Überlebensvorteil, da erlebte gefährliche Situationen in Zukunft gemieden werden.
Ein sehr schnelles Lernen wurde jedoch auch bei der Kombination typischer „Schreckgeräusche", Aufmerksamkeit erzeugende Geräusche (kurz, scharf) in Verbindung mit anschließender Belohnung festgestellt (s. auch Kap. 9.12.6).

6

Die Bewertung der Situation (bzw. Situationen) ist individuell, sodass gleiche Situationen bei verschiedenen Individuen zu einem Trauma führen können – oder auch nicht. Die Faktoren, die die Bewältigung einer potenziell traumatischen Situation verhindern helfen (Resilienzfaktoren), sind zum Teil genetisch bedingt (z. B. Persönlichkeitsmerkmale), zum Teil stammen sie aus der Lebenssituation/Umwelt (z. B. Bezugspersonen, stabile Gruppe, soziale Unterstützung).

Bezogen auf Hunde können neben Unfällen und Misshandlungen, auch sehr frühe Trennung aus dem Wurf (Welpenvermehrer, „Straßenverkäufer"), Trennung aus einer intakten Gruppe (Straßenhunde), Verlust von Bezugspersonen/-lebewesen (Straßenhunde), Verbringen in eine völlig unbekannte und bedrohlich empfundene Umwelt (Auslandshunde, Bauernhofhund in einer Stadt) und ähnliches zu traumatischen Erfahrungen führen.

So wird oft infrage gestellt, ob südländische Hunde aufgrund ihrer evolutionären und individuellen Vorgeschichte in der Lage sind, sich adäquat auf eine neue Umgebung in Industrieländern einzustellen. Zum Teil sind sehr hohe Anpassungsleistungen gefordert: anderes Klima, andere Ernährung, andere Sprache und Gestik der Menschen, anderer Technisierungsgrad der Umwelt. Zum Teil müssen Hunde, die Menschen bisher als Feinde betrachtet haben, ein enges Zusammenleben mit Menschen beginnen. Der Transport der Hunde aus dem Ausland wird nicht selten von den Hunden als bedrohlich empfunden (ungewohnte Autofahrt, Boxentransport, Flugzeugfrachträume).

Die bisherigen sozialen Beziehungen innerhalb einer Hundegruppe, die eine erfolgreiche Stressbewältigung unterstützt haben, sind nicht mehr vorhanden. Dies, sowie der Verlust der Gruppe an sich, begünstigen die Entstehung eines Traumas.

Eine der wenigen offiziellen Aussagen zu Traumata bei Hunden finden sich in „Hunde im Einsatz". Hier wird z. B. berichtet, dass spezialisierte Spürhunde ein höheres Risiko für PTBS haben, als Patrouillen-Sprengstoff-Spürhunde. Im Gegensatz zu den Patrouillen-Sprengstoff-Spürhunden werden die spezialisierten Spürhunde nicht auf Angreifen und Zubeißen trainiert. Die Hundeführer nehmen an, dass diese Aktionen ein Ventil für angestauten Stress und Aggressionen darstellen. Dieses Ventil fehlt aber bei spezialisierten Spürhunden.

Die resultierenden psychischen Störungen sind gekennzeichnet durch emotionale Fehlregulationen und können die sozialen Beziehungen erheblich beeinträchtigen. Sowohl die unmittelbaren Bezugspersonen als auch das weitere soziale Umfeld können dadurch ebenfalls erheblichem Stress ausgesetzt sein.

Bei stark verhaltensauffälligen Hunden (z. B. manche Hunde mit Schilddrüsenunterfunktion) wird seitens der Hundehalter immer wieder betont, dass nicht nur der Hund an seiner Leidensgrenze ist, sondern auch der Halter selbst. Dies resultiert aus der gegenüber dem Hund empfundenen Empathie (Mit-Leidensfähigkeit des Menschen) und der Hilflosigkeit des Halters gegenüber dem Leid des Hundes, aus dem aus der Umwelt gezeigten Unverständnis (bez. der Reaktionen des Hundes, der Reaktionen und Opferbereitschaft des Halters etc.), aber auch aus dem zum Teil widersprüchlichen und unvorhersehbaren Verhalten des Hundes selbst.

Die Folgen eines Traumas können eine posttraumatische Belastungsstörung (PTBS) sowie eine „komplexe posttraumatische Belastungsstörung" sein. Die Merkmale umfassen u. a. folgende Symptome:

- Wiedererleben des traumatischen Ereignisses in rezidivierenden Erinnerungen, Träumen, Halluzinationen, Illusionen oder dissoziativen Flashback-Episoden.
- Innere oder äußere Reize, die in Bezug zum traumatischen Ereignis gesetzt werden (Trigger), werden intensiv belastend erlebt und können zu heftigen körperlichen Reaktionen führen.
- Reize, die mit dem Trauma in Verbindung gebracht werden (Trigger), werden vermieden. Bei diesen Reizen kann es sich um Außenreize (Situationen, Lebewesen, Orte, Geräusche, Gerüche) handeln, aber auch um innere Reize (Gedanken, Gefühle).
- Derealisierungszustände (abnorme oder verfremdete Wahrnehmung der Umwelt), Depersonalisierungszuständen (Entfremdung von der eigenen Person) und Depressionen. In diesem Zusammenhang treten z. B. spontane Verhaltenswechsel (Dr. Jeckyll und Mr. Hyde) auf, das Lebewesen wirkt unberechenbar.
- Hohe/permanente Aktivierung des zentralen Nervensystems, mit Folgen wie Schlafstörungen, aggressive Reizbarkeit, Wutausbrüche, Schreckhaftigkeit, Geräuschempfindlichkeit, erhöhte Wachsamkeit (Hypervigilanz), aber auch Konzentrationsstörungen. Mit der Hypervigilanz gehen ein durchgehend erhöhtes Angstniveau, innere Unruhe, kontinuierliches Beobachten der Umgebung und Vermutung von Bedrohungen aus der Umwelt, Misstrauen gegen die Umwelt, Selbstunterschätzung, geringes Selbstwertgefühl, Unsicherheit, geringe Frustrationstoleranz und Erschöpfung einher.
- Veränderte Regulierung von Affekten und Impulsen: selbstverletzendes Verhalten (*Pfoten wundlecken*), stereotypes Verhalten, Zwangshandlungen (*im Kreis laufen, Schwanz jagen*), Aggressivität gegen Andere, Impulskontrollstörungen.
- Physische Erkrankungen wie Bluthochdruck, chronische Schmerzsymptome, kardiovaskuläre Erkrankungen, metabolisches Syndrom, Autoimmunerkrankungen, Hormonprobleme, Karzinome als Ausdruck von chronischem Schmerz, orthopädische Schmerzen, Spannungsschmerzen.

- Bindungsprobleme, Probleme Vertrauen aufzubauen, Misstrauen gegen Sozialpartner, Probleme mit Nähe oder widersprüchliches Verhalten bei Nähe, grenzsetzendes Verhalten oder grenzüberschreitendes Verhalten.

In dem Buch „Hunde im Einsatz“ [1] werden Hunde mit PTBS als sehr anhänglich und hilfsbedürftig beschrieben, andere hingegen als scheu und abweisend, wieder andere als aggressiv.

Als Auswirkung der Hypervigilanz wird eine Hündin beschrieben, die durch eine Sekundärexplosion nach einem Sprengstofffund ernsthaft verletzt wurde. Infolge schien sie bei weiteren Sprengstofffunden stets eine weitere Explosion zu erwarten und zeigte nicht mehr ordnungsgemäß durch Hinsetzen, sondern durch Umkreisen den Fundort an.

Eine Desensibilisierung in Bezug auf die angstauslösenden Situationen ist beim Menschen nur im Rahmen einer Verhaltenstherapie und in kleinen Schritten möglich. Vorab erlernt der Patient u. a. sichere innere Rückzugsräume zu schaffen. Durch die Desensibilisierung sollen die negativen Erinnerungen, Interpretationen und Einstellungen verändert werden.

Bei der üblichen Desensibilisierung oder Gegenkonditionierung bei Hunden sind die vorbereitenden und begleitenden therapeutischen Maßnahmen jedoch nicht gegeben. Der traumatisierte Hund bewertet im Rahmen des Trainings die Situation quasi binär: entweder sie wird nicht wahrgenommen (s. ► Abb. 6.4, grüner Bereich) oder sie wird als angstauslösend wahrgenommen (wirkt als Trigger, roter Bereich, s. im Vergleich dazu ► Abb. 6.2: gelber Bereich: Wahrnehmung des angstauslösenden Faktors, jedoch noch keine Reaktion). Hier sollten zur Behandlung bez. PTBS speziell geschulte Therapeuten herangezogen werden.

Amerikanische Hunde im Militäreinsatz, die aufgrund entsprechender Erlebnisse nicht mehr diensttauglich sind, werden einer speziellen Therapie unterzogen, die sich je nach Einzelfall aus Therapie und/oder Medikamenten zusammensetzt. Die Therapie beinhaltet u. a. Desensibilisierung und Gegenkonditionierung. Lediglich 25 % der so

Abb. 6.4 Annährung an einen Trigger.

behandelten Hunde ist wieder diensttauglich. Weitere 25 % erhalten eine bis zu 6-monatige zusätzliche Therapie, 50 % werden anderen Aufgaben zugeordnet oder in den Ruhestand versetzt.

Von Bedeutung ist die (auch beim Menschen) auftretende geruchliche Triggerung. Bei „Nasentieren" wie Hunden ist davon auszugehen, dass die Triggerung durch Geruch noch eine weit bedeutendere Rolle spielt. In der Regel ist dieser Trigger (bedingt durch die unterschiedliche Geruchsempfindlichkeit von Mensch und Hund) durch den Besitzer, im Gegensatz zu optischen oder situativen Triggern, nicht nachvollziehbar. Das Verhalten des Hundes wird umso mehr als „spontan und unvorhersehbar" eingestuft.

Häufig ist ein hohes manipulatives, geschicktes Sozialverhalten zu finden, durch das versucht wird, weitere traumatische Situationen im Vorfeld zu erkennen und zu vermeiden. Hierunter können sowohl Aggressionen als auch Demut und Anpassung fallen.

Bei PTBS-Patienten findet man eher niedrigere (als erhöhte) Kortisolwerte. Unabhängig von Stresssituationen wird Kortisol beim Menschen pulsativ ausgeschüttet und weist zudem einen zirkadianen Rhythmus auf. Für PTBS-Patienten scheint jedoch ein durchgehend niedriger basaler Kortisolwert über den Tag hinweg typisch zu sein. Die Behandlung mit Kortisol wird daher, begleitend zur psychotherapeutischen Behandlung, diskutiert.

Akute psychische Belastungen können sowohl durch auffällig hohe Schilddrüsenwerte (erhöhte T4- und TSH-Werte) als auch durch niedrige TSH-Werte und normale T4-Werte gekennzeichnet sein.

Viele der beschriebenen Auswirkungen eines PTBS sind auch bei Hunden zu finden, bei denen eine Schilddrüsenunterfunktion diagnostiziert wurde.

Im Kontext mit dem Verhalten und T4-Werten im unteren Referenzbereich kann dies dazu verleiten, eine (Subklinische) Schilddrüsenunterfunktion zu diagnostizieren, obwohl eigentlich eine andere Ursache vorliegt. Dies würde erklären, wieso manche Hunde trotz Substitution weiterhin mehr oder weniger starke Verhaltensauffälligkeiten zeigen.

Eine Überprüfung der bekannten bisherigen Lebenssituation ist daher anzuraten.

Behandlungsmöglichkeiten einer PTBS sind u. a.

- Selbstwahrnehmung im Hier und Jetzt stärken: sicherer Rückzugsort (z. B. Höhlen, Boxen), Körpergrenzen aufzeigen (TellingtonTouch, Körperbinden, Thundershirt), zeitliche Begrenzungen (Anfang und Ende einer Situation – z. B. beim Clickertraining), Atmung bewusst machen (Hand auf Bauch oder Rippen legen, Führung, Atmungsrhythmus des Hundes aufnehmen/Mitatmen),
- Umgang mit Spannungszuständen erlernen: gezieltes Training zur Konzentrationssteigerung (Suchspiele, Obedience, Agility, Longiertraining), Körperspannung lösen (Massagen, Sport/Bewegung, Entspannungskonditionierung (Duft-Trigger),
- erlernen sozial angemessener Emotionsregulationsstrategien, erlernen alternativer Strategien (auch durch Beobachtungslernen von anderen Hunden), erlernen von Selbstregulation, Grenzen setzen, Hemmung unangemessener Verhaltensweisen,
- Bindungserfahrungen nachholen, Beziehungsarbeit, Vertrauen herstellen: soziale Unterstützung in akuten Situationen.

Die Behandlungsansätze haben sich auch bei einigen Hunden mit Schilddrüsenunterfunktion und extremen Verhaltensweisen bewährt (s. Kap. 9.12). Bei einer Schilddrüsenunterfunktion, bei der der Verdacht besteht, dass auch traumatische Erlebnisse eine auslösende Rolle spielen könnten, sollten daher die genannten verhaltenstherapeutischen Maßnahmen sowie eine fachkundige Therapie zusätzlich zur Substitution genutzt werden.

7 Neuere Untersuchungen

Zusammenfassung

In den USA findet man zahlreiche neuere Studien rund um das Thema „Schilddrüsenunterfunktion bei Hunden“. Aber auch in anderen Ländern werden zunehmend Studien zum Thema veröffentlicht. Die Ergebnisse einiger Studien werden an geeigneter Stelle im Buch vorgestellt.
Die Untersuchungen und Veröffentlichungen von Dr. Jean Dodds (USA) beziehen sich insbesondere auf die Subklinische Schilddrüsenunterfunktion und möglicher Verhaltensänderungen. Die Untersuchungen werden von vielen verhaltenstherapeutisch arbeitenden Tierärzten in Deutschland als Basis für die Beurteilung und Behandlung der Subklinischen Schilddrüsenunterfunktion herangezogen. Daher wird hier näher auf die Untersuchung von Dodds eingegangen.
Aber auch an den deutschen Universitäten (vorwiegend in München) werden zunehmend mehr Doktorarbeiten zu dem Thema „Verhaltensbeeinflussung durch Schilddrüsenunterfunktion“ verfasst. Auf die Doktorarbeiten von Wahrendorf [58], von Thun [57] und Lauinger [31] wird im Kap. 7.2 näher eingegangen.
Weitere Ergebnisse von Doktorarbeiten zum Thema Schilddrüsenunterfunktion sind in anderen Kapiteln an geeigneter Stelle erwähnt (z. B. die Doktorarbeit von K. Köhler [24] in Kap. 2.2.2 oder von Beier [2] zu DCM beim Dobermann in Kap. Klassische Symptome).

7.1 Die Untersuchungen von Jean Dodds (USA)

Anmerkung

Zu den Recherchen

Im Gegensatz zu den ansonsten hier gesammelten Informationen, die alle aus Fachbüchern und -artikeln oder Doktorarbeiten stammen, wurden von Jean Dodds ausschließlich im Internet veröffentlichte Texte herangezogen, mit Ausnahme des von J. Dodds veröffentlichten Buches (Dodds [9]). Veröffentlichungen in amerikanischen Fachzeitschriften und eventuell dort publizierte Kritiken wurden nicht ausgiebig eruiert, ebenso wenig wie die Originalstudien.

Zur Darstellung der Untersuchungen

Da die Untersuchungen von Dodds jedoch in Deutschland teilweise als richtungsweisend bei der Arbeit mit problematischen Hunden angesehen werden und die Untersuchungen nicht im Ganzen, sondern lediglich im Detail kritisch zu beurteilen sind, sollen sie hier dennoch vorgestellt werden. Aufgrund der mangelnden Überprüfbarkeit der Untersuchungsergebnisse werden diese hier im Wesentlichen lediglich referierend dargestellt. Es werden nur die wichtigsten Punkte der amerikanischen Veröffentlichungen aufgezeigt, also nur ein Auszug aus dem Gesamtmaterial. Einige Informationen decken sich mit den bereits erläuterten Informationen; um aber den Kontext zu erhalten, wurden diese Wiederholungen in Kauf genommen.

J. Dodds führte Untersuchungen zu Hunden mit (Subklinischer) Schilddrüsenunterfunktion durch. Die Ergebnisse einer Untersuchung mit 95 Hunden wurden veröffentlicht (s. 7.1.1). Diese Untersuchung wurde später auf 2000 Hunde ausgedehnt, die Ergebnisse dieser Untersuchung wurden nicht im Detail publiziert. Die Aussagen Dodds basieren auf diesen beiden und ggf. weiteren Untersuchungen und Erfahrungen.

Hintergrundwissen

Jean Dodds erhielt 1964 ihren Doktortitel mit Auszeichnung an der Ontario University für Veterinärmedizin, Toronto. In den folgenden Jahren widmete sie sich in der Hämatologie des Wadsworth Centers des Staates New York in Albany vergleichenden Studien an Tieren mit erblich bedingten und sonstigen Bluterkrankungen und übernahm den Vorsitz der Blutbank- und Transfusionsdienstleistungen des Staates New York (New York Council on Human Blood and Transfusion Services). Dodds erhielt für ihre Arbeit diverse Auszeichnungen, unter anderem die Auszeichnung des AVMA Annual Meetings zur herausragenden Veterinärmedizinerin des Jahres 1974 sowie 1977 die Auszeichnung für herausragende Leistungen im Namen der Veterinärmedizin durch die Amerikanische Vereinigung tierärztlicher Kliniken.
1986 gründete sie „Hemopet“ in Kalifornien, das erste gemeinnützige nationale Blutspendeprogramm für Tiere. Im Namen von „Hemopet“ berät und schult sie heute auf nationaler und internationaler Ebene sowohl Fachpersonal als auch Tierliebhaber und Tierhalter in den Thematiken Hämatologie, Immunologie, Endokrinologie, Ernährung und ganzheitliche Medizin.

7.1.1 Überblick über die Untersuchung

Tierärzte in den USA stellten fest, dass immer mehr Hundehalter von Hunden mit ähnlich gelagerten Verhaltensproblemen vorstellig wurden.

Bei einer Untersuchung von 634 dieser verhaltensauffälligen Hunden stellte Dodds bei rund 60 % der Hunde Fehlfunktionen im Bereich der Schilddrüse fest. Davon wiesen ca. 80 % eine Autoimmunthyreoiditis in einem sehr frühen Stadium auf; weniger als 10 % litten an einer Erkrankung der Hirnanhangsdrüse. Häufig konnten bei den betroffenen Hunden auch weitere Krankheiten festgestellt werden. Diese Krankheiten waren teilweise ebenfalls autoimmun bedingt oder betrafen andere Körperdrüsen, wie z. B. die Bauchspeicheldrüse.

Die als schilddrüsenkrank eingestuften Hunde wurden mit Thyroxin behandelt.

Bei 95 Hunden wurde das Ergebnis der Behandlung durch die Halter selbst anhand einer subjektiven 6-Punkte-Skala eingestuft, und die Angaben wurden statistisch ausgewertet:

- Bei 58 (61 %) dieser Hunde ergaben sich sehr deutliche Verhaltensbesserungen.
- Bei 23 Hunden (rd. 24 %) ergaben sich mehr oder weniger deutliche Besserungen.
- Lediglich bei 10 Hunden ergaben sich keine Besserungen.
- Bei 2 Hunden wurde das Verhalten mit schlechter als vor der Substitution bewertet.

Das heißt, dass nach Angabe der Halter bei rund 85 % der Hunde durch die Thyroxinbehandlung Verhaltensbesserungen eingetreten sind.

In einer Vergleichsgruppe von 20 als dominanzaggressiv eingestufter Hunde, die zur gleichen Zeit mit nicht näher erläuterten herkömmlichen Methoden behandelt und trainiert wurden, zeigten lediglich 55 % der Hunde (11 Hunde) Besserungen.

Bei rund 70 % der 140 beim American Kennel Club (AKC) registrierten Rassen tritt die Schilddrüsenunterfunktion vermehrt auf. Es ist kein Zusammenhang zwischen Körpergröße und Disposition hinsichtlich einer Schilddrüsenunterfunktion erkennbar.

Anmerkung

Allgemein geht man (noch) davon aus, dass kleinere Hunderassen weniger von einer Schilddrüsenunterfunktion betroffen sind.

Dass die Autoimmunthyreoiditis in den letzten Jahren vermehrt diagnostiziert wurde, ist gemäß Dodds durch folgende Faktoren erklärbar:

- Die vererbliche Disposition für eine Autoimmunthyreoiditis führt gerade bei Hunderassen mit **kleinem Genpool** zu einer weiten Verbreitung der Krankheit, sofern kein Zuchtausschluss stattfindet.
- Die Hunde werden insgesamt zunehmendem chemischem und umweltbedingtem **Stress** ausgesetzt; Stress fördert den Ausbruch der Autoimmunkrankheit.
- Die **Diagnosemöglichkeiten** wurden verbessert.
- Ärzte und Hundehalter sind zunehmend **sensibilisiert**.

Kritische Anmerkungen

Radosta [48] führt folgende Kritikpunkte gegen die Studie an:

- Es erfolgte kein peer review der Studie (Qualitätssicherung durch unabhängige Gutachter),
- die Gruppenzusammenstellung erfolgt nicht anhand objektiver Kriterien,
- Hunde mit verschiedenen Verhaltensproblemen und neurologischen Erkrankungen wurden nicht differenziert,
- die Einstufung in Gruppen erfolgt nicht nach Begutachtung durch einen Verhaltensmediziner, sondern lediglich anhand der Angaben in einem Fragebogen,
- aufgrund der Wirkungen von Schilddrüsenhormonen im Gehirn (s. Kap. 8.3 f.) kann aus Verhaltensbesserungen unter Substitution nicht, wie in der Studie erfolgt, der Rückschluss auf eine bestehende Schilddrüsenunterfunktion erfolgen.

Auch in Deutschland wird die Untersuchung teilweise kritisiert. So wird die Übertragbarkeit der Ergebnisse der Untersuchungen auf Europa angezweifelt, zum Teil mit ähnlichen Argumenten, wie von Radosta bereits angeführt:

Hauptkritikpunkt ist dabei das (zum Teil unterstellte) teilweise andere Hundeverständnis in den USA und damit verbundener Problemerkennung, -akzeptanz und -behebung.

Die Ursachenzuweisung (Schilddrüsenunterfunktion) in der Untersuchung wird als zu sehr am gewünschten Untersuchungsziel orientiert angesehen.

Auch wird angeführt, dass viele der Hundehalter, die mit ihren Hunden Eingang in die Studien fanden, zum Teil bereits eine ganze Odyssee an Besuchen bei Tiertherapeuten und Tierärzten hinter sich haben und die Hunde zum Teil eine ganze Reihe von

Medikamenten bekommen und bekamen. Eine eindeutige Ursachen-Wirkungs-Beziehung wird daher von den Kritikern bestritten.

Als besonders großes Manko der Studien wird aufgeführt, dass die Verhaltensänderungen der Hunde nach Therapie lediglich durch subjektive Einschätzung der Hundehalter beurteilt wurden (s. Kap. 6.2.3).

Die Vergleichsgruppe von 20 Hunden kann lediglich Tendenzen aufzeigen, jedoch keine gesicherten Aussagen liefern.

Auch wäre von Interesse, generell die Erziehungsstile bei den beiden Hundegruppen zu vergleichen. Eventuell kann schon allein ein möglicherweise durchgeführter Wechsel des Erziehungsstils bei den thyroxinbehandelten Hunden hin zu artgerechtem und stressärmerem Training, zu deutlichen Verhaltensbesserungen geführt haben.

Nach der Untersuchung von K. Köhler [24] wurde bei rund 20 % der Hunde, die in einer verhaltenstherapeutischen Praxis vorgestellt wurden, eine somatische Ursache, vorwiegend eine (Subklinische) Schilddrüsenunterfunktion festgestellt. In der Studie von Dodds jedoch wurde bei 60 % der Hunde eine Schilddrüsenunterfunktion diagnostiziert. Dieser gravierende Unterschied könnte in den zugrunde gelegten Analysemethoden (z. B. Equilibriumsdialyse [ED]), analysierten Parametern (z. B. Antikörper) sowie der Bewertung der Untersuchungsergebnisse (z. B. in Bezug auf die Referenzwerte) liegen (s. Kap. 4.1). Auch kann eine unterschiedliche Genpoolgröße, und somit eine unterschiedlich starke Verbreitung genetischer Dispositionen, zu diesen divergierenden Ergebnissen führen.

7.1.2 Details der Untersuchungen

Autoimmunthyreoiditis und Atrophie

Klassischerweise wird mit dem Begriff „Hypothyreose“ (Schilddrüsenunterfunktion) ein Krankheitsbild beschrieben, das sich bei einer fast völligen Zerstörung der Schilddrüse und dadurch bereits deutlich abgesunkenen Hormonwerten einstellt. Klassische Symptome sind z. B. Gewichtszunahme, Trägheit, Haut- und Fellprobleme. Genaugenommen ist dieses Krankheitsbild der Schilddrüsenunterfunktion das Endstadium einer sich langsam entwickelnden Krankheit (s. Kap. Autoimmunthyreoiditis (lymphozytäre Thyreoiditis), ► Abb. 2.2).

Die Autoimmunthyreoiditis bricht häufig zunächst unbemerkt um den Zeitpunkt der Geschlechtsreife aus und entwickelt sich im Laufe des Lebens weiter. Im Zuge der Autoimmunabwehr zerstören die Antikörper zunehmend die Schilddrüse. Zu eindeutigen klinischen Symptomen (und damit zur Diagnose „Hypothyreose“) kommt es beim Hund meist erst im mittleren oder höheren Alter, wenn die Schilddrüse bereits zu einem großen Teil zerstört ist. Über den Nachweis der Antikörper ist die Autoimmunthyreoiditis bereits sehr früh erkennbar, in der Regel 2–5 Jahre bevor klinische Symptome auftreten.

Die Ergebnisse der **Thyreoglobulin-Antikörper**-Bestimmung (TAK) können durch zahlreiche Einflüsse verfälscht sein, z. B.:

- durch die Gabe von Schilddrüsenhormonen in den letzten 90 Tagen vor der TAK-Bestimmung,
- in einigen Fällen bei einem hohen Titer von Antikörpern gegen T3 oder T4,
- bei Impfungen innerhalb der letzten 30–45 Tage vor der TAK-Bestimmung,
- bei einigen Krankheiten, die nicht mit der Schilddrüse in Verbindung stehen, aber einen Hormonabfall bewirken (NTI).

Neben den Hunden mit Autoimmunthyreoiditis gab es bei den untersuchten Hunden auch solche, bei denen keine Antikörper nachweisbar waren, die aber Hormonwerte aufwiesen, die grenzwertig waren oder bereits deutlich unterhalb der Referenzwerte lagen. Hierbei traten die grenzwertigen Werte häufig bei Hunden zwischen dem 9. und 15. Lebensmonat auf. Wurden diese Hunde mit Thyroxin behandelt, verschwanden die evtl. gezeigten klinischen Symptome sowie die Verhaltenssymptome innerhalb kurzer Zeit.

Anmerkung

Der in Deutschland übliche Antikörpertest ist nicht so sensibel wie der in Amerika verwendete. T3- und T4-Antikörpertests für Hunde werden in Deutschland nur in wenigen Laboren angeboten. Bei europäischen Untersuchungen wies auch ein gewisser Prozentsatz von als gesund eingestuften Hunden Autoantikörper auf.
Weitere Erläuterungen dazu s. Kap. 7.2.1.

Genetische und natale Disposition

Der Ausbruch der Autoimmunthyreoiditis setzt eine genetische Disposition voraus, d.h., das Risiko, das die Krankheit ausbricht, wird vererbt. Aber nicht jeder Hund mit einer entsprechenden genetischen Disposition entwickelt auch diese Krankheit.

Aufgrund der erblichen Disposition sollten betroffene Hunde nicht für die Zucht verwendet werden. Bei Zuchthunden sollten jährlich vorsorglich die Schilddrüsenwerte untersucht werden, insbesondere die TAK-Werte.

Besonders problematisch ist die genetische Disposition für Autoimmunthyreoiditis bei seltenen Hunderassen. Aufgrund des kleinen Genpools ist die Gefahr groß, dass sich die Autoimmunthyreoiditis innerhalb des Genpools der Rasse zunehmend ausbreitet.

Neben der genetischen Disposition existieren auch direkte Gefährdungen durch eine erkrankte Mutterhündin. Die Antikörper gegen Thyreoglobulin können von der trächtigen Hündin über das Blut an die Welpen weitergegeben werden. Nach der Geburt können die Antikörper über das Kolostrum (Vormilch, erste Milch nach der Geburt) vom Welpen aufgenommen werden und dann ebenso wie die selbst produzierten Antikörper zum Ausbruch der Krankheit und zu klinischen Symptomen führen.

Erste klinische Symptome und Begleiterkrankungen

In den Untersuchungen wurde festgestellt, dass im Laufe der Entwicklung der Autoimmunthyreoiditis zunächst häufig kleinere, unspezifische Probleme auftraten:

- Immunschwächen,
- diverse Allergien (z. T. saisonal bedingt oder gegen Hautparasiten, Futtermittel),
- Hautveränderungen, Fell- und Hautprobleme, starker Juckreiz.

Erst später wurden dann eindeutige klinische Symptome und/oder gravierende Verhaltensprobleme registriert.

Häufig wurden bei den betroffenen Hunden auch weitere Erkrankungen festgestellt oder sie wiesen eine Disposition für weitere Krankheiten auf:

- Abweichungen im Leberprofil, besonders bei Gallensäure und γGT (γ-Glutamyl-Transferase) (s. Kap. 3.2.3),
- Nierenprobleme,

- weitere Autoimmundefekte, wie z. B. AIHA (autoimmune hämolytische Anämie: Blutarmut aufgrund einer körpereigenen Abwehrreaktion auf die roten Blutkörperchen), chronische Hepatitis, Diabetes,
- Schmidt-Syndrom: Hypothyreose und Morbus Addison.

Verhaltensänderungen

Verhalten kann man als einen sehr komplexen Ausdruck eines Phänotyps bezeichnen. Im Verhalten drücken sich sämtliche Körperfunktionen aus, es ist dynamisch und reagiert auf Veränderungen oder Einflüsse der Umwelt.

In den amerikanischen Untersuchungen wurde festgestellt, dass eine Schilddrüsenunterfunktion Verhaltensänderungen bewirken kann. Diese Verhaltensänderungen können so gravierend sein, dass sie durch Training alleine nicht zu ändern sind.

Traten Verhaltensänderungen auf, dann bereits im Frühstadium der Schilddrüsenunterfunktion. Zu diesem Zeitpunkt wurden auftretende klinische Symptome, wie z. B. stumpfes Fell, noch nicht eindeutig einer beginnenden Schilddrüsenerkrankung zugeordnet. Die Verhaltensprobleme begannen häufig in der Pubertät und wurden daher mit der Pubertät bzw. den Sexualhormonen erklärt. Nach einer Kastration schienen die Probleme zwar für eine gewisse Zeit zu verschwinden, traten dann aber wieder auf.

Die genauen Mechanismen, wie sich die Schilddrüsenunterfunktion auf das Verhalten auswirkt, sind noch nicht eindeutig geklärt. Ein Erklärungsmodell greift an der Stressregulation an (s. Kap. 8.5.4).

Bei einigen Hunden mit Schilddrüsenunterfunktion wurden erhöhte Kortisolwerte nachgewiesen, was auf einen verzögerten Kortisolabbau schließen lässt. Der chronisch hohe Kortisolwert kann die Funktion der Hirnanhangsdrüse unterdrücken und somit auch die Bildung von TSH. Die mangelnde Stimulation der Schilddrüse durch TSH hat eine verminderte Hormonproduktion zur Folge.

Andererseits wird durch den ständig erhöhten Kortisolspiegel Dauerstress vorgetäuscht. Chronischer Stress führt beim Menschen zu Depressionen und zur Beeinträchtigung mentaler Funktionen. Bei ausgeprägten Depressionen ist die Tendenz zu Aggressionen höher, ferner sind die Gehirnaktivitäten und die Reaktionen verändert. Tiere mit Schilddrüsenunterfunktion könnten daher, so die Erklärung, nicht mehr „vernünftig" auf bestimmte Umwelteinflüsse reagieren, sondern nur in einer stereotypen Art.

Letztendlich nimmt Dodds an, dass die Schilddrüsenunterfunktion zu physiologischen Veränderungen auf zellulärer Ebene führt, die sich in einem abnormalen Verhalten ausdrücken. Diese Annahme wird dadurch bestärkt, dass in der Studie innerhalb von maximal 4–8 Wochen, meist aber in kürzerer Zeit, durch die Behandlung mit Thyroxin Verhaltensänderungen bei hypothyreoten Hunden erreicht wurden.

Zu Beginn einer Schilddrüsenunterfunktion wurden folgende typische Verhaltensänderungen, die zum Teil nur zeitweise auftraten, in der Studie zusammengestellt:

- Unaufmerksamkeit, Aufmerksamskeitsdefizit, geringe Konzentrationsfähigkeit,
- zeitweise Desorientiertheit,
- Passivität,
- Weggetreten sein, Hund wirkt, als wäre er nicht bei sich,
- Nervosität, hohe Erregbarkeit,
- ständiges Heulen, Jammern,
- fahriges, wirres, launisches Verhalten, sehr geringe Stresstoleranz,
- Unruhe, Unfähigkeit stillzusitzen,
- zwanghaftes Verhalten, stereotype Bewegung,
- Depressionen.

Anmerkung

Die Verwendung des Begriffs „Depression“ in Bezug auf Tiere ist nicht unumstritten, da die zur Diagnose erforderliche Beurteilung der Gefühlswelt der Tiere durch uns nur unzureichend zu beurteilen ist. Es ist daher nur ein (subjektiver) Analogieschluss möglich.

Weitere auffällige Verhaltensänderungen konnten in 3 Gruppen eingeteilt werden:

- **Aggression**: unprovozierte und unberechenbare Aggression, häufig in unbekannten, neuen Situationen. Die Aggression kann laut Studie sowohl gegenüber anderen Tieren als auch gegenüber Menschen, speziell Kindern, gezeigt werden. Dies kann besonders bei großen Rassen zu einem Risiko für alle Beteiligten werden.
- **Ängstlichkeit**: scheues, ängstliches Verhalten, Unterwürfigkeit, Auf-den-Rücken-Drehen, unterwürfiges Urinieren.
- **Anfälle:** (epileptische) Anfälle oder anfallartige Beschwerden, beginnend in der Pubertät, unregelmäßig auftretend mit etlichen Wochen oder Monaten Pause oder gehäuft auftretend. Manchmal treten unmittelbar vor oder nach den Anfällen aggressive Schübe auf. Nach den Anfällen/Schüben wirken die Tiere, als würden sie aus einer Trance erwachen und wären sich der vorangegangenen Geschehnisse (Anfall, Aggression) nicht bewusst.

Anmerkung 

Dass aufgrund einer Schilddrüsenunterfunktion eine Aggression vermehrt gegenüber Kindern entsteht, ist zu hinterfragen. Möglich wäre, dass besonders Aggressionen gegenüber Kindern dazu führen, dass der Hund verhaltenstherapeutisch betreut wird. Unter „Anfällen“ sind hier alle spontanen, nicht aus der Gesamtsituation erklärbaren Verhaltensweisen zu verstehen. Der Begriff umfasst also mehr, als etwa epileptische Anfälle oder Muskelkrämpfe.

Der richtige Hormonlevel

Die üblicherweise angegebenen Hormonwerte für Hunde sind gemäß den amerikanischen Studien deutlich zu niedrig und sollten differenzierter und individuell betrachtet werden.

Junge Hunde haben höhere Hormonwerte als ältere Hunde. So sollten die Hormonwerte junger Hunde (jünger als 15–18 Monate) mindestens in der oberen Hälfte der jeweils üblichen Referenzwerte, besser noch im oberen Drittel liegen. Bei älteren Hunden können dagegen niedrigere Werte akzeptabel sein. Bei großen Rassen oder gar Riesenrassen wurden ebenfalls meist niedrigere Werte festgestellt, üblicherweise ungefähr um den Mittelwert der Referenzwerte. Windhunde (Sighthounds) haben gemäß den Untersuchungen normalerweise Werte, die im unteren Bereich der Referenzwerte bzw. sogar darunter liegen.

Bei Untersuchungen von 300 Salukis wurde festgestellt, dass deren rassetypischer Schilddrüsenhormonspiegel deutlich niedriger ist als bei anderen Hunderassen, ohne dass damit krankhafte Veränderungen verbunden sind (s. Kap. 4.3.1).

Tab. 7.1 Referenzwerte und Mittelwerte (in Klammern) nach Dodds [9] im Vergleich zu Referenzwerten deutscher Labore.

	T4 (µg/dl)	fT4 (ng/dl)	T3 (ng/dl)	fT3 (pg/ml)
erwachsene Hunde	1,4–3,5 (2,45)	0,85–2,3 (1,58)	35–70 (52,5)	1,6–3,5 (2,55)
Welpen, Junghund	1,6–3,8 (2,7)	0,9–2,5 (1,7)	35–70 (52,5)	1,6–3,5 (2,55)
alte Hunde	1,2–3,0 (2,1)	0,7–1,75 (1,23)	35–70 (52,5)	1,6–3,5 (2,55)
große Rassen	1,2–3,0 (2,1)	0,75–1,8 (1,28)	35–70 (52,5)	1, –3,5 (2,55)
Windhunde	0,9–2,0 (1,45)	0,5–1,2 (0,85)	35–70 (52,5)	1,6–3,5 (2,55)
Referenzwerte V	1,0–4,0 (2,5)	0,6–3,7 (2,15)	20–200 (110)	2,5–9,8 (6,15)
Referenzwerte L	1,3–4,5 (2,9)	0,6–3,71 (2,16)	30–200 (115)	2,41–5,99 (4,2)

Quelle: Dodds [9]/Referenzwerte V: IDEXX VetMedLabor, Ludwigsburg (Stand: 2018, fT3: 2011)/ Referenzwerte L: Laborklin, Bad Kissing (Stand: 2018)

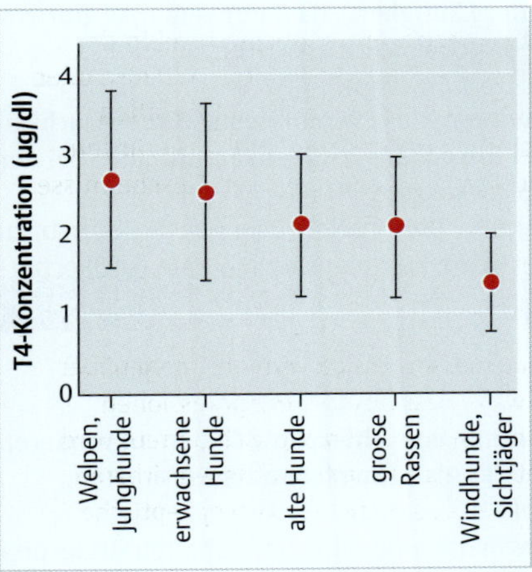

Abb. 7.1 Darstellung der Referenzwerte für T4 nach Dodds (Abbildung basiert auf Daten aus [9]).

Anhand dieser Angaben erstellte Dodds eine detaillierte Referenzwerte-Tabelle (s. ► Tab. 7.1 bzw. ► Abb. 7.1 zur Darstellung der T4-Werte), in der für T4 und fT4 je nach Altersgruppe, Rasse bzw. Rassengröße unterschiedliche optimale Werte angegeben werden. Für T3 und fT3 werden von Dodds einheitliche Werte, unabhängig von Alter oder Rasse, angegeben. Die T3-Werte wurden durch Dodds zwischenzeitlich deutlich, die T4-Werte geringfügig nach unten korrigiert. Lediglich bei den fT4-Werten bei alten Hunden wurde der Referenzbereich auch nach oben erweitert. Bei Windhunden wurde der Referenzbereich für fT4 nicht verändert (vgl. Wilkinson [59], Dodds [9]).

Anmerkung

Die Referenzwerte verschiedener Labore sind z. B. aufgrund unterschiedlicher Analysemethoden (s. Kap. 4.1.1) nicht vergleichbar.

Im Gegensatz zu den Differenzierungen von Dodds wird in den hiesigen Laboren nicht zwischen einzelnen Rassen oder Altersgruppen unterschieden.

Diagnose

Zur Diagnose einer beginnenden Schilddrüsenunterfunktion reicht nach der Studie die Gesamt-T4-Bestimmung nicht aus. Vielmehr kann der Gesamt-T4-Wert auch aufgrund anderer Faktoren, z. B. Medikamente, Stress, hohen Alters oder anderer Krankheiten verändert sein. Auch bei einer TSH-Bestimmung ergaben sich keine so eindeutigen Zusammenhänge zum Schilddrüsenstatus, wie in der Humanmedizin.

Dodds empfiehlt daher bei plötzlichen Verhaltensänderungen junger oder erwachsener Hunde, nach einer gründlichen Anamnese folgende Untersuchungen:

- Untersuchung auf **Antikörper** gegen Thyreoglobulin, T4 und T3,
- Hormonbestimmung: **T3, T4 (jeweils gesamt und frei)** geringe oder grenzwertige Werte deuten auf eine Schilddrüsenunterfunktion hin.

Die Untersuchungen sollten stattfinden,

- wenn die Hunde geschlechtsreif sind (ab dem 10.–14. Monat),
- bei Hündinnen im **Anöstrus** (Zeit zwischen der Läufigkeit), da dann kein bzw. nur ein geringer Einfluss der Sexualhormone auf die Ergebnisse zu erwarten ist.

7

In den Veröffentlichungen wird darauf hingewiesen, dass verabreichtes **Phenobarbital** oder **Steroide** den Schilddrüsenhormonspiegel um ca. 20–25 % senken und dies bei der Beurteilung der Schilddrüsenwerte zu berücksichtigen ist.

Es wird empfohlen, generell bei allen Hunden die Schilddrüsenwerte jährlich zu überprüfen. Bei Hunden, mit denen gezüchtet wird, sollte zusätzlich eine Antikörperbestimmung durchgeführt werden.

Behandlung und Medikation

Die Behandlung erfolgt durch die Verabreichung von Thyroxin (T4). In besonderen Fällen wird von Dodds die zusätzliche Gabe von T3 als sinnvoll betrachtet:

- dauerhaft bei einer Umwandlungsstörung,
- zeitweise, wenn aufgrund gesteigerter Aggressivität eine schnelle Verhaltensänderung notwendig ist.

Bei Hunden, die (epileptische) **Anfälle** haben, wird eine zusätzliche Behandlung mit einem Antikonvulsivum wie Phenobarbital oder Kalium-(oder Natrium-)bromid empfohlen.

Bei den meisten Hunden (ca. 80 %) traten sehr schnell **Verhaltensänderungen** auf, meist innerhalb weniger Tage bis 2 Wochen, maximal nach 4–8 Wochen. Nach den Erfahrungen von Dodds ist es eher ungewöhnlich, wenn keine Verhaltensbesserung auftritt. Eine Normalisierung des Hormonspiegels im Blut kann allerdings bis zu 3 Wochen dauern. Noch länger, nämlich rund 5–7 Monate, dauert es, bis keine **Antikörper** mehr nachweisbar sind.

Eine Behandlung wird von Dodds auch dann empfohlen, wenn **Antikörper** zwar nachweisbar sind, aber keinerlei weitere Probleme (wie unklare klinische Symptome oder Verhaltensauffälligkeiten) vorliegen. Durch die Hormongabe wird erreicht, dass die Schilddrüse ihre Hormonproduktion einstellt und die Antikörper daher keinen „Angriffspunkt“ (Thyreoglobulin der Schilddrüse) mehr haben. Die Lymphozyten verlassen dann das Schilddrüsengewebe und Antikörper werden abgebaut.

Dodds weist darauf hin, dass im Gegensatz zu einem weit verbreiteten Glauben durch die Gabe von T4 nicht die Schilddrüse zerstört wird. Vielmehr beginnt die gesunde Schilddrüse nach dem **Absetzen der Tabletten** wieder mit der Hormonbildung und hat nach rund 30 Tagen wieder das normale Hormonniveau erreicht. In Fällen unklarer Diagnose wird daher vorgeschlagen, eine gewisse Zeit Thyroxin zu verabreichen. Anschließend wird das Verhalten des Hundes mit dem vor und während der Hormongabe verglichen (s. auch Kap. 3.4 und Kap. 9.3.4).

In den Studien wird betont, dass starke **Schwankungen des Hormonspiegels** unbedingt zu vermeiden sind. Daher ist die Medikamentengabe der Halbwertszeit der Hormone anzupassen. Lange Zeit wurde empfohlen, die Medikamente nur 1-mal täglich zu geben. Nach einer Studie von Dodds ergaben sich bei einer 1-mal täglichen Tablettengabe jedoch sehr starke Hormonschwankungen im Tagesverlauf. Hingegen konnte bei einer Aufteilung der Dosis auf 2-mal täglich ein gleichmäßigerer Hormonspiegel erreicht werden (s. Kap. 9.3, ► Abb. 9.1). Dies verhindert zudem einen Anstieg von TSH. Ein TSH-Anstieg würde die Follikelzellen des Hundes zur Hormonproduktion anregen und damit eine Reaktion der Antikörper provozieren. Nur durch einen konstant hohen Hormonlevel kann also eine weitere Zerstörung der Schilddrüse durch eine Autoimmunreaktion verhindert werden.

Nachuntersuchung

Nach Empfehlung von Dodds sollte rund 8 Wochen nach Therapiebeginn eine Nachuntersuchung durchgeführt werden. Die Tablettengabe sollte ca. 4 – 6 Stunden vor der Blutabnahme stattfinden. Die **Hormonwerte** sollten dann im oberen Drittel des Referenzbereichs liegen.

Anmerkung i

Gemäß den Herstellerangaben der in Deutschland verfügbaren Präparate sollte der T4-Wert 4–6 Stunden nach Tablettengabe im oberen Referenzbereich oder geringfügig darüber liegen (s. auch Kap. 9.8).

Bei den meisten Hunden sinkt die Konzentration der **Antikörper** ab, wenn die Behandlung durchgeführt wird. Dies ist wichtig, da dadurch die weitere Zerstörung der Schilddrüse verhindert wird. Bei Nachuntersuchungen sollte deshalb generell außer dem Hormonspiegel auch der Antikörperstatus ermittelt werden, um festzustellen, ob noch Antikörper vorhanden sind. Bei bereits geschädigter Schilddrüse ist es jedoch wichtig, die Medikation auch nach Verschwinden der Antikörper aufrechtzuerhalten, um ein erneutes Auftreten der Autoimmunkrankheit zu verhindern.

Bei Hunden mit Langzeittherapie sollte sowohl T4 als auch T3 untersucht werden, um sicherzugehen, dass keine Umwandlungsstörung vorliegt.

Weitere Ergebnisse

Eine zusätzliche Behandlung mit individuell abgestimmten **Bachblüten** ist gemäß Dodds bei sehr unruhigen Hunden sinnvoll. Rescue Remedy kann z. B. bei voraussehbaren sehr stressigen Situationen verabreicht werden.

Kommerzielles **Futter** sollte möglichst keine künstlichen, sondern nur natürliche Konservierungsstoffe enthalten. Es wird ein proteinreduziertes Diätfutter auf Reisbasis empfohlen.

Medikamente mit **Sulfonamid** sollten vermieden werden. **Impfungen** sollten erst dann durchgeführt werden, wenn der Hormonspiegel richtig eingestellt ist.

Zur **Stärkung des Immunsystems** sollten nach Dodds regelmäßig Vitamin E, Ester-C, Echinacea und Knoblauch verabreicht werden.

Anmerkung

Ester-C ist ein Vitamin-C-Präparat, dem eine bessere Resorption als Vitamin C nachgesagt wird. Häufig wird vor der zusätzlichen Gabe von Vitamin C gewarnt, da dies schleimhautreizend wirkt und negative Auswirkung auf die Leukozyten haben kann. Echinacea ist teilweise allergieauslösend. Zuviel Knoblauch gilt als bedenklich, da es ähnlich wie Zwiebeln die Erythrozyten schädigen kann.

7.1.3 Anmerkungen zum Buch von Jean Dodds zur Schilddrüsenunterfunktion

Jean Dodds hat 2011 ein Buch über schilddrüsenkranke Hunde herausgegeben [9]: „The Canine Thyroid Epidemic – Answers you need for your dog". In dem Buch fasst sie die wesentlichen Punkte ihrer Internet-Veröffentlichungen zusammen und ergänzt diese um weitere Informationen und Fallbeispiele. Die Schwerpunkte des Buches liegen bei der Diagnose der Schilddrüsenunterfunktion und der allgemeinen Gesundheitsvorsorge (des gesunden und schilddrüsenkranken) Hundes.

Die Aussagen im Buch können nicht alle auf Deutschland (Europa) übertragen werden bzw. werden hierzulande kontrovers diskutiert.

Anteil der autoimmunen Schilddrüsenunterfunktion

Gemäß Dodds haben 95 % der an einer Schilddrüsenunterfunktion erkrankten Hunde eine primäre Schilddrüsenunterfunktion, davon 60–90 % eine autoimmune Schilddrüsenunterfunktion. Das entspricht bezogen auf alle an einer Schilddrüsenunterfunktion erkrankten Hunde einem Anteil von 57–85,5 %.

In Deutschland nimmt man an, dass der Prozentsatz bei rund 50 % liegt, also deutlich niedriger. Allerdings wird in Deutschland diskutiert, ob die atrophische Schilddrüsenunterfunktion zumindest in einigen Fällen die Endform der autoimmunen Schilddrüsenunterfunktion darstellt. Bei einer frühzeitigen Diagnose würde der Prozentsatz der mit einer autoimmunen Schilddrüsenunterfunktion diagnostizierten Tiere entsprechend steigen.

Relevanz der Autoantikörper, Hormonanalyse

Dodds stuft Hunde mit positiven **Autoantikörpern gegen Thyreoglobulin** generell als an einer autoimmunen Schilddrüsenunterfunktion erkrankt ein und rät, diese Hunde auch ohne Vorliegen weiterer Symptome oder veränderter Hormonwerte zu substituieren.

In Deutschland wird der Zusammenhang zwischen dem Vorliegen von Autoantikörpern und Schilddrüsenunterfunktion nicht so eindeutig gesehen.

Dodds weist wiederholt daraufhin, dass positive **Autoantikörper gegen T3** oder **T4** die Analysenergebnisse für T3, T4 oder TAK messtechnisch falsch nach oben oder unten verschieben können.

Hierbei wird zum einen der Anteil der Hunde mit positiven Autoantikörpern gegen Schilddrüsenhormone deutlich höher (20–40 %) angenommen als in Deutschland (9,4 % T3-AK und 2,7 % T4-AK bei hypothyreoten Hunden, [43]).

Nach Dodds sind bei einer Schilddrüsenunterfunktion sowohl **T4 als auch fT4** niedrig. Allgemein nimmt man jedoch an, dass im Frühstadium zunächst nur T4 sinkt, erst im späteren Stadium auch fT4.

Analysemethoden/Diagnosemittel

In der Diagnose setzt Dodds ihre Schwerpunkte auf die Analysegenauigkeit bezüglich der Schilddrüsenhormone und der Analyse der Autoantikörper.

Hierzulande liegt bei den regulären Tierärzten der Schwerpunkt auf der Bestimmung der Schilddrüsenhormone (meistens T4, fT4 und TSH) und ggf. weiteren Untersuchungsschritten (Sonografie, TSH-Stimulationstest). Die verhaltenstherapeutisch arbeitenden Tierärzte beziehen in ihre Diagnose zudem, wie Dodds, das gesamte Blutbild, Antikörper-Titer sowie das Verhalten mit ein.

Insgesamt steht in Deutschland ein breiteres Diagnoseinstrumentarium zur Verfügung.

Jodgehalt des Futters

Dodds gibt an, dass der Jodgehalt (amerikanischer) kommerzieller Futtersorten den Mindestbedarf um bis zum 3-Fachen übersteigt und diese hohen Jodgehalte eine Thyreoiditis auslösen können (s. Kap. Autoimmunthyreoiditis (lymphozytäre Thyreoiditis) sowie Kap. 5.4.1).

Da der Mindestbedarf nicht dem tatsächlich biologisch verfügbaren Anteil eines Nahrungsinhaltsstoffes entspricht, gibt der NRC [40] neben dem Mindestbedarf (Minimal Requirement, MR) jeweils auch einen höheren Wert für die empfohlene Zufuhr an (Recommended Allowance, RA). Zudem können für einige Inhaltsstoffe maximale Werte definiert werden, für Jod liegt dieser ungefähr bei der 10-fachen Dosis (je nach Quelle MR oder RA, s. Kap. 5.4.3).

Enthält ein Futter also eine 3-fach höhere Menge als den MR, kann nach allgemeinem Kenntnisstand nicht davon ausgegangen werden, dass eine Jodüberversorgung stattfindet.

Dosierung

Die Dosisangaben je kg Körpergewicht, die von J. Dodds empfohlen werden, liegen je nach Größe zwischen 22–37 µg Thyroxin/kg Körpergewicht, wobei die Dosis bei Windhunden und großen Rassen an der unteren Schwelle liegen sollte, die von kleinen Hunden an der oberen Schwelle, die Dosis mittelgroßer Hunde im Bereich zwischen 30–37 µg/kg.

In Deutschland werden generell 20–40 µg/kg empfohlen, mit dem Hinweis auf individuelle Anpassung.

Alte Hunde sollen gemäß Dodds weniger Thyroxin erhalten, in Deutschland gibt es diesbezüglich keine Empfehlungen (s. hierzu auch Kap. 4.3.2).

Tablettengabe und Fütterung

Gemäß Dodds ist zwischen der Tablettengabe und der Fütterung ein zeitlicher Abstand von 1 Stunde vor der Fütterung oder 3 Stunden nach der Fütterung einzuhalten. Ein Ausgleich, der durch die Fütterung reduzierten Hormonaufnahme, ist durch eine höhere Dosierung gemäß Dodds nicht möglich.

In Deutschland geht man davon aus, dass lediglich darauf zu achten ist, einen immer gleichen zeitlichen Minimalabstand einzuhalten. Die aufgrund der Fütterung reduzierte Hormonaufnahme kann nach diesen Angaben durch eine höhere Dosierung ausgeglichen werden. Von einer Hormongabe mit dem Futter wird allerdings abgeraten (s. Kap. 9.3.2).

Impfungen und TAK

Nach Angaben von Dodds können Impfungen eine Schilddrüsenunterfunktion auslösen. Als Begründung führt sie u. a. an, dass Impfungen die Produktion von TAK anregen.

Andere Autoren nehmen an, dass der Anstieg von TAK nach einer Impfung aus einer Kreuzreaktiondes Untersuchungsreagenz mit den Immunglobulinen resultiert.

Unabhängig davon können Impfungen jedoch bei einem prädisponierten Tier zu einer Thyreoiditis führen.

Zum Zusammenhang zwischen TAK und Impfstatus siehe auch Kap. 7.2.2, ▸ Tab. 7.3.

Substitution bei einer NNR-Schwäche oder NTI

Unter NNR-Schwäche ist eine zeitweise Funktionseinschränkung der Nebennierenrinde mit resultierender verminderter Kortisolausschüttung zu verstehen. Ursache kann z. B. Dauerstress mit damit verbundener lang anhaltender hoher Kortisolausschüttung sein.

Sowohl im Fall einer NNR-Schwäche als auch im Fall von NTI empfiehlt Dodds eine zumindest zeitweilige Substitution ergänzend zu der Behandlung der NNR-Schwäche bzw. NTI.

Im Allgemeinen wird eine Substitution bei einer NTI kritisch gesehen und bis auf begründete Einzelfälle davon abgeraten (s. Kap. 2.4).

Osteoporose, Wachstumshormone

Dodds gibt an, dass bei Schilddrüsenunterfunktion eine Osteoporose entstehen kann, da die Schilddrüsenhormone im Kalziumstoffwechsel wirksam sind.

Das Entstehen einer Osteoporose wird in Deutschland nur in Zusammenhang mit einer Schilddrüsenüberfunktion gesehen.

Nach Dodds werden rund 30 % des Schilddrüsenregelkreises nicht durch TSH, sondern durch das Wachstumshormon gesteuert. Hierdurch ergeben sich laut Dodds die unklaren Ergebnisse bei den TSH-Bestimmungen.

Im Allgemeinen werden diese unklaren Ergebnisse durch Analysedefizite erklärt (s. Kap. 3.3.3). Ein nennenswerter Einfluss der Wachstumshormone auf die Schilddrüse ist nicht bekannt.

Massive Überdosierung

Bei einer starken Überdosierung von T4 können gem. Dodds die T4-Werte aufgrund einer Autoregulation (vermehrter Ausscheidung) sehr niedrig sein.

Dieses Thema wird in Deutschland nicht aufgegriffen (s. jedoch auch Kap. 9.3: Risiken 2-maliger Gabe).

7.2 Deutschland: Vergleich und Diskussion der Ergebnisse von Doktorarbeiten

An der Universität München wurden 2010 und 2011 zu **Schilddrüsenwerten** bei Hunden 2 Doktorarbeiten eingereicht.

Durch von Thun [57] wurden die Schilddrüsenwerte verhaltensauffälliger Hunde untersucht, wohingegen Wahrendorf [58] die Schilddrüsenwerte verhaltens**un**auffälliger Hunde betrachtete (► Tab. 7.2).

Ebenfalls an der Universität München reichte Lauinger [31] ihre Doktorarbeit zu Therapiemöglichkeiten bei **geräuschempfindlichen Bearded Collies** ein. Die von ihr ermittelten Werte zu den Antikörpern und den Schilddrüsenwerten sind in den ► Tab. 7.3 und ► Tab. 7.4 mit aufgeführt.

Die Untersuchungen von Wahrendorf und von Thun hatten unterschiedliche Rasseschwerpunkte, Lauingers Untersuchung befasste sich nur mit Bearded Collies.

Alle 3 Untersuchungen verwendeten die gleiche Analysemethode und die gleichen Referenzbereiche. Bei allen 3 Untersuchungen lagen die festgestellten Schilddrüsenhormonwerte deutlich in den unteren Referenzbereichen.

Im nicht statistisch abgesicherten Vergleich der Arbeiten waren bei von Thun und Lauinger die Mittelwerte der T4-, Cholesterin- und TSH-Werte höher als bei den Untersuchungen von Wahrendorf. Bei Wahrendorf war hingegen der Mittelwert des T3-Werts höher als bei den beiden anderen Untersuchungen. Dies könnte sich teilweise aus den unterschiedlichen Rasseschwerpunkten erklären.

7

Anmerkung

Gemäß Dodds [9] werden allerdings bei (in den Doktorarbeiten verwendeten) automatischen Messgeräten die Hormonwerte systematisch zu niedrig bestimmt. Die Mittelwerte der in den beiden Doktorarbeiten (von Thun, Wahrendorf) verwendeten Referenzwerte liegen für alle Schilddrüsenhormone über den von Dodds verwendeten Referenzwerten. Dies ist vorwiegend auf den ermittelten höheren oberen Referenzwert zurückzuführen (vgl. Kap. Der richtige Hormonlevel, ► Tab. 7.1 sowie ► Tab. 7.4.

Bei Wahrendorf ergaben sich bei 34 Hunden (33 %) aufgrund verschiedener Analysekriterien **Verdachtsmomente** auf eine Schilddrüsenunterfunktion. Diese Kriterien waren:

- nur T4-Wert unterhalb des Referenzbereiches (22,3 %),
- nur TSH hoch (1,9 %),
- nur TAK positiv (4,9 %),
- T4-Wert unterhalb des Referenzbereiches und TSH hoch (1,9 %),
- T4-Wert unterhalb des Referenzbereiches und TAK-positiv (1 %),
- T4-Wert unterhalb des Referenzbereiches, TSH hoch und TAK positiv (1 %).

Diesen, als Verdachtsmomente eingestuften, Werteveränderungen können jedoch auch andere Ursachen als eine Schilddrüsenunterfunktion zugrunde liegen.

Tab. 7.2 Untersuchte Rassen bei von Thun und Wahrendorf.

	Anzahl	Hüter	Terrier	Spitze/ Urtyp	Vorsteher	Gesellschafts-/ Begleithunde
von Thun	216	**25 %**	8 %	1 %	8 %	5 %
Wahrendorf	103	17 %	**21 %**	1 %	17 %	1 %

Anmerkung

Leider ist aus der Doktorarbeit nicht ersichtlich, ob diese 34 Hunde weitere Verdachtsmomente, wie z. B. immer wiederkehrende Infekte oder Auffälligkeiten im weiteren Blutbild aufweisen oder ob die Werte sich im Laufe der Zeit veränderten. Die weitere Entwicklung dieser Hunde würde vielleicht einige Hinweise hinsichtlich der Diagnose einer beginnenden Schilddrüsenunterfunktion ergeben.

Bei Lauinger wurden anhand der vor Beginn der Verhaltenstherapie durchgeführten Blutuntersuchungen der 93 teilnehmenden Hunde nur 2 Hunde als gesund eingestuft. Die übrigen Hunde wurden aufgrund der Schilddrüsenwerte im oder unterhalb des unteren Referenzbereiches als schilddrüsendysfunktional identifiziert.

7.2.1 TAK

Der Prozentsatz der **TAK-positiven Hunde** lag bei Wahrendorf höher als bei von Thun (6,8 % zu 4,2 %, absolut: 7 bzw. 9 Hunde). Bei Lauinger wurde bei 51 % der Hunde Antikörper gegen Thyreoglobulin festgestellt.

Dies könnte durch das Modell, dass sich im Laufe einer Schilddrüsenunterfunktion Antikörpertiter-Veränderungen ergeben, erklärt werden (s. Kap. Autoimmunthyreoiditis (lymphozytäre Thyreoiditis), ▶ Abb. 2.2): zu Beginn einer autoimmunen Schilddrüsenunterfunktion liegen hohe Antikörper-Titer vor ohne das weitere Symptome erkennbar sind. Im weiteren Verlauf einer Schilddrüsenunterfunktion sinkt der Antikörper-Titer wieder und es treten zunehmend Symptome auf. Dies würde jedoch bedeuten, dass die untersuchten Hunde bei Wahrendorf und von Thun an einer bereits weit fortgeschrittenen Schilddrüsenunterfunktion litten.

Anmerkung 

Der Abgleich zwischen dem Auftreten von Autoantikörpern und bestehenden nicht thyreoidalen Erkrankungen (kranke Hunde bei von Thun: 37 %, bei Wahrendorf: 31 %) wäre in diesem Zusammenhang interessant, ebenso wie die weitere gesundheitliche Entwicklung der TAK-positiven Hunde.

7.2.2 Impfungen

In den beiden Arbeiten von von Thun und Wahrendorf wurde kein signifikanter Zusammenhang zwischen dem Auftreten von TAK und **Impfungen** innerhalb der letzten 3 Monate festgestellt. Anders sieht es bei Lauinger aus, die einen signifikanten Zusammenhang zwischen aktuellem Impfstatus und Vorliegen von TAK feststellte.

Berechnet man den prozentualen Anteil der jeweils TAK-positiven Hunde bezogen auf den Impfstatus, ergibt sich folgende Zusammenstellung:

Tab. 7.3 Anteile der Hunde mit positivem TAK-Titer je nach Impfstatus.

TAK positiv[1]	von Thun [57]	Wahrendorf [58]	Lauinger [31]
unabhängig vom Impfstatus	4,25 %	6,86 %	48,00 %[2]
nur Hunde mit letzter Impfung > 3 Monate	3,97 %	5,48 %	38,00 %
nur Hunde mit letzter Impfung < 3 Monate	4,92 %	10,34 %	70,00 %

[1] die Gesamtzahl der Hunde in der jeweiligen Kategorie entspricht jeweils 100 %
[2] Abweichung zu den Angaben von Lauinger, da in der vorliegenden Tabelle nur die Hunde mit bekanntem Impfstatus einbezogen wurden. Dieser war bei 5 Hunden nicht bekannt.

Anmerkung

Zu beachten ist hierbei jedoch, dass die absoluten Zahlen der TAK-positiven Hunde in den Arbeiten von Thun und Wahrendorf sehr gering sind (von Thun: 9 Hunde, Wahrendorf: 7 Hunde), in der Arbeit von Lauinger jedoch bei über 50 % (47 AK-positive Hunde) liegt.

7.2.3 Ermittelte Schilddrüsenwerte

Die Zusammenfassung der relevanten Schilddrüsenwerte aus den Arbeiten zeigt folgende Tabelle:

Tab. 7.4 Zusammenfassung der Analysenergebnisse bei von Thun [57], Wahrendorf [58] und Lauinger [31].

	T4 (µg/dl)	fT4 (ng/dl)	T3 (ng/dl)	fT3 (pg/ml)	TSH (ng/ml)	Cholesterin (mg/dl)
Referenzwert, allgemein						
von	1,3	0,60	30	2,41	0	119,86
bis	4,5	3,71	200	5,99	0,6	390,51
Mittelwert	2,9	2,16	115	4,20		255,19
Mittelwerte in den Doktorarbeiten						
von Thun alle Hunde	1,69	1,74	71,26	1,4	0,27	242,35
Wahrendorf alle Hunde	1,57	1,76	80,35	1,3	0,18	219,83
Lauinger alle Hunde	1,65	1,50	62,93	1,19	0,3	365,07
Mittelwert-AK positiver Hunde						
von Thun (4,2 %)	1,5	1,57	67,32	2,00	0,94	271,33
Wahrendorf (6,8 %)	1,5	1,76	73,94	1,97	0,26	187,71
Lauinger (51 %)	1,55	1,48	67,39	1,29	0,32	371,19
Mittelwert-AK negativer Hunde						
von Thun	1,69	1,75	71,58	1,38	0,24	241,74
Wahrendorf	1,58	1,76	80,94	1,25	0,18	222,55
Lauinger	1,76	1,54	58,78	1,09	0,28	358,67

7.2.4 Zusammenfassung

Wahrendorf [58] kommt in ihrer Doktorarbeit zu dem Ergebnis, dass die Referenzwerte für T4, T3 und fT3, nur beschränkt gültig sind, da sowohl die Hormonwerte als auch die Analysewerte von zahlreichen Faktoren beeinflusst werden (s. Kap. 4). Sie empfiehlt daher, die folgenden Faktoren bei der Beurteilung der Schilddrüsenwerte und der Festlegung der Referenzwerte zu berücksichtigen (s. auch Kap. 4.3):

- Geschlecht,
- Kastrationsstatus,
- Zyklusstatus,
- Alter,
- Rasse,
- Größe,
- vorhandene Erkrankungen und
- ggf. stattfindende Medikamentengabe.

Zur Beurteilung der Diagnoseparameter führt sie zusätzlich die folgenden Details an:

- Zur Diagnose einer Schilddrüsenunterfunktion sind niedrige Schilddrüsenhormonwerte alleine nicht ausreichend, da niedrige Werte z. B. auch bei NTI oder bedingt durch andere Einflüsse auftreten können (s. Kap. 2.4).
- Die Interpretation der Schilddrüsenwerte muss daher immer in Zusammenhang mit den individuellen Einflussgrößen (Alter, Ernährung, vorhandene Symptome, klinische Vorgeschichte …) erfolgen (s. Kap. 4.3).
- Insbesondere müssen rassespezifische Besonderheiten, z. B. abweichende rassetypische Schilddrüsenwerte, die auf unterschiedliche Schilddrüsenaktivitäten hindeuten, berücksichtigt werden (s. Kap. 4.3.1).
- Die Gültigkeit der Referenzwerte basieren z. T. nur auf einer geringen Anzahl von Hunden, deren Einstufung (krank/gesund) lediglich durch das Organprofil erfolgt (Beispiel: Referenzwert für T4 durch das Immulite-System basiert auf 46 Hunde) (s. Kap. 4.2).
- Der Cholesterinwert hat sich als Diagnosemittel hinsichtlich einer vorliegenden Schilddrüsenunterfunktion nicht als geeignet erwiesen (s. Kap. 3.3.6).

Zu ähnlich kritischen Aussagen bezüglich der Referenzwerte gelangt Lauinger [31] in ihrer Doktorarbeit. In allen 3 Doktorarbeiten wird darauf hingewiesen, dass die Referenzwerte unbedingt rassespezifisch betrachtet werden müssen und weitere individuelle Einflüsse zu berücksichtigen sind (Details s. Kap. 4.3).

Die Resultate der einzelnen Doktorarbeiten zeigen, dass viele Fragen im Themenbereich Schilddrüsenunterfunktion noch nicht geklärt sind. So gibt es z. B. unterschiedliche Aussagen zu dem Einfluss von Impfungen auf den Ausbruch einer Schilddrüsenunterfunktion und den analytischen Nachweis von TAK.

8 Schilddrüse und Verhalten

Gezeigtes Verhalten setzt sich aus verschiedenen Einflussfaktoren zusammen und ist auch Ausdruck des körperlichen Befindens (s. ▶ Abb. 8.1).

Bei verschiedenen Tierarten wurde ein Zusammenhang zwischen Schilddrüsenunterfunktion und **Aggression** nachgewiesen. In Bezug auf Hunde gibt es Autoren, die Aggression in Zusammenhang mit einer Schilddrüsenunterfunktion als nicht bekannt oder mit vernachlässigbarem Anteil sehen. Andere Autoren gehen davon aus, dass auch bei Hunden Aggression aufgrund einer Schilddrüsenunterfunktion eine bedeutende Rolle spielt (s. Kap. 3.2.1).

Beim Menschen wurden im Zusammenhang mit einer Schilddrüsenunterfunktion Angstzustände beschrieben, wobei die **Angst** umso tiefgreifender ist, je niedriger die fT4-Werte sind bzw. je höher die TSH-Werte sind.

Ebenfalls im Humanbereich wird heftig darüber diskutiert, inwieweit eine T3-Substitution zusätzlich zur T4-Substitution einen positiven Effekt auf die allgemeine Stimmungslage und neuropsychologische Funktionen hat.

Von Thun [57] hat in ihrer Doktorarbeit die Schilddrüsenhormonwerte verhaltensauffälliger Hunde analysiert und unter anderem untersucht, ob Zusammenhänge zu verschiedenen Verhaltenskategorien bestehen. Sie kam zu dem Ergebnis, dass bestimmte Verhaltenskategorien mit bestimmten Hormonlagen korrelieren (▶ Tab. 8.1).

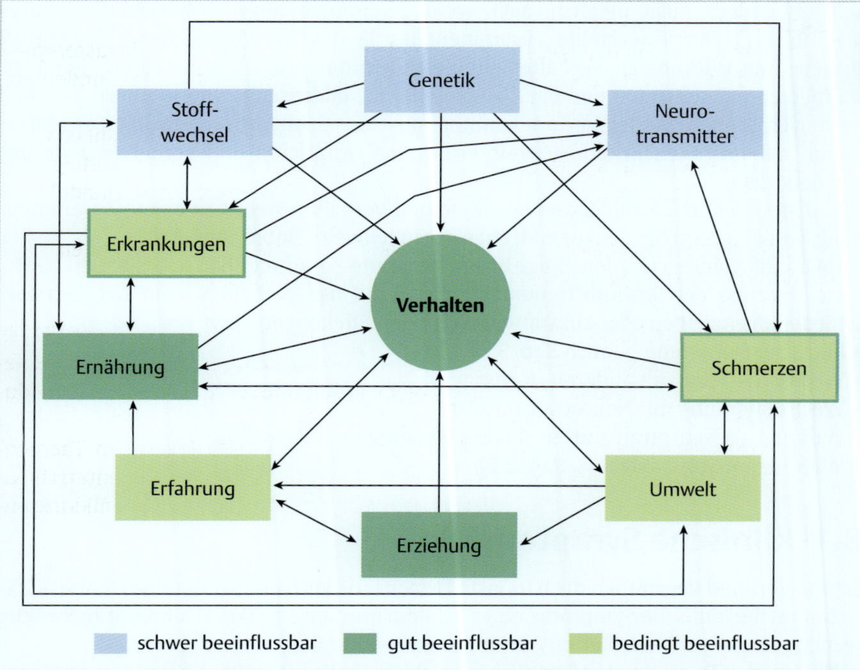

Abb. 8.1 Verhalten: Einflüsse und Wechselwirkungen (Wechselwirkungen beispielhaft, nicht vollständig.) Der Grad der Beeinflussung hängt vom jeweiligen Hund, seinem Alter und seiner individuellen Vorerfahrung ab. Die Genetik ist durch Zuchtauswahl beeinflussbar.

Tab. 8.1 Verhaltenskategorien und Abweichungen der Hormonlagen, bezogen auf die Gesamtgruppe (Tabelle basiert auf Daten aus [57].

Verhaltenskategorie	Hormonlage
Angst und aggressives Verhalten	niedrigere fT3-Werte niedrigere Cholesterin-Werte
Angst vor Artgenossen	relativ höhere T4-Werte
Trennungsangst	niedrigere TSH-Werte tendenziell höhere T4-Werte
emotionale Störungen/Gehirnfunktionsstörungen	niedrigere T3-Werte
kognitive Dysfunktion	relativ höhere fT3-Werte tendenziell höhere T4-, fT4- und T3-Werte
Deprivation/mangelnde Sozialisation	keine signifikanten Unterschiede

Der fT3-Wert der untersuchten Hunde lag generell unter dem unteren Referenzbereich, die T4- und T3-Werte im unteren Drittel des Referenzbereiches. Bei der Interpretation dieser Hormonwerte müssen jedoch die Ergebnisse von Wahrendorf ([58], s. Kap. 7.2) berücksichtigt werden (niedrigere Hormonwerte bei verhaltensunauffälligen Hunden).

Von Thun [57] kommt zum Ergebnis, dass Verhaltensauffälligkeiten und Schilddrüsenhormon-Konzentrationen in einem Zusammenhang stehen. Ein Rückschluss von den Schilddrüsenhormon-Konzentrationen auf ein bestimmtes Verhalten oder umgekehrt ist jedoch nicht möglich (auch wenn Zusammenhänge zu bestehen scheinen, s. ▸ Tab. 8.1). Der festgestellte Zusammenhang lässt keine Rückschlüsse hinsichtlich Ursache und Wirkung zu. Verhaltensprobleme könnten z. B. aufgrund von Dauerstress, Schmerzen o. ä. auftreten und ein Absinken der Schilddrüsenhormon-Konzentrationen nach sich ziehen. Andersherum könnten niedrige Schilddrüsenhormon-Konzentrationen z. B. aus einer Schilddrüsenunterfunktion resultieren und Verhaltensänderungen bewirken.

Fest steht jedoch: Schilddrüsenhormone und Verhalten stehen in einem Zusammenhang, wobei jedoch die genauen Mechanismen teilweise unbekannt sind.

Im Nachfolgenden werden einige bisher bekannte Zusammenhänge erläutert.

Der Einfluss der Schilddrüsenunterfunktion auf das Verhalten kann sich aus verschiedenen einzelnen oder zusammenwirkenden Effekten ergeben:

- klinische Symptome (s. auch Kap. 3.2),
- Wechselwirkung mit anderen Hormonen,
- Wechselwirkung mit Neurotransmittern,
- Wirkung als Neurotransmitter; direkte Wirkung im Gehirn/ZNS,
- Wirkung im Stressablauf (s. Kap. 8.5).

8.1 Klinische Symptome

Schmerzen sind vermutlich die häufigste Ursache für Verhaltensprobleme (▸ Abb. 8.2).

Zahlreiche klinische Symptome einer Schilddrüsenunterfunktion sind mit mehr oder weniger starken schmerzhaften Auswirkungen verbunden.

Hier sind z. B. zu nennen: trockene brüchige Krallen, trockene Augen, gebrochene Bänder, Hautinfektionen oder Schwellungen an Gelenken.

Aber auch Herz- und Lebererkrankungen haben starken Einfluss auf das Verhalten und führen z. B. zu erhöhter Reizbarkeit.

Abb. 8.2 Verhaltensprobleme durch Schmerzen.

Andere Symptome, wie vermehrtes Schlafbedürfnis oder Lethargie kann bei unveränderten Leistungsanforderungen zu zunehmender Aggression aufgrund von Überforderung führen.

Eine gesteigerte Fresslust kann auch bei einem gut erzogenen Hund zu Ungehorsam bei Nahrungsfunden innerhalb („Nahrungsmitteldieb") und außerhalb der Wohnung (Aufnahme von Unrat) führen.

8.2 Wechselwirkung mit anderen Hormonen

Schilddrüsenhormone beeinflussen die Wirkung von Hormonen, wie z. B. Adrenalin, Noradrenalin, Kortisol, Sexualhormone, Insulin (s. auch Kap. 1.4.3). Schilddrüsenhormone spielen daher eine wichtige physiologische Rolle bei Stressreaktionen. Die komplexen Zusammenhänge werden im Kap. 8.5 erläutert.

Der Schilddrüsenregelkreis wird z. B. beeinflusst durch **Somatostatin** (reduziert TSH- und TRH-Freisetzung) und Dopamin (reduziert die TSH- und TRH-Produktion). Andererseits wird die Biosynthese von Somatostatin in der Hypophyse durch T3 beeinflusst.

Im Zyklus intakter Hündinnen besteht eine enge Verzahnung der Sexualhormone **Östrogen** und **Prolaktin** mit den Schilddrüsenhormonen (s. Kap. 4.3.3).

8.3 Wechselwirkung mit Neurotransmittern

Aus dem Humanbereich gibt es Hinweise, dass Schilddrüsenhormone nicht nur die Stoffwechselvorgänge im Körper beeinflussen, sondern auch in Wechselwirkung mit Neurotransmittern stehen, die eine stimmungsbeeinflussende Wirkung haben. Bei Versuchstieren konnten einzelne Wechselwirkungen im Detail untersucht werden, im Wesentlichen sind die Zusammenhänge jedoch unbekannt. Man nimmt an, dass durch die Schilddrüsenhormone der **Serotonin-Dopamin-Stoffwechselweg** beeinflusst wird, indem die entsprechenden Rezeptoren schneller abgebaut werden. Dagegen wird die Anzahl der **Noradrenalin**rezeptoren im Kortex bei hypothyreoten Ratten erhöht. Serotonin und Dopamin sind, ebenso wie Noradrenalin, monoamine Neurotransmitter. Die Rezeptoren für die monoaminen Neurotransmitter sind sehr unspezifisch und reagieren sowohl auf andere Monoamin-Neurotransmitter als auch auf andere verwandte Stoffe.

Bezüglich **Serotonin** wird eine wirkungsverstärkende bzw. produktionssteigernde Wirkung durch die Schilddrüsenhormone angenommen.

Hintergrundwissen

Serotonin ist mitverantwortlich für die psychische Stabilität, die Regulierung von Stimmungen, des Erregungszustandes und des Schmerzempfindens. Niedrige Serotoninspiegel (oder verminderte Ansprechbarkeit auf Serotonin) führen zu Stressempfindlichkeit, Angst, offensiven Aggressionsformen, Jagdaggression und beim Menschen zu Depressionen. Zudem führt Serotoninmangel zu reduziertem Lernvermögen und impulsivem Verhalten.

Dopamin ist unter anderem wichtig für die Bewegungskoordination, Verstärkung von Verhalten (Belohnungssystem) und Reaktionszeiten.

Bei Menschen hilft Dopamin die Aufmerksamkeit auf Wichtiges zu richten. Bei hohen Dopaminspiegeln wird alles als wichtig empfunden, starke Dopamin-Stimulation führt zu Rauschzuständen mit großem Assoziationsreichtum.

Bei ängstlichen Hunden wurden höhere Dopamin-Serotonin-Spiegel nachgewiesen, als bei weniger ängstlichen Hunden.

Weitere Wechselwirkungen mit **GABA, Glutamat, TRH** und den **Katecholaminen** (Adrenalin, Noradrenalin) werden ebenfalls diskutiert.

Noradrenalin beeinflusst sowohl das Verhalten als auch den Energieverbrauch. Bei einem Noradrenalinmangel wird der Energieverbrauch reduziert. Bei hypothyreoten Ratten wurden erhöhte Noradrenalinwerte festgestellt. Noradrenalin wirkt quasi wie ein Verstärker: auch geringe Reize führen bei entsprechend hohem Neurotransmitterspiegel zu einer Reaktion.

Noradrenalin steht ebenfalls in Wechselwirkung mit Dopamin.

Hintergrundwissen

Erhöhte Noradrenalinwerte führen zu gesteigerter Reizbarkeit, impulsivem Verhalten und Aggression, aber auch zu Angst oder Panikattacken. Gansloßer [13] bezeichnet Noradrenalin daher als „Kampfhormon“.

GABA ist der wichtigste hemmende Neurotransmitter im ZNS und hat somit eine beruhigende Wirkung. Als wichtiger erregender Botenstoff ist Glutamat der Gegenspieler. Glutamat und GABA regulieren sich gegenseitig.

Bei einem Schilddrüsenhormon-Mangel wird dieses Gleichgewicht gestört. Die Aufnahme von GABA aus dem synaptischen Spalt wird durch T3 und T4 verzögert bzw. gehemmt.

TRH beeinflusst als Neurotransmitter ebenfalls verschiedene Verhaltensmuster und ist z. B. an der Schmerzunterdrückung sowie der Kälte- und Schlaf-Wachregulation beteiligt.

Neurotransmitter-Verschiebungen führen zu Änderungen des Bewusstseinszustandes. Kasten [21] führt als Beispiel veränderter Bewusstseinszustände Halluzinationen an, die auf Neurotransmitterverschiebungen durch psychedelische Drogen (wie z. B. LSD) oder psychotische Erkrankungen basieren: Das Gehirn aktualisiert das Bild der wahrgenommenen inneren und äußeren Umwelt fortlaufend neu und erzeugt in Abhängigkeit von der Neurotransmitterkonstellation ggf. „Weltbilder“, die nicht mit der Realität übereinstimmen. Die Wahrnehmung der Welt ist also letztendlich eine individuelle und durch das Gehirn veränderbare Illusion. Mit der Veränderung der wahrgenommenen Realität verändert sich auch die Reaktion auf die Umwelt.

8.4 Bedeutung von T3 für das Gehirn

T3 spielt im Gehirn eine wichtige Rolle. Im Gegensatz zu anderen Geweben wird im Gehirn relativ wenig T3 aus dem Blut aufgenommen, sondern der größte Teil von T3 vor Ort direkt aus T4 gebildet. In den anderen Geweben ist das Verhältnis umgekehrt. Daher ist für das Gehirn ein ausgeglichener T4-Spiegel im Blut von wesentlicher Bedeutung. Ein Autoregulationsmechanismus sorgt bei einer Schilddrüsenunterfunktion dafür, dass der T3-Gehalt im Gehirn noch möglichst lange im optimalen Bereich gehalten wird. Hierzu wird im restlichen Organismus die T3-Bildung und die Bildung von rT3 reduziert sowie im Gehirn vermehrt ein Enzym gebildet, welches T4 zu T3 umwandelt (Dejodase, s. Kap. Trijodthyronin (T3), ▸ Tab. 1.3).

Die Bedeutung von T3 bei der Ausreifung des Gehirns ist schon länger bekannt, allerdings bestätigen erst jüngere Studien auch im ausgereiften Gehirn die genexpressiven Wirkungen.

Für T3 wird zudem eine eigenständige Rolle als Neurotransmitter diskutiert, da in den Synapsen die T3-Konzentration besonders hoch ist.

8.5 Stress

Das Thema Stress spielt generell beim Lernen und beim Training von Hunden eine wichtige Rolle. Allerdings erhält es bei Hunden mit Schilddrüsenunterfunktion durch die enge Verknüpfung mit den hormonellen Prozessen eine besondere Bedeutung. Um besser verstehen zu können, wieso manche schilddrüsenkranke Hunde anscheinend oder tatsächlich so extrem auf Stress reagieren, soll zunächst der Begriff „Stress“ erklärt werden.

Umgangssprachlich umfasst der Begriff Stress sowohl die auslösenden Faktoren als auch die physiologischen Reaktionen. Es ist aber zu unterscheiden zwischen

- den auslösenden Faktoren – **Stimuli/Stressoren** und
- den auf diese folgenden physiologischen Reaktionen – **Stress(-reaktionen)**.

Stress hat eine wichtige biologische Funktion. Er stellt die Antwort des Körpers auf eine physiologische oder psychologische Anforderung an den Organismus dar, also auf ein verändertes Gleichgewicht (Allostase). Eine Stressreaktion dient dem Körper dazu, dieses Ungleichgewicht abzustellen. Stress ist also kein statischer Zustand, sondern ein dynamischer Prozess.

Homöostase – Allostase

Lambert [29] erläutert im Zusammenhang mit Verhaltensstudien die Begriffe Homöostase und Allostase. Der Begriff Homöostase wird in der Literatur häufig (noch) in Zusammenhang mit Stress (oder physiologischen Reaktionen) verwendet und geht auf W. Cannon zurück. Der Begriff suggeriert ein stabiles konstantes Gleichgewicht, also einen Wert, auf den die physiologischen Funktionen immer wieder eingeregelt werden. Die körperlichen Reaktionen werden jedoch je nach den inneren und äußeren Anforderungen auf ein angepasstes Niveau eingeregelt. So reagiert z. B. beim Laufen das Herz-Kreislauf-System auf den erhöhten Sauerstoffbedarf. Es existiert also kein konstantes Gleichgewicht, sondern ein dynamisches Gleichgewicht.
Daher wird zunehmend der Begriff Allostase („Stabilität durch Änderung") anstelle von Homöostase („Gleichstand") verwendet (B.S. McEwen). Die Überbeanspruchung (durch eine stark belastende einmalige Situation oder durch zeitlich langanhaltende Zustände) wird als allostatische Last (allostatic lead) bezeichnet.

Stress ist also eine wichtige Anpassungsreaktion des Körpers. Kurzzeitiger Stress ist daher nicht unbedingt negativ zu bewerten, sondern stellt eine notwendige Anpassung an sich ständig verändernde innere und äußere Faktoren dar. Erst wenn es dem Körper nicht gelingt, ein angepasstes Gleichgewicht herzustellen, kann schädlicher (Dauer-) Stress entstehen. Dies kann z. B. dann der Fall sein, wenn die stressenden Umstände lange anhalten oder der Stressor (die Stressoren) zu stark waren.

Häufig wird unterschieden zwischen:

- **Eustress**: positiv erlebter Stress. Die aufgebaute Anspannung und positive Erregung wird zur Bewältigung schwieriger Aufgaben eingesetzt. Werden diese Aufgaben erfolgreich erledigt, führt dies zu positiven Emotionen und Stärkung des Immunsystems, sofern ausreichend Erholungsphasen zur Verfügung stehen. Eustress besitzt eine gesundheitsfördernde Wirkung und leistungsstimulierende Funktion.
- **Distress**: negativ erlebter Stress, der ein schädigendes Übermaß an Anforderungen an den Organismus darstellt, sodass eine Anpassung nicht mehr möglich ist. Es werden substanzielle Körperreserven angegriffen. Distress kann zu körperlichen und psychischen Krankheiten führen.
- **Neutraler Stress**: Stress, der keinerlei positive oder negative Auswirkungen auf den Organismus hat.

In der Umgangssprache wird unter Stress in der Regel nur der Distress verstanden.

8.5.1 Was löst Stress aus? Was beeinflusst Stress?

Die einer Stressreaktion zugrundeliegende Ursache – der Stressor also – kann, je nach genetischer Disposition und bisheriger Lernerfahrung, individuell sehr unterschiedlich sein (► Abb. 8.3).

Ebenso ist auch die Art, wie der Stress bewältigt wird (oder auch nicht; s. Kap. 8.5.3), abhängig von genetischer Disposition und individueller Lernerfahrung in gleichen oder ähnlichen Situationen. Tritt Stress in gewissem Rahmen in kritischen Phasen der Individualentwicklung auf, kann dies dazu führen, dass spätere Stressreaktionen weniger emotional ausfallen. Andererseits kann jedoch ein überhöhter oder lang andauernder Stress gerade in diesen Phasen dazu führen, dass der Hund eine lebenslange geringe Stresstoleranz entwickelt.

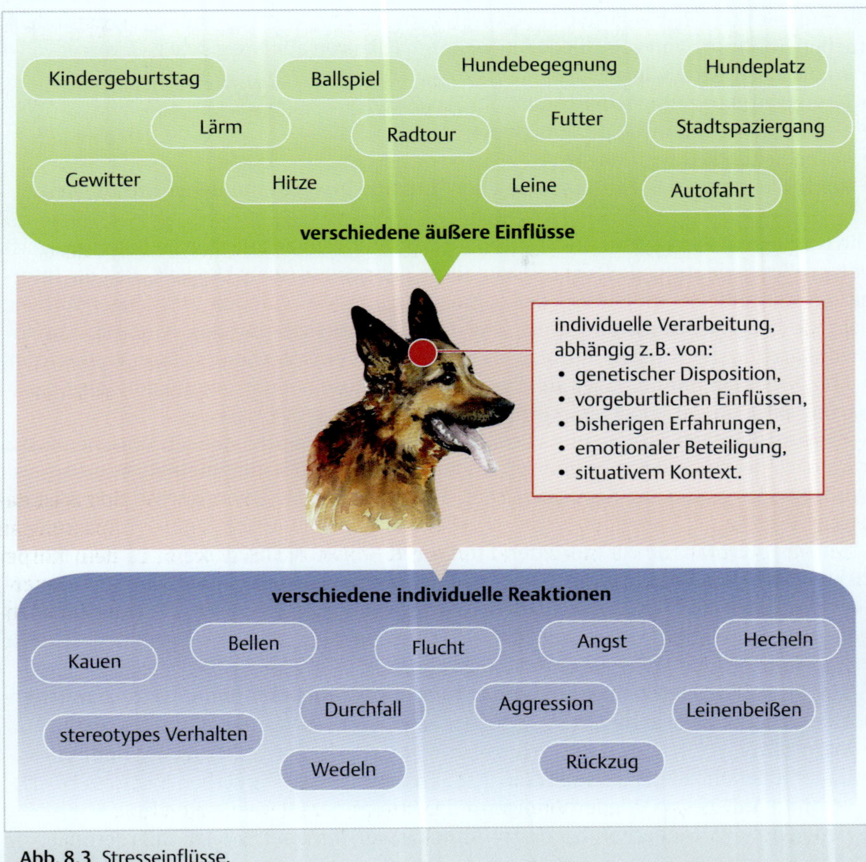

Abb. 8.3 Stresseinflüsse.

Stressoren kann man grob in 6 Kategorien einteilen:

1. äußere Stressfaktoren:
   - Überflutung mit Sinnesreizen oder Informationen, Reizarmut (Deprivation), Schmerzreize, reale oder empfundene Gefahrensituationen,
2. mangelnde Befriedigung primärer Bedürfnisse:
   - Entzug von Nahrung, Wasser, Schlaf, Bewegung,
3. Leistungsfaktoren:
   - Über- oder Unterforderung, Leistungsdruck, Kritik, unklare Anforderungen (widersprüchliche Anweisungen) durch Halter,
4. soziale Faktoren:
   - Isolation, Ablehnung in der Gruppe, Rangkämpfe, unangemessene Zurechtweisungen, wenig Belohnung, Gedränge,
5. vornehmlich psychosoziale Stressfaktoren:
   - Konflikte, Unkontrollierbarkeit, Ungewissheit, Ausgeliefertsein,
6. sonstiges:
   - Krankheit, Veränderung von Lebensumständen, hormonelle Umstellung in verschiedenen Lebensphasen (Geschlechtsreife, Kastration).

Ob und wie stark etwas für ein Lebewesen zum Stressor wird, ist außer von der individuellen Erfahrung von verschiedenen weiteren Faktoren abhängig, wie z. B. von
- emotionaler Beteiligung,
- Häufigkeit und zeitlichem Abstand der Stressoren,
- empfundener Intensität der Ereignisse,
- Vorhersehbarkeit der Ereignisse,
- Kontrollierbarkeit, Beeinflussbarkeit der Situation bzw. empfundener Hilflosigkeit.

Die Beteiligung von psychischen Faktoren bei Stress, also die emotionale Beteiligung, ist von großer Bedeutung. Relevant ist vor allem die psychosoziale Umwelt, also die Interaktion mit anderen Individuen der sozialen Gruppe. Bei Hunden wird angenommen, dass sie bei psychosozialem Stress eher mit einer Aktivierung des sympathoadrenomedullären Systems reagieren, also eher dem Typ A entsprechen (s. Kap. Stressachsen, ▸ Abb. 8.4). Man nimmt daher an, dass eine aktive Auseinandersetzung mit dem Sozialpartner bei Hunden erfolgversprechender ist als eine passive Haltung.

Es wird zwischen akutem und **chronischem Stress** unterschieden. Chronischer Stress wirkt sich negativ auf das Immunsystem aus und führt zum **allgemeinen Anpassungssyndrom** (Vergrößerung der Nebenniere, Schrumpfung der Thymusdrüse und Magengeschwüren).

Manche **permanent vorhandenen Stressoren** – beim Menschen z. B. Lärm – führen zu unbewusstem chronischem Stress. Andere permanent vorhandene Stressoren sind vor allem dann relevant, wenn sie ins Bewusstsein gelangen. Wird ein dauerhaft vorhandener Stressor nur zeitweise wahrgenommen und als Stressor empfunden, handelt es sich um chronisch intermittierenden Stress.

Der Verlauf der Stressreaktion bei **chronisch intermittierendem Stress** ist von verschiedenen Faktoren abhängig:
- Intensität,
- Dauer jeder einzelnen Stressphase,
- gesamte Anzahl von Wiederholungen,
- Häufigkeit der Wiederholungen bzw. Interstressor-Intervall.

Sind die Stressoren weniger intensiv, also nur sehr geringfügig, nimmt die Stressreaktion bei jeder Wiederholung ab, bis keine Reaktion mehr erfolgt. Dabei gelten die gleichen Gesetzmäßigkeiten wie beim Phänomen der Gewöhnung (**Habituation**).

Eine Stressreaktion unterbleibt umso eher,
- je weniger stark (intensiv) der Stressor ist,
- je häufiger die Situation wiederholt wird,
- je kürzer das Interstressor-Intervall ist (also die Zeit bis zum erneuten Einwirken der Stressoren).

Andererseits kann eine vorausgegangene, als unkontrollierbar empfundene Situation die Wirkung der Katecholamine (Adrenalin und Noradrenalin) erhöhen und einen den Stress potenzierende Wirkung haben.

Man nimmt an, dass als wenig intensiv empfundene unbekannte Situationen, die wegen ihrer Neuartigkeit und damit Unvorhersehbarkeit unangenehm wirken, bei Wiederholung zu psychisch bedingter Anpassung führen, also eine **Gewöhnung** eintritt. Entscheidend dabei ist, ob Lernverhalten stattfindet und aufgrund dessen eine Situation vorhersehbar wird. Die Wiederholungen haben dadurch, dass die Situation an Vorhersehbarkeit gewinnt, einen positiven Effekt.

Die Gewöhnung an einen neuen Reiz (Stressor) ist spezifisch an diesen Stressor gebunden und nicht auf andere Stressoren übertragbar. Dennoch fällt die Anpassung an neue Stressoren leichter, wenn die Stressbewältigung generell „trainiert" wurde.

Praxis 

Ein gewisses Maß an Stress ist daher wichtig, um Stressbewältigung zu lernen. Kurze, nicht zu intensive Stressbelastungen mit zwischengeschalteten Erholungsphasen sind daher als sinnvolles Stresstraining einzustufen.

Diese schrittweise Gewöhnung an bestimmte Reize macht man sich bei der **Desensibilisierung** (meist in Verbindung mit der Gegenkonditionierung) zunutze.

Bei intensiven (starken) Stressoren bleibt die Stressreaktion jedoch bei jeder Wiederholung unverändert. Im ungünstigsten Fall tritt sogar eine **Sensibilisierung** ein. Dies führt dazu, dass bei jeder Wiederholung der Stressor intensiver wirkt, die Stressreaktionen also stärker werden (z. B. häufig bei Geräuschangst, s. Kap. 8.5.4).

Intensivere Stressoren führen anscheinend eher zu biochemischen Veränderungen als weniger intensive Stressoren. Es ist allerdings noch unklar, ob bei intensiven Stressoren die Vorhersehbarkeit ebenfalls von Bedeutung für das Ausmaß der Hormonausschüttung und körperlichen Auswirkung ist.

8.5.2 Hormonelle und neuronale Reaktionen bei Stress

Bei einer Stressreaktion finden im Körper eine ganze Reihe hormoneller und neuronaler Reaktionen statt, sodass man auch von einem Stresssyndrom spricht. Ziel dieser Reaktionen ist es zunächst, die körperlichen Reserven zu mobilisieren und ausreichend Energie für Flucht oder Angriff zur Verfügung zu stellen. Im Zuge dieser Mobilisierung werden zur Stoffwechselaktivierung vermehrt Schilddrüsenhormone produziert. Die nachfolgenden Hormonreaktionen (nach Wegfall des Stressors) regulieren die gesteigerten Hormonpegel wieder herunter und somit auch die der Schilddrüsenhormone.

Außerdem werden im Körper während der Stressreaktion unter anderem körpereigene Rauschmittel (Opioide) freigesetzt. Diese wirken schmerzstillend, aber auch euphorisierend. Das kann dazu führen, dass geringfügiger Stress körperlich süchtig macht. Dies erklärt bei Hunden z. B. den selbstbelohnenden Charakter des Hetzens oder von Ballspielen („Ball-Junkies").

Die wichtigsten Hormone, die im Zuge der Stressreaktion freigesetzt werden, sind nachfolgend kurz beschrieben.

Adrenalin

Adrenalin ist ein Hormon aus der Gruppe der Katecholamine und wirkt sowohl als Hormon als auch als Neurotransmitter.

Adrenalin wird vor allem bei psychischem Stress freigesetzt und hat eine stoffwechselsteigernde Wirkung. Die Wirkung von Adrenalin wird von den Schilddrüsenhormonen verstärkt.

Noradrenalin

Noradrenalin ist ebenfalls ein Hormon aus der Gruppe der Katecholamine und wirkt sowohl als Hormon als auch als Neurotransmitter (s. Kap. 8.3). Es hat u. a. auch eine schmerzstillende Wirkung.

Noradrenalin wird vor allem bei körperlichem Stress freigesetzt und hat ebenfalls eine stoffwechselsteigernde und körperlich aktivierende Wirkung. Lang anhaltender Stress oder ein Trauma kann zu einem erhöhten Noradrenalinspiegel führen.

Im Gehirn ist Noradrenalin als **Neurotransmitter** aktiv. Ein zu hoher Noradrenalinspiegel im Gehirn führt zu Aggression, Übererregung, Impulsivität und besonders leichter Erregbarkeit. Ein zu niedriger Noradrenalinspiegel führt beim Menschen zu Depressionen. Dies kann z. B. eine Folge von psychischem Stress (wie bei empfundener Hilflosigkeit oder Kontrollverlust) sein. Sind die Noradrenalin-Vorräte im Gehirn erschöpft, entsteht „erlernte Hilflosigkeit".

Hintergrundwissen 

Erlernte Hilflosigkeit

Ein für die Stressreaktion wichtiger Aspekt ist die Vorhersehbarkeit und Kontrolle einer Situation.

In einer Situation, in der das Tier z. B. für dieses scheinbar willkürlich, unvorhersehbar und unkontrollierbar, Schmerzen ausgesetzt ist, gibt das Tier den Versuch auf, den Schmerzen zu entfliehen, selbst wenn es ihm möglich wäre. Diese passive Haltung wird „erlernte Hilflosigkeit" genannt. Die Passivität wird nicht durch echtes Lernen erzeugt, sondern resultiert aus der Erschöpfung der Noradrenalinbestände im Gehirn. Daraus ergeben sich motorische Defizite. Nach einer gewissen Zeit, wenn der Noradrenalinspiegel sich wieder normalisiert hat, wird auch die potenzielle Fluchtmöglichkeit wahrgenommen.

Bei den genannten Vorgängen sind jedoch auch noch andere Hormone, wie Dopamin und Serotonin, von entscheidender Bedeutung.

Kortisol

Kortisol ist der Gegenspieler der aktivierenden Hormone Adrenalin und Noradrenalin und reguliert somit die ersten Stressreaktionen wieder herunter. Kortisol bewirkt unter anderem einen Abfall der T3-Konzentration, es wirkt kurzzeitig entzündungshemmend und steigert die Immunabwehr. Dauerhaft hemmt Kortisol jedoch eher die Immunabwehr. Die Halbwertszeit von Kortisol beträgt im Normalfall rund 20 Minuten.

Ein länger anhaltender hoher Kortisolspiegel, z. B. als Folge von Dauerstress, führt zu einer Verminderung der Abwehrkraft und verschiedenen Anpassungskrankheiten (allgemeines Anpassungssyndrom, s. Kap. 8.5.1). Vorrangig sind hier Magen-Darm-Erkrankungen zu nennen, aber auch Erkrankungen des Herz-Kreislauf-Systems, Fortpflanzungsstörungen und im Extremfall Erschöpfung der Nebennieren(-rinde) (**Adrenal fatigue**). Im Falle der Erschöpfung der Nebennierenrinde kann diese nicht mehr ausreichend Kortisol produzieren. Dies zieht zahlreiche Folgereaktionen nach sich, u. a. Erschöpfung, gestörter Insulinhaushalt und Immunstörungen.

Tritt ein anhaltender hoher Kortisolspiegel in der Junghundephase auf, kann dies zu einem zeitlebens stressanfälligen Hund führen. Diese Hunde tendieren zum Stresstyp B (s. Kap. Stressachsen): sie sind meist ängstliche, unsichere Hunde, die z. B. zu Trennungsängsten neigen.

Hintergrundwissen

Bei einer Studie wurde festgestellt, dass Hunde, die beim Tierarzt stark unter Stress standen, vor, während und nach der Untersuchung deutlich mehr Stresssignale zeigten als die weniger gestressten Tiere. In der Gruppe der gestressten Tiere waren deutlich mehr Hunde, die auch von ihren Besitzern als generell ängstlich eingestuft wurden. Erstaunlich war, dass die Kortisolwerte der stark gestressten Hunde nach dem Tierarztbesuch signifikant niedriger waren als die Werte der entspannteren Tiere.
Dies könnte sich erklären lassen durch
- Erschöpfung der Nebennierenrinde bedingt durch die generell höhere Ängstlichkeit oder
- bessere Anpassung an Stresssituationen, also bessere Stressbewältigung.

Stressachsen

Im Wesentlichen werden bei Stress 2 Achsen – also aufeinander abgestimmte Organ- und Hormonreaktionen – aktiviert (▶ Abb. 8.4):
- das sympathoadrenomedulläre System (Achse A/Stresstyp A) und
- das Hypophysen-Nebennierenrinden-System (Achse B/Stresstyp B).

Beide Achsen sind auf vielfältige Weise miteinander verknüpft.

Das **sympathoadrenomedulläre System** wird von der Amygdala aktiviert. Der Körper wird in die Lage versetzt, Hochleistungen zu vollbringen, die psychische Stimmung ist eher als euphorisch zu bezeichnen. Die angeregte Reaktion (Ausschüttung von Adrenalin und Noradrenalin) wird als schnelle Stressantwort eingestuft.

Bei der Aktivierung des **Hypophysen-Nebennierenrinden-Systems** (auch Hypothalamus-Hypophysen-Nebennieren-Achse (**HHA**) oder Hippocampus-Septum-Achse genannt) spielt der Hippocampus eine wesentliche Rolle. Massive Stresszustände beeinträchtigen die Gedächtnisleistung des Hippocampus. Länger anhaltende Stressbelastung kann zu Schrumpfungen im Bereich des Hippocampus führen (Verkürzung der Nervenfortsätze und Reduzierung der Vernetzung). Man geht jedoch davon aus, dass diese Veränderungen reversibel sind.

Definition

Die **Amygdala** (Mandelkern) ist Teil des limbischen Systems mit großer Bedeutung für Emotionen, vor allem Angst, sowie für emotionales Lernen, Motivationen und das Sozialverhalten.

Der **Hippocampus** (Seepferdchen) ist ebenfalls Teil des limbischen Systems und für das räumliche Gedächtnis und die zielgerichtete Orientierung relevant, aber auch für Lernen sowie für Erinnerungen.

Durch die Aktivierung des Hypophysen-Nebennierenrinden-Systems werden die körperlichen Reaktionen gebremst und die Stimmung ist eher deprimiert.

Der Hippocampus aktiviert ACTH (Azetylcholin) und Kortisol, organisiert also die langfristige Stressantwort.

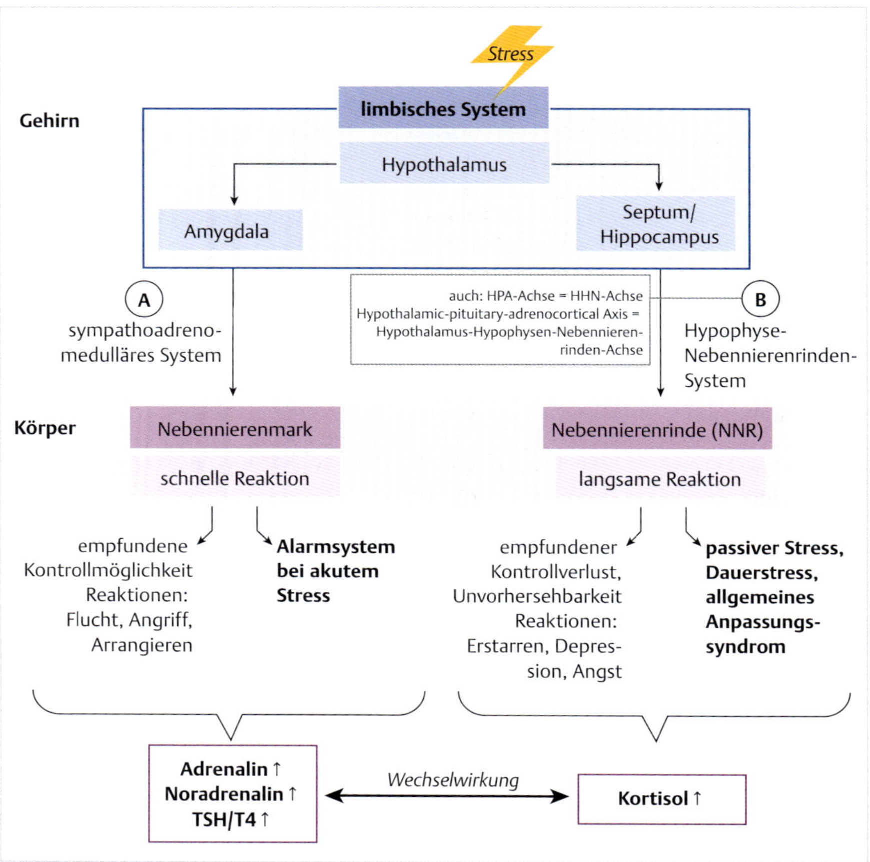

Abb. 8.4 Stressreaktionen im Körper.

Normalerweise sollten die Reaktionen der beiden Achsen zur Wiederherstellung der Allostase – des Körpergleichgewichts – führen. Erfolgt eine Überreaktion der zurückregulierenden Achse (also Achse B) oder ist sie zu lange aktiv, entwickelt sich ein allgemeines Anpassungssyndrom (s. Kap. 8.5.1). Chronischer Stress führt z. B. zum Absinken von Serotonin, Noradrenalin und Dopamin.

8.5.3 Stressbewältigung – Coping-Muster

Als Reaktion auf akute Stressreaktionen stehen dem Organismus verschiedene Verhaltensmöglichkeiten zur Verfügung, die im englischen Sprachraum als die „**Four F**“ bekannt sind:

- „Flight“ = Flucht,
- „Fight“ = Angriff,
- „Flirt“ = Arrangieren (Bedingungsänderung, Beschwichtigung, Beseitigung der Bedrohung),
- „Freeze“ = Erstarren (Verdrängen, Leugnen, Passivität, „Einfrieren“).

Diese Bewältigungsstrategien, die den Stress verringern, bezeichnet man als Coping-Strategien.

Welche der Reaktionen ein Hund im Stressfall bevorzugt zeigt, ist unter anderem abhängig von genetischen Dispositionen und individuellen Erfahrungen. Daraus ergeben sich die jeweilige Beurteilung einer Situation und die bewusste und/oder unbewusste Reaktion darauf. Von wesentlicher Bedeutung ist dabei, ob eine Situation generell eher als noch kontrollierbar oder eher als unkontrollierbar empfunden wird. Je nachdem tendiert ein Lebewesen eher dazu eine Situation aktiv zu lösen (Stresstyp A) oder einer Situation passiv zu begegnen (Stresstyp B).

Die bevorzugten Coping-Muster kann man bez. der biochemischen Reaktionen den beiden oben beschriebenen Achsen (s. ► Abb. 8.4) zuordnen:

- Wird in einer Situation ein Kontrollverlust lediglich befürchtet, ist dieser aber noch nicht eingetreten, kann durch aktives Verhalten – z. B. Flucht oder Angriff – eine Änderung bewirkt werden. Über die Amygdala des limbischen Systems werden das sympathische autonome Nervensystem und das Nebennierenmark aktiviert (Achse A).
- Ist ein Kontrollverlust bereits eingetreten, so ist eine Verhaltensaktivierung nicht mehr sinnvoll. Verhalten wird unterdrückt, die Situation verdrängt oder geleugnet. Dies erfolgt durch Aktivierung von Hippocampus und Septum des limbischen Systems und die nachfolgenden Reaktionen der Hypothalamus-Hypophysen-Nebennieren-Achse (Reaktion B). Es handelt sich also quasi um eine Überreaktion der aktivitätsreduzierenden Stressachse.

Nicht nur die Beurteilung der Kontrollierbarkeit, auch die Vorhersehbarkeit ist für das individuelle Coping-Muster von entscheidender Bedeutung. Tritt ein Stressor wiederholt auf, ist der Ablauf einer Situation also bekannt, wird letztere zunehmend vorhersehbar. Je vorhersehbarer eine Situation wird, umso eher werden das sympathische autonome Nervensystem und das Nebennierenmark (Achse A) bei der Stressreaktion aktiviert. Der Hund reagiert, anstatt zu resignieren (s. Kap. 8.5.1: Desensibilisierung und Sensibilisierung).

8

8.5.4 Stress und Schilddrüse

Dauerstress kann durch Senkung der Schilddrüsenhormonkonzentration eine Schilddrüsenunterfunktion vortäuschen. Andererseits kann Stress auch ein Cofaktor für die Manifestation einer genetisch disponierten Autoimmunkrankheit sein.

Auch für einen an einer Schilddrüsenunterfunktion erkrankten Hund kann das Thema Stress von Bedeutung sein: Einige Hunde mit (Subklinischer) Schilddrüsenunterfunktion scheinen extrem stressanfällig zu sein und auch lange im Stresszustand zu verharren. Das unterscheidet sie von „normalen“ Hunden, deren Toleranzgrenze wesentlich höher liegt und deren Erregungszustand sich schneller wieder normalisiert.

Die genauen Zusammenhänge, wie sich eine Schilddrüsenunterfunktion auf das Verhalten und speziell die Stressverarbeitung auswirkt, sind noch nicht geklärt.

Hinsichtlich der Stressreaktionen gibt es aber Hinweise darauf, dass Hunde mit einer Schilddrüsenunterfunktion das beim Stress vermehrt gebildete **Kortisol** nicht ausreichend abbauen können. Selbst eigentlich normale und geringfügige Stressoren führen dann schnell dazu, dass die Hunde einen konstant erhöhten Kortisolspiegel erreichen und längere Zeit beibehalten. Das permanent im Körper zirkulierende Kortisol führt dazu, dass die Tiere sich physiologisch quasi im Dauerstress befinden.

Kortisol bewirkt das Absinken der Konzentration verschiedener aktivierender Hormone und Neurotransmitter. So wird unter anderem die T3-Konzentration reduziert, z. B. durch Hemmung von TSH und somit die Neubildung von T3. Das hat eine Drosselung des Energieverbrauchs des Körpers zur Folge. Lang anhaltender Stress und somit dauerhaft hohe Kortisolspiegel führen zu einer Schwächung der Abwehrkräfte und zu verschiedenen Anpassungskrankheiten. Diese Reaktionen auf Dauerstress führen letztendlich zu Lethargie und beim Menschen zu Depressionen.

Dadurch ergibt sich ein Stresskreislauf, bei dem Ursache und Wirkung nicht mehr voneinander zu trennen sind (s. ► Abb. 8.5):

- Stress bewirkt erhöhte Kortisolwerte,
- hohe Kortisolwerte korrelieren mit niedrigen Schilddrüsenhormonkonzentrationen,
- niedrige Schilddrüsenhormonkonzentrationen bewirken eine höhere Stressanfälligkeit,
- unzureichender Kortisolabbau verlängert die Stresszeiten.

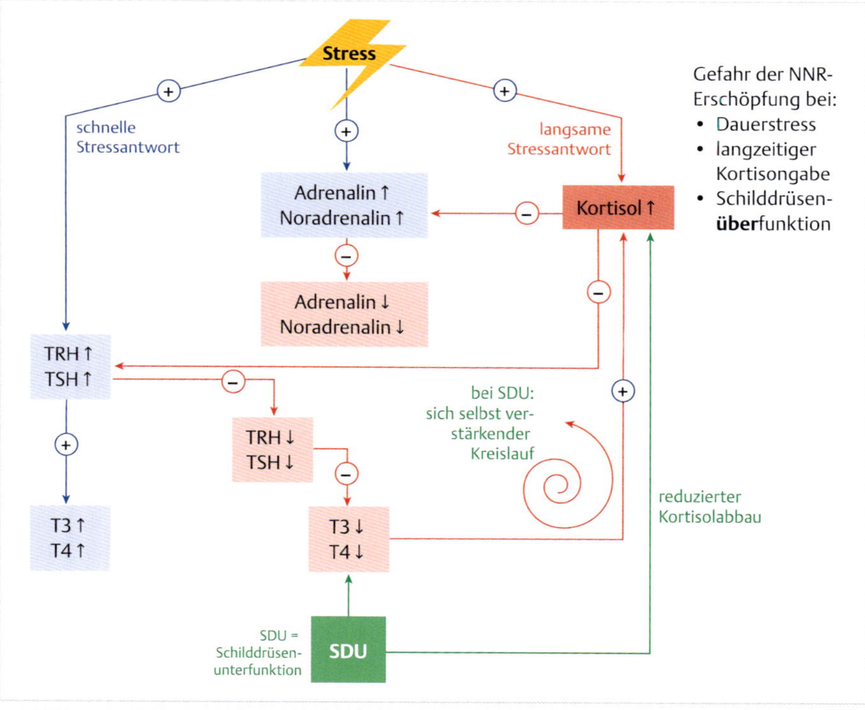

Abb. 8.5 Stresskreislauf.

Hintergrundwissen

MDR1-Defekt und Kortisol

Bei einem MDR1-Defekt (s. Kap. 2.4.5) sind die Blut-Hirn-Schranken-Permeabilität sowie der Transport von zahlreichen körperfremden (z. B. Arzneistoffen) und körpereigenen Substanzen gestört. Zu den betroffenen körpereigenen Substanzen zählen auch die Glukokortikoide (also z. B. Kortisol). Hierdurch ergibt sich eine Fehlsteuerung des Kortisolregelkreises, die zu einem erniedrigten Kortisolspiegel führt: Bedingt durch die hohe Durchlässigkeit der Blut-Hirn-Schranke wird der Kortisolgehalt im Blut unverzüglich heruntergeregelt, sodass die regulierenden Effekte von Kortisol ausbleiben (s. ► Abb. 8.5, rote Linien). Im Fall von Stress oder einer Krankheit kann dies zu einer eingeschränkten Stressbewältigung bzw. Regenerationsfähigkeit führen. Dies wiederum kann dazu führen, dass betroffene Hunde bereits bei geringfügigen Anlässen überreagieren bis hin zu Angst- und Panikanfällen.

Da diese Verhaltensweisen auch bei einer Subklinischen Schilddrüsenunterfunktion auftreten können und somit in die falsche Richtung weisen könnten, sollte bei entsprechend reagierenden Hunden der betroffenen Rassen auch eine MDR1-Diagnostik (sofern noch nicht erfolgt) durchgeführt werden.

Teilweise resultieren aus dem MDR1-Defekt allerdings auch niedrigere Schilddrüsenhormonwerte.

Inwiefern eine Kortisongabe unter Stressbedingungen sinnvoll ist, ist noch nicht ausreichend erforscht.

Geräuschangst

Viele Hunde sind sehr geräuschsensibel, dies trifft häufig auf Hütehunde zu.

Daraus kann sich eine Geräuschangst entwickeln, die sich zunächst nur auf einzelne Geräusche (z. B. Knallgeräusch) bezieht, zunehmend aber generalisiert wird.

Der Desensibilisierung durch Geräusch-CDs sind teilweise Grenzen gesetzt, da es kaum vermeidbar ist, dass während der Trainingsphase unkontrolliert beängstigende Geräusche auftreten können. Hierdurch wird der bis dahin vorhandene Trainingserfolg jedoch wieder eingeschränkt.

Für den Hund sind die auftretenden Geräusche – und somit seine Angst – kaum kalkulierbar oder beeinflussbar. Für den Hund stellt sich die Situation daher als unkontrollierbar und außerhalb seines Einflusses dar.

Zur Vermeidung einer generalisierten Geräuschangst sollte eine Therapie möglichst früh, also beim Auftreten erster Symptome, begonnen werden.

Bei Bearded Collies wurde ein Zusammenhang zwischen sehr niedrigen T4-Spiegeln und Geräuschangst festgestellt.

Hinzu kommt, dass bei einer Schilddrüsenunterfunktion häufig ein erhöhtes **Aggressions-** und/oder **Angstpotenzial** auftreten kann. Hierdurch wird wiederum der Stresspegel erhöht. Dies trifft zwar vor allem auf nicht substituierte Hunde zu, ist aber in bestimmten Situationen auch bei behandelten Hunden mit Schilddrüsenunterfunktion zu beobachten. Denn bei diesen ist ein weiterer Aspekt von Bedeutung:

Im Normalfall wird bei akutem kurzzeitigem Stress die TRH-Konzentration erhöht. Dies bewirkt eine Erhöhung des TSH-Spiegels und somit der Schilddrüsenhormonkonzentration. Bei akutem Stress wird der Körper unter Mitwirkung der Schilddrüsenhormone zu erhöhter Leistungsbereitschaft mobilisiert. Dadurch werden die vorhan-

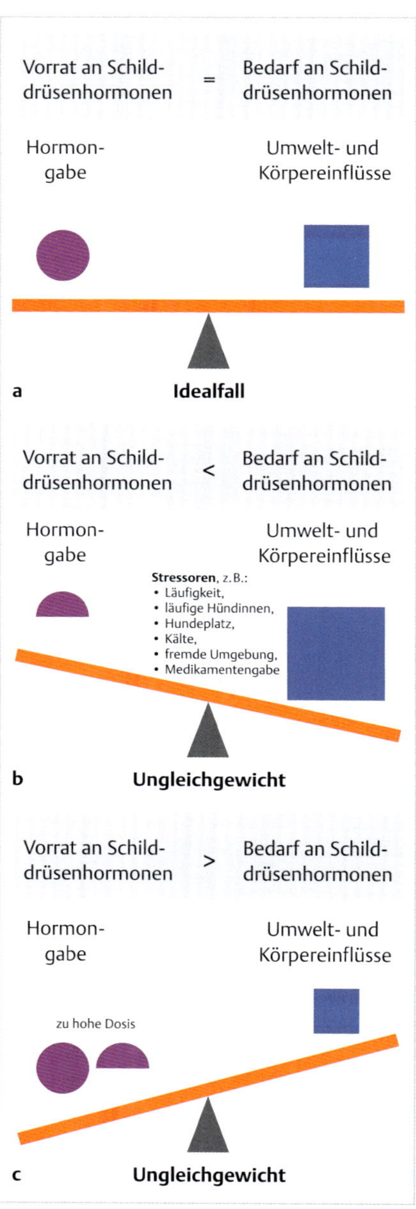

Abb. 8.6 Hormongleichgewicht und -ungleichgewicht.

denen Schilddrüsenhormone „verbraucht“, was im Normalfall durch eine erhöhte Produktion ausgeglichen wird. Der Bedarf und der Verbrauch der Schilddrüsenhormone sind also gleich hoch (► Abb. 8.6).

Ein substituierter Hund mit Schilddrüsenunterfunktion kann selbst keine Hormone bilden (s. Kap. 3.4 Therapieversuch), ist also auf eine externe Hormongabe angewiesen. Bei gut eingestellten Hunden bietet das im Blut zirkulierende T4 einen ausreichenden

Puffer, um Stress im normalen Umfang ausgleichen zu können. Bei außergewöhnlichen oder länger anhaltenden Stresssituationen sowie bei falsch eingestellten Hunden kann es aber sein, dass der T4-Puffer nicht ausreichend ist. Dadurch entsteht ein Ungleichgewicht, da der Bedarf an Schilddrüsenhormonen größer ist als die Menge der verfügbaren Hormone.

Wird beim Hund zusätzlich T3 substituiert, können sich diese Wirkungen von Stress verstärken, da T3 sehr viel schneller umgesetzt wird als T4.

Zusammenfassend kann gesagt werden, dass manche hypothyreoten Hunde auch nach der Substitution extrem stressanfällig zu sein scheinen. Dies gilt besonders für jene, die bereits vor der Substitution durch schlechtes Stressmanagement auffielen. Hierfür sind folgende Erklärungen denkbar:

- Im Zuge der Stressreaktion erfolgt eine Aktivierung des Stoffwechsels. Durch diese allgemeine Mobilisierung werden die vorhandenen Schilddrüsenhormone verbraucht und können nicht oder nicht ausreichend nachproduziert werden.
- Kortisol hemmt die TSH-Ausschüttung. Darüber wird die eventuell noch hormonproduzierende Rest-Schilddrüse „heruntergeregelt". Da im Rahmen der Stressaktivierung kein ausgesprochener Hormonüberschuss produzierbar war, entsteht im Körper also ein Hormondefizit.
- Kortisol reduziert das Bindungsvermögen der Trägerproteine. Dadurch findet ein erhöhter Abbau der Schilddrüsenhormone statt. Diese können aufgrund der Erkrankung der Schilddrüse nicht oder nicht ausreichend nachproduziert werden.
- Der Hund ist aufgrund genetischer Disposition, mangelnder Sozialisation, Deprivation oder Ähnlichem ohnehin nur bedingt stresstolerant.

Vermutlich treffen auf die jeweiligen Hunde alle Erklärungen mit unterschiedlich hohem Anteil zu.

8.5.5 Anzeichen von Stress beim Hund

Die Anzeichen von Stress bei Hunden sind so individuell wie die Hunde selbst. Jeder Hund zeigt **individuell typische Stressreaktionen**, die man durch Beobachtung des Hundes schnell erkennen kann. Während der eine Hund bei Stress sehr aktiv wird, wird ein anderer Hund äußerlich dagegen sehr ruhig. Während sich der eine Hund mehr auf seine Umwelt zu konzentrieren scheint, zieht sich ein anderer Hund in sich zurück. Anhand der individuellen Verhaltensmuster erkennt man meist sehr gut, wann der Hund anfängt, gestresst zu reagieren und kann entsprechend gegensteuern oder ausgleichend wirken.

Da die nachfolgend genannten Verhaltensweisen je nach Situation auch unabhängig von Stress gezeigt werden können, sind sie als Stressanzeichen immer in Zusammenhang mit der gesamten Situation zu sehen, in der sie auftreten. Die genannten Symptome werden nicht alle gleichzeitig gezeigt. Die Liste ist noch erweiterbar:

- Nervosität, Ruhelosigkeit, Hyperaktivität, leichte Erregbarkeit,
- Überreaktion, Aggressivität, aggressives Verhalten gegen sich selbst (selbstverletzendes Verhalten),
- ängstliches Verhalten (z. B. angelegte Ohren (▶ Abb. 8.7), eingeklemmter Schwanz),
- Beschwichtigungssignale (Calming Signals) in eigentlich dafür ungewöhnlichen Situationen (▶ Abb. 8.7),
- Verstörtheit,
- zwanghafte Verhaltensstörungen: übertriebene Lautäußerung, übertriebene Körperpflege bis hin zum Wundlecken, Stereotypien, Leinebeißen und -zerren,

Abb. 8.7 Wegschauen und angelegte Ohren als Stressanzeichen.

Abb. 8.8 Glotzaugen als Stressanzeichen.

- Ausblenden der Umwelt, Tunnelblick, mangelnde Aufmerksamkeit/Konzentration,
- Fixieren von anderen Lebewesen (z. B. Fliegen an der Wand), Gegenständen, Lichtkegeln,
- Passivität,
- übermäßiges Schlafbedürfnis, besonders bei chronischem Stress,
- umorientiertes Verhalten, Übersprungshandlungen: Gähnen (ein häufiges und deutliches Stressanzeichen), Aufreiten,
- Schütteln – häufig **nach** der angespannten Situation,
- Störungen im Magen-Darm-Trakt, häufiges Urinieren und Koten, Erbrechen, Durchfall,
- unangenehmer Körpergeruch/Mundgeruch (wegen starker Magensäurebildung), Schaumbildung vor dem Mund,
- Hautprobleme, besonders bei chronischem Stress, Schuppenbildung, Haarausfall (z. B. beim Tierarztbesuch),
- Appetitlosigkeit oder Fresssucht, übermäßiger Durst,
- Schweißpfoten,
- Veränderung der Augenfarbe, Glotzaugen (► Abb. 8.8),
- verhärtete Muskeln, Strecken, Dehnen, Steifheit, Zittern,
- langfristige Reaktionen: Allergien, Störungen des Immunsystems.

Praktischer Teil

9 Der kranke Hund – Praktische Tipps *226*

10 Erfahrungsberichte *267*

Quelle: Eva Zimmermann, Hellenhahn

9 Der kranke Hund – Praktische Tipps

Zusammenfassung 

Hunde mit Schilddrüsenunterfunktion sind kranke Hunde. Schilddrüsenunterfunktion ist nicht heilbar, das bedeutet, dass die betroffenen Hunde für den Rest ihres Lebens auf die externe Zuführung von Schilddrüsenhormonen angewiesen sind. Die Hormongabe erfolgt in Form von Tabletten oder eines Liquids.
Die Hunde müssen regelmäßig untersucht werden, da durch die Schilddrüsenunterfunktion die Gefahr von Begleit- oder Folgekrankheiten besteht und um die korrekte Dosierung sicher zu stellen. Besonders bei der autoimmunbedingten Schilddrüsenunterfunktion kann der gesamte Organismus mehr oder weniger in Mitleidenschaft gezogen sein und es können weitere (Autoimmun-)Erkrankungen auftreten (s. Kap. Autoimmunthyreoiditis (lymphozytäre Thyreoiditis); Kap. Erste klinische Symptome und Begleiterkrankungen). Umso wichtiger ist es für den Besitzer, sich möglichst gut mit dieser Krankheit, den Auswirkungen im Alltag und weiteren Randbedingungen auszukennen.

9.1 Diagnose

Die in den Lehrbüchern dargestellten Symptome sind bei einer bereits deutlich ausgeprägten Schilddrüsenunterfunktion feststellbar. Zu Beginn einer Schilddrüsenunterfunktion sind die Symptome jedoch nicht unbedingt eindeutig. Daher ist besonders bei der beginnenden Schilddrüsenunterfunktion das größte Problem, einen Arzt zu finden, der diesbezüglich ausreichend Erfahrung besitzt, um die richtige Diagnose stellen zu können.

Viele Tierärzte denken erst bei eindeutigen klinischen Symptomen an eine Schilddrüsenunterfunktion. Beim Blutbild orientieren sie sich an den Referenzwerten der Labore und diagnostizieren eine Schilddrüsenunterfunktion erst bei deren deutlichem Unterschreiten. Ergänzend wird zur Beurteilung häufig der TSH-Wert als ausschlaggebendes Kriterium hinzugezogen. Verhaltensänderungen, wie Aggression und Reizbarkeit, werden unabhängig von der Schilddrüsenunterfunktion gesehen oder als Überfunktionsanzeichen eingestuft.

Bedauerlicherweise gibt es auch Tierärzte am anderen Ende der Skala: Bereits bei einer geringfügigen Unterschreitung des Mittelwerts wird ohne vorherige gründliche Anamnese die Diagnose „Subklinische Schilddrüsenunterfunktion“ gestellt.

Als Hundehalter sollte man daher vor allem auf die Durchführung einer gründlichen Anamnese und die Erstellung eines Organprofils achten.

Bei Verdacht auf eine Subklinische Schilddrüsenunterfunktion ist die Konsultation eines verhaltenstherapeutisch geschulten Tierarztes empfehlenswert. Diese haben in der Regel gerade im subklinischen Bereich der Krankheit, also bei deren Beginn, deutlich mehr Erfahrungen, als „herkömmliche“ Tierärzte haben können.

Einige dieser verhaltenstherapeutisch geschulten Tierärzte haben sich in der Gesellschaft für Tierverhaltensmedizin und -therapie, kurz **GTVMT**, zusammengeschlossen. Eine nach Bundesland und Postleitzahlen geordnete Überweisungsliste mit den Adressen der Tierärzte findet man im Internet unter www.gtvmt.de (Info Tierärzte – Suche Verhaltenstierärzte).

Nach der Diagnose sollte der verhaltenstherapeutisch arbeitende Tierarzt dem Hundehalter hinsichtlich Erfolge (oder Misserfolge), richtiger Dosierung, Bewertung von

Blutbildern, Umsetzung des Therapieplans etc. weiterhin beratend und unterstützend zur Seite stehen.

9.2 Medikamente

Die Behandlung der Schilddrüsenunterfunktion erfolgt durch Zuführung des Schilddrüsenhormons Thyroxin (T4). Im Vergleich zum Menschen erhalten Hunde bei der Substitution aufgrund des aktiveren Schilddrüsenhormonstoffwechsels bedeutend höhere Hormondosen (s. Kap. 1.3).

Die anfangs verwendeten Präparate aus dem Humanbereich (z. B. Euthyrox, L-Thyroxin) wurden inzwischen durch speziell für Hunde entwickelte Präparate ersetzt. Die Präparate sind kostenmäßig deutlich günstiger als die Humanpräparate und an die im Vergleich zum Menschen hohen Dosierungen bei Hunden angepasst.

Es werden verschiedene Präparate von unterschiedlichen Herstellern angeboten.

Grundsätzlich besteht eine große individuelle Spannweite in der Hormonaufnahme und somit Wirkung (Bioverfügbarkeit).

Die Thyroxinpräparate der einzelnen Anbieter unterscheiden sich geringfügig und können aufgrund der verschiedenen **Bioverfügbarkeit** (Aufnahme aus dem Magen und Verstoffwechselung) unterschiedliche Wirkungen beim Hund haben. Diese sog. Generika, also Medikamente verschiedener Hersteller mit identischem Wirkstoff, aber unterschiedlichen Zusätzen und Hilfsstoffen, können daher unterschiedliche Halbwertszeiten und Unterschiede in der Zeit, bis die Maximalkonzentration erreicht wird und in deren Höhe aufweisen. Somit können die erforderliche Dosierung sowie die Verabreichungshäufigkeit zwischen den Präparaten schwanken. Bei eingeschränkter Wirkung sollte auch an einen Präparatewechsel gedacht werden (s. Kap. 9.6).

In seltenen Fällen können auch Unverträglichkeitsreaktionen auf die Inhaltsstoffe (inaktive Bestandteile) einzelner Präparate auftreten. In einem Fall wurde eine Hautreaktion bei zwei Präparaten festgestellt, die beide die inaktiven Substanzen Magnesium-Stearate und Polyvinylpyrrolidone enthielten.

Nach einem Präparatewechsel sollten die Blutwerte nach ca. 4–6 Wochen überprüft werden.

Hintergrundwissen

Beispiel: Generika im Humanbereich

In Frankreich verlangte die Zulassungsbehörde ANSM von Merck als Hersteller des humanen Schilddrüsenpräparates Euthyrox, dass die wirksame Substanz während der gesamten Dauer des Haltbarkeitsdatums garantiert zwischen 95 und 105 % liegen sollten. Daraufhin wurde die Zusammensetzung geändert und das Präparat 2017 unter dem Namen Levothyroxin vermarktet. Laut Merck wurde lediglich die enthaltene Laktose durch Mannitol und Zitronensäure ersetzt.

In der Folge häuften sich die Anzeichen von Nebenwirkungen bei den Betroffenen, die bei Euthyrox nicht aufgetreten waren. Die Nebenwirkungen umfassten Symptome, die auf Über- oder Unterdosierung hindeuten. Im Humanbereich sind die Dosierungen bei einer Schilddrüsenunterfunktion sehr viel geringer als bei Hunden, sodass bereits geringe Dosisunterschiede zu den genannten Nebenwirkungen führen können.

Bei einer Änderung des Präparates wird im Humanbereich daher immer empfohlen, nach 6–8 Wochen die Blutwerte zu überprüfen.

Die Präparate liegen in 2 Darreichungsformen vor: Tabletten und Liquid.

Forthyron der Firma Eurovet liegt in Tablettenform vor und wird in verschiedenen Wirkstoffkonzentrationen angeboten (200, 400, 600 oder 800 µg je Tablette).

Ein weiteres Präparat in Tablettenform ist **Wethyrox** (WDT, Garbsen).

Das eventuell erforderliche **Zerteilen** von Tabletten kann mit einem Tablettenschneider erleichtert werden. Bei Forthyron-Tabletten sind Bruchrillen zum einfacheren Zerteilen eingestanzt.

Es besteht zwar keine Gefahr, die Wirkstoffe über die Haut aufzunehmen, dennoch sollte man sich im Anschluss an die Tablettengabe die Finger waschen, insbesondere bei einer bestehenden Schwangerschaft. Hierdurch kann eine unbeabsichtigte orale Aufnahme der Wirkstoffe über kleinste an den Fingern haftende Tablettenreste verhindert werden.

Leventa der Firma „MSD Tiergesundheit" ist dagegen ein flüssiges Präparat. Gemäß Herstellerangaben liegt einer der großen Vorteile dieses Präparates darin, dass es nur einmal täglich verabreicht werden muss. Manche Hunde benötigen jedoch entgegen der Herstellerangaben eine auf zwei Portionen aufgeteilte Gabe.

Untersuchungen zufolge hat Leventa eine rd. 50 % bessere Bioverfügbarkeit als Tabletten, wird jedoch scheinbar langsamer ins Blut abgegeben. Der Maximalpegel im Blut wird daher später erreicht, wobei die Konzentrationsspitze relativ niedriger ist als bei Tabletten und die Blutkonzentration langsamer abfällt.

Bei Hunden, bei denen sich die Tablettengabe schwierig gestaltet oder bei Hunden mit geringem Körpergewicht, kann die Verabreichung eines flüssigen Präparates einfacher sein. Ein weiterer Vorteil ist die genauere Dosierungsmöglichkeit.

Ein Nachteil des Präparates ist, dass bei der Gabe des Medikamentes mit der Dosierspritze in den Fang des Hundes Teile der Dosierung durch den Hund oder den Halter verspritzt werden können.

Manche Hundehalter haben Bedenken, dieses Präparat zu verwenden, da es als Lösungsmittel 15 Volumenprozent Ethanol enthält. Das ist bezogen auf die Tagesdosis für einen 30 kg schweren Hund ungefähr so viel Ethanol, wie in 100 g einer gut reifen Banane enthalten sind.

Die optimale Lagertemperatur der Medikamente liegt unter 25 °C. Daher kann es gerade im Sommer sinnvoll sein, die Tabletten im Kühlschrank aufzubewahren. Leventa muss nach Herstellerangaben im Kühlschrank aufbewahrt werden.

9.2.1 Kombinationspräparate T3 und T4

Die Verwendung von Kombinationspräparaten, die T3 und T4 enthalten, sind beim Hund nicht sinnvoll. Die Präparate sind Produkte aus dem Humanbereich und enthalten ein für den Hund unphysiologisches Verhältnis von T3:T4. Kombinationspräparate können daher zu Thyreotoxikosen führen. Ferner ist die Verstoffwechselungsrate der beiden Hormone unterschiedlich, sodass T3 häufiger gegeben werden muss, als T4 (s. Kap. 9.4). Die Gabe von T3 in medizinisch nicht erforderlichen Fällen ist umstritten.

In der Regel sind Kombinationspräparate teurer als die Einzelpräparate.

9.2.2 Natürliche Hormone

Teilweise werden anstelle von synthetischen Hormonen natürliche Hormone bevorzugt. Neben dem Faktor „natürlich" werden auch eine bessere Verträglichkeit und eine günstigere Wirkung auf das Allgemeinbefinden für die Auswahl angeführt.

Natürliche Hormone werden aus getrockneter Schilddrüse verschiedener Nutztiere gewonnen.

Im Normalfall wird von (Human- und Veterinär-)Medizinern von der Verwendung natürlicher Hormone aus verschiedenen Gründen abgeraten.

In der Schilddrüse sind natürlicherweise T4, T3 sowie die Vorstufen MIT und DIT enthalten. Die Konzentrationen und Verhältnisse dieser Inhaltsstoffe sind von zahlreichen Faktoren abhängig und variieren stark.

Während früher der Hormongehalt in den Produkten daher stark schwankte, kann er durch entsprechende pharmazeutische Aufbereitung inzwischen (relativ) konstant gehalten werden. Es gibt Produkte in denen definierte Verhältnisse T3:T4 eingestellt sind. Sofern eine gezielte Zufuhr von T3 erforderlich ist, muss das Verhältnis dem physiologischen Verhältnis des Hundes angepasst sein. Ein fein abgestimmtes Verhältnis T3:T4 ist jedoch aufgrund der definierten Verhältnisse nicht möglich.

Ebenso wie Kombinationspräparate können die Produkte wegen der unterschiedlichen Halbwertszeiten von T3 und T4 und daher unterschiedlichen Substitutionshäufigkeiten zu Thyreotoxikosen führen.

Die Gabe von T3 in medizinisch nicht erforderlichen Fällen ist umstritten.

Ohne weitere pharmazeutische Aufbereitung enthalten die Produkte auch MIT und DIT. Über die Wirkung im Körper bei der dauerhaften Zufuhr dieser Hormonvorstufen gibt es keine wissenschaftlich belegten Studien.

Die Bioverfügbarkeit dieser Produkte kann stark schwanken.

Die Haltbarkeit der Produkte ist begrenzt.

Die Produkte können Allergien oder Sensibilisierungen auslösen.

Bei Untersuchungen am Menschen wurde zwar ein höherer Gewichtsverlust mit natürlichen Schilddrüsenhormonen festgestellt, ansonsten ergaben sich jedoch keine unterschiedlichen Wirkungen. Beim Menschen wurde in einigen Fällen die Entstehung einer echten Hyperthyreose bei Gabe von Thyreoidea sicca festgestellt.

Eine Hormonbehandlung mit natürlichen Schilddrüsenextrakten kann in Ausnahmefällen sinnvoll sein, wenn alle synthetischen Präparate (bei gesicherter Diagnose) aufgrund schlechter individueller Bioverfügbarkeit nicht zum gewünschten Erfolg führen.

9.3 Dosierung und Medikamentengabe

Bei einer Schilddrüsenunterfunktion ist die **Eliminationsrate** für Thyroxin reduziert. Die verabreichten Hormone werden zudem individuell unterschiedlich absorbiert und eliminiert. Die **Verstoffwechselung** ist u. a. abhängig von der Darmflora, den Transportproteinen und der Ernährung. Meist ist die Resorption relativ langsam und unvollständig (T4: 10–50 %). Die maximale Konzentration wird nach 1–5 Stunden erreicht und kann sich bei gleicher Dosis bei verschiedenen Hunden um den Faktor 3 unterscheiden (s. auch Kap. 9.3.2). Da die Hormone nicht durch die Magensäure abgebaut werden, erfolgt die Hormonaufnahme im Darm.

Die Absorptions- und Eliminationsrate (Halbwertszeit) wird zudem von der **Höhe der Dosis** beeinflusst: so findet bei einer geringen Dosis eine höhere Absorption und geringere Elimination statt, bei einer hohen Dosis kehrt sich das Verhältnis um. Daher kann eine sehr hohe Dosierung weniger effektiv sein, als eine moderate Dosierung. Ebenso verkürzt sich die Halbwertszeit bei **häufigerer Gabe**.

Die erforderliche Dosis und Häufigkeit der Hormongabe können beim einzelnen Hund durch weitere Faktoren (z. B. Jahreszeit, Alter, Stress) beeinflusst werden (Kap. 9.3.2).

Die Tablettengabe erfolgt sinnvollerweise mit einer kleinen Menge Wurst, Obst oder Feuchtfutter, damit die Tabletten nicht in der Speiseröhre kleben bleiben.

Thyroxin hat eine Halbwertszeit von rund 12 Stunden. Um einen möglichst gleichmäßigen Hormonspiegel aufrechtzuerhalten, sollte daher die **Tablettengabe** 2-mal am Tag erfolgen. Dadurch können Hormonspitzenkonzentrationen gering und der Hormonpegel im Bereich der physiologischen Pegel gehalten werden (▶ Abb. 9.1). Durch den gleichmäßigeren Hormonlevel wird die zusätzliche Bildung von Hormonen in der Schilddrüse gehemmt und bei einer autoimmunen Thyreoiditis so die weitere Bildung von TAK (Thyreoglobulin-Autoantikörper) verhindert.

Praxis 

Risiken 2-maliger Gabe

Bei hohen Dosierungen ist bei einer 2-mal täglichen Gabe von Thyroxin die Gefahr einer Thyreotoxikose höher als bei einer 1-mal täglichen Gabe. Bedingt durch die langen Halbwertszeiten kann das zugeführte T4 ggf. nicht ausreichend verstoffwechselt werden und steigt dadurch zunehmend an.

9

Sinnvoll ist die Tablettengabe morgens nach dem Aufstehen vor dem ersten Gassigang und ca. 12 Stunden später. Da die Schilddrüsenhormone eine stoffwechselaktivierende Wirkung haben, sollten sie außerdem nicht zu spät abends oder nur in einer geringeren Dosis verabreicht werden.

Bei einigen Hunden hat sich allerdings die 1-mal tägliche Gabe als ausreichend und optimal herausgestellt.

Die meisten Hunde sind gemäß Angaben von Frau Wergowski hinsichtlich der genauen Uhrzeiten, zu denen die Medikamentengabe erfolgt, relativ flexibel. Meist reicht eine auf den Tagesablauf bezogene Hormongabe (nach dem Aufstehen, am Nachmittag vor der großen Runde). Von diesem Rhythmus sollte nicht abgewichen werden.

Manche Hundehalter berichten jedoch, dass ihre Hunde „auf die Minute genau" die Tabletten benötigen und die Zeitumstellungen (Sommerzeit/Winterzeit) jeweils zu Problemen führen. In diesem Fall nähert man sich den neuen Zeiten am besten schrittweise an. Um die pünktliche Tablettengabe auch dann sicher zu stellen, wenn der Hund zur fraglichen Zeit alleine ist, werden teilweise Futterautomaten verwendet.

Die **Anfangsdosis** liegt bei ca. 10 µg pro kg Körpergewicht, die i. d. R. aufgeteilt in 2 Dosen 2-mal täglich gegeben werden (also 2-mal täglich jeweils 5 mg/kg Körpergewicht). Die Dosis wird dann langsam gesteigert (ca. wöchentlich eine Steigerung von 5–10 µg/kg).

In den ersten 1–2 Wochen können sich die Symptome verstärken, anstatt sich zu reduzieren. In dieser Zeit passt sich der Organismus an die für ihn inzwischen ungewohnte, aber normale Hormonlage wieder an. Besonders in der Einstellungsphase sowie in den ersten Monaten bei konstanter Dosis kann es zu **Verhaltenseinbrüchen**

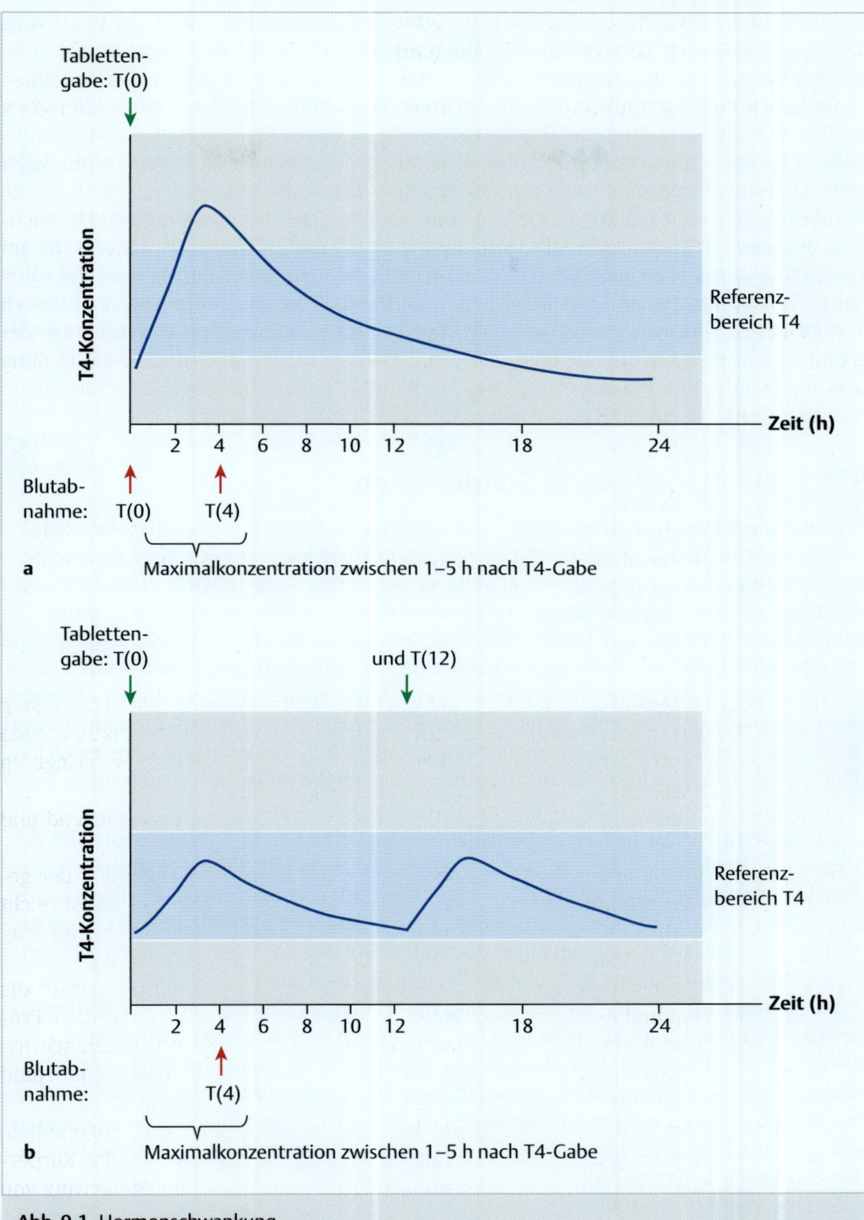

Abb. 9.1 Hormonschwankung.
a bei 1-maliger Gabe.
b bei 2-maliger Gabe.

kommen. In diesen Fällen ist die optimale Dosis noch nicht gefunden. In der Regel wird nach einer gewissen Zeit jedoch eine Dosis erreicht, die lange Zeit konstant gehalten werden kann.

Als **Beurteilungsgrundlage** für die optimale Dosierung dienen bei einer klinischen Schilddrüsenunterfunktion die Bluthormonwerte (s. Kap. 9.8). Bei zuvor verhaltensauffälligen Hunden sowie bei einer Subklinischen Schilddrüsenunterfunktion ohne deutliche klinische Symptome wird zur Beurteilung das Verhalten herangezogen. Einige Hunde reagieren hinsichtlich ihres Verhaltens sehr sensibel auf Dosisänderungen.

In der Regel liegt die **optimale Dosis** zwischen 20 und 30 µg/kg Körpergewicht. Im Einzelfall können aber auch bis zu 80 µg pro kg und mehr erforderlich sein. Bei solch hohen Hormondosen sind das Allgemeinbefinden und die Bluthormonwerte intensiv tierärztlich zu überwachen. Zu berücksichtigen sind bei einer Höherdosierung nur aufgrund suboptimaler Werte auch zu niedrige Falschmessungen aufgrund von evtl. Störreaktionen mit Autoantikörpern (s. Kap. Antikörper gegen die Schilddrüsenhormone (TH-AK: T3-AK, T4-AK) und Kap. Analyse der Schilddrüsenhormone).

9.3.1 Einstiegsdosis in Sonderfällen

9

Bei **sehr niedrigen Hormonwerten** (meist bereits im Bereich einer klinischen Schilddrüsenunterfunktion) ist die Einstiegsdosis im Einzelfall festzulegen. Eine deutlich höhere Einstiegsdosis (unter Berücksichtigung der unten aufgeführten Ausnahmen bei Vorliegen weiterer Erkrankungen) kann sinnvoll sein, wenn bei Hund und Halter ein hoher krankheitsbedingter Leidensdruck besteht und/oder starke klinische Symptome vorliegen und daher das vorliegende Hormondefizit schnell ausgeglichen werden sollte. Ein Herantasten an die optimale Dosis ist erst dann erforderlich, wenn die Hormonwerte nahe des unteren bzw. innerhalb des Referenzbereiches liegen. Empfehlenswert ist jedoch auch bei sehr niedrigen Hormonwerten i. d. R. ein langsames Einschleichen. Häufig muss sich der Organismus zunächst wieder an die höheren Hormondosen akklimatisieren.

Bei **Rassenmit üblicherweise niedrigeren T4-Werten** (z. B. Basenji) sollte die Einstiegsdosis deutlich niedriger sein (ca. 5 µg/kg) und beim langsamen Hochdosieren auf Überdosierungsanzeichen geachtet werden. Die Enddosis kann deutlich niedriger liegen, als bei anderen Hunden (bei Basenjis ca. 25–50 % der normalen Dosis). Eine Aufteilung der Dosis auf 2-mal täglich ist anzuraten. Bei der Kontrolle der Blutwerte sollte der T4-Wert deutlich unter dem oberen Referenzbereich liegen.

Bei **Hunden unter 5 kg** ist die Teilung der Tabletten (200 µg) in die erforderliche niedrige Dosierungseinheit nicht möglich. Bei einem 4 kg schweren Hund würden ca. 80–160 µg benötigt. Aufgeteilt auf 2 Dosen also jeweils 40–80 µg. Im Beipackzettel von Forthyron wird daher darauf hingewiesen, dass bei Hunden unter 5 kg die Anfangsdosis von 50 µg nicht auf zwei Dosen aufzuteilen ist, sondern 50 µg 1-mal täglich zu geben ist und die Hunde gut zu überwachen sind (z. B. auf Anzeichen von Symptomen einer Überdosierung, s. Kap. 9.3.5).

Andere Alternativen sind z. B.:

- flüssiges Medikament wählen,
- Tablettenschneider und Feinwaage verwenden,
- manche Tierärzte verschreiben auch Humanpräparate, die deutlich niedriger dosiert sind (bei Therapienotstand ist eine Umwidmung von Humanpräparaten zulässig).

Besondere Vorsicht zu Beginn der Substitution ist bei bekannten **Herzerkrankungen** erforderlich. Die Substitution kann das erkrankte Herz übermäßig belasten und dadurch zu Komplikationen führen.

Bei **Morbus Addison** ist aufgrund der schlechten Thyroxinverwertung unbedingt zunächst eine Einstellung der Glukokortikoide und Mineralokortikoide durchzuführen, bevor mit einer Thyroxinsubstitution begonnen werden kann, s. auch Kap. Autoimmunthyreoiditis (S. 61).

Ebenso wird bei Hunden mit **Diabetes, Nieren-** oder **Lebererkrankungen** ein langsameres Einstellen der Dosis empfohlen. Bei Hunden mit Diabetes sollte die Insulingabe bei Beginn der Substitution zunächst reduziert werden und später wieder neu eingestellt werden, s. auch Kap. Autoimmunthyreoiditis (S. 61).

In allen o. g. Fällen erfolgt der Einstieg mit geringen Anfangsdosen (i. d. R. 5 µg/kg täglich).

9.3.2 Einflüsse auf die Dosierung

Hinsichtlich der Bedeutung von **Hormon-Autoantikörpern** auf die Substitution gibt es unterschiedliche Aussagen. In der Fachliteratur wird darauf verwiesen, dass eine Dosiserhöhung bei Vorliegen von TH-AK nicht erforderlich ist, da die Hormone aufgrund ihrer geringen Größe (Haptene) nicht als Antigene wirksam sind.

Frau Wergowski verweist hingegen auf die Erfahrungen von verhaltenstherapeutischen Tierärzten, nach denen Hunde zu Anfang der Substitution teilweise das 3-fache der üblichen Dosierung benötigen. Erst nach längerer Substitutionszeit kann die Hormondosis in den normalen Bereich reduziert werden. Eine weitere Erfahrung verhaltenstherapeutischer Tierärzte ist, dass T3 (s. Kap. 9.4) bei einigen Hunden nur zeitweise substituiert werden muss.

Diese Erfahrungen ließen sich evtl. durch im Laufe der Substitution abnehmende T4- bzw. T3-Antikörper-Titer erklären. Eine andere Erklärung für dieses Phänomen könnte eine schlechtere T4-Absorption im Darm sein, die sich im Laufe der Substitution verbessert. Für beide Hypothesen gibt es jedoch keine wissenschaftlichen Nachweise. Auch seitens der verhaltenstherapeutischen Tierärzte ist die Datenlage hinsichtlich der vorhandenen TH-AK und der erforderlichen Dosishöhe nicht ausreichend.

Fr. Wergowski hat hierzu jedoch folgende These:

Wenn bei diesen Hunden TH-AK bestimmt worden waren, waren immer welche nachweisbar, wenn auch oft im Graubereich. Wurden nach Normalisierung des Hormonbedarfs noch einmal TH-AK bestimmt, waren diese stark abgesunken oder vollkommen verschwunden. Da auch die bei der Substitution von außen zugeführten Hormone im Körper an Transporteiweiße gebunden transportiert werden, wäre eine logische Erklärung für dieses öfter beobachtete Phänomen, dass vorhandene TH-AK auch die substituierten Hormone angreifen können. Wenn genug von außen zugeführt wird, um die Produktion in der Schilddrüse völlig zum Stillstand zu bringen, hört die AK-Produktion des Immunsystems auf und der Bedarf an Tabletten normalisiert sich. Im Falle von T3-AK brauchen einige Patienten evtl. nur eine T3-Substitution, weil die AK das selbst erzeugte T3 wegfangen. Nach Verschwinden der AK, genügt bei diesen Hunden dann wieder eine reine T4-Substitution.

Persönliche Mitteilung Fr. Wergowski, 2018

Beim **älteren Hund** kann eine Dosisänderung (Erhöhung oder Reduzierung) notwendig werden. Die Anpassung ist, angepasst an das Verhalten und den Allgemeinzustand, unter Berücksichtigung der altersspezifischen Veränderungen beider Parameter vorzunehmen (s. Kap. 4.3.2, ▶ Abb. 4.8).

Die Resorption der zugeführten Hormone wird bei gleichzeitiger **Fütterung** beeinflusst. Bei kalziumreichen Futtermitteln kann die Resorption um bis zu 50 % reduziert sein. Die Dosis sollte daher in mind. 30–60 Minuten Abstand zu kalziumreichen Futtermitteln (Knochen, Milch) gegeben werden sowie nicht zusammen mit Eisenpräparaten.

Unklarheit herrscht darüber, wie stark die Resorption durch die Fütterung beeinflusst wird und ob auch die Verstoffwechselung verändert wird. Dementsprechend gibt es in Bezug zur Fütterung verschiedene Empfehlungen (s. Kap. Tablettengabe und Fütterung):

Dodds [9] empfiehlt die Tablettengabe mindestens 1 Stunde vor der Fütterung oder frühestens 3 Stunden nach der Fütterung.

Die Hersteller der in Deutschland erhältlichen Produkte empfehlen die Hormongabe

- in einem bestimmten konstanten zeitlichen Abstand **vor der Fütterung.** Die genannte Zeitspanne variiert zwischen den einzelnen Produkten zwischen 1 Stunde und 2–3 Stunden. Da die Kinetik der zugeführten Hormone auch von dem jeweiligen Präparat abhängig sein kann, sind die Angaben der Hersteller zu beachten.
- immer **mit der Fütterung** durchzuführen. Die ggf. verminderte relative Hormonaufnahme kann durch erhöhte absolute Hormongabe ausgeglichen werden. Vermutlich ist also die erforderliche optimale Dosis in diesem Fall höher.

Die gewählte Variante (vor oder mit der Fütterung) ist strikt beizubehalten. Vorab sollte also überlegt werden, ob die jeweilige Variante im Normalfall praktikabel ist.

Verschiedene **Medikamente** und **Umwelteinflüsse** können die Wirkung der Medikamente (Thyroxin und/oder Trijodthyronin) beeinflussen:

- Eine nicht abschließende Zusammenstellung einiger beeinflussender Medikamente findet sich im Anhang (▶ Tab. 11.1). Besonders sei hier auf das Kortisonderivat Prednisolon hingewiesen.
- Bei einigen Hunden kann eine jahreszeitliche Anpassung erforderlich werden: Im Winter erfordert die Kälte und der dadurch erforderliche höhere Stoffwechsel eventuell eine leicht höhere Dosierung als im Sommer. Im Einzelfall kann jedoch im Sommer der Hormonbedarf aufgrund von Hitzestress höher sein.
- Stress erhöht den Bedarf an Schilddrüsenhormonen (s. Kap. 8.5.4). Bei für den Hund vorhersehbaren stressigen Situationen kann eine einmalige prophylaktische minimale Dosiserhöhung sinnvoll sein.
- Bei läufigen Hündinnen kann der Hormonbedarf erhöht sein und eine kurzzeitige Dosiserhöhung erforderlich sein.

Umgekehrt haben auch die Schilddrüsenhormone (T3 und T4) Einfluss auf die physiologische Aktivität verschiedener Medikamente. So wird z. B. die Wirkung von blutgerinnungshemmenden Mitteln (wie Cumarinderivaten) durch Thyroxin verstärkt, wohingegen die Wirkung von blutzuckersenkenden Mitteln (Insulin) reduziert werden kann. Daher ist bei jeglicher Gabe von Medikamenten der behandelnde Tierarzt über die Medikation mit T4 und/oder T3 zu informieren.

9.3.3 Dosisveränderungen

Starke **Dosisschwankungen** sind zu vermeiden.

Wie relevant eine **gleichmäßige und richtige Dosierung** sein kann, kann man aus den Ergebnissen der Untersuchungen von Lauinger erahnen:

Lauinger stellt in ihrer Doktorarbeit [31] fest, dass teilweise keine signifikanten Unterschiede in dem Ergebnis der Verhaltenstherapie bei Thyroxingabe bzw. Placebogabe feststellbar waren. Das Befinden aller thyroxinsubstituierten Hunde hatte sich bei der Desensibilisierung zwar verbessert, bei anderen Parametern und anderen Trainingsverfahren (Gegenkonditionierung, Desensibilisierung verbunden mit Gegenkonditionierung) aber zum Teil auch verschlechtert.

Auf Seite 109 schreibt sie:

„Bei Symptomen der Überfunktion wie zum Beispiel Polyurie, Polydipsie, Tachykardie, Gewichtsverlust, Unruhe, Hyperaktivität, Aggression usw. wurde die Thyroxinbehandlung für zwei Tage unterbrochen, woraufhin wieder niedriger dosiert wurde."

Lauinger 2012 [31]

Diese 2-tägige Unterbrechung, in der die Verhaltenstherapie mittels Geräusch-CD weiter fortgeführt wurde, kann durchaus hinsichtlich des Trainingserfolges so kontraproduktiv gewesen sein, dass im Vergleich zur Placebogabe keine deutlichen Unterschiede feststellbar waren.

Praxis 

Bemerkt man z. B. nach einer Dosiserhöhung Anzeichen einer **Überdosierung** (s. Kap. 9.3.5), sollte man daher keinesfalls eine oder gar mehrere Tablettengaben weglassen, sondern die Dosis ebenso langsam reduzieren, wie sie erhöht wurde.

Bei einigen Hunden führt bereits das einmalige **Weglassen einer Dosis** zu einem massiven Rückfall in „altes" Verhalten. So können z. B. spontane Ängste oder Aggressionen auftreten. Dies ist insbesondere bei Hunden ohne oder mit geringer Beißhemmung von Bedeutung. Da der Hormonhaushalt auch von vielen anderen Faktoren negativ beeinflusst wird sowie das Vergessen einer Dosis nie ausgeschlossen werden kann, kann es zu erneuten Beißvorfällen kommen. Dessen sollte man sich auf jeden Fall bewusst sein, wenn der Hund mit (Klein-)Kindern im Haushalt lebt.

Erbricht der Hund kurz nach der Tablettengabe, sollte die erneute Gabe von Tabletten vom Verhalten des Hundes abhängig gemacht werden. Völlig **vergessene** Tablettengaben können ggf. auf die folgenden Tablettenrationen aufgeteilt werden.

Besonders wenn der Hund 3-mal täglich Tabletten bekommt oder von mehreren Personen die Tabletten erhält, ist es wichtig, den Überblick über die bereits verabreichten Tabletten zu behalten. Hierzu hat sich die Vorbereitung und Separierung der täglichen Tablettendosis bewährt, z. B. in einer **Pillendose**.

Wurde eine Dosis irrtümlicherweise **doppelt** gegeben, bleibt das aufgrund der anderen Metabolisierung der Hormone bei Hunden in der Regel ohne Folgen. Dennoch sollte auf Überdosierungsanzeichen wie Herz- oder Pulsrasen geachtet werden (s. Kap. 9.3.5). Dies gilt insbesondere bei herzkranken Hunden. Am nächsten Tag kann eventuell Durchfall auftreten. Da Kalzium(-karbonat) die Wirkung von T4 abschwächt, können dem Hund Milchprodukte angeboten werden, sofern er diese im Normalfall verträgt. Ein langer, aktiver Gassigang hilft zusätzlich, die Hormonmetabolisierung zu beschleunigen. Bei Überdosierung bei herzkranken Hunden oder starker Überdosierung bei herzgesunden Hunden kann die Wirkung durch Aktivkohlegabe vermindert werden. Ebenso sind das Auslösen von Erbrechen oder Gaben von Magnesiumsulfat wirksam.

Praxis 

Vorsorge für den Notfall

Muss der Hund von Dritten betreut werden, sollte die Dosierung schriftlich im Detail aufgeführt werden.

Generell empfiehlt es sich für alle Notfälle einen Medikamentenplan mit Medikament, Dosis und Verabreichungszeiten an exponierter Stelle in der Wohnung zu platzieren (z. B. Pinwand, Kühlschranktür). Parallel dazu sollten auch weitere Personen aus dem persönlichen Umfeld über die Schilddrüsenbehandlung und die Dosierung informiert werden.

Eine entsprechende Information sollte auch im Fahrzeug und in der Brieftasche aufbewahrt werden, ähnlich den ICE-Notfallnummern/-Informationen (ICE = in case of emergency).

Einen entsprechenden Hinweis kann man auch in einer am Geschirr befestigten kleinen Tasche oder einem Anhänger platzieren.

9.3.4 Sonderfall: zeitweise Hormongabe

Bei Hunden, die unter starkem Stress stehen, kann sich eine zeitweise Schilddrüsenunterfunktion mit entsprechenden körperlichen oder verhaltensbezogenen Symptomen zeigen. Beispiele für solche Situationen sind z. B. Halterwechsel, zeitweise Trennung vom Halter und sonstigen sozialen Bezugsgrößen, Änderungen in der sozialen Struktur wie z. B. Vergrößerung des Hunde- oder Menschenrudels, aber auch Schock aufgrund eines Unfalls oder einer Beißerei. In der Regel stabilisiert sich die Schilddrüse nach einer gewissen Zeit. In Extremfällen kann es jedoch angebracht sein, den Organismus zeitweise durch Hormongaben zu unterstützen. Eine dauerhafte Hormongabe ist meist nicht erforderlich.

In diesen Ausnahmesituationen wird auch teilweise mit homöopathischen Mitteln gearbeitet.

Fälle, bei denen Hunde nur zeitweise substituiert oder homöopathisch behandelt wurden, verleiten manche Hundehalter in den sozialen Medien zu der Aussage, dass bei einer Schilddrüsenunterfunktion eine Substitution nur zeitweise erforderlich ist oder eine Behandlung mit homöopathischen Mitteln möglich ist.

Bei einer echten Schilddrüsenunterfunktion ist zwingend die dauerhafte Gabe von Schilddrüsenhormonen erforderlich. Nur eine sorgfältige Anamnese mit ggf. weiteren klinischen Untersuchungen ermöglicht die Einschätzung, ob eine echte Schilddrüsenunterfunktion vorliegt!

Entgegen einer häufig verbreiteten Aussage wird durch eine Substitution eine gesunde Schilddrüse nicht funktionsunfähig (s. Kap. 3.4 und Kap. Nahrungsmittel mit hohem Jod- oder Hormongehalt). Nach Beendigung der Therapie kann jedoch der sog. **Rebound-Effekt** eintreten, d. h., es erfolgt ggf. zunächst eine Verschlechterung des ursprünglichen Zustandes.

9.3.5 Anzeichen von Über- und Unterdosierung

Bei hoher Dosierung von T4, insbesondere bei 2-mal täglicher Gabe, besteht die Gefahr einer Überdosierung. Eine Überdosierung kann auch bei einem gestörten T4-Metabolismus, z. B. bei chronischer Leber- oder Niereninsuffizienz, auftreten.

Auf Basis der Blutwerte lässt sich eine Thyreotoxikose nicht immer zweifelsfrei feststellen. Die Blutwerte sind zum Teil noch innerhalb des Referenzbereiches oder knapp über dem oberen Referenzbereich. Andererseits haben Hunde mit Werten deutlich über dem oberen Referenzbereich teilweise keine Überdosierungsanzeichen. Treten körperliche Anzeichen einer Überdosierung auf, ist die Dosis zu reduzieren.

Die Anzeichen einer Über- und Unterdosierung sind sich teilweise sehr ähnlich. Die Anzeichen können jedoch von Hund zu Hund individuell verschieden sein.

Praxis

Symptome von Überdosierung
- Übererregung, Nervosität, Unruhe,
- verstärktes Hecheln in Ruhe, z. B. in entspannter Umgebung zu Hause, ohne erkennbare Auslöser, insbesondere 1–2 Stunden nach der Tablettengabe,
- fütterungsunabhängiger Durchfall, Erbrechen,
- Herzrasen,
- Gewichtsverlust,
- erhöhte Körpertemperatur (selten).

Die Symptome treten meist nur sporadisch auf.

Symptome von Unterdosierung
- verstärktes Hecheln bei normaler körperlicher Belastung (Spaziergang, warmes Wetter) oder Stress,
- Verstopfung, seltener, trockener Kotabsatz bei ausgeprägter Unterdosierung,
- Durchfall aufgrund vermehrter Ängstlichkeit.

Symptome von Über- oder Unterdosierung
- Unruhe bzw. Hyperaktivität oder auffallende Trägheit,
- Verstärktes Trinken und Übelkeit, starkes Speicheln,
- zunehmende Ängstlichkeit, Aggressivität.

Sinnvollerweise sollten vorsorglich der individuelle Puls- und die Atemfrequenz des Hundes zu einer Zeit bestimmt werden, in der die Dosierung optimal ist (z. B. anhand der Blutwerte belegbar). Am besten bestimmt man die verschiedenen „Sollwerte“ in Ruhe, nach leichter Bewegung und nach Aufregung. Puls- und Atemfrequenz sollten regelmäßig überprüft werden. Allerdings sind leichte Unregelmäßigkeiten des Herzschlags beim Hund nichts Ungewöhnliches. Hunde mit unbehandelter Schilddrüsenunterfunktion haben häufig eine erniedrigte Herzfrequenz (Bradykardie).

Die **Pulsmessung** erfolgt beim Hund ähnlich wie beim Menschen: mit der Fingerkuppe auf einer Arterie, optimalerweise bei einer Messzeit von einer Minute. Bei unruhigen Hunden genügen auch 15 Sekunden und anschließendes Hochrechnen des Werts durch Multiplikation mit 4. Zum Messen ist die Oberschenkelarterie auf der

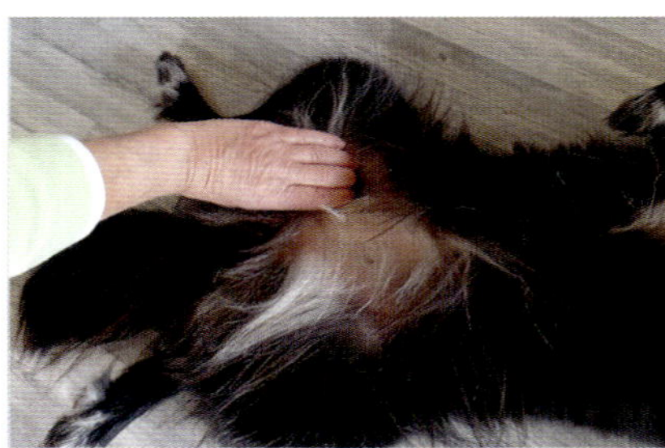

Abb. 9.2 Pulsmessung am Hinterbein beim liegenden Hund.

Abb. 9.3 Pulsmessung am Hinterbein beim stehenden Hund.

Innenseite des Oberschenkels am besten geeignet (► Abb. 9.2). Im Stehen ist in der Mitte des Oberschenkels eine Vertiefung spürbar, in der die Arterie gut ertastet werden kann (► Abb. 9.3). Ebenfalls beim stehenden Hund gut ertastbar ist der Puls (Herzspitzenstoß) an der linken Brustseite zwischen 2 Rippen ca. 4–5 cm hinter dem Ellbogen.

Der Puls kann natürlich auch am liegenden Hund gemessen werden.

Bei der Pulsmessung ist es am besten, mit der messenden Hand einen leichten Druck gegen den Oberschenkelknochen auszuüben, um das Blut leicht zu stauen.

Der **Ruhepuls** kann bei großen Hunden 65–90 Schläge pro Minute, bei kleinen Hunden 80–120 Schläge pro Minute (teilweise bis 160) und bei Welpen bis zu 220 Schläge pro Minute betragen. Je kleiner der Hund, umso höher ist die Pulsfrequenz. Die Atemfrequenz liegt in Ruhe bei 10–30 Atemzügen pro Minute und ist bei kleinen Hunden höher als bei großen Hunden.

9.4 T3-Substitution

Die Existenz einer Umwandlungsstörung von T4 in T3 wird teilweise aufgrund fehlender gesicherter Studien abgestritten. Literaturstellen, die von der Existenz einer Umwandlungsstörung ausgehen, geben an, dass diese nur sehr selten auftritt.

Ergibt sich trotz richtiger Diagnose, nur ein geringer oder kaum ein Behandlungserfolg, kann eine reduzierte T4-Aufnahme im Darm ursächlich sein. Im Gegensatz von T4 wird T3 im Darm zu nahezu 100 % aufgenommen.

Bei manchen Hunden bleiben trotz hohem T4-Blutspiegel, Ausschluss von NTI und beeinflussbaren Umgebungsfaktoren bestimmte Symptome, vorwiegend im Bereich Aggression und neurologischer Aspekte, bestehen.

Unter einer T4-Substitution regelt sich der T3-Wert neu ein. Ein zuvor niedriger T3-Wert steigt mit der Zeit wieder an. Bei manchen Hunden fällt unter einer T4-Substitution jedoch der T3-Wert (weiter) ab bzw. steigt nicht an, meist gekoppelt mit massiven Verhaltensproblemen.

Da TSH vermutlich auch an der extrathyreoidalen Umwandlung von T4 in T3 beteiligt ist, könnte auch ein TSH-Mangel bedingt durch eine (geringfügig) Überdosierung von T4 evtl. zu einem mangelnden T3-Anstieg führen (Kabadi [20]).

In den zuvor genannten Fällen kann eine T3-Substituion angeraten sein. Die T3-Substitution und Dosierung sollte in enger Absprache mit dem behandelnden Arzt erfolgen.

Praxis 

Prüfen vor T3-Substitution

Vor der T3-Substitution sollte jedoch die Diagnose sowie die weiteren Faktoren, die einen Therapieerfolg beeinflussen (s. Kap. 2.4.5 und Kap. 9.6) kritisch überprüft werden.

Der Anteil der Fälle, in denen zusätzlich mit T3 substituiert werden muss, ist eher gering.

Normalerweise wird dem Körper durch die Umwandlung von T4 in T3 oder rT3 das wirksame Hormon T3 bedarfsgerecht zur Verfügung gestellt. Durch die T3-Gabe wird die physiologisch angepasste Konzentration durch eine konstante Dosierung ersetzt. Da die Körperreaktion auf T3 im Vergleich zu T4 unmittelbarer ist, ist die notwendige Dosierung von T3 deutlich geringer als die von T4. Mit Einschleichen der T3-Substitution geht meist eine Reduzierung der T4-Dosierung einher.

Die Einstiegsdosis sollte bei ungefähr 1,1 µg T3/kg Körpergewicht liegen und kann i. d. R. nach einer Woche auf die empfohlene Enddosis von 2,2 µg T3/kg Körpergewicht 2-mal täglich erhöht werden.

T3 hat eine Halbwertszeit von 6 Stunden. Daher kann es durchaus Sinn machen, die Tablettengabe in 3 Tagesdosen aufzuteilen. T4 kann ebenfalls in diesem Rhythmus gegeben werden.

T3 ist in Deutschland zurzeit nur als Humanpräparat erhältlich.

9

9.5 Abklingen der Symptome

Die durch eine Schilddrüsenunterfunktion verursachten klinischen Symptome bessern sich bzw. verschwinden ganz nach einiger Zeit.

Sehr schnell (innerhalb der ersten Woche) treten meist deutlich positive Verhaltensänderungen sowie Verbesserungen des Allgemeinbefindens auf. Die Hunde werden aktiver und aufmerksamer.

Praxis 

Auftretende Beschwerden am Bewegungsapparat

Bei Hunden, die aufgrund der Schilddrüsenunterfunktion zu Bewegungsarmut neigten, kann die wieder gewonnene Bewegungsfreude eventuell am Bewegungsapparat vorhandene Beschwerden offenbaren. Diese sind behandlungsbedürftig und nicht als Nebenwirkung der Thyroxinbehandlung einzustufen.

Eine Verbesserung der **neurologischen Symptome** beginnt bereits nach 2–4 Tagen und wird innerhalb der ersten 1–2 Wochen deutlich erkennbar. Bis zum völligen Ausklingen der Symptome können jedoch 3 Monate vergehen, bei Symptomen im zentralen Nervensystem (Gehirn, Rückenmark) bis zu 6 Monaten. Ob alle Symptome durch Substitution behoben werden können, ist allerdings individuell verschieden.

Eine **Hyperlipidämie** (erhöhte Blutfettwerte) verschwindet innerhalb von 2–4 Wochen. Bei Übergewicht können jedoch fast 2 Monate vergehen, bis eine erforderliche Diät greift.

Aus der Auflösung von Wassereinlagerungen im Gewebe kann jedoch in den ersten 3 Monaten bereits ein Gewichtsverlust von bis zu 10 % resultieren.

Funktionsstörungen des **Herzens**, die auf eine Schilddrüsenunterfunktion zurückzuführen sind, zeigen nach 4–8 Wochen Verbesserungen.

Die Symptome eines **Vestibularsyndroms** klingen nach rund 2 Monaten ab. Allerdings ist sowohl beim peripheren als auch beim zentralen Vestibularsyndrom die vollständige Abheilung von den bereits vorhandenen pathologischen Schädigungen abhängig. Beim peripheren Vestibularsyndrom können eine Kopfschiefhaltung oder Schielen (Strabismus) zurückbleiben, beim zentralen Vestibularsyndrom können zusätzliche Behandlungen erforderlich werden.

Bis eine **Anämie** verschwindet, können 3 Monate vergehen.

Der Beginn des **Fellwachstums** bei einer Alopezie kann bereits im ersten Monat erfolgen. Allerdings kann sich der Haarausfall zu Anfang verstärken. Bis das Fell völlig nachgewachsen ist und eine eventuell vorhandene Hyperpigmentierung verschwindet, können 4–6 Monate vergehen.

Die Neigung zu bakterieller Follikulitis und anderen **Sekundärinfektionen** kann noch bis zu 1 Jahr bestehen bleiben, die Erkrankungen werden aber seltener und sind weniger stark ausgeprägt.

Der Titer vorhandener **Antikörper** gegen Thyreoglobulin fällt bei richtiger Dosierung ab, sodass nach 6 Monaten bis zu 3 Jahren keine Antikörper mehr feststellbar sind.

Bei fortdauernder richtiger Dosierung kann man bei Hunden mit primärer Schilddrüsenunterfunktion von einer unveränderten Lebenserwartung ausgehen.

9.6 Therapieversagen

Von einem Therapieversagen ist dann auszugehen, wenn nach ca. 8 Wochen keine Besserungen der klinischen Symptome aufgetreten sind. Hierfür kann es verschiedene Gründe geben:

- **falsche Diagnose**: gründliche erneute Überprüfung der Anamnese, Blutbilder und Testergebnisse,
- unzureichende Diagnose: Vorliegen weiterer Erkrankungen,
- nicht genügend Zeit zwischen Behandlungsbeginn und erwarteten Verbesserungen,
- mangelhafte Absorption/Bioverfügbarkeit der Hormone aufgrund von Darmerkrankungen (z. B. bei eingeschränkter Salzsäureproduktion, chronischer Gastritis),
- gleichzeitige Gabe von Medikamenten oder Nahrung, die die T4-Aufnahme oder Wirkung hemmen (z. B. Glukokortikoide. Milch, eisenhaltige Zusätze, Eisensubstitution),
- Überalterung des Präparates oder Verwendung eines aus sonstigen Gründen unwirksamen Präpates,
- unzureichende Bioverfügbarkeit des Präparates (s. auch Kap. 9.2: Beispiel: Generika im Humanbereich): anderes Präparat wählen oder Tabletten auflösen,
- Dosierung zu niedrig (z. B., weil Hormone mit Futter gegeben wurden),
- Verwendung von Schilddrüsenextrakten oder anderen Kombinationsprodukten aus T3-/T4 mit unphysiologischem Verhältnis von T3:T4 und/oder von Produkten mit nicht konstantem Hormongehalt,
- Häufigkeit der Hormongabe zu gering: z. B. nur 1-mal täglich anstatt 2-mal täglich,
- mangelhafte Mitarbeit des Hundehalters: unkooperatives Verhalten, vergessene Tabletten, unregelmäßige Tablettengabe, unterschiedliche Dosierungen, keine Reduzierung von Stressfaktoren, keine evtl. erforderliche Nahrungsumstellung, kein unterstützendes Training o. ä.,
- ungenügende Aufnahme des Präparates: Hund nimmt Tabletten nicht auf, spuckt sie unbemerkt aus oder Wirkstoffverlust bei Eingabe flüssiger Medikamente.

Wird durch die Substitution zwar eine Normalisierung der T4- und TSH-Werte erreicht, aber keine Besserung klinischer Symptome, liegt vermutlich eine NTI vor. Die Substitution sollte in diesem Fall nicht fortgeführt werden (s. Kap. 2.4 und Kap. 3.4).

9.7 Begleiterkrankungen und Folgekrankheiten

Insbesondere falsch eingestellte oder nicht behandelte Hunde mit Schilddrüsenunterfunktion sind aufgrund des gestörten Stoffwechsels anfällig für **Infektionskrankheiten**.

Speziell bei schilddrüsenkranken Hunden, die auf Stresssituationen mit bestimmten Verhaltensänderungen reagieren, besteht aufgrund der dann reduzierten Wahrnehmung oder der dann oftmals hohen Reaktivität ein erhöhtes **Verletzungsrisiko**.

Während der **Narkose** hypothyreoter oder schlecht eingestellter Hunde sollten diese gut überwacht werden. Zum einen ist bedingt durch die Hypothyreose der Wärmehaushalt ohnehin reduziert. Zum anderen können die Narkosemittel aufgrund des reduzierten Metabolismus verlängerte Wirkzeiten aufweisen.

Da Autoimmunerkrankungen teilweise mit weiteren **Autoimmunerkrankungen** einhergehen, sollten Hunde mit autoimmuner Schilddrüsenunterfunktion regelmäßig und frühzeitig auf mögliche weitere Erkrankungen untersucht werden (s. Kap. Autoimmunthyreoiditis (lymphozytäre Thyreoiditis): Begleiterkrankungen). Dies ist z. B. durch regelmäßig erstellte Organprofile mit entsprechenden begleitenden Untersuchungen möglich.

Da in Verbindung mit einer Schilddrüsenunterfunktion **Herzerkrankungen** auftreten können, sollte besonders auf entsprechende Anzeichen von Erkrankungen geachtet werden, wie z. B.:

- verminderte Leistungsfähigkeit,
- Mattigkeit, Bewegungsunlust,
- blaue, dunkle Schleimhäute nach Anstrengungen,
- hervorquellende Augen,
- nur langsames Beruhigen nach Aufregung.

Bei Verdacht auf eine Herzerkrankung sollte ein EKG erstellt werden; eventuell zeigen auch Ultraschalluntersuchungen oder Herzröntgenaufnahmen eindeutige Befunde. Das alleinige Abhören des Herzens führt zu keiner sicheren Diagnose.

9.8 Nachfolgende Blutuntersuchungen

Die Blutwerte sollten regelmäßig überprüft werden – anfangs häufiger, später reicht meist eine jährliche Kontrolle. Bei plötzlichen, unerklärlichen Verhaltensänderungen sowie nach Präparatewechsel sollten auf jeden Fall die Schilddrüsenwerte bestimmt werden.

Mit dem behandelnden Arzt ist zu klären, in welchem Zustand (nüchtern oder nach dem Füttern) und in welchem Abstand zur Tablettengabe der Hund zur Blutabnahme vorgeführt werden soll. Wichtig bei der Interpretation der Werte ist der Abstand zur Tablettengabe. Die maximale Hormonkonzentration wird 4–6 Stunden nach Hormongabe erreicht und sinkt dann ab.

Praxis 

Daraus ergeben sich zur Bestimmung der Hormoneinstellung die folgenden Zeitabstände zur Tablettengabe:

- Bei 1-mal täglicher T4-Gabe: ggf. vor der Tablettengabe, sowie 4–6 Stunden nach Tablettengabe (s. auch Kap. 9.3, ▸ Abb. 9.1).
- Bei 2-mal täglicher T4-Gabe: optimal: 4–6 Stunden nach Tablettengabe. Da jedoch insgesamt ein ausgeglicheneres Hormonniveau vorliegt, kann die Überprüfung zeitlich unabhängiger von der Tablettengabe stattfinden (s. auch Kap. 9.3 sowie Erläuterungen unten).
- Bei 3-mal täglicher T3-Gabe: ca. 2–3 Stunden nach Tablettengabe.

Hunden, die **einmal täglich** substituiert werden, sollte idealerweise vor der Thyroxingabe und 4–6 Stunden nach der Thyroxingabe Blut zur Analyse entnommen werden. Der Tiefstwert vor Tablettengabe sollte über dem unteren Grenzwert liegen. Liegen die Blutwerte unterhalb des Referenzwertes, ist die Dosierung bzw. die Verabreichungshäufigkeit zu überprüfen und gegebenenfalls anzupassen.

Bei gut eingestellten Hunden sollte bei einmaliger Gabe der T4-Wert 4–6 Stunden nach Tablettengabe im oberen Referenzbereich oder geringfügig darüberliegen. Wenn keine Anzeichen einer Überdosierung vorliegen, können T4-Werte oberhalb des oberen Referenzbereiches akzeptiert werden. Allerdings wird je nach Quelle empfohlen, den

T4-Wert unterhalb von 6,0 bzw. 7,5 µg/dl zu halten (bei einem Referenzbereich von ca. 1–4 µg/dl).

Ungefähr 12 Stunden nach Tablettengabe ist der Hormonwert in der Regel unter den mittleren Normalwert gesunken.

Bei **mehrmaliger Thyroxingabe** sind die Hormonschwankungen geringer. Daher kann hier im Idealfall eine Blutanalyse jeder Zeit, also unabhängig von der Tablettengabe, erfolgen. Dennoch sollte auch hierbei bei der Interpretation der Werte die zeitliche Spanne zwischen Hormongabe und Blutabnahme berücksichtigt werden. Daher ist auch hier wie bei der einmaligen Gabe die Blutuntersuchung 4–6 Std. nach Tablettengabe oder zumindest ungefähr zur gleichen Tageszeit sinnvoll. Die Hormonwerte sollten i. d. R. nicht wesentlich über dem mittleren Drittel liegen, bei jungen Hunden in der Nähe des oberen Referenzbereiches.

Das Labor IDEXX gibt in seinen Laborbefunden (Stand März 2018) für nicht substituierte Hunde einen Referenzbereich von 1–4 µg/dl an, für Therapiekontrollen einen Wert von 2,1–5,4 µg/dl und gibt in den Anmerkungen an, dass die T4-Konzentration bei substituierten Hunden 3–6 Stunden nach Medikamentengabe im oberen oder gering oberhalb des Referenzbereiches liegen sollte. Eine Differenzierung zwischen 1- und 2-maliger Gabe erfolgt nicht.

Gemäß der Gebrauchsinformation von Forthyron entspricht der 3 Stunden nach Tablettengabe gemessene Blutwert dem Maximalwert und sollte (bei 2-maliger Gabe) im oberen Normalbereich liegen.

Maßgeblich für die „richtige" Hormondosierung, insbesondere bei zuvor verhaltensauffälligen Hunden, sind die Wirkungen der Substitution auf den Hund. Die individuell optimalen Schilddrüsenhormonwerte können sehr unterschiedlich sein (s. auch Kap. 9.3).

Wird **nur T3 substituiert**, wird aufgrund der negativen Rückkopplung auf die Hypophyse kein T4 produziert, T4 ist daher nicht messbar.

Wird sowohl T4 als auch T3 verabreicht, sollten praktischerweise an den Tagen, an denen eine Blutuntersuchung ansteht, ausnahmsweise die beiden Medikamente zeitlich versetzt verabreicht werden.

Praxis 

Zur besseren Vergleichbarkeit der Werte sollten diese immer von demselben Labor untersucht werden.
Aus dem gleichen Grund sollte die Blutabnahme nach Möglichkeit immer zur selben Tageszeit (z. B. immer morgens oder immer nachmittags) stattfinden.

Diese Vorgaben lassen sich leider häufig, abhängig von den Öffnungszeiten der Tierarztpraxis, nicht realisieren. Als Kompromiss sollte möglichst die Zeit zwischen Tablettengabe und Blutabnahmen im Laufe der Jahre konstant gehalten werden, um zumindest einen langfristigen Vergleich zu erhalten.

Zur Kontrolle der Schilddrüsenwerte sollten **T3** und **T4** untersucht werden. Zwar zeigen die fT4-/fT3-Werte die Einstellung der Schilddrüse sensibler an, häufig reicht aber auch die Bestimmung der Gesamtwerte zur Kontrolle aus. Ergeben sich allerdings bei diesen Werten Unregelmäßigkeiten können die Werte der freien Hormone in der Regel ohne Reduzierung der Analysegenauigkeit innerhalb von 3–8 Tagen nachgefordert werden.

Bei den Analyseergebnissen ist jedoch zu beachten, dass die körpereigene **T3-Konzentration** schneller durch die T4-Substitution beeinflusst werden kann als die T4-Konzentration. Daher kann zu Beginn einer Substitution der T3-Wert zunächst abfallen, steigt jedoch im Laufe der Substitution wieder an. In anderen Untersuchungen konnte jedoch kein zeitweiser Rückgang der T3-Konzentration festgestellt werden.

Wurden vor Substitutionsbeginn **TAK** festgestellt, sollten diese ebenfalls untersucht werden. Bei richtiger Dosierung sinkt der TAK-Titer langsam ab, ebenso die Titer der **TH-AK**. Nach Dodds [9] können bei nicht angepasster Dosierung wieder TAK auftreten. Sollten im Laufe der Substitution „unpassende“ hohe oder niedrige Hormonwerte auftreten, sollten sicherheitshalber die TH-AK mit analysiert werden, um evtl. Störreaktionen der TH-AK bei den Messungen abschätzen zu können.

Die Kontrolle des **TSH-Wertes** ist auf jeden Fall bei den Hunden erforderlich, bei denen der TSH-Wert bei der Diagnosestellung erhöht war.

Zur vorsorglichen Kontrolle im Hinblick auf Folgekrankheiten ist ein **Organprofil** geeignet. Dieses sollte besonders bei älteren Hunden (und unabhängig von der Schilddrüsenerkrankung) regelmäßig erstellt werden.

Impfungen belasten den Organismus sehr stark, daher wird nach Impfungen eine allgemeine Schonung des Hundes von 1–2 Tagen angeraten. Aus diesem Grund sollten Blutuntersuchungen frühestens im Abstand von 4, besser 6 Wochen nach der letzten Impfung durchgeführt werden. Im Idealfall wird die Impfung unmittelbar nach der Blutabnahme durchgeführt.

Gleiches gilt für Wurmkuren, medikamentöse Behandlungen und analog für Erkrankungen.

Auch Veränderungen der Umgebungsbedingungen (Umzug, Urlaub, Auszug von Kontaktpersonen etc.) können die Schilddrüsenwerte zeitweise verändern. Dies sollte hinsichtlich des Zeitpunktes der Blutabnahme sowie der Interpretation der Ergebnisse berücksichtigt werden.

Praxis 

Die Sexualhormone haben ebenfalls einen starken Einfluss auf die Konzentration der Schilddrüsenhormone.
Daher sollte bei unkastrierten Hündinnen die Blutuntersuchung zur Kontrolle oder zur Erstuntersuchung ca. 12–16 Wochen nach Einsetzen der letzten Läufigkeit erfolgen.
Bei Rüden ist ein Zeitpunkt zu wählen, in dem keine sexuelle Stimulation durch heiße Hündinnen in der Nachbarschaft bzw. im bevorzugten Spaziergebiet stattfindet.

9.9 Training: Besuch beim Tierarzt

Hunde mit Schilddrüsenunterfunktion müssen zur Blutuntersuchung regelmäßig zum Tierarzt. Untersuchungen zeigen, dass zwischen 30 und 70 % aller Hunde den Besuch beim Tierarzt als eine sehr stressige Situation empfinden. Dies kann sich schon durch widerstrebendes Verhalten beim Betreten der Praxis äußern. Auf dem Behandlungstisch können Stresssymptome wie Zittern, Ohren anlegen, Schnauze lecken oder ähnliches auftreten. Die Stressparameter nehmen im Laufe der Behandlung deutlich zu. Auch Hunde, die von den Besitzern als „entspannt beim Tierarzt“ bezeichnet wurden, zeigten während der Behandlung Stressanzeichen. Der Tierarztbesuch stellt also für alle Hunde eine mehr oder weniger starke Belastung dar.

Hierfür können verschiedene Ursachen relevant sein:

- Die Tierarztpraxis stellt eine ungewohnte Umgebung dar.
- Durch andere gestresste Hunde im Wartezimmer wird deren Angst auf den eigenen Hund übertragen.
- Der Hund nimmt in der Praxis Gerüche und Geräusche war, die für ihn ungewohnt bis beängstigend sind (z. B. Schmerzlaute von in Behandlung befindlicher Tiere).
- Vorhergehende schmerzhafte oder unprofessionelle Untersuchungen werden mit der Tierarztpraxis verknüpft. Die Generalisierung von Schüchternheit und Aggressivität von Hunden gegenüber Personen kann Folge einer derartigen Untersuchung sein.
- Der Aufenthalt auf dem Untersuchungstisch ist für die meisten Hunde ungewohnt.
- Tierarzt und Tierarzthelfer stellen in der Regel für den Hund fremde Personen dar und unterschreiten bei der Untersuchung die Individualdistanz des Hundes.
- Ist der Halter aufgeregt, kann sich dies auf den Hund übertragen.

Der Tierarztbesuch sollte für den Hund jedoch möglichst angenehm und stressfrei sein. Sofern noch nicht erfolgt, lässt sich dies durch gezieltes Training fördern. Bei diesem Training sollte der Tierarzt möglichst aktiv mitwirken.

Kurze Besuche in der Praxis und im Behandlungsraum, bei der keine Untersuchungen stattfinden, dafür aber Leckerchen gegeben werden, helfen dem Hund, die Praxis kennenzulernen und als „ungefährlichen" Ort einzustufen.

Im Wartezimmer sollte der Hund möglichst entspannt sein. Auch hier helfen dem Hund kurze Aufenthalte ohne anschließende Behandlung das Wartezimmer positiv wahrzunehmen.

Besonders bei Hunden, die beim Tierarzt sehr ängstlich sind, sollte ein fester Behandlungstermin vereinbart werden, um die Wartezeiten zu umgehen oder zu verkürzen. Ist in der Praxis trotz Terminvereinbarung eine Wartezeit erforderlich, kann man gegebenenfalls mit dem Hund vor der Praxistür warten oder den Hund im Auto warten lassen. Insbesondere, wenn sehr ängstliche andere Hunde im Wartezimmer sind, sollte der eigene Hund nicht im Wartezimmer warten müssen. Bei extrem ängstlichen Hunden bieten manche Tierärzte auch Hausbesuche an.

Manche Tierärzte bieten an, den Hund am Boden, anstatt auf dem Behandlungstisch zu behandeln. Dies ist nicht immer möglich. Die Situation auf dem Behandlungstisch kann man zu Hause auf einem Tisch üben.

Die üblichen Untersuchungsschritte, wie Fang öffnen, Ohren anschauen, Fieber messen etc. sollte man von Beginn an mit dem Hund üben.

Ideal ist es, wenn der Hund sich vor der Behandlung in Ruhe im Behandlungsraum umschauen kann und der Tierarzt dann Kontakt mit dem Hund aufnimmt. Leider wird diese Akklimatisation des Hundes und die Annäherung des Tierarztes an den Hund teilweise aus Zeitgründen ausgeklammert.

Während der Behandlung kann der Hund ggf. nach Absprache mit dem Tierarzt abgelenkt werden. Manche Hunde nehmen Leckerchen an, manche stehen allerdings so unter Stress, dass Leckerchen nicht aufgenommen werden.

Nach der Behandlung, insbesondere bei schmerzhaften Behandlungen, sollten immer Leckerchen vom Tierarzt gegeben werden.

9.10 Ernährung

9.10.1 Grundsätzliches zur Ernährung

Eine Autoimmunkrankheit, wie die Thyreoiditis, hat viele Auslöser und viele Auswirkungen. Insgesamt stellt sie eine starke Belastung für das Immunsystem dar. Daher sollte das Immunsystem so weit als möglich entlastet und unterstützt werden. Am besten ist dies durch die sorgfältige Auswahl der Futtermittel und Futtermittelbestandteile erreichbar. Allerdings sind Futtermittel, auch wenn sie den Bestimmungen der Futtermittelverordnung (FMV) genügen, nicht immer völlig frei von (künstlichen) **Konservierungsmitteln**, Schadstoffen, Allergenen, Mykotoxinen oder anderen unerwünschten Substanzen.

Insgesamt sollte auf eine abwechslungsreiche, ballaststoffreiche und ausgewogene Ernährung Wert gelegt werden.

Einige Hunde mit Schilddrüsenunterfunktion neigen zu **Verstopfungen**. Bei diesen sollte auf eine ballaststoffreiche Nahrung geachtet werden. Ballaststoffe sind schwer- oder unverdauliche Nahrungsinhaltsstoffe. Sie beeinflussen den Füllungsdruck des Darms und fördern dadurch die Darmbewegung.

Alle Nahrungsinhaltsstoffe sind in Aufnahme und Verstoffwechselung eng miteinander verwoben, wie die nachfolgenden Beispiele zeigen. Die Änderung eines Parameters kann unerwartete und scheinbar paradoxe Auswirkungen haben. Daher sollte die Ernährung (nicht nur) des schilddrüsenkranken Hundes insgesamt betrachtet werden und nicht nur auf die für die Schilddrüse relevanten Nahrungsinhaltsstoffe (z. B. Jod, Eisen, Selen) ausgerichtet sein.

Für Menschen mit Schilddrüsenunterfunktion gibt es einige Empfehlungen für eine angepasste Ernährung. Für Hunde findet man leider sehr wenig dazu. Nicht alle für Menschen gegebenen Empfehlungen sind auch auf den Hund übertragbar, da die Stoffwechselreaktionen teilweise unterschiedlich sind. So wurden beim Menschen Zusammenhänge zwischen einer schlechten Vitamin-D-Versorgung und Schilddrüsenunterfunktion festgestellt und generell gute Erfahrungen durch die zusätzliche Gabe von Vitamin D bei einer Schilddrüsenunterfunktion beobachtet. Der Mensch synthetisiert jedoch **Vitamin D** durch Sonnenlicht und ist daher toleranter gegenüber Vitamin D als der Hund, bei dem dieser Syntheseweg nicht vorhanden ist.

Wie im Kap. Vitamine erläutert wurde, beeinflussen sich die **Vitamine E**, **A** und **C** gegenseitig und haben auch Einfluss auf den **Selen**haushalt. Daneben bestehen noch weitere Zusammenhänge zu anderen Nahrungsinhaltsstoffen. So ist z. B. der Vitamin-E-Bedarf auch abhängig von der gleichzeitigen Aufnahme **ungesättigter Fettsäuren**.

Die Verstoffwechselung von **Eisen** ist ebenfalls mit zahlreichen anderen Nahrungsinhaltsstoffen verknüpft. So kann ein Eisenüberschuss die Aufnahme von Mangan und Phosphor stören. Ein Phosphorüberschuss kann wiederum die Aufnahme von Eisen stören.

Ein weiteres Beispiel für die sehr komplexen Zusammenhänge stellt O'Heare [41] dar: Die Biosynthese und Konzentration der monoaminen Neurotransmitter (s. Kap. 8.3) steht in Zusammenhang mit den durch die Nahrung aufgenommenen Aminosäuren **Tryptophan** und **Tyrosin**. Tryptophan ist die Vorstufe für Serotonin, Tyrosin die Vorstufe für Noradrenalin und Dopamin. Die im Gehirn benötigten Aminosäuren konkurrieren miteinander an der Blut-Hirn-Schranke um den Zugang zum Gehirn. Die Aminosäuren, die relativ häufiger vorhanden sind, überwinden daher auch häufiger die Blut-Hirn-Schranke.

Eiweißreiche Nahrung weist üblicherweise mehr Tryptophan auf als kohlenhydratreiche Nahrung. Es wäre daher zu erwarten, dass durch eiweißreiche Nahrung der Serotoninspiegel im Gehirn erhöht werden könnte.

Paradoxerweise bewirkt jedoch häufig eiweißärmere und somit kohlenhydratreichere Nahrung eine Zunahme des Tryptophans, somit einen Serotoninanstieg und in Folge eine Besserung aggressiven Verhaltens. Eiweißreiche und kohlenhydratärmere Nahrung führt hingegen häufig zu einem Absinken des Tryptophan-Spiegels im Gehirn.

Dies wird dadurch erklärt, dass Nahrungsmittel, die deutlich mehr Kohlenhydrate als Eiweiße enthalten, die Insulinproduktion anregen. Insulin bewirkt jedoch eine erhöhte Aufnahme von einigen Aminosäuren (nicht jedoch von Tryptophan) in Leber, Fett- und Muskelgewebe. Tryptophan liegt dadurch im relativen Überschuss vor und hat somit einen Vorteil an der Blut-Hirn-Schranke.

Allerdings ist es umstritten, ob

- der Serotonin-Spiegel im Gehirn überhaupt durch Fütterung beeinflussbar ist;
- sofern eine Serotonin-Beeinflussung durch die Ernährung grundsätzlich möglich ist, diese bei allen Hunden möglich ist oder individuell weitere Stoffwechselfaktoren vorliegen müssen;
- bestimmte weitere Rahmenbedingungen (z. B. Abstand und Reihenfolge der Fütterung von Kohlenhydraten und Proteinen) vorliegen müssen.

9.10.2 Jodversorgung bei Schilddrüsenunterfunktion

Im Humanbereich wurde bis vor Kurzem bei einer Schilddrüsenunterfunktion eine eher jodarme Kost empfohlen, inzwischen wird jedoch empfohlen, die Jodaufnahme nicht zu reduzieren.

Auch bei Hunden mit einer Schilddrüsenunterfunktion sollte auf eine gleichbleibende Menge zugeführten **Jods** geachtet werden. Plötzliche Absenkungen oder Erhöhung der Jodzufuhr können zu erheblichen Problemen bei Hunden führen, deren Schilddrüse noch Restaktivitäten aufweist.

Die gleichbleibende Jodzufuhr ist besonders bei **Futterwechsel** zu berücksichtigen. Wird z. B. aus diätetischen Gründen auf ein anderes Futter umgestellt, welches jedoch einen niedrigeren Jodgehalt aufweist, kann der konstante Jodgehalt durch Zugabe von jodiertem Salz oder jodhaltigen Mineralfutterzusätzen sichergestellt werden.

Jodtabletten zur Therapie von Jodmangelerscheinungen beim Menschen enthalten 100 µg J/Tablette und mehr. Sofern die Tabletten ausreichend genau teilbar sind, um die erforderlichen Differenzmengen abzudecken, können auch Jodtabletten verwendet werden.

Bei der Beurteilung des Jodgehaltes des Futters ist jedoch die über das Futter zugeführte Jodmenge und nicht der Jodgehalt des Futters relevant (s. Kap. Fertigfutter: Trocken- und Dosenfutter).

Ebenso ist bei Zusatz von **Algen** auf deren gleichbleibenden Jodgehalt zu achten. Insbesondere getrocknete Braunalgen (aber auch andere Algenprodukte) können sehr stark schwankende Jodgehalte aufweisen. Im Handel sind Algenprodukte mit je Charge dokumentierten Jodgehalten erhältlich.

Vorsicht ist bei Produkten geboten, die zur Ergänzung anderer Inhaltsstoffe gedacht sind (**Nahrungsergänzungsmittel**) und auch Seealgen enthalten. Hier kann es aufgrund des meist nicht näher angegebenen Jodgehaltes zu merklichen Überversorgungen kommen.

Die Algen Chlorella und Spirulina sind Süßwasseralgen und haben keine nennenswerten Jodmengen gespeichert. Zur Jodergänzung sind sie daher nicht geeignet, sofern Jod nicht herstellerseitig zugesetzt wurde.

Aufgrund der schwankenden und unkontrollierbaren Jod-/Hormonmenge in **gewolftem Fleisch** unklarer Zusammensetzung und in Kehlkopffleisch (s. Kap. Nahrungsmittel mit hohem Jod- oder Hormongehalt) sollte auf die Verfütterung von diesen Produkten beim erkrankten Hund verzichtet werden.

Bei **Dosenfutter** wurden stark schwankende Jodgehalte innerhalb der Chargen aber auch zwischen den verschiedenen Herstellern festgestellt. Daher ist bei der Verfütterung großer Mengen Dosenfleisch ebenso mit Jodschwankungen zu rechnen (s. Kap. Fertigfutter: Trocken- und Dosenfutter).

9.10.3 Strumige und umweltschädliche Substanzen

Bekannte **strumige und umweltschädliche Substanzen** sollten möglichst nicht verfüttert werden. Hierzu zählen z. B. folgende Produkte (s. auch Kap. 5.3.3):

► **Nährstoffe und Futtersorten**
- Kohl (Goitrin), Kohlrüben, Weiße Rüben,
- Senf, Radieschen, Meerrettich, Raps,
- Mais,
- Hirse,
- Zyanide (u. a. enthalten in Mandeln, Chicorée, Hülsenfrüchte, Sonnenblumen, Löwenzahn, Maniok),
- Sojabohnen,
- Pinienkerne, Erdnüsse,
- Süßkartoffeln,
- Seetang.

Hintergrundwissen i

Einige Kohlarten, Maniok, Bohnen und Erdnüsse enthalten Schwefelverbindungen und/oder Glukosinolate, die die Jodaufnahme in die Schilddrüse hemmen.

► **Umwelteinflüsse**
- PCB (polychlorierte Biphenyle, z. T. in fischhaltigen Produkten),
- Polyphenole (z. T. in fischhaltigen Produkten),
- Resorcinole (z. T. in fischhaltigen Produkten),
- Pestizide,
- Phthalate (Weichmacher),
- Bisphenol A (Weichmacher),
- Propylthiourail (Medikament),
- TBBA (Tetrabrombisphenol A – Flammschutzmittel),
- PBDE (polybromierte Diphenylether – Flammschutzmittel),
- Dosenfutter, Nahrungsmittel aus Konserve: aufgrund des stark schwankenden Jodgehaltes (s. Kap. 9.10.2), aber auch bedingt durch mögliche Abgabe von Schadstoffen aus der Doseninnenverkleidung.

Hintergrundwissen

Futter aus Dosen und Schalen

Die Kunststoffauskleidung in verschiedenen Dosen und Schalen können, ebenso wie Plastikwaren, als Weichmacher und Korrosionsschutz Phthalate und Bisphenol A (BPA) enthalten.

Die Substanzen haben eine chemisch strukturelle Ähnlichkeit mit den Schilddrüsenhormonen und können sich somit auf den Schilddrüsenkreislauf auswirken.

Bisphenol A wirkt u. a. an den Schilddrüsenhormonrezeptoren als Gegenspieler zu den Schilddrüsenhormonen und verdrängt T3 aus den Bindungsstellen Dies kann einen Anstieg der TSH-Konzentration bewirken. Aus der hierdurch gesteigerten Anregung der Schilddrüse kann eine Schilddrüsenvergrößerung oder ein Kropf resultieren. Durch die Bindung an die Schilddrüsenhormonrezeptoren wird zudem die Transkription verschiedener durch Schilddrüsenhormone gesteuerter Gene verhindert.

Im Greenpeace-Magazin 6/2012 [25] wird in einer Kurzmeldung berichtet, dass sich 4 Journalisten 2 Tage fast ausschließlich von Lebensmitteln aus Dosen ernährten. Nach diesen 2 Tagen wurden bei den Probanten bis zu 4600 % erhöhte BPA-Werte gemessen.

Polybromierten Diphenylethern (PBDE) werden als Flammschutzmittel in Möbeln, Textilien und Elektrogeräten eingesetzt und sind daher in der Umwelt weit verbreitet. Sie sind in der Umwelt schwer abbaubar und werden somit in der Nahrungskette akkumuliert. Sowohl bei Menschen als auch bei Tieren werden sie im Fettgewebe eingelagert und können dort nachgewiesen werden. Sie weisen eine chemische Ähnlichkeit mit den Schilddrüsenhormonen auf. Dadurch können sie den Schilddrüsenstoffwechsel stören, sodass die Hormonkonzentrationen von T4 und fT4 sinken. Beim Menschen nimmt man einen Zusammenhang zwischen Schilddrüsenunterfunktion und dem PBDE-Gehalt im Serum an.

Ähnliche Wirkungen sind auch bei **PCB** feststellbar.

Sowohl PBDE als auch PCB sind ubiqitär, wenn auch in verschieden hohen Konzentrationen und mit verschiedener Kongener-Zusammensetzung (Bromierungs- bzw. Chlorierungsgrad). Besonders hohe Konzentrationen findet man in den USA aufgrund der weitverbreiteten Anwendung von Flammschutzmitteln. Die amerikanischen Studien sind daher nur bedingt übertragbar. Dennoch sind in vielen Haustier-Blutproben PBDE und PCB zu finden, zum Teil in wesentlich höheren Konzentrationen als beim Menschen (5,5–20-fach höher). Dies erklärt sich möglicherweise dadurch, dass Haustiere über den Staub und das Fellpflegeverhalten mehr Schadstoffe aufnehmen. Aufgrund ihres anderen Metabolismus findet bei Katzen eine höhere Akkumulation der Schadstoffe statt.

In einer amerikanischen Studie wurde untersucht, ob die PBDE- und PCB-Serum-Konzentrationen von Hunden in Verbindung mit Hypothyreose stehen. Obwohl die Mittelwerte der PBDE- und PCB-Konzentrationen der hypothyreoten Hunde höher waren, ergab sich lediglich bei PBDE-183 eine schwache Signifikanz. Man vermutet, dass der Metabolismus des Hundes besser im Stande ist, diese Umweltgifte zu neutralisieren.

Schadstoffe in Hundespielzeug

In einer Diplomarbeit an der Universität Wien aus dem Jahr 2014 [22] wurden 18 Hundespielzeuge auf den Gehalt an Schadstoffen untersucht und die ermittelten Werte mit den Grenzwerten für Babyspielwaren oder vergleichbaren Konsumgütern verglichen. Untersucht wurden u. a. der Gehalt an PAK (Weichmacher: krebserzeugende, erbgutverändernde und fortpflanzungsgefährdende Eigenschaften), Phthalaten, BPA, 4-Nonylphenol (NP, ähnliche Wirkung wie BPA).

Die Schadstoffe können beim Spielen über die Mundschleimhaut in den Körper gelangen. In allen untersuchten Spielzeugen wurden PAK-Konzentrationen oberhalb der Vergleichswerte festgestellt. In 11 Produkten wurden BPA und/oder NP analysiert, in zwei Produkten zusätzlich bedenkliche Phthalate. Somit konnte keines der untersuchten Spielzeuge, unabhängig von Herkunftsland, Preisklasse oder Marke, aufgrund der festgestellten hohen Schadstoffkonzentrationen als unbedenklich eingestuft werden. Hinsichtlich der Verwendung von Hundespielzeug aus Weich-PVC wird zudem darauf hingewiesen, dass bei Verschlucken von Spielzeugteilen (z. B. durch Zerkauen) die enthaltenen Schadstoffe vermehrt in den Körper gelangen. Durch Entzug der Weichmacher im Körper härten die Teile aus und können zu Verletzungen des Magen-Darm-Traktes führen.

9.10.4 Spurenelemente

Hinweis i

Der Einfachheit wegen wird in diesem und im folgenden Kapitel nur grob zwischen energieliefernden Nährstoffen (Kohlenhydrate, Fette, Eiweiße) und Spurenelementen (alle anderen Nährstoffe) unterschieden.

Vereinzelt wurden nach einer Umstellung auf **kalziumärmeres** Futter – ergänzend zur Tablettengabe – Besserungen im Gesamtverhalten erzielt.

Selen ist ein wesentlicher Bestandteil von Enzymen, die die Umwandlung von T4 in T3 katalysieren oder als Antioxidationsmittel z. B. in der Schilddrüse, wirken (s. Kap. Metalle und Spurenelemente). **Vitamin E** ist ebenfalls ein Antioxidationsmittel und steht mit Selen in enger Verbindung (s. Kap. Vitamine). Der Selenbedarf des Hundes wird mit 5 µg/kg Körpermasse oder ca. 25 µg/100 g Futter Trockensubstanz angegeben. Eine ausreichende Vitamin-E-Versorgung reduziert den Selenbedarf. Organisches Selen (z. B. Selenhefe) hat eine höhere Bioverfügbarkeit als anorganisches Selen (z. B. Natriumselenit). Fischprodukte enthalten viel Selen, allerdings ist die Bioverfügbarkeit gering. Besser verwertet werden kann Selen aus Eiern oder Leber. Durch lange Kochzeit oder Wässern kann der Selengehalt von Nahrungsmitteln abnehmen.

Hintergrundwissen 

Selen

Fleischfresser haben einen hohen Selenbedarf. Er ist deutlich höher als z. B. bei Menschen, Ziegen oder Schafen. Die Referenzbereiche der Labore beziehen sich z. T. auf Pferde oder Ziegen und sind in diesem Fall nicht auf den Hund anwendbar. Als **Referenzbereich** für den Hund wird ein Wert von 3,60–10,09 µmol/l (ca. 284–800 µg/l) angegeben.

Signifikant niedrigere Selen-Serumgehalte finden sich bei allergischen Hunden und Hunden mit Tumorerkrankungen. Man geht davon aus, dass ein ausreichender Selengehalt die Entwicklung von Tumoren verhindern hilft. Positive Einflüsse von Selen werden in Verbindung mit Vitamin E auch hinsichtlich des Verlaufs einer Arteriosklerose, Herzmuskelerkrankungen, neuromotorischen Störungen und Myopathien sowie bei der Pankreatitisbehandlung vermutet.

Bei älteren Tieren wird häufig eine Selen-Mangelversorgung festgestellt.

Bei Hunden mit Schilddrüsenunterfunktion kann es zu einer verminderten **Eisenaufnahme** durch den Darm kommen. Hierdurch wird eine mikrozytäre hypochrome Anämie begünstigt (s. Kap. 3.2.3). Daher ist in diesem Fall zu Beginn der Substitution, insbesondere auf eine ausreichende Zufuhr von Eisen mit der Nahrung zu achten.

Praxis 

Eisen ist z. B. enthalten in Leber, Milz und Lunge, Sesam, Kürbiskernen, Kleie und allem grünen Gemüse.

Eisen kann die Thyroxinaufnahme hemmen. Daher sollten Eisenpräparate und Thyroxin nicht zusammen verabreicht werden.

9.10.5 Fett/Eiweiß

Fettreiche Futtermittel sollten vermieden werden. Im Humanbereich wird empfohlen, tierische Fette zu vermeiden, wohingegen pflanzliche Fette mit ungesättigten Fettsäuren empfehlenswert sind. Von besonderer Relevanz sind **Omega-3-Fettsäuren** (mehrfach ungesättigte Fettsäuren). Sie sind essenziell, Bestandteil jeder Körperzelle und von besonderer Bedeutung für Nervenzellen. Sie sind in hohem Maße in Lachsöl enthalten, welches generell bei Autoimmunkrankheiten empfohlen wird. Da mehrfach ungesättigte Fettsäuren jedoch leicht oxidieren und dann eine schädigende Wirkung auf die Zellen haben, ist eine ausreichende Versorgung mit Antioxidationsmitteln sicherzustellen.

Futter mit **hohem Eiweißgehalt** bewirkt eine Erhöhung der Thyroxin-Sekretionsrate (s. Kap. Ernährung/Energiezufuhr), Eiweißmangel bewirkt dagegen auf Dauer eine Senkung der Thyroxin-Sekretionsrate. Bei einigen Hunden mit Schilddrüsenunterfunktion besteht ein verminderter Proteinbedarf. Gemäß Dodds [8] sollte bei Hunden, die mit

Schilddrüsenhormonen behandelt werden, generell proteinarmes Futter verwendet werden. Dies zielt vermutlich auf eine Schonung der Schilddrüse ab. Durch eiweißarmes Futter werden zudem auch potenziell von einer Folgekrankheit betroffene Organe geschont, wie Leber und Niere. Bei eiweißarmer Ernährung sollte unbedingt darauf geachtet werden, hochwertige Eiweiße zu verfüttern. Hochwertige Eiweiße sind solche, die die für Hunde essenziellen Aminosäuren in ausreichenden Mengen enthalten und eine hohe Verdaulichkeit haben. Für den Hund hochwertige Eiweiße sind z. B. in Quark enthalten.

Hintergrundwissen

Essenzielle Aminosäuren

Für den Hund **essenzielle Aminosäuren** sind: Arginin, Histidin, Isoleuzin, Leuzin, Lysin, Methionin (bedingt), Phenylalanin (bedingt), Threonin, Tryptophan, Valin.

9.10.6 Nahrungsergänzungsmittel

Untersuchungen im Humanbereich haben ergeben, dass freie Radikale und oxidative Prozesse den Autoimmunprozess in der Schilddrüse fördern. Daher wird die hochdosierte Zufuhr von **immunstärkenden Substanzen** und **Antioxidationsmitteln** empfohlen. Als immunstärkende Substanz wird häufig Echinacea angegeben. Diese hat jedoch ein hohes allergenes Potenzial. Antioxidationsmittel sind z. B. die **Vitamine B_6** und **E**, (Bio-)Flavonoide, N-Azetylzystein, Nikotinamid, Extrakte aus Traubenschalen und buntes Gemüse. Ebenso wird im Humanbereich die zusätzliche Gabe von Zink empfohlen.

Ob diese Ergebnisse auf den Hund übertragbar sind, ist nicht sicher. Ebenso ist unsicher, ob durch diese Nahrungszusätze tatsächlich Besserungen erzielt werden oder ob sie bei einer ausgeglichenen Ernährung überflüssig oder nur für eine bestimmte Zeit notwendig sind. Die Gabe von Nahrungsergänzungsmitteln sollte daher im Einzelfall entschieden und auf die über die normale Nahrung zugeführten Substanzen abgestimmt werden. Hinsichtlich Traubenschalenextrakt ist zu berücksichtigen, dass für manche Hunde Weintrauben toxisch sein können.

9.10.7 Gewichtsreduzierung

Einige Hunde mit Schilddrüsenunterfunktion haben bedingt durch die Krankheit **Übergewicht**. Nach Behandlungsbeginn sollte unbedingt darauf hingearbeitet werden, dass eine Gewichtsreduzierung auf das Normal- oder besser Idealgewicht stattfindet.

Die Maßnahmen zur Gewichtsreduzierung sind mit dem behandelten Arzt im Detail abzusprechen. Eine drastische Reduzierung des normalen Futters (FdH = Friss die Hälfte) kann zur Unterversorgung von Nährstoffen führen.

Praxis 

Einige orientierende Ratschläge zur Gewichtsreduzierung

- **Bewegung**: Regelmäßige ausgiebige Bewegung hilft beim Abnehmen. Das Bewegungspensum ist langsam zu steigern. Es ist unbedingt zu berücksichtigen, dass in Verbindung mit einer Schilddrüsenunterfunktion auch Herzfehler auftreten können.
- **Diätfutter**: Diätfutter kann die Gewichtsabnahme erleichtern, das muss aber nicht sein. Wichtig ist die Einschränkung der Fettzufuhr.
- **Trockenfutter**: Die Herstellerempfehlungen zur benötigten Futtermenge sind bei vielen Trockenfuttersorten deutlich zu hoch angegeben. Als tatsächliche ideale Futtermenge wird daher häufig empfohlen, die für das Idealgewicht angegebene Futtermenge abzüglich 10 % anzusetzen. In der Phase des Abnehmens kann, in Absprache mit dem Tierarzt, die Futtermenge **kurzzeitig** bis auf rund 60 % der idealen Futtermenge reduziert werden.
- **Ballaststoffe**: Mit Ballaststoffen kann man den Hundemagen füllen und beschäftigen. Als gute Füllstoffe sind geeignet: Karotten, Reisflocken, gekochte Kartoffeln, Sauerkraut, Äpfel und anderes Obst. Es ist aber zu beachten, dass ein zu hoher Ballaststoffgehalt bei Hunden zu Durchfall führen kann. Der Ballaststoffgehalt im Futter sollte daher nur langsam gesteigert werden. Besonders viele Ballaststoffe sind in Kleie enthalten. Da Weizen häufig allergene Wirkung hat, ist Haferkleie zu bevorzugen.
- **Mineralstoffhaushalt**: einige Ballaststoffe beeinträchtigen die Aufnahme von Mineralstoffen, daher ist besonders auf einen ausgeglichenen Mineralstoffhaushalt zu achten.
- **Leckerchen**: Leckerchen entweder kalorienarm wählen (Obst) oder bei der Gesamtfuttermenge mitberechnen.
- **Anzahl der Mahlzeiten**: Einigen Hunden fällt das Abnehmen bei häufigen, kleinen Mahlzeiten leichter, da der Magen dann ständig beschäftigt ist. Bei anderen Hunden hat sich eine solche Aufteilung nicht bewährt, sondern sogar als eher nachteilig erwiesen.
- **Fastentag**: Ein Fastentag kann beim Abnehmen hilfreich sein. Andererseits ist zu berücksichtigen, dass Hunde mit Schilddrüsenunterfunktion häufig Magen-Darm-Probleme haben und ein Fastentag den Magen-Darm-Trakt aufgrund der hohen Magensäure-Produktion stark belastet. Auch aus ernährungsphysiologischer Sicht spricht nichts für einen Fastentag.
- **Darreichung**: Als psychologischer Trick – allerdings nur bezogen auf den mitfühlenden Hundehalter – hat sich die Verwendung eines kleineren Fressnapfes bewährt. Hierdurch wird die Menge der reduzierten Futterrationen durch den Halter anders eingeschätzt.

9.11 Mustertagebuch

Von Therapiebeginn an sollte eine Art Tagebuch geführt werden, in dem die wichtigsten Punkte aufgeführt werden. Dies erleichtert das Erkennen nachhaltiger Veränderungen und eine eventuell notwendig werdende Anpassung der Tablettendosis.

Ein **Mustertagebuch** könnte z. B. folgende Punkte enthalten:

► **Normalfall**
- Tablettendosis und Häufigkeit der Gabe,
- Ruhepuls, Puls nach Anstrengung,
- Atemfrequenz: in Ruhe und nach Anstrengung,
- Körpergewicht,
- Futter (Art und Menge),
- normaler Tagesablauf,
- normale Verhaltensweisen,
- Blutwerte.

► **Besonderes**
- Dosisänderungen, Änderungen des Präparates,
- besondere Verhaltensweisen wie besonders ausgeglichenes oder aufgedrehtes Verhalten,
- Beißereien,
- Futteränderungen,
- Krankheiten, Fellveränderungen,
- Impfungen, Wurmkuren,
- Gabe von zusätzlichen Medikamenten,
- Änderungen im Tagesablauf, wie z. B. Urlaub,
- erkennbare Stresssituationen,
- starke Klimaschwankungen, starke Temperaturschwankungen,
- bei intakten Hündinnen: Zyklus, Zyklusschwankungen.

9.12 Umgang mit dem gestressten Hund

Zusammenfassung

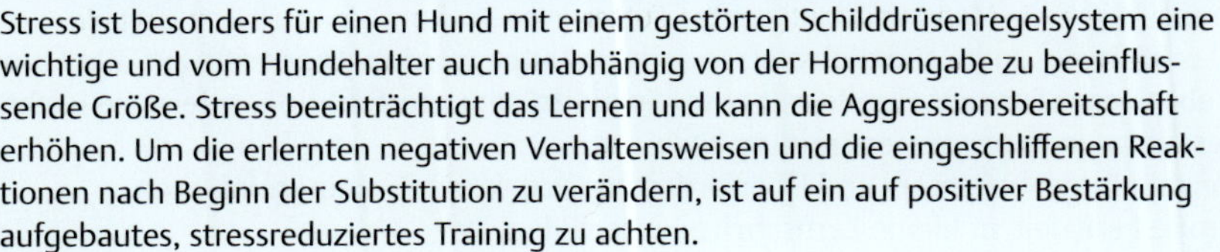
Stress ist besonders für einen Hund mit einem gestörten Schilddrüsenregelsystem eine wichtige und vom Hundehalter auch unabhängig von der Hormongabe zu beeinflussende Größe. Stress beeinträchtigt das Lernen und kann die Aggressionsbereitschaft erhöhen. Um die erlernten negativen Verhaltensweisen und die eingeschliffenen Reaktionen nach Beginn der Substitution zu verändern, ist auf ein auf positiver Bestärkung aufgebautes, stressreduziertes Training zu achten.

Wie kann man die Erkenntnisse zu Stress (s. Kap. 8.5) ins Training mit stressgeplagten Hunden umsetzen? Und: Was macht man mit einem Hund, der schnell in Stress gerät und nur langsam wieder auf das Normalniveau zurückkommt?

Wichtig sind zunächst 2 Leitsätze:

▸ **1. Akuter Stress verhindert logisches Denken.** Unter dem Einfluss starker Emotionen (z. B. Angst) ist man nicht zu klarem logischem Denken in der Lage. Selbst die ansonsten üblichen Reaktionen wie soziale Hemmung, Impulskontrolle und erlernte Mechanismen zur Stress- und Konfliktbewältigung sind dann oft nicht mehr abrufbar. Stattdessen stehen nur noch stereotype, „altbewährte" Verhaltensweisen zur Verfügung. Häufig sind das die Varianten Angriff oder Verteidigung.

Praxis 

Andererseits kann die Konzentration auf eine schwierige geistige Aufgabe aber auch helfen, Stressreaktionen zu verhindern oder sogar Traumata (starke Schockerlebnisse) zu bewältigen, da das limbische System (aktiviert bei starken Emotionen und Stress) und die Großhirnrinde (aktiviert beim Lernen) sich gegenseitig „blockieren" (s. auch Kap. 9.12.5 und 9.12.6).

▸ **2. Stress kann aggressiv machen.** Stress senkt die Reizschwelle für bestimmte Reaktionen wie z. B. aggressiv abwehrendes Verhalten. Je mehr die Stressursache als negativ und unangenehm empfunden wird, desto leichter wird beim Hund eine aggressive Reaktion ausgelöst. Ziel der Aggression kann jedes unmittelbar in der Nähe befindliche Lebewesen sein, selbst wenn es eigentlich völlig unbeteiligt ist.

Bei **sexuell leicht erregbaren Rüden** mit (Subklinischer) Schilddrüsenunterfunktion kann eine Kastration aus medizinischen Gründen ratsam sein. In den Hitzephasen der Hündinnen in der Umgebung, die untereinander nicht synchronisiert sind und sich daher insgesamt über einen geraumen Zeitraum des Jahres erstrecken können, sind diese Rüden bei Spaziergängen so hoch erregt, dass die Zeit zwischen den Spaziergängen nicht ausreicht, um sie wieder auf einen ausgeglichenen Level zu bringen. In diesen Fällen kann eine Kastration den Stresskreislauf durchbrechen.

Manche Hundehalter haben gute Erfahrungen damit gemacht, vor bekannten und vor allem länger andauernden **Stresssituationen** die Tablettendosis im Vorfeld etwas zu erhöhen. Hierbei ist zu berücksichtigen, dass bis zur optimalen Wirkung der Tabletten rund eine 1 Stunde oder mehr vergeht. Andere Hundehalter gehen davon aus, dass ein korrekt eingestellter und stabil dosierter Hund keine vorsorglich erhöhte Tablettendosis braucht. Letztendlich muss daher jeder Hundehalter ausprobieren, ob eine vorsorgliche höhere Dosierung positive Wirkung zeigt und ggf. situationsbezogen reagieren.

Das **Training** sollte möglichst stressarm gestaltet werden. Dies trifft auf alle Hunde zu, aber besonders auf Hunde mit einer Schilddrüsenunterfunktion, sofern sie leicht in Stress geraten. Stressarmes Training bedeutet u. a.:

- Vermeidung von Unter- und Überforderung: z. B. kurze Trainingseinheiten, große Lernziele in kleine Lernschritte unterteilen,
- regelmäßiges Training,
- eindeutiger Zusammenhang zwischen „Leistung" und „Belohnung": Leistung belohnen, Belohnung nicht ohne Leistung,
- auch kleine Erfolge belohnen,
- Training immer mit einem Erfolgserlebnis abschließen,
- Vermeidung unklarer Befehle oder Situationen durch konsequentes und eindeutiges Verhalten,

- ruhige und ausgeglichene Trainingssituationen schaffen und Anforderungen nur langsam erhöhen,
- Erziehungsmethoden auswählen, die möglichst stressarm sind, also z. B. nicht mit gezielter Verunsicherung als Erziehungsmittel arbeiten,
- hohes Maß an Routine und Regelmäßigkeit,
- ausreichend, aber nicht zu viel Bewegung,
- Stressbewältigungstraining.

Lernen und somit Training findet fortwährend statt. Eine Situation positiv zu beenden ist daher nicht immer ganz einfach. Reagiert der Hund aggressiv auf andere Hunde, kann man z. B. in Absprache mit dem Halter des anderen Hundes eine vorsichtige Annäherung aus der Distanz wiederholen und die Übung beenden, bevor die kritische Distanz erreicht ist. Ähnlich lassen sich viele andere Situationen positiv beenden. Ist kein direkt auf die Situation bezogener positiver Abschluss möglich, kann man mit dem Hund auch eine kurze Unterordnungsübung, die er beherrscht, durchführen oder den Hund ein Kunststück ausführen lassen. Positives Beenden bzw. Belohnung muss nicht immer in „Leckerchen" bestehen. Auch der Körperkontakt mit dem Halter, das erfolgreiche Annähern an ein Objekt, das verfolgen einer Wildspur, das Beobachten einer Katze und vieles mehr können als Belohnung verwendet werden.

Vor allem bei Hunden, die jagen, wird häufig empfohlen, sie während des Spaziergangs zu beschäftigen, Suchspiele zu machen, sie mehr oder weniger auf einen Ball zu fixieren. Die vielfach angepriesene „**Dauerbeschäftigung**" beim Spaziergang kann jedoch bei stressempfindlichen Hunden schnell zum Problem werden. Sie kann dazu führen, dass der Hund aufgrund der gutgemeinten „Beschäftigungstherapie" ein hohes Erregungsniveau erreicht und als Folge gerade dieser „Ablenkungsmanöver" im Hetzen von Wild das notwendige Ventil für sein aufgestautes Stresspotenzial sieht. Daher sollte Wert auf ruhige Beschäftigungen und ausreichend Pausen gelegt werden.

Praxis 

Gut geeignet sind Aktivitäten, bei denen der Hund sich auf sich selbst und sein Körpergefühl konzentrieren muss oder bei denen er mental gefordert wird, z. B.:

- Balancegänge über Baumstämme,
- kleine „Dogdance"-Einlagen, also z. B. den Hund im Slalom durch die Beine des Besitzers laufen lassen,
- „Unterordnungsübungen" aus der Distanz – wobei hierbei unbedingt auf den nötigen Spaß auf beiden Seiten zu achten ist,
- Suchspiele – besonders beliebt ist die Suche des Futterbeutels oder verstreuter Futterbrocken,
- Nasenspiele,
- phasenweise einfach mal „relaxtes Nichtstun" an der Leine,
- intensiver positiver Körperkontakt (s. Kap. 9.12.4), „Schmusepausen".

Hunde sind „Nasen"-Tiere: sie können Gerüche sehr viel besser wahrnehmen als der Mensch. Bei den meisten Hunden ist daher die Nasenarbeit sehr beliebt. Eine Möglichkeit ist **Fährtensuche**. Richtig aufgebaut, kann sich fast jeder Hund restlos dafür begeistern. Das Abarbeiten einer Fährte kann eine langdauernde bewegungsaktive

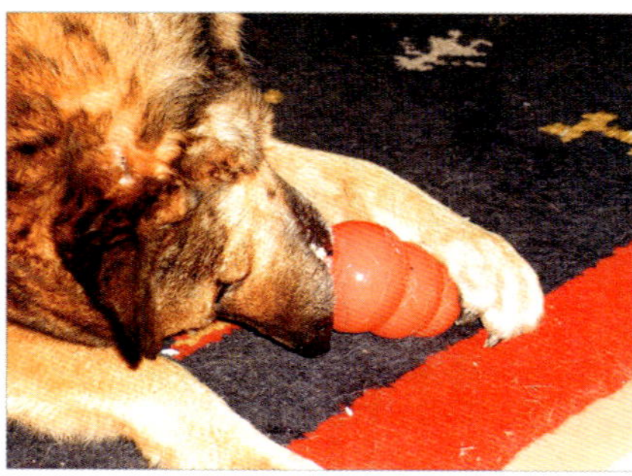

Abb. 9.4 Der Kong.

Abb. 9.5 Höhle als sicherer Ort.

Beschäftigung ersetzen und fordert den Hund zudem mental. Andere Möglichkeiten der Nasenarbeit sind **ZOS** (Ziel-Objekt-Suche) oder **Geruchsidentifizierung**.

Auch zu Hause bieten sich mentale Aktivitäten als Alternative zu aktionsgeladenen Spielen an. Hier stehen wiederum Suchspiele ganz oben, aber auch „intelligentes" Hundespielzeug, Futterball und Kong (▸ Abb. 9.4).

Bei stressempfindlichen Hunden sollte unbedingt auf ausreichende und gründliche **Erholung** und **Entspannung** geachtet werden. Dazu gehört ein als sicher und ruhig empfundener Schlafplatz, der z. B. für Kinder, Zweithund und andere Haustiere absolut tabu ist.

Viele Hunde lieben es, sich in „**Höhlen**" zu verkriechen. Diese bieten ein hohes Maß an Sicherheit und somit dem Hund eine gute Möglichkeit zu entspannen. Als „Höhle" bieten sich Flugboxen (Kennel) oder abgedeckte Zimmerzwinger an (▸ Abb. 9.5). Für besonders nervöse Hunde hat sich eine transportable, klappbare Box bewährt, die an fremden Orten schnell als sicherer Rückzugsort aufgebaut werden kann. Weniger gestresste Hunde begnügen sich entweder mit „ihrer" Decke (notfalls auch der Jacke des Halters) auf dem Schoß des Halters oder unter einem Stuhl oder einer Bank zu liegen. Allerdings sollte das generelle Ziel sein, dem Hund insgesamt so viel Sicherheit zu vermitteln, dass er auf diese Schutzmaßnahmen in der Regel verzichten kann.

Langfristig sollte der Hund daher an möglichst viele verschiedene Situationen gewöhnt werden. Er sollte lernen, mit unbekannten Situationen „unverkrampft" umzugehen.

Prinzipiell stehen einem Tier verschiedene Möglichkeiten offen, auf Neues zu reagieren: Angriff, Flucht, Arrangieren, Erstarren („Four F"), (s. Kap. 8.5.3). Damit sind auch Verhaltensweisen wie Auseinandersetzen mit der Situation, Neugierde, vorsichtige Annäherung etc. erfasst.

Gerade wenn ein Hund leicht in Stress gerät, ist es wichtig, eine Vielzahl an möglichen Verhaltensweisen zu etablieren. Häufig besteht bei diesen Hunden eine mangelhafte Sozialisation, die zusätzlich das **Erlernen alternativer Verhaltensweisen** unterbunden hat. Oft beschränken sich ihre Lösungskonzepte auf Angriff oder Flucht. Durch umsichtiges Training mit entsprechend vielen Erfolgserlebnissen und vorsichtiger sozialer Unterstützung können aber weitere – die eigentlich normalen – Verhaltensweisen erlernt und das oft mangelnde Selbstvertrauen gesteigert (s. Kap. 9.12.1) werden. Der Hund sollte möglichst viele Verhaltensvarianten für verschiedene Situationen zur Verfügung haben. Hierbei kann man dem Hund anfangs gezielt Lernhilfen geben, indem man selbst verschiedene Möglichkeiten anbietet (Laufen, Schnüffeln, Zerrspiele) oder vom Hund ansatzweise gezeigte Varianten (z. B. Beschwichtigung statt Angriff) belohnt oder unterstützt (z. B. Bogenlaufen). Zudem bieten sich hier die altbewährten Techniken der Desensibilisierung an, gegebenenfalls in Verbindung mit einer Gegenkonditionierung.

Trotz allen Trainings gibt es im Alltag jedoch immer wieder **Situationen, die den Hund überfordern**, in denen er in Stress geraten und „dichtmachen" kann. Dies tritt z. B. auf, wenn mehrere für den Hund stressige Situationen kurz hintereinander auftreten.

Praktischer Bezug

Typische Folgesituationen sind etwa: die Begegnung mit dem „Erz"-Feind, gefolgt mit dem Anblick einer Katze, die der Hund gerne verfolgen möchte, dann Vorbeigehen an einer lauten Baustelle. Der nächste Anlass, etwa ein vorbeifahrender Traktor, kann dann als Auslöser für eine überproportionale Reaktion wirken.

9

Der Halter sollte dafür Sorge tragen, dass der Hund möglichst schnell wieder auf das Normalniveau zurückkommt. Zu beachten ist, dass der Hund in diesen Phasen aufgrund des Stresses schnell in alte und gewohnte Verhaltensmuster zurückfällt (s. Kap. 9.12.2). Leider wird manchmal (fälschlicherweise) die Meinung vertreten, der Hund wolle rein aus Dominanzgründen oder Dickköpfigkeit seinen Halter ärgern.

In solchen Fällen sollte der Hund schnellstmöglich aus der stressenden Situation herausgenommen werden. Ist das nicht möglich, hat sich ein antrainiertes Entspannungssignal bewährt (s. Kap. 9.12.3), um zumindest kurzzeitige Krisensituationen zu überstehen. Auch Körperkontakte haben oft den Erfolg, den Hund zu beruhigen (s. Kap. 9.12.4).

Praxis

In Krisensituationen ist eine stabile und vertrauensvolle Beziehung zwischen Hund und Halter von entscheidender Bedeutung. Sie ermöglicht dem Halter, dem gestressten Hund die nötige soziale Unterstützung (Social Support) zu geben (► Abb. 9.6). Besonders in Angstsituationen spielt die Stimmungsübertragung eine wichtige Rolle (s. Kap. 9.12.5).

Abb. 9.6 Social Support bei einer ungewohnten Reise per Boot.

9.12.1 Steigerung des Selbstvertrauens

Ein starkes Selbstvertrauen – also das Vertrauen in die eigenen Fähigkeiten – reduziert das Gefühl, einer Situation hilflos ausgeliefert zu sein. Damit steigt die Stresstoleranz.

Zur Steigerung des Selbstbewusstseins sollte der Hund möglichst viele Erfolgserlebnisse haben. Das Training ist also in entsprechend kleine, lösbare Aufgaben zu unterteilen. Die Schwierigkeit hierbei ist oft, die Aufgaben nicht zu einfach, aber auch nicht zu schwer zu wählen. Einen guten Ansatz bietet hier das Erlernen von Tricks und Befehlen.

Auch das Erarbeiten von Futter (Kong, verpackte Leckerchen, Intelligenzspielzeug etc.) sowie Suchspiele können hierzu eingesetzt werden.

Erlebnistouren, z. B. Bergwanderungen, bei denen Hund und Halter zusammen schwierige Wegstrecken bewältigen, bieten Lernerfolge in vielerlei Hinsicht: Erfolgserlebnisse des Hundes bei schwierigen Wegstrecken (z. B. Klettern, Springen, Gittertreppen und -brücken), neue Reize durch neue Umgebung, Förderung der Bindung durch gemeinsame Aktivitäten.

Kann der Hund hierbei (auch mal) den Weg bestimmen, gibt dies zusätzlich einen positiven Impuls.

Jede schwierige oder gefährlich scheinende Situation, die der Hund alleine oder mithilfe des Halters erfolgreich durchsteht, gibt dem Hund ein kleines Stück mehr Selbstvertrauen.

9.12.2 Verhaltensmuster

Meist wird nach Beginn der Hormonsubstitution sehr schnell eine Verhaltensbesserung erkennbar. Der Hund ist weniger aufbrausend, in Krisensituationen besser ansprechbar bzw. abrufbar etc. Einige „störende" Verhaltensmuster erledigen sich sogar sehr schnell und quasi von alleine und bedürfen keines besonderen Trainings.

Viele Verhaltensmuster, die eventuell über Jahre aufgebaut wurden, verschwinden jedoch nicht von alleine. In den meisten Fällen ist aber mit der Gabe der Schilddrüsenhormone eine wirkliche Erziehung in diesen Situationen möglich. Dennoch sind hier zum Teil sehr viel Geduld und Fingerspitzengefühl erforderlich.

Der Hund hat jahrelang in einer bestimmten Situation mit stereotypem Verhalten reagiert. Jede Situation setzt sich aus unabhängigen, aber eng verknüpften Einzelkomponenten zusammen. Beispielsweise besteht eine bedrohliche Hundebegegnung nicht nur aus dem Anblick des Fremdhundes, sondern auch aus den Rahmenbedingungen: die beiden Hundehalter, Reaktionen der Halter, Druck des Halsbands etc.

Je mehr von diesen Umgebungsbedingungen anfangs geändert werden können, desto größer sind die Chancen, dass der Hund die Situation als eine grundsätzlich andere empfindet und nicht sofort mit den alten Verhaltensmustern reagiert. Manchmal bietet bereits der Austausch des Halsbands durch ein Geschirr eine Möglichkeit, erste Erziehungserfolge zu erreichen und dann auszubauen.

Sind keine großen Variationen in den üblichen Rahmenbedingungen möglich, besteht noch die Möglichkeit, zunächst an fremden Orten zu üben. Dadurch hat man mindestens 2 neue Komponenten, die vom Gewohnten abweichen: neue Umgebung und vermutlich andere Hunde, die nicht schon als „Feinde" eingestuft sind. Die dabei erreichten Erfolge kann man dann langsam auf die gewohnte Umgebung übertragen.

Ebenso wie beim Training zur Steigerung des Selbstvertrauens ist es auch in diesem Zusammenhang wichtig, den Hund nicht zu überfordern.

Wichtig ist es, zu berücksichtigen, dass in bestimmten Situationen, z. B. wenn der Hund ohnehin stark gestresst ist oder die Hormondosierung zu niedrig ist, sehr schnell wieder ein Rückfall in alte Verhaltensmuster stattfinden kann. Diese Verhaltensmuster sind im Gehirn quasi wie gut ausgebaute Autobahnen angelegt und werden in bestimmten Situationen einfach „reflexartig" abgespult. Letzteres hat dann nichts mit mangelnder Erziehung, Dominanz oder Bösartigkeit des Hundes zu tun, sondern zeigt lediglich, dass in einer Situation zu viel vom Hund verlangt wurde.

Es kann sehr hilfreich sein, kritische Situationen in Gedanken durchzuspielen. Damit verbessert man die Chance, in solchen Momenten selbst ruhig zu bleiben und richtig zu reagieren. Auch das Führen eines Trainingstagebuchs hat sich bewährt, um sich die jeweiligen Trainingserfolge vor Augen führen zu können oder um Schwachstellen und Muster zu erkennen.

9.12.3 Erlerntes Entspannungssignal

Mithilfe eines erlernten Entspannungssignals soll der Hund sich im Idealfall in stressigen Situationen „auf Kommando" entspannen.

Beispiel B

Entspannungssignal
Sie sitzen im Urlaub am Strand, bewundern Meer und Sonnenuntergang und sind völlig entspannt. Nach dem Urlaub haben sie im Büro viele Anfragen, liegengebliebene Arbeiten etc. Sie geraten in Stress, lehnen sich zurück und verinnerlichen sich kurz die Situation am Strand. Trotz des Stresses fühlen sie sich gut und tanken wieder Energie auf.

Ähnlich funktioniert ein antrainiertes Entspannungssignal beim Hund: Um das Signal aufzubauen, nutzt man Momente, in denen der Hund völlig entspannt und rundum zufrieden ist (► Abb. 9.7), z. B. die abendliche Kuschelrunde auf/vor der Couch oder eine Kuschelpause beim Spaziergang. Ist der Hund vollkommen entspannt, wird diese Situation mit einem Signal verknüpft: „ruuuuhig", „Oooommm" – einem Signal, welches ansonsten nicht verwendet wird, bevorzugt dunkle Vokale enthält und in einer ruhigen Tonlage gesprochen wird.

Ist dieses Geräusch ausreichend mit dem entspannten Moment verknüpft, also häufig genug nur in völlig entspannten Situationen verwendet worden, bewirkt das Entspannungssignal auch in hektischen Situationen eine Entspannung. Diese kurzzeitige

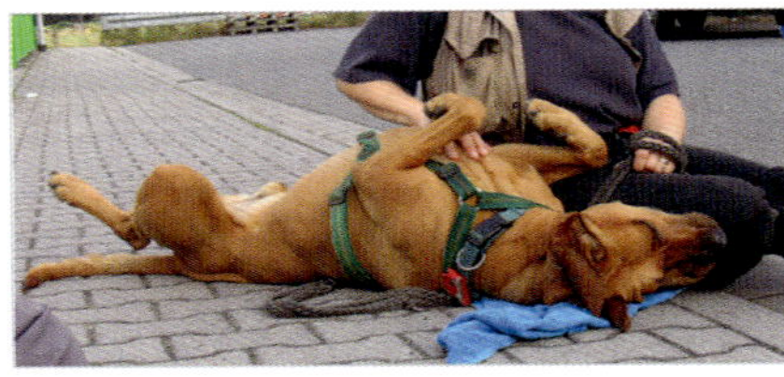

Abb. 9.7 Eine gute Gelegenheit zum Signalaufbau. (Quelle: Claudia Münning, Riedstadt.)

Entspannung kann man dann benutzen, um den Hund aus der Stresssituation herauszuführen.

Ein antrainiertes Entspannungssignal kann man auch mit Düften aufbauen. Diese sind jedoch schwerer im Alltag zu handhaben. Zudem ist zu berücksichtigen, dass Hunde Gerüche besser wahrnehmen als Menschen. Andererseits wählen Hunde auch selbst die Beruhigung durch Gerüche, z. B. wenn sie sich bei Abwesenheit des Halters in eines von dessen Kleidungsstücken einrollen.

9.12.4 Gezielte Körperkontakte

Körperkontakte sind bei sozial lebenden Wesen wie dem Hund von enormer Bedeutung. Häufig erreicht man den erregten Hund noch mittels taktiler Reize, wenn bereits alle anderen Sinne stark eingeschränkt sind. Allerdings müssen die Körperkontakte unbedingt auf den Hund abgestimmt sein. Nicht jeder Hund akzeptiert z. B. Kontakt im Kopfbereich, wenn er gerade einen anderen Hund fixiert. Bei anderen Hunden kann genau diese Berührung am Kopf ausschlaggebend sein, um dem Hund die entscheidende Unterstützung zu geben.

Richtig eingesetzt, können Körperkontakte in Form von einfachen Streicheleinheiten oder gekonnten Massagen gut genutzt werden, um den Hund zu beruhigen, zu unterstützen und ihm ein gewisses Körpergefühl zu vermitteln. Durch ein besseres Körpergefühl kann ein höheres Selbstwertgefühl entstehen. Dies wiederum kann helfen, psychische Auffälligkeiten und Verhaltensprobleme zu reduzieren. Auch werden bei positiv empfundenem Körperkontakt euphorisierende Opioide freigesetzt.

Körperhaltung und Selbstgefühl beeinflussen einander gegenseitig (Beispiel beim Menschen: ein zunächst erzwungenes Lächeln, welches sich verselbstständigt). Bewährt haben sich langsame, ruhige Streichelbewegungen über den gesamten Rückenbereich, also quasi das Wegstreichen der aufgestellten Kammhaare. Ebenso wirkungsvoll sind sanfte Massagen an den Ohren oder das Ausstreichen über die Beine. Manche Hunde scheinen auch schon durch die Verwendung eines Geschirrs anstatt eines Halsbands eine gewisse Sicherheit zu erlangen.

Eine gute Möglichkeit, gezielt mit Berührungen zu arbeiten, bietet die **Telligton-Touch-Methode**.

Eine ähnliche Möglichkeit ist die Verwendung des **Thundershirts**. Hierbei handelt es sich um einen eng anliegenden Mantel. Je nach Interpretation werden durch diesen Mantel Akupressurpunkte aktiviert oder das Körpergefühl gestärkt.

In einer Untersuchung basierend auf Einstufungen der Halter zur Verwendung des Thundershirts, wurde ein positiver Effekt bei Gewitterangst festgestellt (s. auch Kap. 6.2.3). Eine andere Untersuchung verglich Stresssymptome (Herzfrequenz, Züngeln, Gähnen etc.) und stellte fest, dass die Hunde mit Thundershirt weniger Stresssymptome zeigten. Eine ähnliche Wirkung zeigen Körperbänder (TelligtonTouch-Methode).

Hintergrundwissen 

Auch bei Menschen wird die Stärkung des Körpergefühls z. T. als wesentlicher Bestandteil einer Therapie einbezogen. So leiden Menschen mit Magersucht oft an Störungen der Körperwahrnehmung. Diese kann durch verschiedene Körperwahrnehmungsübungen gestärkt werden. Hierzu kann u. a. auch das Tragen eines engen Taucheranzuges zählen.

9.12.5 Angst und Stimmungsübertragung

Die Bindung und Orientierung zum Menschen (Halter) hin hilft dem Hund, unsichere Situationen zu bewältigen. In Momenten, in denen der Hund ängstlich reagiert, sollte man dem Hund durch Berührung oder neutrale bis freundliche Ansprache Beistand gewähren. Allerdings ist ein bedauerndes, bemitleidendes Ansprechen fehl am Platz. Sucht der Hund aktiv Schutz, sollte dieser gewährt werden. Das häufig empfohlene komplette Ignorieren des hilfesuchenden Hundes hilft dem Hund in dieser Situation nicht, sondern kann sogar zu einem Vertrauensverlust führen. Dem Hund sollte beim Halter ein sicherer Zufluchtsort und Beistand gewährt werden, ohne ihn aber in seiner Angst zu bestärken.

Von Bedeutung ist die Stimmungsübertragung vom Halter zum Hund. Häufig geschieht diese in für den Hund angstauslösenden Situationen, die der Mensch vor dem Hund wahrnimmt (z. B. entgegenkommender Fremdhund). Typische Reaktion des Menschen ist dann häufig, sich bezüglich der voraussehbaren Reaktion des Hundes zu wappnen und die Situation entsprechend emotional negativ zu bewerten. Dies nimmt der Hund wahr und fühlt sich in seiner Bewertung der Situation bestärkt.

Das ist besonders bei Haltern von Hunden mit Schilddrüsenunterfunktion zu erleben, da solche Hunde unbehandelt häufig ein hohes Erregungs- und Angstpotenzial haben, welches sich oft als Aggression darstellt. Häufig werden diese Reaktionen vom Halter und somit auch vom Hund quasi mit in die Zeit nach Beginn der Behandlung hinübergetragen.

Stimmungsübertragung kann sich aber auch positiv auf die Reaktion des Hundes auswirken. Wenn der Halter gerade in „kritischen" Situationen ruhig und gelassen bleibt und sich vom ängstlich/aggressiv reagierenden Hund nicht anstecken lässt, kann sich diese Gelassenheit auf den Hund übertragen.

Eine Möglichkeit, den Hund von angstbesetzten Situationen abzulenken, ist das Ausführen lassen von gut beherrschten Kommandos. Dies kann dem Hund Sicherheit vermitteln. Besonders wertvoll sind in diesem Zusammenhang „Kunststücke", die rein positiv aufgebaut wurden (z. B. durch Clickertraining, s. Kap. 9.12.6) und den Hund beim Ausführen an diese emotional positiv besetzten Übungseinheiten erinnern.

9.12.6 Shaping, Clickertraining

Beim Clickertraining wird mit Hilfe eines konditionierten Signals mit einem Clicker (Knackfrosch) (sekundärer Verstärker) dem Hund signalisiert, dass das was er gerade macht, belohnt werden wird. Die Belohnung sollte in der Regel zeitnah erfolgen. Die Vorteile vom Clicker gegenüber einer verbalen Bestätigung sind:

- die mögliche zeitexakte Bewertung eines Verhaltens durch ein kurzes schnelles Signal: der (Muskel- und somit) Zeitaufwand für den Halter ist bei Betätigung des Clickers kürzer als bei einer verbalen oder körpersprachlichen Bestätigung (was allerdings auch zu falsch gesetzten Clicks führt),
- durch den Hund werden bestimmte Signale, u. a. bestimmte Geräusche (kurze, scharfe Geräusche, Warnsignale, Aufmerksamkeit erzeugende Signale) schneller verarbeitet,
- das Clickergeräusch ist relativ einzigartig, also in Alltagssituationen kaum verwechselbar,
- das Clickergeräusch ist emotionslos, z. B. wird Ungeduld des Halters nicht transportiert (allerdings werden auch besonders positive Emotionen des Halters nicht transportiert),
- der Hundehalter hält die Leckerchen nicht in der Hand, diese lenken den Hund also nicht ab,
- der Click überbrückt die Zeit zwischen dem gezeigten erwünschten Verhalten und der Futtergabe.

Im Gegensatz zu alarmierenden Warn- und Schreckgeräuschen wird der Clicker, sofern richtig und fortlaufend konditioniert, als Sicherheitssignal interpretiert. Wie bereits erläutert (s. Kap. Stressachsen), spielt die Amygdala eine wesentliche Rolle bei der Entstehung von Angst und Furcht. Die Reaktionen der Amygdala können durch ein Gefühl der Geborgenheit und Sicherheit zugunsten der Hirnbereiche, die für Lernen, Belohnung und euphorische Gefühle zuständig sind (Hippocampus), gedämpft werden (s. auch Kap. 9.12: Praxisbox). Ebenso wie ein erlerntes Entspannungssignal (s. Kap. 9.12.3) oder Körperkontakt (s. Kap. 9.12.4) kann der Clicker als erlerntes Sicherheitssignal wirken. Pietralla [44] verweist jedoch darauf, dass zur Erhaltung dieses positiven Effektes immer wieder eine Auffrischung, also Clickertraining in ruhiger entspannter Atmosphäre, notwendig ist und der Clicker keineswegs nur beim Trouble-Shooting (Training bez. Problemverhalten) eingesetzt werden darf.

Typischerweise werden beim Clickertraining Verhaltensweisen in kleinen Schritten trainiert (Shaping). Seitens des Hundes ist also Eigeninitiative und wechselndes Verhalten erforderlich, damit er sich die Lösung selbstständig erarbeiten kann. Durch viele kleine Erfolgserlebnisse und die selbstständige Erarbeitung einer Lösung, kann das Selbstvertrauen des Hundes gesteigert werden.

Eine Clickertrainingseinheit beginnt im Idealfall immer mit einem Startsignal und endet mit einem Endsignal. Das Startsignal gibt dem Hund die Ankündigung, dass er nun mit Verhaltensweisen, z. B. rund um ein Objekt, experimentieren soll und darf. So kann man dem Hund in kleinen Schritten, geführt durch den Clicker, etwa Kunststücke oder die Vorgehensweise bei mentalen Spielzeugen beibringen. Aber auch in Alltagssituationen kann man den Clicker einsetzen, z. B. bei Annäherung an einen anderen Hund.

Ein weiterer Vorteil des Clickertrainings (bzw. allgemein des Trainings durch Shaping) ist, dass der Hundehalter auf die Aktionen und Reaktionen des Hundes achten muss und somit auch für die (unbewusste) Beobachtung der Körpersprache des Hundes sensibilisiert wird.

In Studien wurde gezeigt, dass bei Verwendung eines richtig aufgebauten Clickers (wie bei allen richtig etablierten sekundären Verstärkern) Dopamin im Gehirn freigesetzt wird. Durch die Dopaminausschüttung wird zum einen der Click, der als Vorhersagesignal für die Belohnung dient, besonders betont, zum anderen erleichtert das Dopamin Lernvorgänge. Das macht man sich beim Shaping zunutze: ein unerwarteter Click, aufgrund eines „zufällig" richtigen Verhaltensansatzes, setzt Dopamin frei (positive Alarmfunktion von „Vorhersagefehlern").

Allerdings kann auch bei einem schlecht sitzendem oder hoch am Hals ansitzendem Geschirr Druck auf die Schilddrüse entstehen.

Ein Shaping ist auch mittels Markerwort oder nur mit Leckerchen möglich. In einer standardisierten Untersuchung zeigte sich kein signifikanter Unterschied zwischen den verschiedenen Trainingsmethoden. Allerdings ist hierzu eine sehr gute Selbstkontrolle des Trainers Voraussetzung.

Typischerweise wird das Shaping jedoch mit Clickertraining assoziiert und daher hier in diesem Zusammenhang vorgestellt.

9.13 Halsband oder Geschirr?

Die Frage, ob Halsband oder Geschirr besser ist, ist bei gesunden Hunden heftig umstritten. Es gibt für beide Varianten, je nach Sichtweise, Pro- und Kontra-Aspekte. Bei Hunden mit einer Schilddrüsenunterfunktion sollte sich diese Diskussion jedoch erübrigen: Wie in Kap. Schilddrüsenentzündung (inkl. Subklinische Schilddrüsenunterfunktion) beschrieben, können bei der Verwendung von Halsbändern durch Leinenruck Verletzungen im Bereich der Schilddrüse entstehen, die zu einer Schilddrüsenentzündung (inkl. Subklinische Schilddrüsenunterfunktion) führen können. Hierbei ist es unerheblich, ob dieser Leinenruck vom Halter oder vom Hund erzeugt wurde. Doch auch unabhängig von einer akuten Verletzung drückt das Halsband auf die bereits geschädigte Schilddrüse.

Ferner können durch Druck auf die Halsvenen des Hundes Stauungshyperämien auftreten, die wiederum Herzfehler verursachen können. Zu nennen sind hier vor allem akute Kreislaufstörungen und Veränderungen der Gefäßdurchlässigkeit in der Schilddrüse.

Praxis 

Daher gilt besonders für Hunde mit Schilddrüsenunterfunktion: **Nie ein Halsband verwenden, sondern immer ein Geschirr!** Dies ist besonders bei sehr spontanen Hunden relevant, bei denen ein (selbstzugefügter) Leinenruck nie ausgeschlossen werden kann.

Es ist auf einen guten Sitz des Geschirrs zu achten. Sollte doch ein Halsband verwendet werden, ist ein möglichst breites zu bevorzugen

9.14 Sonstiges

Schilddrüsenhormone spielen eine wichtige Rolle bei der **Thermoregulation**. So ist der Schilddrüsenhormonspiegel im Winter höher als im Sommer. Daraus ergibt sich, dass es bei großer Kälte oder nach einer Schur notwendig sein kann, die normalerweise erhöhte Schilddrüsenaktivität durch (zeitweise) erhöhte Tablettendosen auszugleichen.

Bei vielen Hunden mit Schilddrüsenunterfunktion ist eine starke Kälteempfindlichkeit bzw. Vorliebe für Wärme feststellbar. So werden Kuscheldecken und der Platz vor der Heizung oder in der Sonne bevorzugt aufgesucht (► Abb. 9.8).

Die Schilddrüsenunterfunktion kann – dauernd oder zeitweise – Auswirkungen auf den **Geruchssinn** haben. Dies ist bei Fährtenarbeit und insbesondere bei Rettungshunden im Einsatz zu berücksichtigen.

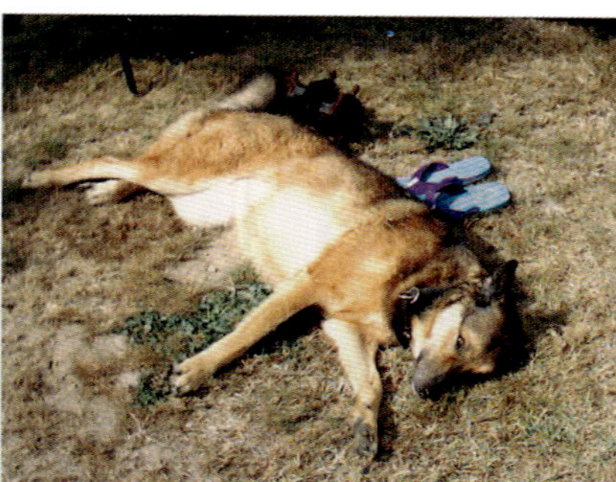

Abb. 9.8 Sonnenbad.

10 Erfahrungsberichte

Zusammenfassung

Die folgenden Fallberichte sind (sofern nicht anders angegeben) Originaltexte einiger Hundehalter. Die Fallberichte stellen nur eine kleine Auswahl dar und zeigen die häufigen Probleme betroffener Hundehalter auf:

- unerklärliches, trainingsresistentes Verhalten und damit einhergehende Akzeptanzprobleme in der Hundeschule, bei anderen Hundehaltern und bei Dritten,
- Schwierigkeiten, einen Arzt zu finden, der eine Diagnose stellen kann.

Aber auch die teilweise gravierenden Verhaltensbesserungen werden deutlich.
Jedoch ist nicht jeder „durchgedrehte" Hund, auch ein schilddrüsenkranker Hund.
Bei einigen Hunden kann auch nach Jahren der Substitution und des Trainings, eine Fehldiagnose vermutet werden und die Substitution (problemlos) ausgeschlichen werden.
Vielen Dank an alle Co-Autoren!

Anmerkung zu den Referenzwerten

Die Referenzbereiche wurden im Laufe der Zeit immer wieder durch die Labore angepasst. Die geänderten Referenzbereiche wurden in den Wertetabellen der Übersichtlichkeit wegen nicht angepasst und gelten daher oft nur für die erste Untersuchung. Für die weiteren Untersuchungen können sie daher nur als Orientierungswerte dienen.

10.1 Sina, die Wilde

Beate Zimmermann

Abb. 10.1 Sina, die Wilde.

10

Über Sinas (▶ Abb. 10.1) Vorgeschichte ist wenig bekannt. Sie war ein Westerwälder-Kuhhund-Mix (Altdeutscher Hütehund-Mix), deren ursprüngliche Besitzer mit ihr hoffnungslos überfordert waren. Sie landete daher im Zwinger, in dem sie rund 8 Monate ihrer Junghundezeit verbrachte und wenig Gelegenheit zum Erkunden der Welt hatte. Dann gelang ihr die Flucht. Nachdem sie dabei eine Pferdeherde zusammengetrieben hatte, landete sie im Tierheim. Dort lebte sie die nächsten 4 Monate. Im Tierheim galt sie als schwer erziehbar, ungestüm und somit als Problemhund. Eine nennenswerte Erziehung oder den Aufbau einer Bindung zu Menschen hatte sie bis dahin nicht erlebt.

Als ich Sina im Jahr 1999 als einjährigen Hund aus dem Tierheim zu mir holte, wurde schnell klar, dass sie ein außergewöhnlicher Hund war. Nicht nur ihre hohe Intelligenz fiel auf, sondern auch ihre extrem große Spontaneität, Unberechenbarkeit und ihr „Koste es, was es wolle"-Prinzip.

Für gewöhnlich sah unser Spaziergang so aus, dass Sina heftig ziehend in der Leine hing, chaotisch von links nach rechts pendelnd alles Mögliche untersuchte und immer wieder völlig vergaß, dass sie an der Leine war. Manchmal rannte sie so in die Leine, dass sie mich einfach umriss. Leinen und Halsbänder hielten in der Regel nur wenige Wochen. Sina zog Scherben scheinbar magisch an, sie hatte meistens irgendeinen Fuß genäht oder geklammert und verbunden. Außerdem hatte sie chronisch entzündete Augen, was der Tierarzt auf zu wenig Tränenflüssigkeit zurückführte, sodass regelmäßig künstliche Tränenflüssigkeit von mir getropft werden musste. Ebenso waren Ohrenentzündungen, Erkältungen und Magen-Darm-Probleme an der Tagesordnung. Jegliche Versuche, sie an unsere Katzen zu gewöhnen, scheiterten. Beim Anblick der Katzen drehte sie sofort und völlig durch.

Auf der Suche nach Abhilfe suchte ich etliche Trainer auf – erfolglos. Da Sina gegenüber verschiedenen Hunden aggressiv war, wurden wir letztendlich des Hundeplatzes verwiesen. 2-mal hatte sie beim Spazierengehen unerklärliche Krämpfe. Diese dauerten ca. 5 Minuten, beschränkten sich auf die hintere Körperregion und irritierten Sina ganz offensichtlich. Sofort danach benahm sie sich wieder unauffällig.

Erst nach fast 2 Jahren (2001) gelang uns durch eine Verhaltenstherapeutin ein Durchbruch: Bei Sina wurde eine Subklinische Schilddrüsenunterfunktion festgestellt. Ihre Schilddrüsenwerte waren niedrig, aber noch innerhalb des Referenzbereichs.

Die Therapie begann und mit Sinas Verhalten ging es steil bergauf. Sina lernte gesittet an der Leine zu laufen und verhielt sich auch ansonsten im Wesentlichen wie ein „normaler" Hund. Sogar auf den Hundeplatz konnten wir uns wieder wagen. Dennoch gab es immer wieder Rückschläge: unmotivierte Aggressionen gegenüber bestimmten Hunden, Magen-Darm-Probleme. Allerdings nichts im Vergleich zu der Anfangssituation. Die Dosis lag bei 500 µg bei rund 24 kg Körpergewicht (ca. 21 µg/kg).

Nach circa einem Jahr Behandlung wollte ich Sina auf ein anderes Futter umstellen. Sehr schnell machten sich gravierende Veränderungen bemerkbar. Sinas Verhalten wurde schlimmer als zu ihrer schlimmsten Zeit. Sina, die bisher beim Gassigehen fast nur im Freilauf unterwegs gewesen war, musste an die Schleppleine. Sie fing an, alles Mögliche und Unmögliche in weiter Entfernung zu fixieren und zu jagen – meist völlig unsinnige Dinge wie Grasbüschel oder Ähnliches. Sie hatte Schaum vor dem Maul, lief mit dauerangelegten Ohren herum, fürchtete sich plötzlich vor Gewitter, wurde wieder sehr aggressiv gegen andere Hunde. Auch riss sie mich wieder mehrfach mit der Leine um.

Die Lösung fand sich durch Zufall. Der Jodgehalt des neuen Futters war nur halb so hoch wie der des alten Futters. Obwohl daraufhin das Futter wieder umgestellt wurde – nach rund einem Monat Testphase – änderte sich Sinas Verhalten zwar etwas, aber nicht wesentlich. Sie reagierte sehr sensibel auf die Tablettengabe bzw. darauf, wenn diese mal vergessen wurde. Eine Aufteilung der Tablettendosis auf 3-mal am Tag brachte etwas Besserung, dennoch wurde Sina nicht mehr der Hund, der sie vor der versuchten Futterumstellung gewesen war. Auch eine Variierung der Dosishöhe brachte keine positiven Veränderungen. Die T4-Blutwerte waren bei der Dosis von 600 µg relativ hoch, daher erfolgte eine Reduzierung auf 550 µg.

Sina bekam immer helleren Kot, speichelte nach wie vor bei Spaziergängen, auf ihrem Rücken bildete sich über dem Rückgrat ein Wuschelpelz aus, das Fell um die Schnauze wurde zunehmend grauer. Sie schlurfte sehr viel und bekam eine Kiefergelenksentzündung. Auf Spaziergängen war sie stark erregt, selbst bei eigentlich ereignislosen Routinegängen. Ihre ansonsten geliebten abendlichen Kauartikel verschmähte sie – auch unabhängig von der Kiefergelenksentzündung.

Nach rund 2½ (2005) Jahren wurde ein komplettes Schilddrüsenprofil erstellt. Dabei stellte sich heraus, dass der T4-Wert nach wie vor sehr hoch war, der T3-Wert hingegen deutlich zu niedrig. Seitdem bekam Sina sowohl T4 als auch T3. Die T4-Dosis konnte wieder auf 500 µg reduziert werden, die optimale T3-Dosis pendelte sich bei 60 µg ein.

Der Erfolg war schnell sichtbar: Kein Speicheln mehr, die Ohren wurden wieder stehend getragen, der Kot normalisierte sich. Die Erregung bei Spaziergängen hielt sich in normalen Grenzen. Die Gewitterangst verschwand genauso schnell, wie sie gekommen war, ebenso das Jagen von „Grasbüscheln". Lediglich an der Aggression gegenüber anderen Hunden mussten wir intensiv arbeiten, da hierbei inzwischen auch ein Großteil erlerntes Verhalten enthalten war. Insgesamt stabilisierte sich ihr Verhalten jedoch.

Ab August 2009 entwickelte sich bei Sina eine ausgeprägte, evtl. autoimmunbedingte Keratoconjunctivitis sicca (mangelnde Tränenflüssigkeit, trockenes Auge). Ungefähr ab dieser Zeit hatte Sina 2 „Anfälle", bei denen sie auf den Spaziergängen kurze Zeit Kopf pendeln und Desorientierung zeigte.

Im Mai 2011 musste unter Vollnarkose eine gebrochene Kralle gezogen werden. Bei der Voruntersuchung zur Narkose wurden ungewöhnliche Herzgeräusche festgestellt. Die nachgehende Untersuchung zeigte im Röntgenbild eine Formveränderung des Herzens. Daraus ergab sich die Diagnose, dass Sina unter einer geringgradigen DCM und Herzinsuffizienz leidet. Der zuvor festgestellte, von mir auf das Alter geschobene Leistungsabfall verschwand weitgehend nach entsprechender Herzmedikation.

Aufgrund von wieder auftretenden „typischen" Verhaltensänderungen (2011) versuchte ich, die T4-Dosis zu erhöhen. Dies zeigte jedoch keine Wirkung. Nach Rücksprache mit einer Ärztin des GTVMT wurde die T3-Dosis erhöht. Mit der eingestellten Dosis trat auch eine deutliche Besserung hinsichtlich der trockenen Augen auf.

Aufgrund von zunehmenden Gelenkbeschwerden erhielt Sina seit Oktober 2011 täglich Rimadyl. Daraufhin verschlechterte sich wieder die Symptomatik der trockenen Augen. Ein spezielles Augenmedikament führte zu extremen Schmerzen und musste sofort abgesetzt werden. Dennoch verschlechterte sich die Sehkraft fast schlagartig nachhaltig, bis fast zur Blindheit. Eine weitere T3-Erhöhung erbrachte keine wirkliche Steigerung der Tränenflüssigkeit mehr.

Sina musste am 14.01.2013 aufgrund eines Tumors im Bereich der Luftröhre im Alter von 14 Jahren eingeschläfert werden.

Auszug aus Sinas Werten im Überblick (▸ Tab. 10.1).

Tab. 10.1 Sinas Werte.

	T4 (µg/dl)	fT4 (ng/dl)	T3 (µg/l)	fT3 (ng/l)	TSH (ng/ml)	Bemerkung
Referenzbereich	1,5–4,5	0,6–3,7	0,7–1,5	2,8–9,8	< 0,5	–
Mittelwerte	3	2,15	1,1	6,3		–
19.05.01	2,82	0,70	0,51	–	0,05	vor T4-Substitution
01.07.05	4,7	2,00	0,65	3,00	< 0,03	bei T4-Substitution, dann Beginn der T3-Substitution
23.06.07	3,6	–	1,09	–	–	bei T4- und T3-Substitution
20.07.11	3,2	1,7	1,31	5,5	–	danach T3-Erhöhung
08.11.12	2,7	2,2	1,18	5,0	–	–

10.2 Jack, die „Ängstliche"

Cornelia Harms

Abb. 10.2 Jack, die „Ängstliche". (Quelle: Cornelia Harms, Hattersheim.)

Jack (▸ Abb. 10.2), weiblich (Mix aus Altdeutscher Hütehund und Border Collie) zog im August 2002 bei uns ein, im zarten Alter von 8 Wochen. Sie ging von Anfang an in die Hundeschule und absolvierte Welpenstunden und Junghundekurse. Sie war immer zum Kaspern aufgelegt und hatte selten Langeweile, wie junge Hütehunde so sind. Ihre Entwicklung war eher unauffällig. Die erste Läufigkeit setzte mit 9 Monaten ein, danach pendelte sie sich auf einen 6-Monats-Zyklus ein. Wie bei vielen Hündinnen war auch Jack nach der ersten Läufigkeit im Verhalten ein wenig gedämpfter, irgendwie erwachsener.

Man sah ganz deutlich, dass sie im Verlauf des Zyklus Phasen hatte, in denen offenbar eine Mücke reichte, um sie aus der Fassung zu bringen; aber das ging immer wieder vorbei. Ihre Launen gegenüber anderen Hunden wurden unberechenbarer: mal zuckersüß, mal Furie. In dieser Phase (Anfang 2004) zog unser Rüde aus dem Tierschutz bei uns ein. Nach Rücksprache mit unserem Tierarzt entschlossen wir uns, die anstehende Läufigkeit medikamentös zu unterdrücken und ließen sie 3 Monate später kastrieren. Wir hofften damit, die Up's and Down's der Hormone zu umgehen und wieder einen emotional stabilen Hund zu erhalten.

Das ging leider nach hinten los, die latente Unberechenbarkeit verlagerte sich auf eine permanente Unberechenbarkeit. Es konnte passieren, dass sie sich ohne Anlass auf einen vorbeigehenden Hund stürzte, einen Auslöser brauchte sie nicht. Gleichzeitig veränderte sich ihr Verhalten zuhause ganz offensichtlich. Sie zog sich zunehmend zurück. Sie begab sich, sobald sie im Haus war, ins Obergeschoss und zeigte kein Interesse an irgendetwas. Sie machte einen eher depressiven Eindruck auf uns und lehnte jegliches Angebot zum Spaziergang mit Familienmitgliedern ab. Sie wand sich auch auf offener Straße aus dem Geschirr, wenn Sie z. B. mit meinem Sohn Gassi sollte, und lief zurück nach Hause.

Wir führten diese Verhaltensänderungen auf den Einzug unseres Zweithundes zurück und zweifelten an unserer Entscheidung, den Rüden aufgenommen zu haben. Diese Veränderungen gingen schleichend über einen Zeitraum von einigen Monaten vor. Im August 2004 passierte etwas, das mich tief erschütterte, der Höhepunkt stand uns jedoch noch bevor: Ich ging mit Jack in einen Blumenladen, sie kannte diesen Laden von klein auf und hatte ihn schon unzählige Male besucht. Völlig unvermittelt und ohne erkennbaren Auslöser stand Jack im Geschäft und hatte eine Panikattacke. Der Hund zitterte am gesamten Körper, der Schwanz war unter dem Bauch und die Schwanzspitze am Kinn. Sie zog mit all ihrer Kraft zum Ausgang, nicht mehr fähig, ihre Umwelt nur im Ansatz wahrzunehmen. Nachdem Sie wieder im Auto saß, war alles anscheinend wieder ok.

Diese Panikattacken wiederholten sich am Wochenende darauf. Ich hatte ein Clickerseminar gebucht und war mit Jack voller Tatendrang aufgebrochen. Die Panikattacken wiederholten sich, an Arbeiten war nicht zu denken. Die sonst so heiß geliebte Clickerarbeit war nicht machbar. Das Einzige, was Jack wollte, war flüchten, egal um welchen Preis. Die Trainer und Teilnehmer waren voll des Mitgefühls, jeder sah wie es der Hundemaus ging. Sie war ein Bild des Elends!

Da wir aufgrund unserer bisherigen Arbeit einen grundsätzlichen Fehler bei der Sozialisation und Habituation ausschließen konnten, war der Fokus klar auf eine organische Ursache für das Verhalten gerichtet. Es wurden wilde Theorien über Borreliose und deren Auswirkungen aufgestellt und die Empfehlung ausgesprochen, einen Test auf verschiedene Borreliose-Erreger zu machen. Der Test auf Borreliose war negativ.

Wir, Hund wie Mensch, litten zunehmend unter der Situation. Wir trauten uns kaum noch unter andere Hunde. Menschen gegenüber war sie nur zurückhaltend, hat aber nie einen Menschen „angezickt". In der Hundeschule, die wir nach wie vor besuchten, standen uns die Trainer in dieser Phase mit Rat und Tat zur Seite und hier wurde mir die Empfehlung gegeben, die Schilddrüsenwerte zu untersuchen. Also zogen wir los und ließen die Schilddrüsenwerte im Blut untersuchen. Schon bei unserem Besuch in der Tierarztpraxis war klar, dass die Tierärztin von meiner Theorie der Schilddrüse nichts hielt. Als die Ergebnisse der Untersuchung vorlagen, wurde ich mit der Aussage: „Die Werte liegen noch im Toleranzbereich, ich habe ihnen gleich gesagt die Schilddrüse ist ok." entlassen.

In der Hundeschule haben wir natürlich darüber gesprochen und wurden ermutigt mit dem Blutbild nochmals zu einer entsprechend spezialisierten verhaltenstherapeutisch geschulten Tierärztin zu gehen. Hier wurde kurzfristig ein Termin vereinbart. Zwischenzeitlich waren auch äußerliche Auswirkungen am Hund zu erkennen. Jacks Augen waren irgendwie ohne Glanz und wirkten teilnahmslos oder gehetzt. Jacks Fell war stumpf und die Struktur des Fells hatte sich völlig verändert. Die Haare waren kraus und standen vom Körper ab, sie sah ein bisschen aus wie explodiert. Das Gewicht veränderte sich auch. Jack hatte innerhalb von 9 Monaten 1,5 kg zugenommen.

Also zogen wir, Jack und ich, los zu unserem Tierarzttermin. Ich schilderte möglichst detailliert, was wir in Sachen Erziehung (Hundeschule) unternommen hatten, welche Verhaltensänderungen uns aufgefallen waren – all diese Dinge, die ich hier schon versucht habe, aufs Papier zu bringen. Nach einem langen Gespräch war klar, dass die Schilddrüsenwerte im unteren Toleranzbereich nicht ok waren für einen Hütehund wie Jack und ich bekam die Empfehlung Jack auf Thyroxin einzustellen. Die Substitution mit Thyroxin (▸ Tab. 10.2) brachte ziemlich schnell eine Besserung im Verhalten. Bis dieses sich gefestigt hatte und wir die ideale Dosis gefunden hatten, vergingen nochmals einige Monate, aber es hat sich gelohnt!

Heute, 3 Jahre später, kann ich sagen, es war die richtige Entscheidung. Jack erhält heute eine Dosis von 700 µg/Tag, aufgeteilt auf 2 Tagesdosen. Sie hat ihre Lebensfreude zurück. Fremde Hunde sind ihr egal und bekannte Hunde sind kein Problem mehr. Jack kann ihr Hundeleben wieder ohne Einschränkungen genießen und die alltäglichen Stresssituationen locker meistern. Das Fell hat lange gebraucht, bis es wieder „normal" war, aber auch hier hat sich fast der Normalzustand wieder hergestellt. Das Gewicht ist heute stabil.

Auszug aus Jacks Werten im Überblick (► Tab. 10.2).

Tab. 10.2 Jacks Werte.

	T4 (µg/dl)	fT4 (ng/dl)	T3 (µg/l)	fT3 (ng/l)	TSH (ng/ml)	Bemerkung
Referenzbereich	1,5–4,5	0,6–3,7	0,7–1,5	2,8–9,8	< 0,5	–
Mittelwerte	3	2,15	1,1	6,3		
Sept. 04	1,2	0,7	–	–	0,06	vor T4-Substitution
Jan. 05	2,1	1,0	–	–	0,06	bei T4-Substitution
März 06	3,2	1,4	–	–	0,03	bei T4-Substitution

10.3 Chaka, der typische Schilddrüsenhund

Cornelia Harms

Abb. 10.3 Chaka, der typische Schilddrüsenhund. (Quelle: Cornelia Harms, Hattersheim.)

Chaka (► Abb. 10.3) lernten wir Anfang 2004 im Alter von 11 Monaten über eine Internet-Seite zur Vermittlung von „Hütehunden in Not“ kennen. Er befand sich zu diesem Zeitpunkt seit ca. 4 Wochen in einem Tierheim, wo er von den Vorbesitzern „umständehalber“ abgegeben worden war. Wir lernten einen sehr nervösen, zurückhaltenden jungen Border-Collie-Rüden kennen, der scheinbar nicht in der Lage war, sich auch nur für 2 Sekunden zu entspannen. Dafür hatten wir Verständnis, schließlich ist für die meisten Hunde ein Tierheimaufenthalt mit erheblichem Stress verbunden. Was wir im Gespräch mit dem Tierheimpersonal über das bisherige Schicksal des Hundes erfahren hatten, machte uns dann doch sehr betroffen. Dieser Hund hatte bisher noch nicht viel Positives erfahren dürfen.

Der Schnupperspaziergang war eher ein Schnuppertauziehen, was wir aber auch mit der für ihn ungewohnten Situation in Verbindung brachten. Er machte auf uns einen stark verängstigten Eindruck und schien permanent auf der Flucht zu sein. Beim anschließenden Gespräch in den Räumen des Tierheims gab dann ein unerwartetes Ereignis den Ausschlag: Nachdem Chaka uns anfangs weitestgehend ignoriert hatte, kam er aus eigenem Antrieb zu uns, um uns Gesicht und Hände abzulecken – damit war unsererseits die Entscheidung gefallen.

Die ersten Wochen waren von extremem Stress auf beiden Seiten geprägt. Chaka war permanent hechelnd in der gesamten Wohnung unterwegs und setzte im ganzen Haus Urinmarken, unabhängig davon, ob man gerade daneben stand. Jedes noch so kleine Geräusch ließ ihn hektisch auffahren, wenn er es dann (selten genug) einmal schaffte, zur Ruhe zu kommen. Er schien heillos überfordert mit sämtlichen Umweltfaktoren wie lauten Autos, lärmenden Kindern usw.

Er fixierte und jagte alles, was schneller als ein Fußgänger war – und dies mit einer Blitzartigkeit und Wucht, die uns zu Anfang völlig überraschte. Überraschend vor allem deshalb, weil für uns anfangs der Anlass nicht erkennbar war – der Auslöser befand sich teilweise bis zu 100 Meter entfernt. In diesen Phasen geriet Chaka in einen derartigen Erregungszustand, dass er nicht mehr ansprechbar und wild springend am Ende der Leine herum„kreiselte“. Nachdem wir erkannten, dass schnelle Bewegungen und vor allem Radfahrer Chakas „Ausnahmezustände“ auslösten, versuchten wir mit Halti und Leckerchen dagegen zu arbeiten. Die Erfolge waren anfangs nur sehr mäßig: die Leckerchen – auch wenn sie noch so gut waren – ließ er links liegen, da der sein Verhalten auslösende Reiz um Größenordnungen stärker war. Da wir bereits einen Border-Collie-

Mix mit Schilddrüsenproblemen hatten und daher um den Umstand wussten, dass es Verhaltensprobleme in Verbindung mit der Schilddrüse gibt, entschlossen wir uns, ein Schilddrüsenprofil machen zu lassen.

Die Ergebnisse dieser Untersuchung legten den Verdacht nahe, dass eine Schilddrüsenunterfunktion bei Chaka eine Rolle spielen könnte. Wir begannen also, ihn in Schritten zu jeweils 25 µg auf Euthyrox einzustellen. Es zeigten sich während des langsamen Einschleichens der Medikation Verhaltensveränderungen, die in die richtige Richtung gingen. Wir erhofften uns Chancen, die Ansprechbarkeit zu verbessern, um mit gezieltem Training an den Verhaltensproblemen arbeiten zu können. Auch gab es vermehrt Phasen, in denen Chaka wirklich zur Ruhe kam und sichtlich entspannte. Nach Erreichen einer Tagesdosis von ca. 450 µg bei 23,5 kg Körpergewicht (rd. 20 µg/kg), aufgeteilt auf 2 Gaben, wurde sein Verhalten wieder schlechter bzw. die erhofften Lernerfolge stagnierten. Daher senkten wir die Dosierung auf 400 µg ab und behielten diese in den darauffolgenden Monaten bei, in der Hoffnung dass sich eine gewisse Stabilisierung einstellt.

Während der gesamten Zeit besuchten wir mit unseren Hunden eine Hundeschule. Man brachte uns dort – insbesondere im Hinblick auf die mehr als suboptimale Vorgeschichte von Chaka – sehr viel Verständnis entgegen. Chaka war jederzeit gut dafür, die gesamte Übungsstunde zu „sprengen" wenn einer seiner „Lieblingsreize" wie z. B. Radfahrer, Jogger oder auch landwirtschaftliche Nutzfahrzeuge (umgangssprachlich: „Trecker") den Platz passierten. Seine Konzentrationsfähigkeit befand sich anfangs auf „Welpenniveau", d. h. nach ca. 15 Minuten war ein weiteres Arbeiten an einfachsten Aufgabenstellungen nicht mehr möglich. Im Laufe eines halben Jahres steigerte sich dies aber so weit, dass auch komplette Trainingseinheiten absolviert werden konnten, wobei dies immer von der Art und der Menge der „Störfaktoren" abhängig war.

Nachdem wir 18 Monate lang mit Nachsicht, Verständnis und konsequentem Training an Chakas Problemen gearbeitet hatten, waren wir unserem Ziel nur unwesentlich näher gekommen. Er reagierte nach wie vor nahezu panisch auf ihm unbekannte Umweltreize. Lernfortschritte waren durch den permanenten Erregungszustand nicht in dem Maße erreichbar, wie man es hätte erwarten können. Mitte 2005 erfolgte dann der Umzug in eine ruhigere Umgebung, was kurzfristig eine deutliche Verbesserung in Chakas Verhalten mit sich brachte.

Dieser Erfolg war jedoch nur von kurzer Dauer – innerhalb von 3 Monaten fiel er wieder in die gewohnten Verhaltensmuster zurück. Mir unserem „Latein" am Ende haben wir uns an einen verhaltenstherapeutisch geschulten Tierarzt (Mitglied im GTVMT) gewandt. Wir schilderten ihm alles, was wir über die Welpen- und Junghundezeit von Chaka aus dem Tierheim wussten und zeigten dem Verhaltenstherapeuten, mit welchen Trainingsansätzen wir bisher versucht hatten, eine Besserung von Chakas Verhalten zu erreichen.

Im Anschluss an ein Gespräch und eine „Demonstration" von Chakas Reaktionen in Alltagssituationen, bat uns der Verhaltenstherapeut darum, ein aktuelles Schilddrüsenprofil erstellen zu lassen. Aus seiner Sicht sprach einiges dafür, dass es sich bei der Ursache von Chakas Problemverhalten um eine Kombination aus verschiedenen Faktoren wie Stress und mangelnde Sozialisation handeln könnte. Dieser Verdacht bestätigte sich insoweit, als dass neben den sich im unteren Toleranzbereich bewegenden Schilddrüsenwerten noch ein auffällig hoher Cholesterinwert festgestellt wurde. Die scheinbare Schilddrüsenunterfunktion bei Chaka war nach Ansicht des Verhaltenstherapeuten nur eine Begleiterscheinung des Dauerstresses unter dem Chaka seit Jahren litt. Das eigentliche Problem war seine Welpen- und Junghundezeit. Er hat vermutlich in dieser Phase so wenige oder schlechte Erfahrungen gesammelt, dass er unter einem Deprivationssyndrom leidet. Dies hat in Kombination zur Folge, dass sich nachhaltige Lernerfolge kaum erreichen ließen.

Der Verhaltenstherapeut empfahl uns daher, mit einer Kombination aus Psychopharmaka und β-Blockern das Problem der extremen Erregbarkeit anzugehen, um auf diesem Wege dann überhaupt „an den Hund herankommen" zu können und mit gezieltem Training das Problemverhalten korrigieren zu können. Da der Verhaltenstherapeut uns aber auch gleichzeitig darauf hinwies, dass es in Einzelfällen bei dieser Behandlung zu sog. „paradoxen Reaktionen" kommen kann, die das Gegenteil des gewünschten Effekts nach sich ziehen, haben wir uns erst nach reiflicher Überlegung dazu entschlossen, uns dieser Therapie anzuvertrauen.

Chaka bekam nun parallel zu 400 µg Levothyroxin-Natrium/Tag anfangs 2 mg Alprazolam (ein Anxiolytikum, „Angstlöser") in Kombination mit einem β-Blocker. Nach einer „harten" ersten Woche, in der wir zuerst das Eintreten der „paradoxen Reaktion" befürchteten, kam es zu einem regelrechten Durchbruch. Chaka wurde wesentlich leichter ansprechbar und die Distanz, in der er z. B. auf Radfahrer reagierte, wurde zunehmend kleiner. Dadurch war ein „Schönfüttern" der Reize möglich, die ihn vorher in einen kaum zu kontrollierenden Erregungszustand versetzten. Die Alprazolam-Dosis wurde auf insgesamt 4 mg erhöht und über einen Zeitraum von ca. 4 Monaten beibehalten. Dann begannen wir auf Rat des Verhaltenstherapeuten, in Schritten von 0,25 mg/Woche das Alprazolam auszuschleichen und setzten den β-Blocker ab. Die bis dato erreichten Lernerfolge stabilisierten sich und konnten sogar noch ausgebaut werden.

Auch das Levothyroxin-Natrium wurde ausgeschlichen und das während der vorangegangenen Phase etablierte Alternativverhalten blieb stabil. Während des Ausschleichens der Schilddrüsenmedikation gab es gute und schlechte Tage, was aber sicher auch mit der sich einstellenden Regulation der Schilddrüsenfunktion in Zusammenhang zu bringen ist.

Natürlich hat die Therapie mit dem Psychopharmakon das Problem nicht zu 100 % gelöst – es gibt halt keine „Verhaltenskorrektur-Pille". Chaka würde ohne kontrollierendes Eingreifen nach wie vor nach „eigenem Ermessen" einen Radfahrer oder Trecker attackieren – dazu hat sich dieses Verhalten über einen zu langen Zeitraum hinweg gefestigt. Aber er ist heute wesentlich steuerbarer. Er wird wahrscheinlich nie ein unproblematischer Freilauf-Hund, jedoch soll man die Hoffnung nie aufgeben und an der Trainingsdisziplin mangelt es nicht. Wir können heute einfach entspannter mit ihm umgehen. Er ist noch immer leicht zu erschüttern und seine Konzentrationsfähigkeit ist noch immer nicht altersgerecht, aber er ist einfach ein wundervoller, charmanter Hund und er wird alle Unterstützung von uns bekommen, die er braucht.

Bei Chaka kann eine Schilddrüsenunterfunktion noch nicht endgültig ausgeschlossen werden. Es ist aber anzunehmen, dass ein Großteil seiner Verhaltensauffälligkeiten nicht durch eine Erkrankung der Schilddrüse bedingt ist.

Veränderungen im Zeitraum 2007–2011: Wie inzwischen festgestellt wurde, liegt bei Chaka eine PRA, also ein fortschreitender Retina-Verfall vor. Chaka ist mittlerweile völlig erblindet. Es ist nicht ausgeschlossen, dass sich die früher gezeigten Symptome teilweise auf die schwindende Sehfähigkeit zurückführen lassen.

Auszug aus Chakas Werten im Überblick (▸ Tab. 10.3).

Tab. 10.3 Chakas Werte.

	T4 (µg/dl)	fT4 (ng/dl)	T3 (µg/l)	fT3 (ng/l)	TSH (ng/ml)	Bemerkung
Referenzbereich	1,5–4,5	0,6–3,7	0,7–1,5	2,8–9,8	< 0,5	–
Mittelwerte	3	2,15	1,1	6,3	–	–
Sept 04	1,2	1,7	–	–	0,06	vor T4-Substitution
Dez 06	4,5	2,00	0,742	–	–	bei T4-Substitution, erhöhte Cholesterinwerte
Okt. 07	2,8	1,1	0,799	–	–	ohne T4-Substitution/ Cholesterin leicht erhöht/Nachkontrolle in 6 Monaten

10.4 Spike, der Unbeständige

Claudia Münning

Abb. 10.4 Spike, der Unbeständige. (Quelle: Claudia Münning, Riedstadt.)

Spike (▶ Abb. 10.4), ein Dobermann-Boxer-Mix, 60 cm Schulterhöhe und derzeit 32 kg schwer, kam 2003 aus dem Tierheim im Alter von ca. 15 Monaten zu uns. Es war unser zweiter Hund aus dem Tierheim. Bekannt war: Probleme mit anderen Hunden und fehlende oder mangelhafte Sozialisierung. Dies gepaart mit einem extrem hohen Erregungsniveau war keine besonders gute Kombination. Es hat ein Jahr gedauert bis die Diagnose SDU feststand. Ein Jahr in dem wir voller Verzweiflung alles Mögliche an Erziehungstechniken probiert haben, um aus ihm einen „normalen" Hund zu machen. Erfolge zeigten sich, wenn überhaupt, nur sehr langsam. Sein Erregungsniveau war so extrem, dass wir oft genug keine Chance hatten, mit ihm zu trainieren. In ablenkungsarmer Umgebung konnte er hingegen sehr gut und engagiert mitarbeiten.

Während dieses ersten Jahres habe ich alles gelesen, was mir über Problemhunde in die Finger kam und stieß dabei irgendwann durch Zufall im Internet auf das Thema Schilddrüsenerkrankungen bei Hunden. Mir wurde geraten, Spikes Schilddrüsenwerte bestimmen zu lassen. Die Blutanalyse im September 2004 ergab einen T4-Wert an der unteren Grenze des Normalbereichs und einen TSH-Wert im Normalbereich (▶ Tab. 10.4). Die Kontrolle einen Monat später bestätigte die Werte. Unsere Tierärztin fand Spikes Werte völlig in Ordnung. Alle Werte lagen noch im Normalbereich und Spike war nicht der typische SDU-Kandidat. Statt dick und träge war er dünn und extrem nervös. Also eher so, dass man auf Schilddrüsenüberfunktion getippt hätte, was bei Hunden aber extrem selten vorkommt. Die Tierärztin hatte jedoch nichts dagegen, eine zweite Meinung von einem Spezialisten einzuholen, als ich dies vorgeschlagen habe.

Aufgrund Spikes körperlicher Merkmale, seiner Blutwerte und seines Erregungsniveaus hielt ich weiterhin das Vorliegen einer SDU anhand meiner Informationen für möglich. Spike hatte dünnes Fell, der Bauch und die Innenseite der Hinterbeine waren komplett nackt, die Ohren dünn behaart. Hinzu kamen offene, blutende Ohrränder, die nicht zuheilten und ständige Ohrentzündungen. Außerdem nahm er trotz Fütterung von 1 kg Fleisch pro Tag nicht zu.

Eine Tierärztin des GTVMT wurde als Spezialistin für Schilddrüsenerkrankungen bei Hunden hinzugezogen und bestätigte meinen Verdacht einer SDU. Spike wurde auf ihren Rat hin mit Thyroxin substituiert. Bei der Einstellung in den folgenden Monaten entwickelte sich Spikes T4-Wert wie beabsichtigt nach oben und lag bei einer Tages-

10

dosis von 1500 µg (2 × 750 µg) schließlich bei 4,1 ug/dl, also knapp über der oberen Normalbereichsgrenze. Spikes Fell entwickelte sich in dieser Zeit prächtig, die kahlen Stellen an Bauch und Hinterbeinen verschwanden, genauso wie die ständigen Ohrentzündungen. Die offenen Ohrränder heilten endlich zu und Spike kam plötzlich mit 500 g Fleisch pro Tag aus und nahm endlich langsam an Gewicht zu. Nur sein Verhalten änderte sich nicht wesentlich. Training von Hundebegegnungen war aufgrund des auch weiterhin sehr hohen Erregungsniveaus nur begrenzt möglich. Ein Hund, der offensichtlich permanent unter Stress steht, sobald er das Haus verlässt, kann nicht richtig lernen.

Da sich der T3-Wert, der mittlerweile ebenfalls mitbestimmt wurde, im Gegensatz zum T4-Wert nicht positiv entwickelte, wurde eine Umwandlungsstörung von T4 in T3 bei Spike vermutet. Spike erhielt von Juli 2005 bis Januar 2010 zusätzlich zu Thyroxin noch Thybon. Die höchste Dosis betrug 3 × 70 µg pro Tag. Sein Verhalten in Stresssituationen, insbesondere bei Hundebegegnungen, hat sich auch dadurch nicht gravierend verändert. Das einzig Positive war, dass er nach einer stressigen Situation wesentlich schneller wieder „runterkam" als vorher.

Seit 2009 ist Spike in osteopathischer Behandlung, da ihm Arthrose infolge eines Kreuzbandrisses starke Probleme bereitet. Im Laufe der Zeit bemerkte ich, dass er immer wieder Probleme mit der Mittagsdosis des Thybons hatte. Starkes Hecheln ca. 1 h nach der Gabe der Thybon-Tabletten. Daraufhin habe ich systematisch sehr langsam die Dosis des Thybons reduziert, bis er ab April 2010 nur noch Thyroxin bekam. Während der Reduzierung wurden mehrfach Blutwerte bestimmt, die zeigten, dass sich die T3-Werte nicht wesentlich verschlechterten beim Ausschleichen des Thybon. Auch sein Verhalten wurde nicht schlimmer als es „normalerweise" war. Das einzige, was sich deutlich verschlechterte war die Fellqualität. Sein Bauch wurde wieder schwarz und er verlor Fell an Bauch und Ohransätzen. Dies konnte durch erhöhen der Thyroxin-Dosis kompensiert werden.

Die Thyroxin-Dosis betrug von Juni 2010 bis Juni 2011 bei Spike 3 200 µg pro Tag (100 µg pro kg Körpergewicht). Reduzierung der Tagesdosis, auch nur um 100 µg, führten bei Spike jedes Mal sofort zu einer Verschlechterung des Fells und/oder zu stärkerer Erregung. Auch Versuche, die Tagesdosis anders zu verteilen, blieben bis zu diesem Zeitpunkt ohne sichtbaren Erfolg. Erst im Juli 2011 war es möglich, die Thyroxin-Dosis zu reduzieren. Zunächst konnte durch Umstellung von 4-mal täglicher Tablettengabe auf 3-mal täglich die Tagesdosis um 400 µg reduziert werden. Danach konnte, in weiteren Schritten von jeweils 100 µg weniger, alle 6–10 Tage die derzeitige Tagesdosis von 2400 µg (80 µg pro kg Körpergewicht) erreicht werden. Diesmal gab es keine Verschlechterung von Fell und Verhalten. Die Blutwerte zu dieser Dosis stehen noch aus und werden mit Spannung erwartet.

Über die Gründe, warum jetzt bei Spike die Thyroxin-Dosis reduziert werden konnte, was vorher nicht möglich war, kann man nur spekulieren. Möglich wäre, dass der bei älteren Hunden (Spike ist mittlerweile 9 Jahre alt) langsamere Stoffwechsel eine Rolle spielt. Möglich wäre auch, dass Spike durch die osteopathische Behandlung weniger unter Schmerzen und Verspannungen leidet. Hinzu kommt, dass er, seit seine Allergien auf bestimmte Nahrungsmittel bekannt sind, entsprechend ernährt werden kann und der heftige Juckreiz, mittlerweile zum Glück, der Vergangenheit angehört. All dies hat sicherlich seine Lebensqualität deutlich verbessert. Die Reduktion stressiger Spaziergänge durch Verlagerung an Orte ohne oder mit sehr wenigen Hundebegegnungen hat sicherlich auch positive Auswirkungen gehabt. Hundebegegnungen üben wir nur noch sehr gezielt auf wenigen Spaziergängen in der Woche. Die restlichen Spaziergänge finden in entspannter Umgebung statt. Der Aufbau von positiven Kontakten mit einigen ausgewählten Hunden über einen längeren Zeitraum tut Spike ebenfalls sehr gut. Die konsequente Anwendung positiver Bestärkung und der Verzicht auf Druck und Strafe im Training, hat sicherlich Spike auch einiges von seinem Stress nehmen können.

Werde ich Spikes Thyroxin-Dosis in Zukunft noch weiter verringern können? Oder muss ich die Dosis doch wieder nach oben anpassen? Diese Fragen werden Spikes Leben wohl immer begleiten. Es bleibt für mich nur: Genau beobachten und dokumentieren ob und was sich verändert an Verhalten und körperlichen Symptomen und entsprechend reagieren, plus der Kontrolle über die Blutwerte. Die Einstellung von Spikes Thyroxin-Dosis ist letztendlich eine Art Puzzle aus vielen Komponenten, wobei die Blutwerte nur eine Komponente sind. Werte oberhalb des Normbereichs haben inzwischen für mich ihre Schrecken verloren, solange Verhalten und Fellqualität stimmen und es keine weiteren Anzeichen für Überdosierung gibt, wie z. B. zu schnellen Puls oder Durchfall ohne sonstige Ursache.

Wie wichtig die richtige Dosierung, insbesondere in extremen Stresssituationen ist, haben mir die Silvesternächte der letzten beiden Jahre deutlich gezeigt. Spikes Panik bei der Böllerei konnte mit einer zusätzlichen Dosis Thyroxin am Silvesterabend deutlich gelindert werden.

Von November 2012 bis Februar 2014 hatte er acht Operationen wegen eines Kreuzbandrisses am linken Hinterbein ertragen müssen. Für einen Hund mit seinem Bewegungsdrang eine schwierige Zeit mit starken Einschränkungen. Hinzu kam ein zweimal auftretendes vestibuläres Syndrom und die Arthrosen, die ihm in den letzten Jahren sehr zu schaffen machten. Das wöchentliche Training im Unterwasserlaufband, Akupunktur und die osteopathischen Behandlungen haben die letzten Jahre sehr zu seiner Lebensqualität beigetragen.

In 2016 konnte ich Spikes Thyroxin-Dosis gravierend reduzieren. Von 2400 µg pro Tag (morgens 1400, abends 1000), die er jahrelang erhalten hat, in kleinen Schritten, über mehrere Monate, auf bis zu 1000 µg (morgens 500, abends 500). Die letzten Blutwerte von ihm stammen vom Oktober 2016. Spannend war es, dass auf seiner, über lange Zeit nackten violschen Schwanzdrüse bei der geringen Dosis wieder Haare wuchsen.

Spike ist im März 2017, im Alter von 15 Jahren, eingeschläfert worden. Verdacht auf Darmtumor oder Darmentzündung mit heftigen Schmerzen. Er hat sein Fressen und Trinken von einem Tag auf den anderen verweigert. Bis wenige Tage vor seinem Tod war ihm absolut nichts anzumerken. Der Versuch, ihn auf Darmentzündung zu behandeln, ist gescheitert. Eine Operation mit ungewissem Ausgang wollten wir ihm in seinem Alter nicht mehr zumuten.

Spike hat bewiesen, dass auch Hunde mit Schilddrüsenunterfunktion ein hohes Alter erreichen können.

Spikes Werte im Überblick (▸ Tab. 10.4).

Tab. 10.4 Spikes Werte.

	T4 (µg/dl)	fT4 (ng/dl)	T3 (µg/l)	fT3 (ng/l)	TSH (ng/ml)	Bemerkung
Referenzbereich	1,0–4,7	0,6–3,7	0,2–2,0	2,5–9,8	< 0,5	–
Mittelwerte	2,9	2,2	1,1	6,2	–	–
15.10.04	1,2	0,9	–	–	0,3	vor T4-Substitution
03.06.05	4,1	–	0,638	–	–	vor zusätzlicher T3-Substitution T4-Dosis: 1500 µg
03.11.05	3,1	1,5	1,040	4,8	–	mit höchster T3-Dosis: 210 µg
27.10.07	4,4	1,9	1,040	4,0	–	T4-Dosis: 2000 µg, T3-Dosis: 90 µg
15.08.08	3,2	1,6	0,982	3,2	< 0,03	T4-Dosis: 2200 µg T3-Dosis: 60 µg
29.01.10	4,3	2,1	0,920	4,2	–	T4-Dosis: 2600 µg T3-Dosis: 60 µg
26.11.10	5,1	2,3	0,952	4,1	< 0,03	Nur noch Thyroxin: 3200 µg
29.07.11	4,6	2,0	0,856	3,6	< 0,03	T4-Dosis: 2800 µg
07.10.11	3,3	1,5	0,748	2,7	< 0,03	T4-Dosis: 2400 µg
28.06.14	3,7	3,5	0,594	–	–	T4-Dosis: 2400 µg
21.10.16	3,4	3,1	–	–	< 0,03	T4-Dosis: 1600 µg

10.5 Elly, die Widersprüchliche

Daniela Rettig

Abb. 10.5 Elly, die Widersprüchliche. (Quelle: Daniela Rettig, Hirschberg.)

Elly (▸ Abb. 10.5) wurde im Sommer 2014 in einer Elo-Zucht, keine 15 Fahrminuten von uns entfernt, geboren. Dadurch hatten wir die Möglichkeit, sie oft zu besuchen und konnten uns mit eigenen Augen von den guten Zuchtbedingungen überzeugen. Mit 8 Wochen zog Elly bei uns ein, einem ruhigen Haushalt mit einer erwachsenen Tochter. Da ich zu Hause bin, konnte ich mich voll und ganz unserem neuen Familienmitglied widmen. Ich kann deshalb ausschließen, dass Ellys spätere Verhaltensprobleme in mangelnder Sozialisation oder Überforderung bei uns zu Hause begründet sind.

Bei unserem ersten Besuch in der Zucht, als Elly 3 Wochen alt war, war sie die einzige im Wurf, die quietschend wach und munter war und versuchte, die anderen selig schlafenden Geschwister in der Wurfkiste zu wecken. In ihrer Welpenzeit bei der Mutter war sie die Wildeste und Aufgedrehteste im Wurf. Damals haben wir uns nur gedacht „das ist ja ein munteres Kerlchen“. Mit dem heutigen Wissen vermuten sowohl die Züchterin als auch ich allerdings, dass Elly damals schon Probleme hatte.

Anfangs dachten wir uns nichts dabei, dass unser Welpe Elly so schnell hochdrehte. Die „tollen 5 Minuten“ dauerten bei ihr jeden Abend 2 Stunden, in denen sie so wild war, dass wir darauf achten mussten, dass sie sich nicht verletzte. Auf den Spaziergängen machte sie sich immer selbständig, von Folgetrieb keine Spur. Sie reagierte sehr stark auf jeden kleinsten Bewegungsreiz und nachdem sie zwei Mal jagend weggerannt war, kam Elly an die Schleppleine. Im Junghundekurs überdrehte sie schnell und fing an, die anderen Hunde zu mobben. Die Trainerin im Junghundekurs meinte, Elly wäre hysterisch und neurotisch und wir müssten da schnell entgegenwirken. Jetzt, wo ich Ellys Stressverhalten kenne, muss ich sagen, dass sie schon damals diese für sie stresstypischen Verhaltensmuster zeigte.

Eine weitere Auffälligkeit, die sie bereits als Welpe zeigte, war Ellys Schwierigkeiten Bindung aufzubauen. Als die Züchterin Elly zu uns nach Hause brachte, war sie verwundert, dass Elly sich sofort daran machte, das Haus zu erkunden und sich überhaupt nicht mehr für sie interessierte, da ihre Welpen normalerweise in der fremden Umgebung des neuen zu Hauses ihre Nähe suchen würden. Nach Ellys Einzug bei uns zeigte sich, dass sie Probleme hatte, sich uns anzuschließen. Sie konnte sich immer nur einem Familienmitglied anschließen, vor den anderen flüchtete sie, ohne dass etwas vorgefallen wäre. Dabei wechselten die Familienmitglieder und man wusste am Morgen nicht, ob man sich ihr nähern durfte oder nicht. Ab einer Distanz von ca. 2 m, sprang sie auf und rannte davon.

Wir suchten uns eine mit Verhaltensstörungen erfahrene Trainerin, aber auch nach Monaten des Trainings änderte sich Ellys Verhalten nicht, sondern wurde immer extremer. Es wurde immer klarer, dass Elly in ihrer eigenen Welt unter ihren eigenen Gesetzen lebte. Ich nannte sie „meine Autistin mit ADHS". So musste z. B. der Tagesablauf von Elly immer gleich sein. Auf jede noch so geringfügige Veränderung reagierte sie mit Schwanzjagen, ununterbrochenem Herumlaufen, Kreiseln oder Erbrechen. Rituale in einer festen Reihenfolge wurden zum Bestandteil unseres Lebens. Durch den Garten lief Elly in einer exakten Bahn, immer wieder genau den gleichen Weg auf einer unsichtbaren Linie. Sie reagierte stark auf Geräusche, ganz extrem auf Vogelzwitschern. Es war kaum möglich, mit ihr spazieren zu gehen. Sie war so in ihrem Tunnel, dass ich überhaupt nicht an sie herankam. Sie war in ihrer Welt gefangen, zog hechelnd an der Leine, nahm ihre Umwelt überhaupt nicht wahr. Auf jedes Geräusch, auf jede noch so kleine Bewegung reagierte sie extrem.

In den Nächten war kaum Schlaf zu finden, da Elly ständig unruhig hin und her lief.

Elly war mittlerweile 1½ Jahre alt und wir hatten schon etliche Trainer und Tierarztbesuche hinter uns, als ich in einem Forum über einen Hund las, der fast die gleichen Symptome hatte wie Elly. Und so wurde ich auf die Subklinische Schilddrüsenunterfunktion aufmerksam.

Mein Tierarzt machte auf meine Bitte ein geriatrisches Blutbild inkl. Schilddrüsenprofil – und beglückwünschte mich zu den hervorragenden Werten meines Hundes. Der Vitamin B_{12} Wert von Elly war allerdings schon damals an der unteren Grenze: 390,4 pg/ml (300–800).

Da Ellys Verhalten aber auf eine Subklinische Schilddrüsenunterfunktion passte und die Schilddrüsenwerte im unteren Drittel waren, stellte ich Elly einer auf die Schilddrüse spezialisierten Tierärztin vor und wir begannen mit der Substitution.

Wir schlichen Forthyron langsam ein und Ellys Verhalten verbesserte sich anfangs. Sie wurde ruhiger, ansprechbarer, allerdings schwankte ihr Verhalten – an einem Tag entspannt und ansprechbar und am nächsten Tag fiel sie wieder in alte Verhaltensmuster zurück. Dann kam der Zeitpunkt, an dem wir das Forthyron nicht mehr weiter hochdosieren konnten. Höher als 400 µg/Tag (bei einem Körpergewicht von 15 kg) konnten wir bei Elly nicht gehen, denn sie zeigte sofort Zeichen einer Überdosierung, wie Hecheln und reaktivem Verhalten. Jede noch so kleine Dosisänderung ließ den T4 entweder stark nach oben gehen oder sinken.

Deshalb schlichen wir im Oktober 2016 Thybon ein. Das brachte die Wende. Elly wurde konstanter, sie war ansprechbarer und wir konnten im Tagesablauf flexibler werden. Mussten wir früher auf dem Spaziergang immer den gleichen Weg in der gleichen Reihenfolge laufen, weil sie ansonsten sofort mit Stresssymptomen reagierte (Hecheln, Quietschen, Tunnel, Erbrechen), konnten wir nun öfter variieren und auch mal neue Strecken erkunden.

Das Thybon bekam Elly anfangs 3-mal tgl., jedoch reagierte sie darauf zur Mittagszeit immer mit Hecheln. Deshalb stellten wir die Thybongabe auf 2-mal tgl. um, was Elly wesentlich besser verträgt.

Erst unter der Substitution mit Thybon schaffte es Elly mit 2½ Jahren zum ersten Mal, ihr großes Geschäft auf dem Spaziergang zu erledigen. Früher ging das nur im geschützten Garten. Auch konnte ich sie endlich auf einem kleinen überschaubaren Stück ableinen und ich hatte nun das Gefühl, dass wir ein Team sind.

Doch was blieb, war das unterschiedliche Verhalten im Haus oder auf dem Spaziergang. War sie auf den Spaziergängen entspannt, hatte sie im Haus Probleme.

Sie kam und wollte gestreichelt werden – und wenn sie sich gerade hinlegen wollte, um das Streicheln zu genießen, sprang sie auf und rannte weg.

Selbst mit konditionierter Entspannung erreichte ich nur das Gegenteil. Sobald ich das in ruhiger Atmosphäre geübte Markerwort (bzw. bei uns ein Lied) sagte, rannte Elly weg. Elly wollte gerne, konnte sich aber nicht entspannen. Es ging bei ihr soweit, dass das Lied anfing, sie zu stressen, wenn ich sie in einer unruhigen Situation damit entspannen wollte – und im schlimmsten Fall verknüpfte sie das Entspannungssignal nun mit dieser Situation. Die gleiche Problematik zeigte sie beim langsam über Wochen konditionierten Relaxodog, einem elektrischen Gerät zur konditionierten Entspannung. Diesen wollte ich nutzen, um die Nächte ruhiger zu gestalten, aber ihr unruhiges Verhalten wurde dadurch nur noch verschlimmert.

Wurde sie zu Hause gelassener, funktionierten die Spaziergänge nicht mehr gut. Sie war wieder gestresst, achtete nicht mehr auf mich, war unberechenbar. Selbst wenn sie auf dem Spaziergang ausnahmsweise mal ruhiger war, legte sich bei ihr von einer Sekunde auf die andere ohne erkennbaren Grund ein Schalter um und sie wurde gestresst, reaktiv und unansprechbar.

Eine Verhaltenstierärztin, Verhaltenstrainerin, sogar eine Tierkommunikatorin habe ich versucht, niemand konnte uns diesbezüglich helfen.

Ab Oktober 2017 wurde ihr Verhalten allgemein wieder schlechter und konnte durch Dosisanpassungen nicht mehr aufgefangen werden. Meine Tierärztin sprach mir gegenüber natürliche Schilddrüsenhormone an, da sie die Hoffnung hatte, Elly würde dadurch stabiler werden. Ich begann, mich auf diesem Gebiet zu informieren, doch bevor ich eine Entscheidung getroffen hatte, verschlechterte sich Ellys Gesundheit.

Seit ihrer Welpenzeit hatte Elly immer wieder mit Magen-Darm-Problemen zu kämpfen. Im Dezember 2017 kam dann die Krise. Nach einer heftigen und langwierigen Magen-Darm-Erkrankung, während der sie 1 kg abgenommen hatte, kam Elly nicht mehr richtig auf die Beine. Aufgrund ihrer Subklinischen SDU war sie schon immer sehr dünn. Sie nahm zwar durch die Substitution etwas zu, aber nur so viel, dass ihr Gewicht gerade noch akzeptabel war. Aber nun nahm sie das fehlende Kilo nicht mehr zu und ihr Allgemeinzustand bereitete mir Sorgen, da ihre Knochen nun schon hervorstachen. Aus diesem Grund beschloss ich, Elly nochmals komplett durchchecken zu lassen. Ich hatte sie schon in der Vergangenheit in regelmäßigen Abständen einer Physiotherapeutin vorgestellt, um Schmerzen im Bewegungsapparat als Grund für ihre Schilddrüsenwerte auszuschließen. Der Befund war immer unauffällig. Ich ließ sie auf Addison und Cushing testen. Beide Tests waren negativ, allerdings bot das Labor noch einen 17-OHG-Progesteron-Test an, ein neuerer und sensiblerer Cushing-Test. Bei diesem waren die Werte sehr hoch: Basal: 78,0 ng/dl (6–20), Stimulationswert 259,2 ng/dl (< 180). Aufgrund dieser Werte wurde Ellys gesamter Bauchraum von einer Spezialistin geschallt, um einen Tumor an der Nebenniere oder den Eierstöcken als Ursache ausschließen zu können. Der Ultraschall war diesbezüglich ohne Befund, auch der Schall aller anderen Organe war unauffällig und es gab keinen Hinweis auf einen bestehenden Cushing oder eine andere Erkrankung. Also ging die Ursachenforschung nach dem Grund für Ellys Probleme weiter. Es kam die Überlegung auf, ob bei Elly ein MDR-1-Defekt vorliegen könnte, was bei einigen Elos der Fall ist. Wir ließen Elly darauf testen, doch dieser Gendefekt konnte bei Elly nicht nachgewiesen werden. Auch eine Überprüfung des Hormonspiegels ergab, dass keine Störung des Hormonhaushalts vorliegt. Nachdem ein Faktor nach dem anderen ausgeschlossen werden konnte, wurde nun ihr Vitamin-B_{12}-Wert getestet. Es stellte sich heraus, dass Elly unter einem Vitamin-B_{12}-Mangel leidet (264,2 pg/ml (300–800) und sie erhielt 4 Vitamin-B_{12}-Spritzen in wöchentlichem Abstand.

Nach jeder B_{12}-Injektion musste ich mit den Hormonen herunter gehen, da sie am nächsten Tag Anzeichen einer Überdosierung hatte. Ich führe dies darauf zurück, dass Elly durch das zugeführte B_{12} stressresistenter ist und dadurch letztendlich weniger Schilddrüsenhormone benötigt. Zuerst reduzierte ich das Thybon auf den Wert, bei dem Elly im letzten Sommer über den längsten bisherigen Zeitraum konstant war. Nach dem Erreichen dieser Dosis habe ich nun begonnen, Forthyron herunterzudosieren. Ellys Gewichtsproblematik ist bis jetzt immer noch nicht gelöst, jedoch hoffe ich, dass sie durch das Herunterdosieren endlich an Gewicht zulegt.

Seit der Substituierung von Vitamin B_{12} habe ich einen völlig veränderten Hund. Sie ist viel ausgeglichener und ihr Verhalten hat sich nun sowohl im Haus als auch auf den Spaziergängen sehr gebessert.

Elly genießt nun ihre Streicheleinheiten, fordert auch mal selbst zum Kuscheln auf. Ihre Angst vor den Familienmitgliedern ist verschwunden. Mein Mann teilt nun morgens sein Frühstück mit Elly, sie sucht die Nähe meiner Tochter und ich soll doch bitteschön ihr Bäuchlein kraulen.

Die Spaziergänge sind nun sogar über große Strecken im Freilauf möglich. Ich habe zum ersten Mal das Gefühl, dass Elly „mit mir Spazieren geht" und Freude daran hat, und ich nicht einfach nur ein lästiges Anhängsel bin. Ich habe aber festgestellt, dass ich mich erst daran gewöhnen muss, Elly im Freilauf zu vertrauen, obwohl sie in der letzten Zeit bewiesen hat, dass sie in jeder Situation abrufbar ist. Nach all den Jahren, in denen ich mir nie sicher war, ob ich zu ihr durchdringe und ob sie das Erlernte abrufen kann, kostet es mich immer wieder Überwindung, ihr im Freilauf auch mal die Freiheit zu lassen, sich ein Stück zu entfernen. Elly ist auf den Spaziergängen nun mit einem GPS-Gerät ausgestattet. Dieses gibt mir die Sicherheit, dass ich Elly wieder finden würde und ich habe nun eher die Gelassenheit, Elly auf den Spaziergängen den Freiraum zu gewähren, den sie braucht, um sich zu einem souveränen und selbstbewussten Hund zu entwickeln.

In den letzten 6 Monaten ging es weiter aufwärts und Ellys Verhalten ist nun fast das eines gesunden Hundes.

Ellys Werte im Überblick (► Tab. 10.5).

Tab. 10.5 Ellys Werte.

	T4 (µg/dl)	fT4 (ng/dl)	T3 (µg/l)	fT3 (ng/l)	TSH (ng/ml)	Bemerkung
Referenzbereich	1,3–4,5	0,60–3,71	0,20–20,6	3,7–9,2	< 0,6	–
Mittelwerte	2,9	2,16	11,3	6,45	–	–
25.01.16[1]	2,6	1,31	4,58	3,1	0,12	vor T4-Substitution
07.10.16	3,4	1,34	6,58	3,6	0,06	vor zusätzlicher T3-Substitution, T4-Dosis: 450 µg
19.12.16[2]	2,9	1,08	5,88	4,0	0,11	T4-Dosis: 450 µg T3-Dosis: 30 µg
23.03.17[3]	4,4	1,48	8,51	5,2	0,09	T4-Dosis: 450 µg T3-Dosis: 40 µg
06.12.17	2,3	0,82	7,81	4,9	0,06	T4-Dosis: 400 µg T3-Dosis: 70 µg
28.02.18	2,5	1,05	9,5	6,7	< 0,03	T4-Dosis: 400 µg T3-Dosis: 80 µg

[1] sowie T3-AK: 4 % (< 10 %), T4-AK: 3 % (< 20 %), TAK: negativ, Vitamin B_{12}: 390 pg/ml (300–800 pg/ml)
[2] sowie T3-AK: 4 % (< 10 %), T4-AK: 11 % (< 20 %), TAK: negativ
[3] sowie Selen (AAS): 251,6 µg/l (80–250), Zink: 14,2 µmol/l (7,7–19,9), Jod_{gesamt} (ICP-MS)(S): 152 µg/l (50–200)
B_{12}-Wert vom 12.02.18: 264,2 pg/ml (300–800 pg/ml)

Thieme

Anhang

11 Einige Medikamente und Wirkstoffe mit Einfluss auf die Schilddrüse *288*

12 Synonyme *292*

13 Abkürzungsverzeichnis *292*

14 Umrechnungsfaktoren *294*

15 Literaturverzeichnis *294*

Quelle: Eva Zimmermann, Hellenhahn

11 Einige Medikamente und Wirkstoffe mit Einfluss auf die Schilddrüse

Tab. 11.1 Einige Medikamente und Wirkstoffe mit Einfluss auf die Schilddrüse.

Medikament/ Wirkstoff	Einsatzbereich/Wirkung/ Funktion	Bemerkung
α-adrenerge Agonisten	Beruhigungsmittel	Erhöhung von TSH
Amiodaron	Regulation Herzrhythmus	jodhaltiges Medikament: wirkungsabschwächend bez. T4, Hemmung der Konversion, hoher Jodgehalt: kann sowohl Schilddrüsenüberfunktion als auch Schilddrüsenunterfunktion auslösen (strumige Substanz)
Androgene	männliche Sexualhormone	Erniedrigung der T4- und T3-Konzentrationen
Antazida	schmerzlindernd bei Magenbeschwerden mit Sodbrennen und Hyperazidität, neutralisiert Magensäure	aluminiumhaltige Präparate, wirkungsabschwächend bez. T4
Aspirin	Schmerzmittel (NSAID)	T4 sinkt, fT4 gleichbleibend, ggf. auch erniedrigt (widersprüchliche Angaben, siehe auch Salizylate)
Babiturate	Schlafmittel	steigert Ausscheidung von T4 über die Leber, dadurch wirkungsabschwächend bez. T4 Erniedrigung der T4-Konzentration
β-Sympatholytika	Mittel zur Blutdrucksenkung	wirkungsabschwächend bez. T4
Caprofen	Entzündungshemmung, Schmerzstillung, Fiebersenkung, Verwendung bevorzugt bei Gelenkerkrankungen (Wirkstoff von Rimadyl)	keine Wirkung auf T4 oder erniedrigtes T4. keine Wirkung auf TSH oder erniedrigtes TSH, i. d. R. eine Wirkung auf fT4, selten erniedrigtes fT4
Carbimazol	Einsatz bei Schilddrüsenüberfunktion, Wirkung wie Thiamazol	Erniedrigung der Konzentration von T4 und T3, hemmt Schilddrüsenaktivität, verhindert Bildung von elementarem Jod (strumige Substanz)
Karnitin	Einsatz bei oder zur Vorbeugung von kardiovaskulären Erkrankungen	Antagonist der Schilddrüsenhormone, verhindert Eintritt von T4 und T3 in den Zellkern, daher wirkungsabschwächend
Chloroquin/ Proguanil	Malariamittel	wirkungsabschwächend bez. T4, TSH-Anstieg
cholezystografische Agenzien	Röntgen-Kontrastmittel	wirken T4 senkend
Clofibrat	Senkung der Blutfettwerte	verdrängt T4/T3 aus der Plasmaeiweißbindung, dadurch Erhöhung der Konzentration der freien Schilddrüsenhormone, also wirkungsverstärkender Effekt

Tab. 11.1 Fortsetzung

Medikament/ Wirkstoff	Einsatzbereich/Wirkung/ Funktion	Bemerkung
Clomipramin/ Clomicalm	Antidepressivum, Einsatz bei Verhaltensstörungen	Absenkung von T4 und fT4
Colestipol	Senkung der Blutfettwerte	hemmt die Aufnahme von Levothyroxin (T4) in den Körper
Colestyramin	bei Hypercholesterinämie, Senkung der Blutfettwerte	hemmt die Aufnahme von T4 und T3 in den Körper, daher sind Schilddrüsenhormone deutlich vor der Colestyramin-Gabe zu verabreichen
Dexamethason	bei Augeninfektionen als Salbe oder Tropfen	hemmt Umwandlung von T4 zu T3
Diazepam	Antiepileptikum, „Angstlöser“	Erniedrigung der T4-Konzentration
Dicumarol	Hemmung der Blutgerinnung	verdrängt T4/T3 aus der Plasmaeiweißbindung, dadurch Erhöhung der Konzentration der freien Schilddrüsenhormone, also wirkungsverstärkender Effekt
Dopamin	Kreislaufversagen, drohendes Nierenversagen	hemmende Wirkung auf die Hypophyse (und damit Reduzierung von TSH) oder direkt auf die Schilddrüse
Domperidon	gegen Übelkeit und Erbrechen	TSH höher
eisenhaltige Präparate	Eisenmangel	wirkungsabschwächend bez. T4
Flunixin	entzündungshemmendes Mittel	wirkt T4 senkend
Furosemid	harntreibendes Mittel	verdrängt T4/T3 aus der Plasmaeiweißbindung, dadurch Erniedrigung der Konzentration des gebundenen T4 und T3 sowie Erhöhung der Konzentration der freien Schilddrüsenhormone, also wirkungsverstärkender Effekt
Glukokortikoide (Nebennierenhormone)	Unterdrückung von Entzündungsprozessen, z. B. Prednison, Dexamethason	leichter Hemmeffekt auf die Schilddrüse (Hemmung der Sekretion von TSH und TRH), hohe endogene Kortisolkonzentrationen oder längere bis dauerhafte Behandlung führten bei Untersuchungen z. B. zur Reduzierung der Serum-Gesamt-T4- und T3-Basiskonzentrationen, T4 teilweise bis unter der Nachweisgrenze. Hemmung der Umwandlung von T4 zu T3
Heparin	Thrombose und Embolie	Erniedrigung der T4-Konzentration
Insulin	Diabetes mellitus	Erhöhung der T4- und T3-Konzentration
Jod, hoch dosiert/ Jodsupplementierung	Jodmangelstruma	hemmt die Jodaufnahme, Erniedrigung der Konzentration von T4 und T3, Erhöhung TSH, langfristig Erniedrigung TSH

11

Tab. 11.1 Fortsetzung

Medikament/ Wirkstoff	Einsatzbereich/Wirkung/ Funktion	Bemerkung
Kaliumperchlorat	Schilddrüsenüberfunktion	hemmt die Schilddrüsenaktivität
Kalziumkarbonat	Behandlung von Osteoporose und Kalziummangel, Bindung von überschüssiger Magensäure, Vorbeugung gegen allergische Reaktionen	wirkungsabschwächend bez. T4
Kortikosteroide	Nebennierenrindenhormone	s. Glukokortikoid
Methimazol	Schilddrüsenüberfunktion	hemmt Schilddrüsenaktivität, Jodisationshemmer
Metamizol	Antirheumatikum, Entzündungshemmer	Erniedrigung der Konzentration von T4 und T3, Erhöhung TSH
Methylthiouracil	Schilddrüsenüberfunktion	hemmt Schilddrüsenaktivität
Mitotane	Zytostatikum bei Nebennierenkarzinom	Erniedrigung der T4-Konzentration
Nitroprusside	Herzmedikament, Éinsatz bei Mitralklappeninsuffizienz, DCM	wirkt T4 senkend
NSAID	nonsteroidal anti-inflammatory drugs Antirheumatika, Schmerzmittel, Entzündungshemmer	kann Hypoproteinämie bewirken und damit T4-Abfall
Opiate bzw. Opioide	u. a. Schmerzmedikation	hemmende Wirkung auf die Hypophyse oder direkt auf die Schilddrüse
Penizillin	bakterielle Infektionen	Einfluss umstritten, evtl. Erniedrigung der T4-Konzentration
Perchlorat	Schilddrüsenüberfunktion	hemmt die Aufnahme von Jod in die Schilddrüse
Phenobarbital	Antiepileptikum	führt zu Erniedrigung der T4-Werte, fT4 nicht beeinflusst oder erniedrigt, TSH nicht beeinflusst oder erhöht Achtung bei Substitution von Schilddrüsenhormonen und Behandlung mit Phenobarbital: Schilddrüsenhormone lösen die Bildung bestimmter Enzyme aus, welche die Wirksamkeit des Phenobarbitals reduzieren. Andererseits verdrängt Phenobarbital T4 aus den Bindungen an die Trägerproteine. Die Eingabe beider Medikamente ist daher zeitlich getrennt vorzunehmen. Behandlung mit Kaliumbromid hat hingegen keinen Einfluss auf die Schilddrüsenwerte.
Phenothiazine	Sedativum	wirkt T4 senkend
Phenylbutazon	Morbus Bechterew, chronisches Gelenkrheuma, entzündungshemmendes Mittel	Einfluss umstritten, ggf. Erniedrigung der T4-Werte, strumige Substanz

11

Tab. 11.1 Fortsetzung

Medikament/ Wirkstoff	Einsatzbereich/Wirkung/ Funktion	Bemerkung
Phenytoin	gegen Krampfleiden, Antiepileptikum, Herzmedikament	führt zu einer vorübergehenden Erhöhung der freien Schilddrüsenhormone und dadurch zu Herzrhythmusstörungen, d. h., wirkungsverstärkende Effekte, strumige Substanz
Primidon	Antiepileptikum	–
Probenecid	Gicht, Hyperurikämie	führt zu einem signifikanten Anstieg der freien T4-Fraktion (also wirkungssteigernd)
Propanolol	Herzerkrankungen, Migräneprophylaxe	Einfluss umstritten, Erhöhung der T4- und fT4-Konzentration, Erniedrigung der T3-Konzentration Hemmung der Umwandlung von T4 zu T3
Propylthiouracil	Schilddrüsenüberfunktion	hemmt Umwandlung von T4 in T3, wirkungsabschwächend bez. T4, Erniedrigung von T4 und T3, hemmt Schilddrüsenaktivität, verhindert Bildung von elementarem Jod, strumige Substanz
Salizylate p-Aminosalizylat (Aspirin)	Schmerz- und Fieberbehandlung	verdrängt T4/T3 aus der Plasmaeiweißbindung, dadurch Erniedrigung der Konzentration des gebunden T4/T3 und Erhöhung der freien Schilddrüsenhormone, also wirkungsverstärkender Effekt
Serotonin	Neurotransmitter	hemmende Wirkung auf die Hypophyse oder direkt auf die Schilddrüse
Sertralin	in Psychopharmaka: Antidepressivum	wirkungsabschwächend bez. T4 und Anstieg der TSH-Konzentration
Sucralfat	Magenerkrankungen	aluminiumhaltiges Präparat, wirkungsabschwächend bez. T4
Sulfonamide	Antibiotika	sulfonamidinduzierte iatrogene Hypothyreose: Sulfonamide blockieren in der Schilddrüse das relevante Enzym zur Bildung der Schilddrüsenhormone, die Thyreoidperoxidase. Dadurch kann bei einigen Hunden ein klinischer Hypothyreoidismus entstehen. Die Normalisierung der Testergebnisse bei Schilddrüsenfunktionstests kann 8–12 Wochen dauern. Erhöhung TSH
Thiamazol	Schilddrüsenüberfunktion	hemmt Schilddrüsenaktivität, verhindert Bildung von elementarem Jod, wirkt konversionshemmend
Thiouracil	Schilddrüsenüberfunktion	hemmt die Umwandlung von T4 zu T3

12 Synonyme

Amygdala	Mandelkern
Autoimmunthyreoiditis	lymphozytäre Thyreoiditis
Cholesterol	Cholesterin
Hypophyse	Hirnanhangsdrüse
Parathyreoidea	Nebenschilddrüse
Sensitivität	Empfindlichkeit
Strumige Substanzen	Thyreostatika, Goitrogene
Spezifität	Selektivität
Thyreoiditis	Schilddrüsenentzündung
Vorhersagewahrscheinlichkeit	prädikativer Wert

13 Abkürzungsverzeichnis

ACTH	Azetylcholin
AG	Antigen
AIHA	autoimmune hämolytische Anämie
AK	Antikörper
BARF	Bones and Raw Food (engl.), Biologisch Artgerechtes Rohes Futter (dt.)
BPA	Bisphenol A
CLIA	Chemilumineszenzimmunoassay
cTSH (rhTSH, bTSH)	canines TSH (humanes rekombiniertes TSH, bovines TSH)
DCM	dilatative Kardiomyopathie
DIT	3,5-Dijodtyrosin
ECLIA	Elektro-Chemilumineszenzimmunoassay
ED	Equlibriumsdialyse
EIA	Enzymimmunoessay
ELISA	Enzyme-Linked Immunosorbent Assay
ESS	Euthyroid Sick Syndrom
fT3/fT4	freie Hormonfraktion von T3/T4
fT4ED	fT4-Analyse mittels Equilibriumsdialyse
γGT	γ-Glutamyl-Transferase
HHA	Hypothalamus-Hypophysen-Nebenniere-Achse
KM	Körpermasse (kg)
ME	metabolische Energie
MHC	Haupthistokompatibilitätskomplex (major histocompatibility complex)
MIT	3-Monojodtyrosin
NIS	Natrium-Jodid-Symporter
NPW/NPV	negativ prädiktiver Wert (NPV: negativ predectiv value)
NTI	Non Thyroidal Illness
PAK	polyzyklische aromatische Kohlenwasserstoffe
PBDE	polybromierte Diphenylether
PCB	Polychlorierte Biphenyle
PPW/PPV	positiv prädiktiver Wert (PPV: positiv predictiv value)

PTBS	posttraumatische Belastungsstörung
PTH	Parathormon
PVC	Polyvinylchlorid
RIA	Radioimmunoassay
rT3	reverses T3, biologisch unwirksames T3
SIRS	Systemisches inflammatorisches Response-Syndrom
SLO	Systemische Lupoide Onychodystrophie
STH	Somatropin, Somatatropin, Wachstumhormon (auch GH: growth hormon)
T3	Trijodthyronin
T3-/T4-AK bzw. TH-AK/ TH-AA	Autoantikörper gegen die Schilddrüsenhormone
T4	Thyroxin
TAK, TgAK, Tg-AK	Thyreoglobulin-Autoantikörper
TBA	thyroxinbindendes Albumin
TBG	thyroxinbindende Globuline
TBP	thyroxinbindenden Proteine
TPO	Schilddrüsen-Peroxidase
TPO-AK	Autoantikörper gegen TPO
TRH	TSH-Releasing-Hormon, Thyreotropin-Releasing-Hormon, Thyreoliberin, Protirelin
TSH	thyreoideastimulierendes Hormon, Thyreotropin, schilddrüsestimulierendes Hormon
TTR/TBPA	Transthyretin (früher: thyroxinbindendes Präalbumin: TBPA)
ZNS	Zentrales Nervensystem
ZOS	Ziel-Objekt-Suche

14 Umrechnungsfaktoren

Bei einem Laborwechsel ist es manchmal praktisch, die für die Schilddrüse wichtigen Blutwerte von einer Bezugsgröße in eine andere umzurechnen. Der Vergleich der Werte der unterschiedlichen Labore ist dennoch nicht möglich. Die Umrechnungsfaktoren in ▶ Tab. 14.1 ermöglichen lediglich, die Werte in gewohnten Größenordnungen darzustellen.

Tab. 14.1 Umrechnungsfaktoren.

Substanz	Umrechnung von	Einheit in
Cholesterin	mg/dl × 0,259	= mmol/l
	mmol/l × 38,664	= mg/dl
T3	ng/dl × 0,01536	= nmol/l
	nmol/l × 65,1	= ng/dl
fT3	pg/ml × 1,536	= pmol/l
	pmol/l × 0,651	= pg/ml
T4	µg/l × 12,871	= nmol/l
	nmol/l × 0,078	= µg/dl
fT4	ng/dl × 12,82	= pmol/l
	pmol/l × 0,078	= ng/dl

15 Literaturverzeichnis

[1] Bacon LM. Hunde im Einsatz. München: GeraMond GmbH; 2012

[2] Beier PM. Die Rolle der Hypothyreose in Bezug auf die dilatative Kardiomyopathie des Dobermanns [Diss. med. vet.]. München: Ludwig-Maximilians-Universität; 2015

[3] Bernauer-Münz H. Schilddrüsenimbalance als Ursache von Verhaltensproblemen? Zwei Fallbeispiele mit unterschiedlichen Therapieansätzen. Tierärztliche Umschau 2009; 64: 547–554

[4] Böhm T, Klinger C, Classen J et al. Repeatability and variability of total T4 measurements at three German veterinary laboratories. Tierarztl Prax Ausg K Kleintiere Heimtiere; 2017; 6: 2–7

[5] Brakebusch I, Heufelder A. Leben mit Hashimoto-Thyreoiditis. München, Wien, New York: W. Zuckerschwerdt; 2005

[6] Dillitzer N. Thes M. BARF-Profil bei Hund und Katze – Stärken und Schwächen auf einen Blick. IDEXX Laboratories 2014. Im Internet: www.idexx.eu/globalassets/documents/country-specific/germany/artikl-und-veroffentlichungen/kleintiere/verschiedenes/du_barfen_de.pdf; Stand: 09.12.2017

[7] Döcke F, Hrsg. Veterinärmedizinische Endokrinologie. 3. Aufl. Jena: Gustav Fischer; 1994

[8] Dodds WJ. Thyroid can alter Behavior. 1992. Im Internet: http://www.canine-epilepsy-guardian-angels.com/bizarre_behavior.htm; Stand: 04.04.2006

[9] Dodds WJ, Laverdure DR. The canine thyroid epidemic. Wenatchee: Dogwise Publishing; 2011

[10] Dodman NH, Aronson L, Cottam N et al. The effect of thyroid replacement in dogs with suboptimal thyroid function on owner-directed aggression: A randomized, double-blind, placebo-controlled clinical trial. J Vet Behav 2013; 8: 225–230

[11] Donas S. Troubles du comportement ameliores par la levothyroxine chez le schien: etude experimentale [Diss.-Med. Vet.]. Lyon: L'Universite Claude-Bernard; 2009. Im Internet: http://www2.vetagro-sup.fr/bib/fondoc/th_sout/th_pdf/2009lyon008.pdf. Stand 08.03.2018

[12] Fialkovičová M, Mardzinovaá S, Benkova M et al. Seasonal influence on the thyroid gland in healthy dogs of various breeds in different weights. Acta Vet Brno 2012; 81: 183–188

[13] Gansloßer U, Stradtbeck S. Schilddrüse und Verhalten – die überschätzte Fehlfunktion? Vet Sp 2012; 1: 9–13

[14] Gesundehundeforum. Im Internet: www.gesundehunde.com/forum; letzter Zugriff: 27.07.2018; vollständiger Link kann bei der Autorin erfragt werden

[15] Grimminger SP. Zum Jodbedarf und zur Jodversorgung der Haus- und Nutztiere und des Menschen. [Diss. med. vet.] München: Ludwig-Maximilians-Universität; 2005

[16] Hegstadt-Davies RL, Tores SM, Sharkey LC et al. Breed-specific reference intervals for assessing thyroid function in seven dog breeds. J Vet Diagn Invest 2015; 27: 716–727

[17] Hare JE, Morrow CMK, Caldwell J et al. Safety of orally administered, USP-compliant levothyroxine sodium tablets in dogs. J vet Pharmacol Ther 2017; 1–12

[18] Huber MB. Wechselwirkungen zwischen Schilddrüse, Zyklus und Trächtigkeit bei der Hündin – ein Literaturüberblick und eine sonografische Studie [Diss. med. vet.]. München: Ludwig-Maximilians-Universität; 2011

[19] Janßen S. Charakterisierung der Schilddrüsenfunktion und Nachweis eines Promotordefektes als Ursache des kompletten thyroxinbindenden Globulin-Mangels beim Hund [Diss. med. vet.]. Gießen: Justus-Liebig-Universität; Gießen: VVB Laufersweiler; 2007

[20] Kabadi UM. Role of thyrotropin in metabolism of thyroid hormones in nonthyroidal tissues. Metab Clin Exp 2006; 55: 748–750

[21] Kasten E. Die irreale Welt in unserem Kopf Halluzinationen, Visionen, Träume. München: Ernst Reinhardt, GmbH & Co KG; 2008

[22] Kloibhofer C. „Schadstoffe im Hundespielzeug" – Studie über das Vorkommen von Problemstoffen im Hundespielzeug aus Kunststoff [Mag. med. vet.]. Wien: Universität; 2014

[23] Köhler B, Stengel C, Neiger R. Dietary hyperthyroidism in dogs. J Small Anim Pract 2012; 53: 182–184. Im Internet: http://onlinelibrary.wiley.com/doi/10.1111/j.1748-5827.2011.01189.x/epdf. Stand: 03.12.2017

[24] Köhler K. Evaluierung von somatischen Ursachen für Verhaltensveränderungen beim Hund in der tierärztlichen Praxis [Diss. Diss. med. vet.]. München: Ludwig-Maximilians-Universität; 2005

[25] Konserviertes Gift. Greenpeace Magazin 2012; 6: 17

[26] Kraft W, Dürr UM. Klinische Labordiagnostik in der Tiermedizin. Stuttgart: Schattauer; 2005

[27] Küblbeck C. Untersuchung zur Jodversorgung von Hunden und Katzen in Frankreich [Diss. med. vet.]. München: Ludwig-Maximilians-Universität; 2003

[28] Labor Laupeneck (Hrsg.). Hypothyreose. Im Internet: www.laupeneck.ch/d/infobl/pdf/d_hypothyreose_hund.pdf; Stand: 29.10.2009

[29] Lambert KG. Lehrmeister Ratte. Berlin, Heidelberg: Springer; 2013

[30] Lau G, Walter K, Kass P et al. Comparison of polybrominated diphenyl ethers (PBDEs) and polychlorinated biphenyls (PCBs) in the serum of hypothyroxinemic and euthyroid dogs. PeerJ 5:e3 780; doi: 10.7717/peerj.3780. Im Internet: https://peerj.com/articles/3780/; Stand: 16.07.2018

[31] Lauinger B. Geräuschempfindlichkeit beim Hund am Beispiel des Bearded Collies – Ein Vergleich von Verhaltenstherapiemaßnahmen und Substitution mit Thyroxin [Diss. med. vet.]. München: Ludwig-Maximilians-Universität; 2012

[32] Lecher C. Eine retrospektive Studie über den Zusammenhang zwischen Rohfleischfütterung und der Entwicklung einer Hyperthyreose und eines sekundären Hyperparathyreoidismus bei Hunden [Mag. med. vet.]. Wien: Universität; 2015

[33] Lichtneckert M. Stress bei Hunden und Besitzern vor, während und nach einem Tierarztbesuch unter Betrachtung des Stresshormons Cortisol [Mag. rer. nat.]. Wien: Universität; 2011. Im Internet: http://othes.univie.ac.at/13335/; Stand: 28.10.2017

[34] Liman I. Untersuchung der Aussagekraft des TRH-Stimulationstests zur Diagnose einer Schilddrüsenunterfunktion beim Hund [Diss. med. vet.]. Hannover: TiHo; 2008

[35] Lorenz GJ. Der Einfluss von Eisenmangel auf die Schilddrüsenfunktion [Diss. med.]. München: Ludwig-Maximilians-Universität; 2009

[36] Mahnke K. Schilddrüse und Verhalten. fachpraxis 2007; 51: 29–33

[37] Mosallanejad B, Ghadiri AR, Avizeh R et al. Serum concentrations of lipids and lipoproteins and their correlations with thyroid hormones in clinically healthy German shepherd dogs: Effects of season, sex and age. IJVST2014; 2: 53–61. Im Internet: https://ijvst.um.ac.ir/index.php/veterinary/article/view/22722; Stand: 25.03.2018

[38] Müller W. Verdacht Hypothyreose. hundkatzepferd 2010, 5: 24–29

[39] Nachreiner RF, Refsal KR, Graham PA et al. Prevalence of serum thyroid hormone autoantibodies in dogs with clinical signs of hypothyroidism. J Am Vet Med Assoc 2002; 220: 466–471

[40] NRC (National Research Council). Nutrient Requirements of Dogs and Cats. Washington D.C.: The National Academics Press; 2006

[41] O'Heare J. Das Aggressionsverhalten des Hundes. Bernau: Animal Learn; 2003

[42] Oohashi E, Yagi K, Uzuka Y et al. Seasonal changes in serum total thyroxine, free thyroxine, and canine thyroid-stimulating hormone in clinically healthy beagles in Hokkaido. J Vet Med Sci 2001; 63: 1241–1243

[43] Piechotta M. Bestimmung von Autoantikörpern gegen Schilddrüsenhormone im Serum von Hunden und deren Einfluss auf die Schilddrüsendiagnostik [Diss. med. vet.]. Hannover: TiHo; 2007

[44] Pietralla M. Mein Clickertraining. Stuttgart: Franckh-Kosmos; 2011

[45] Pilarczyk B, Balicka-Ramisz A, Ramisz A et al. Selengehalt im Serum von Hunden und Katzen in Westpommern und der Westukraine. Tierarztl Prax Kleintiere 2010; 6: 374–378. Im Internet https://www.researchgate.net/profile/Bogumita_Pilarczyk/publication/51975796_Selenium_level_in_the_sera_of_dogs_and_cats_in_West_Pomerania_and_West_Ukraine/links/55c1fca308ae4a2aa8 933b62/Selenium-level-in-the-sera-of-dogs-and-cats-in-West-Pomerania-and-West-Ukraine.pdf; Stand: 28.12.2017

[46] Popiel J, Cekiera A. Usefulness of measuring the concentration of thyroglobulin antibodies in serum of dogs for the assessment of thyroid functioning. Bull Vet Inst Pulawy 2014; 58: 261–266

[47] Prelaud P, Rosenberg D, DeFornel P. Endokrinologische Diagnostik in der Kleintierpraxis. Hannover: Schlütersche; 2005

[48] Radosta L, Shofer F, Reisner L. Comparison of thyroid analytes in dogs aggressive to familiar people and in non-aggressive dogs. Vet J 2012; 192: 472–475

[49] Reese S, Breyer U, Kaspers B et al. Etablierung neuer diagnostischer Verfahren zur Untersuchung der Hypothyreose beim Hund. Gesellschaft zur Förderung Kynologischer Forschung e. V.; 2006. Im Internet: http://www.gkf-bonn.de/download/zb_Rasse16.pdf; Stand: 28.10.2005

[50] Riviere JE, Papich MP. Veterinary pharmacology & therapeutics. 10. Aufl. Hoboken: Wiley Blackwell; 2018

[51] Schelling J. Vergleich von Thyroxin-bindendem Globulin verschiedener Spezies [Diss. med. vet.]. München: Ludwig-Maximilians-Universität; 2002

[52] Scott-Moncrieff JC: Hypothyroidism. In: Feldman EC, Nelson RW, Reusch C, Scott-Moncrieff JC, Behrend E. Canine and Feline Endocrinology. 4th Edition. Oxford: Elsevier Ltd; 2014. https://doi.org/10.1016/B978-1-4557-4456-5.00003-1

[53] Spindler KD. Vergleichende Endokrinologie. Stuttgart: Thieme; 1997

[54] Steinhoff L, Ruhmann B, Mösseler A et al. Alimentäre Hyperthyreose beim Hund – eine prospektive Studie. Prakt Tierarzt 2017; 9: 898–907

[55] Stiftung Warentest. Schock aus dem Meer. Test 2002. 9: 18–21

[56] Stiftung Warentest. Jod in Gemüsealgen: Schock aus dem Meer (13.09.2002). Im Internet: https://www.test.de/Jod-in-Gemuesealgen-Schock-aus-dem-Meer-1051651-0/; Stand: 01.07.2017

[57] von Thun K. Schilddrüsenparameter und Cholesterol-Werte bei Hunden mit Verhaltensproblemen und Verhaltensstorungen [Diss. med. vet.]. München: Ludwig-Maximilians-Universität; 2010

[58] Wahrendorf S. Schilddrüsenparameter und Cholesterol-Werte bei verhaltensunauffälligen Hunden [Diss. med. vet.]. München: Ludwig-Maximilians-Universität; 2011

[59] Wilkinson S. Help for Hypothyreoidism. Mood swings and unexplained aggression can be caused by low thyroid. WholeDog Journal 2005: 18–21. Im Internet: https://www.whole-dog-journal.com/issues/8_6/features/Dogs-With-Hypothyroidism_15723-1.html; Stand 01.04.2018

[60] Zeugwetter FK, Vogelsinger K, Handl S. Hyperthyroidism in dogs caused by consumption of thyroid-containing head meat. Schweiz Arch Tierheilkd 2013; 155: 149–152. Im Internet: https://sat.gstsvs.ch/fileadmin/media/pdf/archive/2013/02/SAT15 5020149.pdf; Stand: 03.12.2017

[61] Zentek J. Ernährung des Hundes. 8. Aufl. Stuttgart: Enke; 2016

Sachverzeichnis

A

Adenohypophyse, Funktionsstörung 58
Adenom 56, 170
- hormonell inaktives 56
- toxisches 56
-- hyperthyreotes 56
ADHS 142
Adrenal fatigue 216
Adrenalin 44–45, 214–215
Aggression 50, 80, 207, 221, 256
- Hormonlage 208
AIHA 71
Albumin 34–35
- Blut-Gewebe-Schranke 89
- Hormonbildung 38
- Schilddrüsenhormon-Trägerprotein 170
- TSH-Stimulationstest 107
Algen 150, 164–165, 248
All-Meat-Syndrom 54, 157
Allergie 71, 224
- Fehldiagnose 90
Allgemeinbefinden, Schilddrüsenunterfunktion 81
Allostase 212, 218
alomed 95
Alopezie 90
Alter 22, 47, 97, 133
Altersatrophie 60
Aminosäure, essenzielle 253
Amygdala 217
Analyse 140
Analysemethode 117
Analyseplan 142
Analyseverfahren 112, 203
Analytik
- gestaffelte 117
- Störfaktor 120
Anämie 50, 71, 82, 240, 252
- autoimmune hämolytische 195
Anamnese 142
- Schilddrüsenunterfunktion 75
-- telefonische 77
Anfall 196
Anfangsdosis 230
Angst 207, 221, 263
- Hormonlage 208
Angstaggression 81
Ängstlichkeit, vor fremdem Objekt 179
Anöstrus 135
Anpassungssyndrom 214, 218
Antigen 61, 99
Antikörper 61
- monoklonaler 117
- polyklonaler 117
Antikörpertest 97
Antioxidationsmittel 48–49, 52, 252–253
Apolipoprotein, Hormonbildung 38
Apolipoproteine 35
Arteriosklerose 87
Atemfrequenz 238
Atrophie 56, 59–60, 63, 110, 157, 193
Auge
- Schilddrüsenunterfunktion 83
- trockenes 83
Autoantigen 61
Autoantikörper 61, 97
Autoimmunerkrankung 61–62
Autoimmunkrankheit 71, 87
Autoimmunthyreoiditis 59, **61**, 67, 98, 154, 158, 178, 191–192, **193**, 200
- Antikörper 122
- Begleiterkrankung 194
- Berger des Pyrénées 169
- Disposition, genetische 64, 194
- Prävalenz 114
- Rassendisposition 65
- Stadien 63
- TPO-AK 101
- Verlauf 63

B

Babesiose 71
Bachblüten 199
Ballaststoff 254
BARF-Profil 162
Beagle 57, 64
Bearded Collie 203
- Autoimmunerkrankung 65
- Geräuschangst 81, 221
Begleiterkrankung 194, 241
- Schilddrüsenunterfunktion 62
Behandlungsreaktion 182
Belastung 138
Belastungsstörung, posttraumatische 185, 187
- Behandlungsmöglichkeit 189
- komplexe 187
Berger des Pyrénées
- Autoimmunthyreoiditis 169
- Jodbedarf 65
Bewegung 254
Bewegungsapparat, Beschwerden 240
Bindungsaffinität 34
Bindungskapazität 34
Bioverfügbarkeit 227
Biphenyle, polychlorierte 250
Bisphenol A 170, 250
β-Blocker 276
Blut-Hirn-Schranke 73
- Störung 84
Blutuntersuchung 242
- Läufigkeit 244
- Rüde 244
- Schilddrüsenprofil 90
Blutwert
- Beurteilung 145
- Schilddrüsenunterfunktion 82
- Vergleichbarkeit 243
Blutwerte 242
Borreliose 60, 72, 74, 272
Boxer 56
- Herzinsuffizienz 85
Boxer-Kardiomyopathie 86
Bradykardie 85

C

C-Zellen 20, 24
Cadmium 51
Carboanhydrase 50
Chemilumineszenzimmunoassay 119
- Referenzbereich 129
- T4-Messung 119
Cholesterin 28, 58, 82, **102**, 203
- k-Wert 102
- Referenzwert 205
Clickertraining 264
Coping-Strategie 219
Cryptic Epitops 61
cT4/cTSH-Quotient 97
Cushing-Syndrom 70

D

Darmerkrankung 51, 72–73, 241
Dauerbeschäftigung 257
Dauerstress 74, 176, 178, 212, 219
DCM 85
- *Siehe auch* Dilatative Kardiomyopathie
Deckbereitschaft 135
Dejodase 22, 48, 50, 211
Dejodierung 37
Demodikose 72
Denkblockade 183
Denken, logisches 256
Depression 81, 196
Deprivation, Hormonlage 208
Deprivationssyndrom 276
Desensibilisierung 188, 215, 259

Deutsche Dogge 64
Diabetes 71, 234
- Dosiseinstellung 233
Diät 161
Diätfutter 254
Dijodtyrosin 155
Dijodtyrosin (DIT) 24, 229
- Formel 24
- Synthese 33
Dilatative Kardiomyopathie (DCM) 85
- Screening 86
- sekundäre 85
- Zusammenhang mit Hypothyreose 86
Diphenylether, polybromierte 250
Disposition, genetische 64, 132, 194
Dobermann
- DCM 86
- Schilddrüsenunterfunktion, Prävalenz 114
Dobermann-Kardiomyopathie 86
Dobermann-Pinscher, Herzinsuffizienz 85
Dopamin 45, 209–210, 265
Dosenfutter 163, 171
- Verunreinigung 171
Dosierung 230
- Autoantikörpereinfluss 233
- bei Autoantikörpern 99
- Hund, älterer 234
- Medikamenteneinfluss 234
- Notfallvorsorge 236
- optimale 232
- Schwankung 235
- Stress 256
- Überdosierung 237
- Umwelteinfluss 234
- Weglassen 235
Dysfunktion, kognitive, Hormonlage 208

E

Echinacea 200
ED, *siehe* Equilibriumsdialyse
Einstiegsdosis 232
Eisen 234, 241, 247
- Aufnahme 252
- Mangel 50
Eisenaufnahme, verminderte 50
Eiweiß 28, 252
Eiweißmangel 48
ektopisches Gewebe 20
Elektro-Chemilumineszenzimmunoassay 119
ELISA (Enzyme-Linked Immunosorbent Assay) 119
- Schnelltest 126
Energie, umsetzbare 161
Enterohepatischer Kreislauf, *siehe* Kreislauf, hepatischer
Entspannung 258
Entspannungssignal 259, 284
- Aufbau 262
- erlerntes 261
Enzymimmunoassay 119
- Schnelltest 126
- T3-AK-Bestimmung 122
Epilepsie 72, 84, 184, 196, 198, 290
Epithelkörperchen 20
Equilibriumsdialyse 118
- modifizierte 118
Equilibriumsdialyse (ED) 93
Erbrechen 235
Erholung 258
Ernährung 48, 75, 142, **247**
Erwartungshaltung 184–185
Erythrozyten 29, 35
Erziehungsdefizit 176
Erziehungsfehler 176
Escape-Phänomen 156
ESS (Euthyroid Sick Syndrom), *siehe* NTI
Ester-C 200
Extra-long-Loop 42
Extra-long-Loop-Feedback 43

F

Fährtensuche 257
Fastentag 254
Fell
- rotstichiges 30
- Schilddrüsenunterfunktion 88
Fellveränderung 78
Fellwachstum 28, 51, 88–89, 105, 240
Festphasen-Assay 118
Festphasen-RIA 118
Fett 28
Fettsäure 252
Fetus 136
Fleisch
- Abkochen 167
- Fütterung 166
- gewolftes 165, 249
Fleischfresser, Selen 252
Flüssigphasen-Assay 118
Flüssigphasen-RIA 118
Folgeerkrankung 241
Follikel 20, 52, 59–60
- Atrophie 67
Follikelatrophie 59
Fortpflanzung, Schilddrüsenunterfunktion 88
Fragebogen, Anamnese 75
Fruchtbarkeitsstörung 88
fT3, Referenzwert 197, 205
fT4
- Altersabhängigkeit 133
- Bestimmung 143
- Beurteilung 145
- Rasse 131
- Referenzwert 197, 205
- Schilddrüsenfunktion 93
- Schilddrüsenprofil 92
- Schilddrüsenunterfunktion 201
- Thyroxin-Substitution 104
fT4ED 118–119
- Bestimmung 143
- Beurteilung 145
Futter 247
- Dosenfutter 162, 249
- Fertigfutter 162
- fettreiches 252
- Fleisch 165
- Hormonresorption 234
- Jod 248, 269
-- Berechnung 163
- Jodgehalt 171
- Jodierung 163
- Konservierungsstoff 199
- proteinreiches 252
- selbstbereitetes 163
- Trockenfutter 162
Futterplan 164
Fütterung 202
- Dosisgabe 234
- Hormonresorption 234

G

GABA 210
Gastritis 62
Gastroenteritis 72, 241
Gastrointestinaltrakt, Schilddrüsenunterfunktion 88
Gegenkonditionierung 215, 259
Gehirn 22, 27, 211
Gehirnfunktionsstörung, Hormonlage 208
Generika 227
- Humanbereich 227
Genexpression 18, 23, 25–26
- T3 211
Geräuschangst 81, 221
Geruch
- Entspannung 262
- Identifizierung 258
Geruchssinn 266
Geruchstriggerung 189
Geschirr 265
Geschlecht 134, 138
Gesichtsausdruck, trauriger 58
Gewebe
- akzessorisches 55
- dystopes 55
- ektopisches 55

Gewichtsreduzierung 253
Gewöhnung, *siehe* Habituation
Globulin, thyroxinbindendes, *siehe* TBG
Glukokortikoide 90
Glukose 28, 45, 48, 58
Glukosinolat 154
Glutamat 210
Goitrogene 52
Golden Retriever 57
Graves' disease 54–55, 157
Gravidität 135
Größe 138
Grundgesamtheit 113, 127
GTVMT 68, 226
GTVMT (Gesellschaft für Tierverhaltensmedizin und -therapie) 91

H

Haarausfall 89
Habituation 214
Halbwertszeit 34, 229
- Schilddrüsenhormone
-- Hund 39
-- Mensch 39
Halsband 265
Halterreaktion 182
Hapten 121
Hashimoto-Erkrankung 181
Hashimoto-Thyreoiditis 62, 157
Haupthistokompatibilitätskomplex 65
Haut, Schilddrüsenunterfunktion 88
Hautkrankheit 46
Hautveränderung 78
Hawthorne-Effekt 184
Herz 29
- Funktionsstörung 240
- niedrige Frequenz 58
Herz-Kreislauf-System, Schilddrüsenunterfunktion 85
Herzerkrankung 233, 242
Herzfrequenz 77
- niedrige 78, 237
Herzinsuffizienz 85
Hilflosigkeit, erlernte 216
Hippocampus 217
Hitze 134
Höhle 258
Homöostase 212
Hook-Effekt 120
Hormon
- glandotropes 40
- natürliches 229
- schilddrüsenstimulierendes, *siehe* TSH
- thyreotropes, *siehe* TSH
Hormondepot, extrazelluläres, Schilddrüsenhormon 31
Hormonlevel 196
Hormonschwankung 231
Hormonspeicherung, Hund 38
Hormonsubstitution, *siehe* Substitution
Hormontablette, Absetzen 177
Hund
- älterer, Dosisänderung 234
- Besonderheiten 38
- euthyreoter
-- TH-AK 100
-- Thyroxin-Substitution 103
- hypothyreoter
-- Differenzierung zu euthyreotem Hund 113
-- Stressanfälligkeit 223
-- TH-AK 100
- Jodbedarf 158–159
- kranker 226
-- Begleiterkrankung 241
-- Blutuntersuchung 242
-- Diagnose 226
-- Dosierung 229
-- Ernährung 247
-- Folgeerkrankung 241
-- Medikamente 227
-- Symptomverbesserung 240
-- T3-Substitution 239
-- Therapieversagen 241
- Placeboeffekt 184
- schilddrüsenkranker 178
- Selen 252
- Stressanzeichen 223
Hundehalter 141
- Charakterisierung 182
- Selbstzweifel 182
Hundespielzeug, Schadstoff 251
Hunger 48, 138
Hyperadrenokortizismus 90
Hyperlipidämie 240
Hyperöstrogenismus 90
Hyperplasie 170
Hyperthyreose 54
- *Siehe auch* Schilddrüsenüberfunktion
Hypertrichose 89
Hypervigilanz 187
Hypophyse 19
- Störung 69
Hypophysen-Nebennieren-System, Störung 73
Hypophysen-Nebennierenrinden-System 217
Hypothalamus 70
- Funktionsstörung 58
Hypothalamus-Hypophyse-Schilddrüsen, Erholungsphase 104
Hypothalamus-Hypophysen-Schilddrüsen-Achse 42
Hypothyreose, *siehe* Schilddrüsenunterfunktion
- sekundäre, *siehe* Schilddrüsenunterfunktion, sekundäre

I

Immunglobulin 61
Immunoassay 117
- kompetitiver 118
- nicht kompetitiver 118
Immunozyten 61, 63
Immunreaktion 29
Immunschwäche 78
Immunsystem 247
- Stärkung 200
Impfung 64, 71–72, 74, 92, 137
- Blutuntersuchung 244
- TAK 99, 202, 204
Infektionskrankheit 241
Insulin 45, 233–234, 289
Interassay-Übereinstimmung 115
Intraassay-Übereinstimmung 115
Isthmus 19

J

Jod 29, 41, 49, 91, **149**, 289
- Antioxidans 151
- Aufnahme 151, 153
-- Hemmung 154, 171
- Ausscheidung 152
- BARF-Profil 162
- Bedarf 158–159
-- Berger des Pyrénées 169
-- Katze 170
-- Rasse 167
- Futter 161–162, 248
-- selbstbereitetes 163
- Gehalt
-- Futter 201
-- hoher 165
-- Körperteil 164
-- Schilddrüsenüberfunktion 170
- Kreislauf 153
- Kropfbildung 157
- Mangel 22, 42, 153, 157–158
-- Fertigfutter 163
-- Gebiet 149
-- Kropf 157
-- Pferd 160
- Pflanze 150
- proteingebundes 38
- Salz 163
- Schilddrüsenunterfunktion 248
- Speicherung 152
- Spurenelement 151

- Überversorgung 156, 165
- Unterversorgung, *siehe* Jod: Mangel
- Versorgung 64–65
- Wundbehandlung 149, 151

Jodat 149
Jodid 149
Jodspeicherung, Hund 38
Jodstoffwechsel, Hund 38
Jodtablette 156
Jodumsatz, Hund 38
Jodungleichgewicht **59**

K

k-Wert 102
Kalzitonin 20, 24–25
Kalzium 24, 29, 155, 234, 251
Kardiomyopathie, dilatative, *siehe* Dilatative Kardiomyopathie
Kardiovaskular-System, Schilddrüsenunterfunktion 85
Karzinom 56
Kastration 64, 138, 256
Katecholamine 44, 214
Kehlkopffleisch 145, 165, 249
Keratoconjunctivitis sicca 269
Knoblauch 200
Kolitis 51
Kombinationspräparat 228
Konditionierung, klassische 185–186
Konversion, T4 37
Körpergewicht
- metabolisches 161
- stoffwechselaktives 161

Körperkontakt 259, 262
Körpermasse, Jodbedarf 160
Kortikosteron, Blutkonzentration 73
Kortisol 44, 72, **216**
- Blutkonzentration 73
- Erhöhung 74
- Geburt 136
- MDR1-Defekt 221
- PTBS 189
- Schilddrüsenunterfunktion 195, 219

Krankheitsausbruch 182
Kreislauf, enterohepatischer 38, 152
- T4-Regulation 37

Kretinismus 27, 82
Kropf 54, 157
- Normalfunktion der Schilddrüse 54
- Schilddrüsenüberfunktion 55
- Schilddrüsenunterfunktion 55

Kupfer 51
- Mangel 50

L

L-Thyroxin 57
Laborwert 112
Larynxparalyse 84
Last, allostatische 212
Läufigkeit 92
- Blutuntersuchung 244

Lebensumstände 75
Lebensweg 182
Leber
- Erkrankung 35, 72–73, 82, 233, 237
- Schilddrüsenhormonabbau 37
- Wilson-Krankheit 154

Leckerchen 254
Liquid 228
Long-Loop 42
Long-Loop-Feedback 42
Low-T3-Syndrom 24, 74
Low-T4-Syndrom 145

M

Magen-Darm-Erkrankung 284
MDR (Multidrug Resistance Transporter) 73
- Funktion 73

MDR1-Defekt 71, 73
- Kortisol 221

Medikamente 35, 47, 138
- Dosierung 229
- Kumulation 73
- Schilddrüseneinfluss 288
- Schilddrüsenunterfunktion **227**

Megaösophagus 72, 84, 88
Merseburger Trias 54
Messparameter 113
Messverfahren 114
Metabolisches Körpergewicht 161
Metall 48
Metöstrus 135
MHC (major histocompatibility complex, *siehe* Haupthistokompatibilitätskomplex
Mineralstoffhaushalt 254
Molecular Mimicry 61
Monojodtyrosin 155
Monojodtyrosin (MIT) 24, 229
- Formel 24
- Synthese 33

Morbus Addison 62, 233
Morbus Basedow 54–55, 157
Morbus Cushing 36, 62, 72–73, 90, 137
Multidrug Resistance Transporter 73
Mustertagebuch 255
Myxödem 87, 89
Myxödem-Koma 58

N

Nahrung 28, 161
- Jodgehalt, hoher 165

Nahrungsergänzungsmittel 248, 253
Narkose 71, 241
Natrium-Jodid-Symporter 153
Nebennierenrinde, Schwäche 202
Nebenschilddrüse 20, 25
Nervensystem, Schilddrüsenunterfunktion 84
Neuropathie 84
Neurotransmitter 23, 45, 209, 220
- Noradrenalin 216

Niere, Erkrankung 72–73, 233, 237
Nitrat 155
NNR-Schwäche 202
Non Thyroidal Illness, *siehe* NTI
Non-Thyreoidal-Illness (NTI) 37
Noradrenalin 44, 209–210, 214, **216**
NTI (Non Thyroidal Illness) 46, 58, 70, **70**, 137, 241
- Ausschluss 142
- Schilddrüsenhormon 70
- Substitution 70, 202
- T3 93
- TPO-AK 101
- TSH 94
- Ursache 71

NTI (Non-Thyreoidal-Illness) 37
Nullwert-Messung 123

O

Omega-3-Fettsäure 252
One-Trial-Learning 186
Opioide 45, 215, 262, 290
Organprofil 77, 91, 142, 242, 244
Osteoporose 202
Östrogen 44, 209
Östrus 135

P

p-Glykoprotein 73
Panikattacke 272, 280
Pankreatitis 72, 252
Parathormon 20, 24–25
Parvovirose 72
PBI (proteingebundenes Jod) 38
Perchlorat 290
Phase
- protrahierte 25
- Sofortphase 25

Phenobarbital 198
Placeboeffekt 79, 105, **184**, 235

Plummer-Effekt 153, 156
Polyendokrinopathie 61–62
Präalbumin, thyroxinbindendes 34
Prävalenz 114
Problemhund 268, 278
Progesteron 134
Prolaktin 209
Proöstrus 135
Protein 28, 252
– hochwertiges 253
Protirelin, *siehe* TRH
Psychopharmaka 276
Pubertät 133
Pulsfrequenz 238
Pulsmessung 237–238
Pyodermie 71, 89–90

Q

Qualitätskontrolle 115

R

Radioimmunoassay 118
– Referenzbereich 129
– T3-AK-Bestimmung 122
– T4-AK-Bestimmung 122–123
Rasse 65, 130, 182
– Alopezie 90
– Disposition, Schilddrüsenunterfunktion 65
– Fellproblem 90
– fT4-Wert 131
– Hautproblem 90
– Hypophysenschaden 70
– Jodbedarf 167
– Kardiomyopathie, dilatative 86
– MDR1-Defekt 73
– Referenzbereich 129–130
– Schilddrüsenunterfunktion 86
– T4, Dosierung 232
– T4-Wert 130–131
– TH-AK 101
– TSH-Mangel 70
– TSH-Wert 131
– Vergleich 132
– Verhaltensänderung 69, 80
–– Subklinische Schilddrüsenunterfunktion 69
Reaktion, paradoxe 276
Rebound-Effekt 79, 236
Referenzbereich
– laborinterner 127
– Messparameter 127
Referenzwert 127, 197, 205
– Selektivität 128
– Sensitivität 128
Resilienzfaktor 186
Röntgen 110
Rotstichigkeit 30
rT3 71
Rückkopplung
– negative 42
– Schilddrüsenhormone 42
Ruhepuls 238

S

Saluki, Hormonwert 196
Scheinträchtigkeit 135
Schilddrüse
– Aktivität, Erkrankungseinfluss 46
– Aufgabe 19
– Autoimmunphänomen 154
– Biopsie 110
– Dejodase 48, 52
– Gewebe, Neubildung 55
– Gewicht 19
– Hemmung 71
– Jodaufnahme 153
– Stimulationstest 106
– Szintigrafie 109
– T4-Gabe 198
– TSH-Stimulationstest 107
– Veränderung 110
– Vergrößerung 54, 170
Schilddrüsen-Hypophysen-Hypothalamus-Achse 70
Schilddrüsendysfunktion 66
Schilddrüsenentzündung 60, 98
Schilddrüsenerkrankung 53, **53**
Schilddrüsenhormon 18
Schilddrüsenhormone
– Abbau 37, 152
– Altersabhängigkeit 47, 133
– Analyse 121
– Ausscheidung 39
– Autoantikörper 92, 97, 99, 143, 198, 232–233, 244
–– Beurteilung 145
–– Störung 92
– Autoantikörper-Analyse 122
– DIT 24, 155
– Einflussfaktor 138–139
– Erkrankung 46, 137
– Ernährungseinfluss 48
– Freisetzung 33
– Geschlecht 134
– Gleichgewicht 222
– Hemmung 52
– Hormonlage, individuelle 137
– Hormonwechselwirkung 44, 209
– Impfung 137
– Individualeinfluss 47
– Kastration 138
– Konzentration, Einflussfaktor 130
– Level 196
– Medikamenteinfluss 47
– Messergebnisse, auffällige 145
– Metall 48
– MIT 24, 155
– Nahrung 165
– natürliche 284
– Neurotransmitterwechselwirkung 209
– Prohormon 21
– Rasse 130
– Rasseabhängigkeit 47
– Reduktion 154
– Regelkreis 42
– Regulation, Hormoneinfluss 44
– rT3 24, 37
– Schwankung 199, 243
– Speicherung 37
– Spurenelement 48
– Stoffwechsel
–– Einflüsse, iatrogene 72
–– Störung 72
– Stoffwechselwirkung 28
– Stress 221
– Substitution 74
– Synthese 29, 33
–– Jod 155
– T3 21
– T4 21
– Tablettengabe 242
– Tageszeit 136–137
– Thyroxin-Substitution
–– Absetzen 104
–– bei gesunden Hunden 103
– Tierreich 151
– Trägerproteine 33, 155
– Überproduktion 57
– Umwandlung 22
– Umwandlungsstörung 74
– Umwelteinfluss 45
– Ungleichgewicht 222
– Verhalten 208
– Vitamine 52
– Werte
–– NTI 70
–– Subklinische Schilddrüsenunterfunktion 67
– Zyklusabhängigkeit 136
– Zyklusphase 134
Schilddrüsenimbalance 66
Schilddrüsenknoten 109
Schilddrüsenprofil 90, 143, 269, 275, 283
– Antikörpertest 97
– Cholesterin 102
– Interpretation 117
– Parameter 91
– T3 93

- T4 92
- TSH 94
- vollständiges 143
Schilddrüsenstoffwechsel, Hund 38
Schilddrüsentumor 55, 158
- Jodaufnahme 157
- Szintigrafie 109
Schilddrüsenüberfunktion 20, 54, 60, 110, 154
- Behandlung 57
- Katze 170
- Röntgen 110
- Symptome 57
- Szintigrafie 109
- T4 92
- Wolff-Chaikoff-Effekt 156
Schilddrüsenunterfunktion 22, 49, 56, 58, 154, 193, 203, 221, 226, 275, 278
- Abgrenzung zu anderen Erkrankungen 142
- Allgemeinbefinden 81
- Analyse 140, 144
- Anamnese 75
- atrophische 200
- Augensymptome 83
- autoimmune, *siehe* Autoimmunthyreoiditis
- Autoimmunerkrankung 62
- beginnende 66, 175, 226
- Behandlung 198, 227
- Biopsie 110
- Blutwerte 82
- Cholesterin 102
- chronische, Veränderung 87
- Denkblockade 183
- Diagnose 75, 96, 103, 198, 201, 206
-- Analyseparameter 139
-- Probleme 112
- Entwicklung 140
- Fellprobleme 88
- Gastrointestinaltrakt 88
- Halsband 265
- Hautprobleme 88
- Herz-Kreislauf-System 85
- Hormongabe 236
- Hundecharakterisierung 182
- Impfung 202
- Jodmangel 157
- Jodüberschuss 156
- Jodversorgung 248
- k-Wert 102
- Kardiovaskular-System 85
- latente 66
- Nachuntersuchung 199
- Nervensystem 84
- permanente 50
- primäre 58, **59**, 107, 158, 200
-- Ursache 59
- Rassendisposition 65
- Schilddrüsenprofil 143
- Schnelltest 127
- sekundäre 58, 69, 95, 107–108
-- TSH 94
-- Ursache 70
- Sonografie 110
- Stadien 67, 98–99, 110, 140, 148
- Stimulationstest 106
- Stoffwechselbefinden 81
- Störung im Fortpflanzungsbereich 88
- Stress 211, 219
- subklinische, *siehe* Subklinische Schilddrüsenunterfunktion
- Substitution 174
- sulfonamidinduzierte 94
- sulfonamidinduzierte iatrogene 74, 291
- Symptome 78
-- Abklingen 240
-- klinische 208
-- neurologische 240
-- neuromuskuläre 84
- T3 93
- T4 92
- TAK 98, 204
- Temperaturempfinden 266
- tertiäre 58, 70, 108
- Therapieversuch 103
- transiente 50, 64, 161, 236
- TRH-Stimulationstest 108
- TSH 94
- TSH-Stimulationstest 107
- Untersuchung 144
- Verdauungstrakt 88
- Verhalten 174, 207
- Verhaltensänderung 78, 195
- Wahrscheinlichkeit 115
- Zusammenhang mit DCM 86
Schmerz 208
- Verhalten 209
Schmidt-Syndrom 65, 195
Schnelltest 126
Schur 46, 88, 266
Schutzfunktion 71
Sekundärinfektion 240
Selbstvertrauen 260
- Steigerung 260, 264
Selektivität 113, 127
Selen 48–49, 51, 91, 247, 251
- Fleischfresser 252
- Mangel 49, 60
-- Ursache 51
-- Wirkung 51
Sensibilisierung 215
Sensitivität 112, 127
Serotonin 23, 45, 209–210, 291
- Mangel 210
Serum-T4 92
Sexualhormon 134, 244
Shaping 264–265
Short-Loop 42
Sicherheitssignal 264
SLO (Systemische Lupoide Onychodystrophie 65
Social Support 259, 263
Soja-Isoflavone 154
Somatostatin 209
Sonografie 109
Sozalisation, mangelnde 278
Sozialisation 182
- mangelnde, Hormonlage 208
Speicherdrüse 31
Spezifität 113
Spurenelement 48, 151, 161, 251
Standhitze 135
Staupe 71
Steroid 198
Steroidhormone 44
Stimmungsübertragung 259, 263
Stimulationstest **106**
- TRH 108
- TSH 107
Stoffwechselaktives Körpergewicht 161
Stoffwechselbefinden, Schilddrüsenunterfunktion 81
Störfaktor 120, 202
Stress 44, 178, **211**, 274, 279, 282
- Abbau 181
- akuter 214
- chronisch intermittierender 214
- chronischer 142, 214, 218
- Clickertraining 264
- Distress 212
- Einflüsse 213
- Entspannungssignal 262
- Eustress 212
- Körperkontakt 262
- oxidativer 49, 51
- psychosozialer 214
- Reduzierung 280
- Tierarzt 244
- Toleranz 260
- Training 215, 256
- Typ A 214, 219
- Typ B 216, 219
- Verhaltensweise 259
Stressanzeichen 223
Stressbewältigung 218, 221, 255
Stresskreislauf 220
Stressor 176, 211–212
- Einteilung 213
- permanent vorhandener 214

Stressreaktion 211, 214
- hormonelle 215
- Hund 223
- im Körper 218
- langsame 217
- neuronale 215
- Schilddrüsenunterfunktion 219
- schnelle 217
Stresssyndrom 215
Struma 54
- euthyreotes 54
- hyperthyreotes 55
- hypothyreotes 55
Studie 139
Subklinische Schilddrüsenunterfunktion 63, **66**, 143, 147, 176, 226, 269, 283
- Anamnese 75
- Arzterfahrung 68
- Behandlung 68
- Denkblockade 183
- Diagnose 68
- Hormone 67
- Hundecharakterisierung 182
- Kastration 256
- Stress 219
- Symptome 67
- Untersuchung, Dr. Jean Dodds 191
- Verhalten 174
- Verhaltensänderung 69
Substanz
- immunstärkende 253
- strumige 52, **154**, 249
-- Abbau 171
-- Jodaufnahme 171
- umweltschädliche 249
Substitution 174, 177, 283
- Dosis 199
- Einstiegsdosis 232
- Hormon, natürliches 229
- Hormonautoantikörper 233
- natürliche Hormone 241
- Präparatewechsel 227
- Stress 223
- Überdosierung 202
- Verhalten 260
- Vitamin B_{12} 285
Sulfonamide 74
Symptome
- klinische 66
- subklinische 66
System
- limbisches 219
- sympathoadrenomedulläres 217
Systemische Lupoide Onychodystrophie 65
Szintigrafie 109

T

T3 21, 203
- Antikörper 97, 99, 201
- Antikörper-Bestimmung 122
- Ausscheidung 39
- Bestimmung 93
-- Kontrolle 243
- Beurteilung 145
- Fetus 136
- Gehirnausreifung 211
- Halbwertszeit 239
- Hunger 138
- Kortisol 220
- Reduzierung 71
- Referenzwert 197, 205
- Schilddrüsenprofil 93
- Speicherung 38
- Substitution 74, 104, 207, 233, 239, 269
- Synthese 33, 155
- Zyklus 135
T3-Substitution, Reduzierung 279
T4 18, 203
- Abnahme 133
- Altersabhängigkeit 133
- Analyse 142
- Antikörper 97, 99, 201
-- Bestimmung 122
-- Werteinterpretation 125
- Ausscheidung 39
- Behandlung 184, 191, 198, 227
- Belastung 138
-- akute psychische 189
- Bestimmung
-- CLIA 119
-- Kontrolle 243
- Beurteilung 145
- Dauerstress 176
- Dosierung, Reduzierung 239
- Eliminationsrate 229
- Fetus 136
- Fleischfütterung 166
- Halbwertszeit 230
- k-Wert 102
- Rasse 131
- Referenzwert 197, 205
- Regulation 40
- Schilddrüsenprofil 92
- Schilddrüsenunterfunktion 201
- Schwankung 231
- Speicherung 38
- Substitution 62, 74, 207, 239, 242, 269, 272, 278
-- Absetzen 104, 106
-- bei gesunden Hunden 103
-- natürliche Hormone 104
- Synthese 33, 155
- Thyroxin-Substitution 104
- TRH-Stimulationstest 108
- Überdosierung 202, 237
- Umwandlung 22, 37
-- Glukoseabhängigkeit 48
-- Hemmung 154
-- Seleneinfluss 48
-- Störung 239
-- Zinkeinfluss 50
- Verstoffwechselung 229
- Zyklus 135
T4/TSH-Quotient 95
Tablette 228
- Jod 248
- Schilddrüsenhormon 202
-- Blutuntersuchung 242
Tageszeit 136
TAK 157, 193
- *Siehe auch* Thyreoglobulin, Antikörper
TBG (thyroxinbindendes Globulin) 34–35, 38, 155
- Zyklus 135
TBP 34
TBP (thyroxinbindendes Protein) 35, 38, 155
TellingtonTouch 262
Temperatur 45, 138, 181, 266
- Dosisanpassung 234
Testosteron 134
Thalliumvergiftung 46
Therapieversagen 241
Therapieversuch 143
Thermoregulation 266
Thiozyanat 154
Thundershirt 262
Thyreoglobulin 29, 41, 60, 155
- Antikörper (TAK) 63, 97, **98**, 124, 200, 202, 204, 230, 240
-- Analyse 99
-- Bestimmung 122, 244
-- Beurteilung 145
-- Impfung 99, 204
-- Verfälschung der Bestimmung 193
- Autoantikörper 49
Thyreoidea sicca 229
Thyreoidea siccata 57
Thyreoiditis 60, 98
- lymphozytäre 61
- Spezialfall 59
- transiente 64
Thyreoliberin, *siehe* TRH
Thyreoperoxidase 49
- *Siehe auch* TPO
- Antikörper 97
Thyreostatika 52
Thyreotoxikose 21, 40, 55–57, 165, 228–230, 237
Thyreotropin, *siehe* TSH

Thyreotropin-Releasing-Hormon, *siehe* TRH
Thyronin, *siehe* T3
Thyroxin, *siehe* T4
Tierarzt 175
- Stress 244
TPO 31, 50, 52, 97
TPO (Thyreoperoxidase) 49, 156
- Antikörper 101
Trächtigkeit 135, 138
- Schilddrüsenhormonspiegel 48
Trägerproteine 33, 155
- Bindungsaffinität 33
- Bindungskapazität 33
- Hund 38
Tragzeit 136
Training
- Stress 279
- stressarmes 256
- Tierarztbesuch 245
Trainingstagebuch 261
Transthyretin 34
- Hormonbildung 38
Trauma 185
Trennungsangst, Hormonlage 208
TRH (TSH-Releasing-Hormon) 41, 210, 221
- Hormonwirkung 45
- Neurotransmitterwirkung 45
- Regulation 43
- Stimulationstest **108**
- Wirkung 41
Trijodthyronin, *siehe* T3
Trockenfutter 254
Tryptophan 247
TSH, Isomer 95
TSH (thyreoideastimulierendes Hormon) 40, 94, 157, 203, 221
- Analyse 142
- Belastung, akute psychische 189
- Bestimmung 121, 198, 244
-- Sensitivität 113
-- Spezifität 113
- Beurteilung 147
- bovines 107
- Einstufung 147
- Funktion 41
- Jodregulierung 153
- Mangel 239
- Rasse 131
- Referenzwert 205
- Regulation 42
- rekombiniertes humanes 107
- Sekretion, Unterdrückung 104
- Serumkonzentration 41
TSH-Releasing-Hormon, *siehe* TRH
TSH-Stimulationstest 95–96, **107**
- Unverträglichkeitsreaktion 107
- Verfälschung 107
- Verfügbarkeit 107
Tunnelblick 179–180
Tyrosin 30, 247
- Mangel 74

U

Überdosierung 232, 237
- Gegenmittel 235
- Symptome 237
Übergewicht 72, 138, 253
Ultraschalluntersuchung, *siehe* auch Sonografie
Umsetzbare Energie 161
Umwandlungsstörung 72, 93, 182
Umwelteinflüsse 45
Unterdosierung
- Autoantikörper 99
- Symptome 237
Untersuchung 142
Unverträglichkeitsreaktion, TSH-Stimulationstest 107

V

Verdauungstrakt, Schilddrüsenunterfunktion 88
Verfahren, bildgebende 109
Verhalten 23, 50, 141, 182, **207**
- Bewertung 141
- Hormonlage 208
- Placeboeffekt 184
- Schilddrüsenhormone 208
- Stress 259
Verhaltensänderung 44, 69, 78, **78**, 191, **195**, 198, 240
- Aggression 80, 196
- Angst 81, 196, 221
- bei Substitution 80
Verhaltensmuster 260
- Rückfall 261
Verhaltensstörung, klinische 141
Verletzungsrisiko 241
Verstopfung 247
Vertrauen 183
Verunreinigung, Dosenfutter 171
Vestibularsyndrom 240
Video, Anamnese 77
Vitamin A 29, 49, 52, 247
- Mangel 155
Vitamin B_6 253
Vitamin B_{12} 62, 83
- Mangel 62
Vitamin C 49, 52, 247
Vitamin D 25, 247
Vitamin E 49, 52, 247, 251, 253
Vitamin-B_{12}, Mangel 284
Von-Willebrand-Krankheit 83
Vorhersagewahrscheinlichkeit, *siehe* Wert, prädiktiver
Vortestwahrscheinlichkeit 115, 117

W

Wachstumshormon 27, 44, 202
Wärmeregulierung 28
Welpe, Schilddrüsenhormon 136
Wert, prädiktiver 114
- negativer 114
- positiver 114
Wiederholungsmessung 143
Windhund, Hormonwert 196
Wolf, Scheinträchtigkeit 135
Wolff-Chaikoff-Effekt 153, 156
- Nutzen 156
Wurmkur 244

Z

Zahnstein 82
Zentralnervensystem, Schilddrüsenhormon 133
Ziel-Objekt-Suche 258
Zimmerzwinger 258
Zink 49, 51, 91, 154, 253
- Mangel 51
- Stoffwechsel, Schilddrüsenhormon 50
zirkadianer Rhythmus 41, 45, 58
Zucht 194
Zuchtzulassung 64
Zyklus 44, 134
- Phase 134
- Wolf 134
Zytokine 72

AF557222